建筑施工企业管理人员岗位资格培训教材

安全员

岗位实务知识

建筑施工企业管理人员岗位资格培训教材编委会　组织编写
张晓艳　主编

中国建筑工业出版社

图书在版编目（CIP）数据

安全员岗位实务知识/建筑施工企业管理人员岗位资格培训教材编委会组织编写. —北京：中国建筑工业出版社，2006

建筑施工企业管理人员岗位资格培训教材

ISBN 978-7-112-08842-3

Ⅰ.安… Ⅱ.建… Ⅲ.建筑工程-工程施工-安全技术-技术培训-教材 Ⅳ.TU714

中国版本图书馆 CIP 数据核字（2006）第 130223 号

建筑施工企业管理人员岗位资格培训教材

安全员岗位实务知识

建筑施工企业管理人员岗位资格培训教材编委会　组织编写

张晓艳　主编

*

中国建筑工业出版社出版、发行（北京西郊百万庄）

各地新华书店、建筑书店经销

北京密云红光制版公司制版

北京凌奇印刷有限责任公司

*

开本: 787×1092 毫米　1/16　印张: 21　字数: 511 千字

2007 年 1 月第一版　2012 年 11 月第十三次印刷

定价: **45.00** 元

ISBN 978-7-112-08842-3

(21037)

本社网址：http://www.cabp.com.cn

网上书店：http://www.china-building.com.cn

本书是建筑施工企业管理人员岗位资格培训教材之一，根据建筑施工企业的特点，针对施工安全员岗位人员实际需要编写。本书理论联系实际，具有适用性、指导性、针对性。

全书共分九章。第一章，介绍安全生产管理的基本知识。第二章，介绍劳动保护与事故防范处理。第三章，介绍施工过程中的安全技术。第四章，介绍高处作业安全防护。第五章，介绍拆除工程安全技术。第六章，施工现场临时用电安全管理。第七章，施工机械设备安全管理。第八章，从国家和地方标准中，摘录了部分施工强制性规定。第九章，介绍施工现场防火管理。

本书可作为建筑施工企业专业管理人员岗位资格培训教材，也可供建筑施工技术人员在日常工作中参考。

* * *

责任编辑：刘　江　刘婷婷
责任设计：赵明霞
责任校对：王　侠　张　虹

《建筑施工企业管理人员岗位资格培训教材》

编 写 委 员 会

（以姓氏笔画排序）

出 版 说 明

建筑施工企业管理人员（各专业施工员、质量员、造价员，以及材料员、测量员、试验员、资料员、安全员）是施工企业项目一线的技术管理骨干。他们的基础知识水平和业务能力的大小，直接影响到工程项目的施工质量和企业的经济效益；他们的工作质量的好坏，直接影响到建设项目的成败。随着建筑业企业管理的规范化，管理人员持证上岗已成为必然，其岗位培训工作也成为各施工企业十分关心和重视的工作之一。但管理人员活跃在施工现场，工作任务重，学习时间少，难以占用大量时间进行集中培训；而另一方面，目前已有的一些培训教材，不仅内容因多年没有修订而较为陈旧，而且科目较多，不利于短期培训。有鉴于此，我们通过了解近年来施工企业岗位培训工作的实际情况，结合目前管理人员素质状况和实际工作需要，以少而精的原则，组织出版了这套“建筑施工企业管理人员岗位资格培训教材”，本套丛书共分 15 册，分别为：

✧《建筑施工企业管理人员相关法规知识》

✧《土建专业岗位人员基础知识》

✧《材料员岗位实务知识》

✧《测量员岗位实务知识》

✧《试验员岗位实务知识》

✧《资料员岗位实务知识》

✧《安全员岗位实务知识》

✧《土建质量员岗位实务知识》

✧《土建施工员（工长）岗位实务知识》

✧《土建造价员岗位实务知识》

✧《电气质量员岗位实务知识》

✧《电气施工员（工长）岗位实务知识》

✧《安装造价员岗位实务知识》

✧《暖通施工员（工长）岗位实务知识》

✧《暖通质量员岗位实务知识》

其中，《建筑施工企业管理人员相关法规知识》为各岗位培训的综合科目，《土建专业岗位人员基础知识》为土建专业施工员、质量员、造价员培训的综合科目，其他 13 册则是根据 13 个岗位编写的。参加每个岗位的培训，只需使用 2～3 册教材即可（土建专业施工员、质量员、造价员岗位培训使用 3 册，其他岗位培训使用 2 册），各书均按照企业实际培训课时要求编写，极大地方便了培训教学与学习。

本套丛书以现行国家规范、标准为依据，内容强调实用性、科学性和先进性，可作为施工企业管理人员的岗位资格培训教材，也可作为其平时的学习参考用书。希望本套丛书能够帮助广大施工企业管理人员顺利完成岗位资格培训，提高岗位业务能力，从容应对各自岗位的管理工作。也真诚地希望各位读者对书中不足之处提出批评指正，以便我们进一步完善和改进。

中国建筑工业出版社

2006年12月

前　言

本书根据经审定的大纲，在总结以往内部培训教材的经验基础上，以及读者、教师的意见和建议编写而成。

本教材在编写过程中，根据建设行业的特点，紧密结合国家现行的有关规范、标准和规程，内容主要包括安全生产管理知识、劳动保护与事故防范处理、施工过程安全技术管理、爆破与拆除工程安全技术、高处作业安全防护、施工临时用电安全管理、施工机械安全管理、施工安全强制性规定、施工现场防火管理、文明施工与环境保护等几个方面。

本书的编写体现了使用方便与实用的编写原则，具有很强的规范性、针对性、实用性和先进性，内容通俗易懂。适合建筑企业专业管理人员岗位培训使用，也适合自学使用，并可作为专业人员的参考用书。

本教材由中国建筑一局集团培训中心张晓艳编写。

教材编写时还参考了已出版的多种相关培训教材，对这些教材的编作者，一并表示谢意。

在本书的编写过程中，虽经推敲核证，但限于编者的专业水平和实践经验，仍难免有疏漏或不妥之处，恳请各位同行提出宝贵意见，在此表示感谢。

目　录

第一章　安全生产管理基本知识

第一节　安全生产管理概论

安全，指没有危险，不出事故，未造成人身伤亡、资产损失。因此，安全不但包括人身安全，还包括资产安全。

安全生产管理，是指经营管理者对安全生产工作进行的策划、组织、指挥、协调、控制和改进的一系列活动，目的是保证在生产经营活动中的人身安全、财产安全，促进生产的发展，保持社会的稳定。

施工项目安全管理，就是施工项目在施工过程中，组织安全生产的全部管理活动。通过对生产要素过程进行控制，使生产要素的不安全行为和状态减少或消除，达到减少一般事故，杜绝伤亡事故，从而保证安全管理目标的实现。

安全生产长期以来一直是我国的一项基本国策，是保护劳动者安全健康和发展生产力的重要工作，必须贯彻执行；同时也是维护社会安定团结，促进国民经济稳定、持续、健康发展的基本条件，是社会文明程度的重要标志。

安全与生产的关系是辩证统一的关系，而不是对立的、矛盾的关系。安全与生产的统一性表现在：一方面指生产必须安全。安全是生产的前提条件，不安全就无法生产；另一方面，安全可以促进生产，抓好安全，为员工创造一个安全、卫生、舒适的工作环境，可以更好地调动员工的积极性，提高劳动生产率和减少因事故带来的不必要损失。

通过宣传教育和采取技术组织措施，保证施工项目生产顺利进行，防止事故的发生，即为安全生产。安全管理法规，安全防护技术和职业安全卫生管理体系则是保障安全生产的有力措施。

一、安全生产方针

我国现行的安全生产方针是“安全第一、预防为主”。加强安全生产管理，必须要坚持“安全第一、预防为主”的安全生产方针。“安全第一”是安全生产方针的基础；“预防为主”是安全生产方针的核心和具体体现，是实现安全生产的根本途径；生产必须安全，安全促进生产。

《中华人民共和国安全生产法》第三条明确规定：“安全生产管理，坚持‘安全第一，预防为主’的方针”；《建筑法》第三十六条明确规定：“建设工程安全生产管理必须坚持‘安全第一，预防为主’的方针”。以法律形式确立的这个方针，是整个安全生产活动的指导原则。

1. 安全生产方针的提出

在建国初期，国家建立了新型劳动力制度，明确提出了劳动保护政策。但由于受各种因素影响，重生产轻安全的观念在私营和国营企业都较普遍，工伤事故较为严重，在这种情况下，1952年毛泽东主席在劳动部的工作报告中批示"在实施生产节约的同时，必须注意职工的安全、健康和必不可少的福利事业，如果只注意到前一方面，忘记或稍加忽视后一方面，那是错误的"。1952年8月在北京召开了第二次全国劳动保护工作会议，经过认真讨论，提出了劳动保护工作必须贯彻"安全生产"的方针，明确提出了"安全为了生产，生产必须安全"和"管生产必须管安全"的安全生产的管理条例。这是安全生产方针最初的产生背景。

2. 安全生产方针的发展

1958年至1976年间，安全生产工作经历了滑坡、恢复和调整，以及文革期间遭受到严重破坏几个发展阶段，文革以后，随着思想上、政治上的拨乱反正，中共中央十一届三中全会确定把工作方针重点转移到建设四个现代化上来，安全生产管理工作也进入了全面整顿和恢复发展时期，安全生产各项工作开始逐步走向正轨。在1978年12月党的十一届三中全会以后，提出了"生产必须安全，安全促进生产"的方针。

随着我国经济建设的发展，特别是进入改革开放时期，劳动保护工作进入了一个新阶段。1987年，在全国劳动安全监察工作会议上，经过认真讨论，决定把"安全第一，预防为主"作为我国劳动保护的基本方针。

安全生产方针正确地反映了安全与生产的辩证关系，也反映了安全与效益的辩证关系。安全生产是企业提高经济效益，增加产值的必要条件和重要保证，增加对安全的投入，实际也是对生产的直接投入，因为安全与生产是相辅相成、互相促进的。"预防为主"，是实现"安全第一"的基础；要做到安全第一，首先要搞好预防措施。预防工作做好了，就可以保证安全生产，实现安全第一，否则安全第一就是一句空话，这也是在实践中所证明的一条重要经验。"生产必须安全，安全促进生产"这是对安全与生产辩证关系准确的概括，各级管理人员只有正确处理好安全与生产的关系，才能真正贯彻好安全生产方针。

3. 安全生产方针的内容

我国的安全生产方针经历了一个从"安全生产"到"安全第一，预防为主"的产生和发展过程，且强调在生产中要做好预防工作，尽可能将事故消灭在萌芽状态之中。因此，对于我国安全生产方针的含义，应从这一方针的产生和发展去理解，归纳起来主要有以下几方面的内容：

(1) 安全生产的重要性　生产过程中的安全是生产发展的客观需要，特别是现代化生产，更不允许有所忽视，必须强化安全生产，在生产活动中把安全工作放在第一位，尤其当生产与安全发生矛盾时，生产服从安全，这是安全第一的含义。

在社会主义国家里，安全生产又有其重要意义。社会主义制度性质决定了它是国家的一项重要政策，是社会主义企业管理的一项重要原则；体现了国家对人民的生命和财产的高度关注。"人民的利益高于一切"是党的宗旨，是"三个代表"精神的重要体现，坚决贯彻安全生产方针，就是关心人民群众的安全与健康，把国家对人民群众利益的关怀体现到具体工作中。

(2) 安全与生产的辩证关系　在生产建设中，必须用辩证统一的观点去处理好安全与生产的关系。这就是说，项目领导者必须善于安排好安全工作与生产工作，特别是在生产任务繁忙的情况下，安全工作与生产工作发生矛盾时，更应处理好两者的关系，不要把安全工作挤掉。越是生产任务忙，越要重视安全，把安全工作搞好，否则，就会招致工伤事故，既妨碍生产，又影响企业信誉，这是多年来生产实践证明了的一条重要经验。

长期以来，在生产管理中往往生产任务重，事故就多；生产均衡，安全情况就好，人们称之为安全生产规律。前一种情况其实质是反映了项目领导在经营管理思想上的片面性。只看到生产数量的一面，看不见质量和安全的重要性；只看到一段时间内生产数量增加的一面，没有认识到如果不消除事故隐患，这种数量的增加只是一种暂时的现象，一旦隐患具备了诱因就会发生事故。这是多年来从安全生产工作中总结出的一条深刻教训。总之，安全与生产是互相联系，互相依存，互为条件的。要正确贯彻安全生产方针，就必须按照辩证法办事，克服思想的片面性。

(3) 预防为主是安全生产的前提　安全生产工作的预防为主是现代生产发展的需要。现代科学技术日新月异，而且往往又是多学科综合运用，安全问题十分复杂，稍有疏忽就会酿成事故。事故一旦发生，其后果就无法挽回，预防为主，“防患于未然”，就是要在事前做好安全预防工作，依靠科技进步，加强安全科学管理，搞好科学预测与分析工作，把工伤事故和职业危害消灭在萌芽状态中。从思想上给予重视，从物质上给予有力保障，在组织机构、安全责任、安全教育、提高防范、监督管理以及劳动保护、施工现场、环境卫生各方面都对事故预防措施予以充分重视，是贯彻安全生产方针的重要内容。各级管理人员应当充分认识到做好安全生产工作，也是建立企业精神文明与物质文明的重要内容，是企业形象的体现，与企业的命运息息相关，是企业能够长期稳定健康发展的重要保证。

二、安全生产形势

安全生产是人类为其生存和发展向大自然索取和创造物质财富的生产经营活动中一个最重要的基本前提。在生产经营活动中安全生产问题无所不在、无时不有。纵观建国以来我国安全生产状况，经历了3个较好历史时期，有许多好的经验值得总结和继承；也出现了3次事故高峰时期，同样有很多教训也值得我们去反思。

要做好安全生产工作必须做到：坚持“安全第一，预防为主”方针，树立“以人为本”思想，不断提高安全生产素质；加强安全生产法制建设，有法可依，有法必依，执法必严，违法必究，严格落实安全生产责任制；加大安全生产投入，依靠科技进步，标本兼治，全面改善安全生产基础设施和提高管理水平，提高本质安全度；建立完善安全生产管理体制，强化执法监察力度；突出重点，专项整治，遏制重特大事故。

著名的关于消防工作的重要论述“隐患险于明火”、“防范胜于救灾”、“责任重于泰山”就是江泽民同志早在1986年10月13日上海市消防工作会议上的讲话中提出的。至今仍是指引我们做好消防工作的“航标灯”。

胡锦涛总书记在党的十六届三中全会上强调：“各级党委和政府要牢牢树立‘责任重于泰山’的观念，坚持把人民群众的生命安全放在第一位，进一步完善和落实安全生产的各项政策措施，努力提高安全生产水平”。

温家宝总理对建设部门的要求是：“严格执行经过论证的技术方案，严格执行各种规范和标准，加强工程监督管理，是保证工程安全和质量的重要环节”。

近年来，我国工程建设法律、法规体系不断健全，规范企业行为、维护劳动者权益、保障安全与健康的法规陆续颁布，国家安全监察机构也越来越发挥出重要的监察作用。2003年11月，国务院颁布了《建设工程安全生产管理条例》，明确了参与建设活动主体的安全生产责任，确立了建设企业安全生产和政府监督管理的基本制度，是第一部全面规范建设工程安全生产的专门法规，对建筑安全生产提出了原则要求。

2004年1月3日，《安全生产许可证条例》正式实施，进一步提高了像建筑施工企业等高危企业市场准人条件，加强了对施工企业安全生产的监管力度。

2004年1月9日，国务院作出《关于进一步加强安全生产工作的决定》（国发［2004］2号），进一步明确了安全生产工作的指导思想、目标任务、工作重点和政策措施，对做好新时期的安全工作具有十分重要的指导意义。

随着《建筑法》、《安全生产法》、《建设工程安全生产管理条例》、《安全生产许可证条例》、国务院关于《特大安全责任事故行政责任追究的规定》以及《建筑工程安全生产监督管理工作导则》、《建筑施工企业安全生产管理机构设置及专职安全生产管理人员配备办法》的陆续实施，安全生产的法制建设得到不断加强。据统计，我国自建国以来颁布并实施的有关安全生产、劳动保护方面的主要法律法规约280余项。为建设工程安全生产管理提供了良好的法制环境，使依法行政、依法管理落到了实处。

但是，建筑安全生产现状依然严峻，事故伤亡情况仍较严重。我国正处在大规模经济建设时期，建筑业的规模逐年增加，伤害事故和死亡人数一直居高不下。2000年全国建筑施工每百亿元产值死亡率为7.89，2001年为6.80，2002年为6.97，2003年为6.92，2004年为4.76，2005年为3.43，基本呈逐年下降趋势。从绝对数字来看，事故起数和死亡人数一直未有显著下降，2000～2005年全国分别发生建筑施工事故846起、1001起、1208起、1278起、1086起、1010起，分别死亡987人、1045人、1292人、1512人、1264人、1195人。

当前全国建筑安全生产形势可以说是总体稳定，但仍然不容乐观。形势总体稳定，主要体现在三个方面：除了2005年事故起数和死亡人数总量下降，建筑施工事故百亿元产值死亡率下降，还有全国大部分地区建筑施工安全生产状况比较稳定。2005年，全国有14个地区建筑施工事故死亡人数下降，其中山西、江西、河南、广西、海南下降幅度都在30%以上。形势仍然不容乐观，也主要体现在三个方面：一是一次死亡3人以上重大事故增多。2005年全国共发生建筑施工一次死亡3人以上事故45起，死亡181人，分别比2004年上升了7.14%和3.43%；二是部分地区建筑安全生产形势依然十分严峻。2005年，吉林、黑龙江、安徽、湖南、四川、云南、陕西、西藏等地事故起数和死亡人数均比2004年有所上升，辽宁、广东、四川一年之内分别发生了4起三级事故，江苏省一年之内发生了6起三级事故；三是2005年发生的建筑施工事故仍然以高处坠落和施工坍塌事故为主，这两类事故的死亡人数分别占事故总死亡人数的45.10%和18.74%，这反映了我们针对事故高发类型的专项整治工作仍需要进一步深化。

我国今后安全生产工作的思路和目标是：努力实现“四个转变”，即安全生产工作由事后查处向事前预防转变；安全生产监察重点从国有企业向多种所有制经济成分转变；安全生产管理方式逐步从计划经济下的传统方式向依法、依靠科技进步和运用市场经济手段的方式转变；生产经营单位的负责人和广大职工从“要我安全”向“我要安全、我会安全”转变。按照“十六大”提出的全面建设小康社会的目标，力争通过15～20年的扎实工作，建立起适应社会主义市场经济的安全生产工作体制和安全生产的长效机制，使安全生产水平整体提高，实现安全生产状况明显好转，以满足新世纪全面建设小康社会的需要。

三、安全生产管理体制

完善安全生产管理体制，建立健全安全管理制度、安全管理机构和安全生产责任制是安全管理的重要内容，也是实现安全生产目标管理的组织保证。

为适应社会主义市场经济的需要，1993年国务院将原来的“国家监察、行政管理、群众监督”的安全生产管理体制，发展和完善成为“企业负责、行业管理、国家监察、群众监督、劳动者遵章守纪”。实践证明，这样的安全生产管理体制更符合社会主义市场经济条件下，安全生产工作的要求。

1. 企业负责

企业负责这条原则，最先是由国务院副总理邹家华同志提出，并通过国务院（1993）50号文正式发布的。这条原则的确立，进一步完善了自1985年以来，我国实行的“国家监察、行政管理、群众监督”的管理体制，明确了企业作为市场经济的主体，必须承担的安全生产责任，即必须认真贯彻执行国家安全生产、劳动保护方面的政策、法律法规及规章制度，要对本企业的安全生产、劳动保护工作负责。在这个文件中还特别强调了“企业法定代表人是安全生产的第一责任者，要对本企业的安全生产全面负责”。从根本上改变了以往安全生产工作由国家包办代替，企业责任不明确的情况，健全了社会主义市场经济条件下的安全生产管理体制。

2. 行业管理

各行业的管理部门（包括政府主管部门、受政府委托的管理机构、以及行业协会等），根据“管生产必须管安全”的原则，在各自的工作职责范围内，行使行业管理的职能，贯彻执行国家安全生产方针政策、法律法规及规范规章等，制定行业的规章制度和规范标准，负责对本行业安全生产管理工作进行策划、组织实施和监督检查及考核等。从行政管理到行业管理，体现出从计划经济向市场经济过渡的特点，说明了在安全生产工作中行业管理力度的增强。

3. 国家监察

安全生产行政主管部门按照国务院要求实施国家劳动安全监察。国家监察是一种执法监察，主要是监察国家法律法规的执行情况，预防和纠正违反法规、政策的偏差。它不干预企事业遵循法律法规、制定的措施和步骤等具体事务，也不能替代行业管理部门日常管理和安全检查。

4. 群众监督

群众监督有两层含义，一是由工会对安全生产实施监督，工会组织作为代表广大职工根本利益的群众团体，对危害职工安全健康的现象有抵制、纠正以至控告的权力，这是一种自下而上的群众监督。中华全国总工会于1985年4月8日颁发了《工会劳动保护监督检查员暂行条例》、《基层（车间）工会劳动保护监督检查委员会工作条例》、《工会小组劳动保护检查员工作条例》，这三个条例对工会劳动保护工作作了具体规定，是工会进行群众监督工作的主要依据。二是《中华人民共和国劳动法》赋予劳动者的这种监督权，在第五十六条中规定“劳动者对用人单位管理人员违章指挥、强令冒险作业，有权拒绝执行；对危害生命安全和身体健康的行为，有权提出批评、检举和控告。”这是劳动者的一种直接监督形式。

5. 劳动者遵章守纪

国务院于1996年12月26日召开了全国安全生产工作电话会议，吴邦国副总理作了重要讲话，他说“当前，安全生产意识淡薄，仍然是一个带有普遍性的问题。据统计，现在有60%以上的事故是由于缺乏安全意识、违章指挥、违章操作、违反劳动纪律造成的。这充分说明认真做好安全生产宣传教育和岗位培训工作的重要性和紧迫性。”“1993年以来，为适应社会主义市场经济的要求，我们将‘国家监察、行政管理、群众监督’的体制，发展为‘企业负责、行业管理、国家监察、群众监督’。之后，又考虑到许多事故是由于劳动者违章造成的，又加上了‘劳动者遵章守纪’。实践证明，它更加符合当前加强安全生产工作的客观要求。”

因此，劳动者的遵章守纪与安全生产有着直接的关系，遵章守纪是实现安全生产的前提和重要保证。劳动者应当在生产过程中自觉遵守安全生产规章制度和劳动纪律，严格执行安全技术操作规程，做到不违章操作并制止他人的违章操作，从而实现全员的安全生产。

四、安全生产管理制度

安全生产管理制度是根据国家法律、行政法规制定的，项目全体员工在生产经营活动中必须贯彻执行，同时，也是企业规章制度的重要组成部分。通过建立安全生产管理制度，可以把企业员工组织起来，围绕安全目标进行生产建设。同时，我国的安全生产方针和法律法规也是通过安全生产管理制度去实现的。安全生产管理制度既有国家制定的，也有企业制定的。

1963年3月30日在总结了我国安全生产管理经验的基础上，由国务院发布了《关于加强企业生产中安全工作的几项规定》。规定中重新确立了安全生产责任制，解决了安全技术措施计划，完善了安全生产教育，明确了安全生产的定期检查制度，严肃了伤亡事故的调查和处理，成为企业必须建立的五项基本制度，也是我们常说的安全生产“五项规定”。尽管我们在安全生产管理方面已取得了长足进步，但这五项制度仍是今天企业必须建立的安全生产管理基本制度。此外，随着社会和生产的发展，安全生产管理制度也在不断发展，国家和企业在五项基本制度的基础上又建立和完善了许多新制度，如意外伤害保险制度，拆除工程安全保证制度，易燃、易爆、有毒物品管理制度，防护用品使用与管理制度，特种设备及特种作业人员管理制度，机械设备安全检修制度，以及文明生产管理制度等。

五、安全生产管理目标

安全生产管理目标是指项目根据企业的整体目标，在分析外部环境和内部条件的基础上，确定安全生产所要达到的目标，并采取一系列措施去努力实现这些目标的活动过程。

安全生产目标通常以千人负伤率、万吨产品死亡率、尘毒作业点合格率、噪声作业点合格率及设备完好率等预期达到的目标值来表示。推行安全生产目标管理不仅能进一步优化企业安全生产责任制，强化安全生产管理，体现“安全生产人人有责”的原则，使安全生产工作实现全员管理，而且有利于提高企业全体员工的安全素质。

1. 安全生产目标管理的任务是确定奋斗目标，明确责任，落实措施，实行严格的考核与奖惩，以激励企业员工积极参与全员、全方位、全过程的安全生产管理，严格按照安全生产的奋斗目标和安全生产责任制的要求，落实安全措施，消除人的不安全行为和物的不安全状态。

2. 项目要制定安全生产目标管理计划，经项目分管领导审查同意，由主管部门与实行安全生产目标管理的单位签订责任书，将安全生产目标管理纳入各单位的生产经营或资产经营目标管理计划，主要领导人应对安全生产目标管理计划的制订与实施负第一责任。

3. 安全生产目标管理的基本内容包括目标体系的确立，目标的实施及目标成果的检查与考核。主要包括以下几方面：

（1）确定切实可行的目标值。采用科学的目标预测法，根据需要和可能，采取系统分析的方法，确定合适的目标值，并研究围绕达到目标应采取的措施和手段。

（2）根据安全目标的要求，制订实施办法，做到有具体的保证措施，力求量化，以便于实施和考核，包括组织技术措施，明确完成程序和时间、承担具体责任的负责人，并签订承诺书。

（3）规定具体的考核标准和奖惩办法，要认真贯彻执行《安全生产目标管理考核标准》。考核标准不仅应规定目标值，而且要把目标值分解为若干具体要求来考核。

（4）安全生产目标管理必须与安全生产责任制挂钩。层层分解，逐级负责，充分调动各级组织和全体员工的积极性，保证安全生产管理目标的实现。

（5）安全生产目标管理必须与企业生产经营资产经营承包责任制挂钩，作为整个企业目标管理的一个重要组成部分，实行经营管理者任期目标责任制、租赁制和各种经营承包责任制的单位负责人，应把安全生产目标管理实现与他们的经济收入和荣誉挂起钩来，严格考核兑现奖罚。

4. 安全生产管理目标

（1）“六杜绝”

1）杜绝重伤及死亡事故；

2）杜绝坍塌伤害事故；

3）杜绝物体打击事故；

4）杜绝高处坠落事故；

5）杜绝机械伤害事故：

6）杜绝触电事故

（2）“三消灭”

1）消灭违章指挥；

2）消灭违章作业；

3）消灭“惯性事故”。

（3）“二控制”

1）控制年负伤率；

2）控制年安全事故率。

(4)“一创建”

创建安全文明示范工地。

六、正确处理“五种”关系

1. 安全与危险并存　安全与危险在同一事物的运动中是相互对立的，也是相互依赖而存在的，因为有危险，所以才进行安全生产过程控制，以防止或减少危险。安全与危险并非是等量并存、平静相处，随着事物的运动变化，安全与危险每时每刻都在发生着变化，彼此进行着斗争。事物的发展将向斗争的胜方倾斜。可见，在事物的运动中不会存在绝对的安全或危险。保持生产的安全状态，必须采取多种措施，以预防为主。危险因素是客观的存在于事物运动之中的，是可知的，也是可控的。

2. 安全与生产的统一　生产是人类社会存在和发展的基础，如果生产中的人、物、环境都处于危险状态，则生产无法顺利进行，因此，安全是生产的客观要求。当生产完全停止，安全也就失去了意义。就生产目标来说，组织好安全生产就是对国家、人民和社会的最大的负责，有了安全保障，生产才能持续、稳定健康发展。若生产活动中不断发生事故，生产势必陷于混乱，甚至瘫痪，当生产与安全发生矛盾，危及员工生命或资产安全时，停止生产经营活动进行整治、消除危险因素以后，生产经营形势会变得更好。

3. 安全与质量同步　质量和安全工作，交互作用，互为因果。安全第一，质量第一，两个第一并不矛盾。安全第一是从保护生产经营因素的角度提出的，而质量第一则是从关心产品成果的角度而强调的。安全为质量服务，质量需要安全保证。生产过程中哪一头都不能丢掉，否则，将会陷于失控状态。

4. 安全与速度互促　生产中违背客观规律，盲目蛮干、乱干，在侥幸中求得的进度，缺乏真实与可靠的安全支撑，往往容易酿成不幸，不但无速度可言，反而会延误时间，影响生产。速度应以安全做保障，安全就是速度，安全与速度成正比关系。一味强调速度，置安全于不顾的做法是极其有害的。当速度与安全发生矛盾时，暂时减缓速度，保证安全才是正确的选择。

5. 安全与效益同在　安全技术措施的实施，会不断改善劳动条件，调动职工的积极性，提高工作效率，带来经济效益，从这个意义上说，安全与效益完全是一致的，安全促进了效益的增长。在实施安全措施中，投入要精打细算、统筹安排。既要保证安全生产，又要经济合理，还要考虑力所能及。为了省钱而忽视安全生产，或追求资金的盲目高投入，也是不可取的。

七、安全生产管理原则

1. 坚持管生产必须管安全的原则

“管生产必须管安全”原则是指项目各级领导和全体员工在生产过程中必须坚持在抓生产的同时抓好安全工作。

“管生产必须管安全”原则是施工项目必须坚持的基本原则。国家和企业就是要保护劳动者的安全与健康，保证国家财产和人民生命财产的安全，尽一切努力在生产和其他活动中避免一切可以避免的事故。其次，项目的最优化目标是高产、低耗、优质、安全。忽视安全，片面追求产量、产值，是无法达到最优化目标的。伤亡事故的发生，不仅会给企业，还可能给环境、社会，乃至在国际上造成恶劣影响，造成无法弥补的损失。

“管生产必须管安全”原则体现了安全和生产的统一，生产和安全是一个有机的整体，两者不能分割更不能对立起来，应将安全寓于生产之中，生产组织者在生产技术实施过程中，应当承担安全生产的责任，把“管生产必须管安全”原则落实到每个员工的岗位责任制上去，从组织上、制度上固定下来，以保证这一原则的实施。

2. 坚持“五同时”原则

“五同时”是指企业的领导和主管部门在策划、布置、检查、总结、评价生产经营的时候，应同时策划、布置、检查、总结、评价安全工作。把安全工作落实到每一个生产组织管理环节中去，促使企业在生产工作中把对生产的管理与对安全的管理结合起来，并坚持“管生产必须管安全”的原则。使得企业在管理生产的同时必须贯彻执行我国的安全生产方针及法律法规，建立健全企业的各种安全生产规章制度，包括根据企业自身特点和工作需要设置安全管理专门机构，配备专职人员。

3. 坚持“三同时”原则

“三同时”，指凡是我国境内新建、改建、扩建的基本建设工程项目、技术改造项目和引进的建设项目，其劳动安全卫生设施必须符合国家规定的标准，必须与主体工程同时设计、同时施工、同时投入生产和使用。以确保项目投产后符合劳动安全卫生要求，保障劳动者在生产过程中的安全与健康。

4. 坚持“三个同步”原则

“三个同步”是指安全生产与经济建设、企业深化改革、技术改造同步策划、同步发展、同步实施的原则。“三个同步”要求把安全生产内容融入在生产经营活动的各个方面中，以保证安全与生产的一体化，克服安全与生产“两张皮”的弊病。

5. 坚持“四不放过”原则

“四不放过”是指在调查处理工伤事故时，必须坚持事故原因分析不清不放过，事故责任者和群众没受到教育不放过，事故隐患不整改不放过，事故的责任者没有受到处理不放过的原则。

“四不放过”原则的第一层含义是要求在调查处理工伤事故时，首先要把事故原因分析清楚，找出导致事故发生的真正原因，不能敷衍了事，不能在尚未找到事故主要原因时就轻易下结论，也不能把次要原因当成主要原因，未找到真正原因决不轻易放过，直至找到事故发生的真正原因，搞清楚各因素的因果关系才算达到事故分析的目的。

“四不放过”原则的第二层含义是要求在调查处理工伤事故时，不能认为原因分析清楚了，有关责任人员也处理了就算完成任务了，还必须使事故责任者和企业员工了解事故发生的原因及所造成的危害，让事故的责任者受到应有的处理并深刻认识到搞好安全生产的重要性，大家从事故中吸取教训，在今后工作中更加重视安全工作。

“四不放过”原则的第三层含义是要求在对工伤事故进行调查处理时，必须针对事故发生的原因，制定防止类似事故重复发生的预防措施，并督促事故发生单位组织实施，只有这样，才算达到了事故调查和处理的最终目的。

6. 坚持“五定”原则

对查出的安全隐患要做到“五定”，即定整改责任人、定整改措施、定整改完成时间、定整改完成人、定整改验收人。

7. 坚持“六个坚持”

(1) 坚持管生产同时管安全　安全寓于生产之中，并对生产发挥促进与保证作用，因此，安全与生产虽有时会出现矛盾，但从安全、生产管理的目标，表现出高度的一致和统一。安全管理是生产管理的重要组成部分，安全与生产在实施过程中，存在着密切的联系，存在着进行共同管理的基础。国务院在《关于加强企业生产中安全工作的几项规定》中明确指出：“各级领导人员在管理生产的同时，必须负责管理安全工作”。“企业中各有关专职机构，都应该在各自业务范围内，对实现安全生产的要求负责”。管生产同时管安全，不仅是对各级领导人员明确安全管理责任，同时，也向一切与生产有关的机构、人员，明确了业务范围内的安全管理责任。由此可见，一切与生产有关的机构、人员，都必须参与安全管理，并在管理中承担责任。认为安全管理只是安全部门的事，是一种片面的、错误的认识。各级人员安全生产责任制度的建立，管理责任的落实，体现了管生产同时管安全的原则。

(2) 坚持目标管理　安全管理的内容是对生产中的人、物、环境因素状态的管理，有效的控制人的不安全行为和物的不安全状态，消除或避免事故，达到保护劳动者的安全与健康的目标。没有明确目标的安全管理是一种盲目行为，盲目的安全管理，往往劳民伤财，危险因素却依然存在。在一定意义上，盲目的安全管理，只能纵容威胁人的安全与健康的状态向更为严重的方向发展或转化。

(3) 坚持预防为主　安全生产的方针是“安全第一、预防为主”。“安全第一”是从保护生产力的角度和高度，表明在生产范围内，安全与生产的关系，肯定安全在生产活动中的位置和重要性。进行安全管理不是处理事故，而是在生产经营活动中，针对生产的特点，对生产要素采取管理措施，有效的控制不安全因素的发生与扩大，把可能发生的事故，消灭在萌芽状态，以保证生产经营活动中，人的安全与健康。“预防为主”，首先是端正对生产中不安全因素的认识和消除不安全因素的态度，选准消除不安全因素的时机。在安排与布置生产经营任务的时候，针对施工生产中可能出现的危险因素，采取措施予以消除是最佳选择，在生产活动过程中，经常检查，及时发现不安全因素，采取措施，明确责任，尽快地、坚决地予以消除，是安全管理应有的鲜明态度。

(4) 坚持全员管理　安全管理不是少数人和安全机构的事，而是一切与生产有关的机构、人员共同的事，缺乏全员的参与，安全管理不会有生气、不会出现好的管理效果。当然，这并非否定安全管理第一责任人和安全监督机构的作用。他们在安全管理中的作用固然重要，但全员参与安全管理更重要。安全管理涉及生产经营活动的方方面面，涉及从开工到竣工交付使用的全部过程，全部生产时间，全部生产要素。因此，生产经营活动中必须坚持全员、全方位的安全管理。

(5) 坚持过程控制　通过识别和控制特殊关键过程，达到预防和消除事故、防止或消除事故伤害的目标。在安全管理的主要内容中，虽然都是为了达到安全管理的目标，但是对生产过程的控制，与安全管理目标关系更直接，显得更为突出，因此，对生产中人的不安全行为和物的不安全状态的控制，必须列入过程安全管理的节点。事故发生往往由于人的不安全行为运动轨迹与物的不安全状态运动轨迹的交叉造成，从事故发生的原因看，也说明了对生产过程的控制，应该作为安全管理重点。

(6) 坚持持续改进　安全管理是在变化着的生产经营活动中的管理，是一种动态管理。就意味着管理是不断改进发展的、不断变化的，以适应变化的生产活动，消除新的危险因素。需要的是不间断地摸索新的规律，总结控制的办法与经验，指导新的变化后的管理，从而不断提高安全管理水平。

八、安全生产管理十大理念

党和国家历来非常重视安全生产管理工作，中央领导同志对安全生产工作曾经做过一系列指示，可归纳为"十大理念"，即树立"安全第一"、"预防为主"、"安全责任"、"安全管理"、"安全重点"、"安全质量"、"安全检查"、"安全政治"、"安全人本"、"安全法制"的观念。

九、建筑施工安全强制性标准条文

2002 年 8 月 30 日，建设部以建标［2002］219 号发布的"建设部关于发布 2002 年版《工程建设标准强制性条文》（房屋建筑部分）的通知"中明确了自 2003 年 1 月 1 日起施行 2002 年版《强制性条文》，2000 版同时废止。新版中关于施工安全列入了《施工现场临时用电安全技术规范》（JGJ46—88）（已废止，现为 JGJ46—2005）、《建筑施工高处作业安全技术规范》（JGJ80—91）、《建筑机械使用安全技术规程》（JGJ33—2001）、《建筑施工扣件式钢管脚手架安全技术规范》（JGJ130—2001）、《建筑施工门式钢管脚手架安全技术规范》（JGJ128—2000）、《龙门架及井架物料提升机安全技术规范》（JGJ88—92）、《建筑桩基技术规范》（JGJ94—94）、《建筑地基处理技术规范》（JGJ79—2002）几个标准中的强制性条文。另外《建筑施工安全检查标准》（JGJ59—99）全文为强制性条文。

《强制性条文》的内容是工程建设现行国家和行业标准中直接涉及人民生命财产安全、人身健康、环境保护和公共利益的条文，它同时考虑了提高经济和社会效益等方面的要求。列入《强制性条文》的所有条文都必须严格执行。

第二节　安全生产管理主要内容

一、安全生产管理的主要任务

1. 贯彻落实国家安全生产法规，落实"安全第一、预防为主"的安全生产、劳动保护方针。

2. 制定安全生产的各种规程、规定和制度，并认真贯彻实施。

3. 制定并落实各级安全生产责任制。

4. 积极采取各项安全生产技术措施，保障职工有一个安全可靠的作业条件，减少和杜绝各类事故。

5. 采取各种劳动卫生措施，不断改善劳动条件和环境，防止和消除职业病及职业危害，做好女工和未成年工的特殊保护，保障劳动者的身心健康。

6. 定期对企业各级领导、特种作业人员和所有职工进行安全教育，强化安全意识。

7. 及时完成各类事故的调查、处理和上报。

8. 推动安全生产目标管理，推广和应用现代化安全管理技术与方法，深化企业安全管理。

二、安全生产管理机构的设置

安全生产管理机构是指建筑施工企业及其在建设工程项目中设置的负责安全生产管理工作的独立职能部门。

安全生产管理机构的职责主要包括：落实国家有关安全生产法律法规和标准，编制并适时更新安全生产管理制度，组织开展全员安全教育培训及安全检查等活动，及时整改各种事故隐患，监督安全生产责任制落实等等。它是建筑业企业安全生产的重要组织保证。

每一个建筑业企业，都应当建立健全以企业法人为第一责任人的安全生产保证系统，都必须建立完善的安全生产管理机构。

1. 公司一级安全生产管理机构

公司应设立以法人为第一责任者分工负责的安全管理机构，根据本单位的施工规模及职工人数设置专职安全生产管理机构部门并配备专职安全员。根据规定特一级企业安全员配备不应少于25人，一级企业不应少于15人，二级企业不应少于10人，三级企业不应少于5人。建立安全生产领导小组，实行领导小组成员轮流安全生产值班制度。随时解决和处理生产中的安全问题。

2. 工程项目部安全生产管理机构

工程项目部是施工第一线的管理机构，必须依据工程特点，建立以项目经理为首的安全生产领导小组，小组成员由项目经理、项目技术负责人、专职安全员、施工员及各工种班组的领班组成。工程项目部应根据工程规模大小，配备专职安全员。建立安全生产领导小组成员轮流安全生产值日制度，解决和处理施工生产中的安全问题并进行巡回安全生产监督检查，并建立每周一次的安全生产例会制度和每日班前安全讲话制度。项目经理应亲自主持定期的安全生产例会，协调安全与生产之间的矛盾，督促检查班前安全讲话活动的活动记录。

项目施工现场必须建立安全生产值班制度。24小时分班作业时，每班都必须要有领导值班和安全管理人员在现场。做到只要有人作业，就有领导值班。值班领导应认真做好安全生产值班记录。

施工现场安全管理机构示意图见图1-1。

3. 生产班组安全生产管理

加强班组安全建设是安全生产管理的基础。每个生产班组都要设置不脱产的兼职安全员，协助班组长搞好班组的安全生产管理。班组要坚持班前班后岗位安全检查、安全值日和安全日活动制度，同时要做好班组的安全记录。

三、安全生产管理要点

1. 基本要求

（1）取得安全行政主管部门颁布的《安全生产许可证》后，方可施工。

（2）总包单位及分包单位都应持有《施工企业安全资格审查认可证》，方可组织施工。

（3）必须建立健全安全管理保障制度。

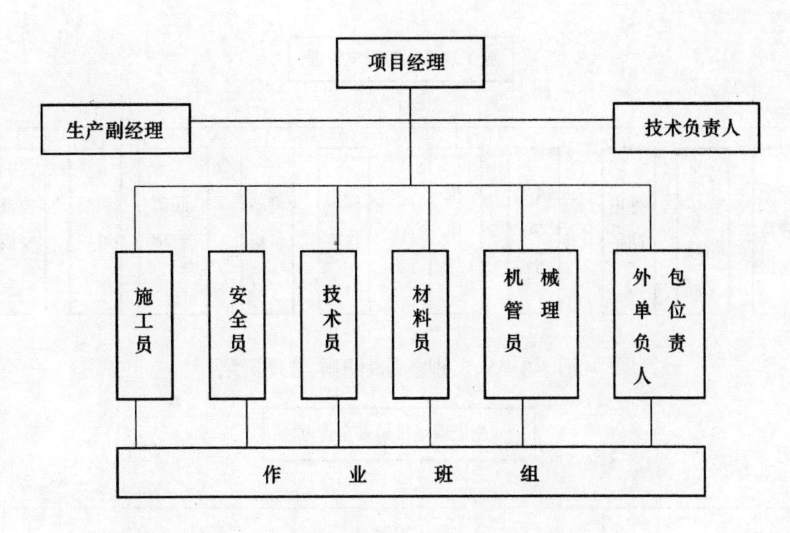

图 1-1　施工现场安全管理机构示意图

(4) 各类人员必须具备相应的安全生产资格方可上岗。

(5) 所有施工人员必须经过三级安全教育。

(6) 特殊工种作业人员，必须持有《特种作业操作证》。

(7) 对查出的事故隐患要做到“定整改责任人、定整改措施、定整改完成时间、定整改完成人、定整改验收人”。

(8) 必须把好安全生产措施关、交底关、教育关、防护关、检查关、改进关。

(9) 必须建立安全生产值班制度，必须有领导带班。

2. 安全管理网络

(1) 施工现场安全防护管理网络见图 1-2。

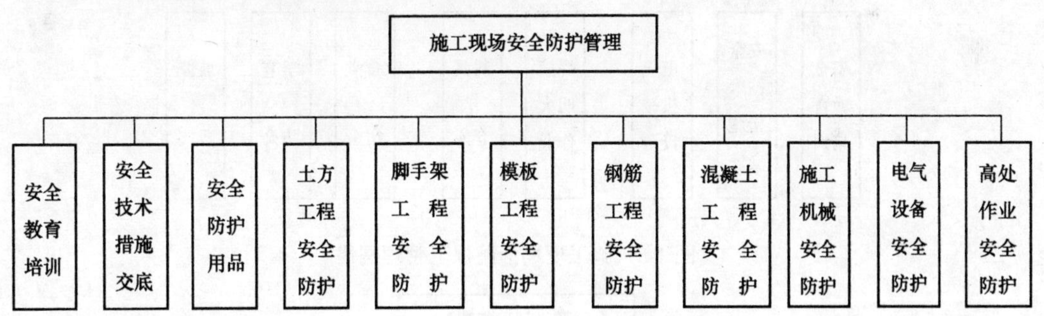

图 1-2　施工现场安全防护管理网络

(2) 施工现场临时用电管理网络见图 1-3。

(3) 施工现场机械安全管理网络见图 1-4。

(4) 施工现场消防保卫管理网络见图 1-5。

(5) 施工现场管理网络见图 1-6。

3. 各施工阶段安全生产管理要点

(1) 基础施工阶段

1) 挖土机械作业安全；

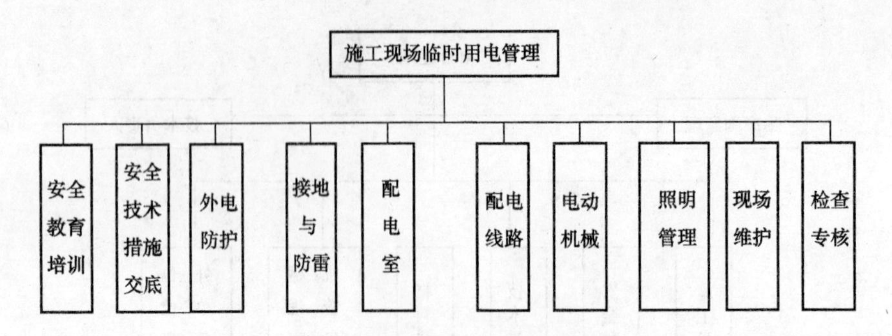

图 1-3　施工现场临时用电管理网络

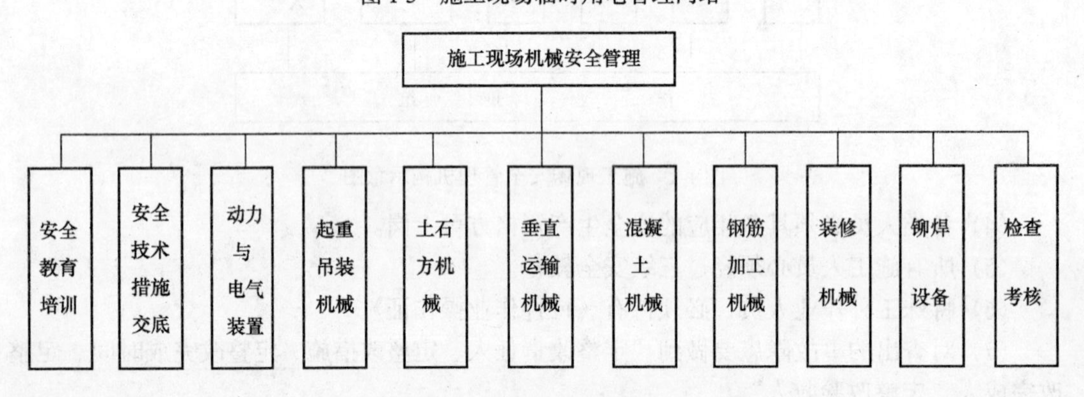

图 1-4　施工现场机械安全管理网络

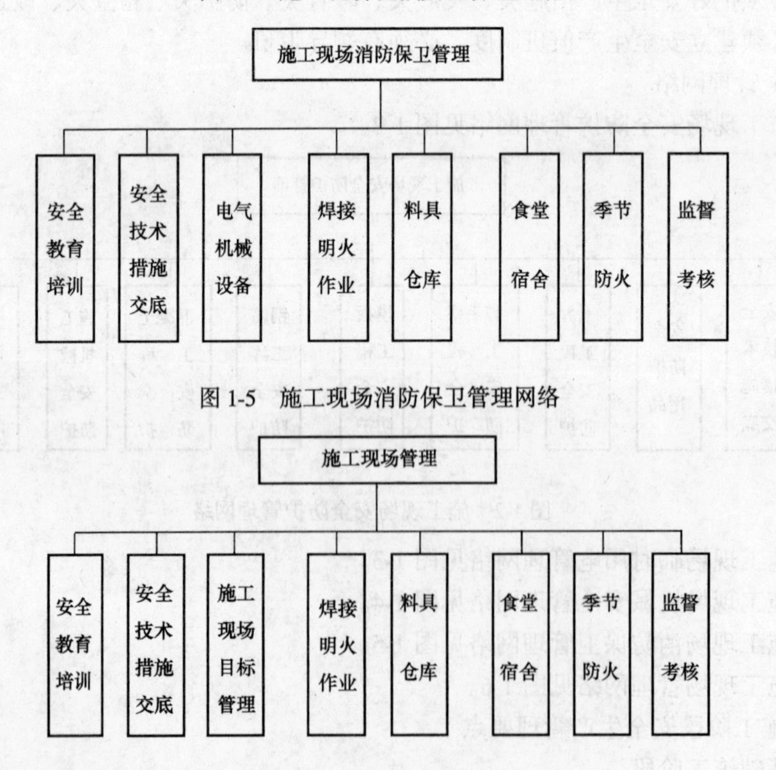

图 1-5　施工现场消防保卫管理网络

图 1-6　施工现场管理网络

2）边坡防护安全；
3）降水设备与临时用电安全；
4）防水施工时的防火、防毒；
5）人工挖、扩孔桩安全。
（2）结构施工阶段
1）临时用电安全；
2）内外架及洞口防护；
3）作业面交叉施工及临边防护；
4）大模板和现场堆料防倒塌；
5）机械设备的使用安全。
（3）装修阶段
1）室内多工种、多工序的立体交叉防护；
2）外墙面装饰防坠落；
3）做防水和油漆的防火、防毒；
4）临电、照明及电动工具的使用安全。
（4）季节性施工
1）雨期施工防触电、防雷击、防尘、防沉陷坍塌、防大风、临时用电安全；
2）高温季节防中暑、中毒、防疲劳作业；
3）冬期施工防冻、防滑、防火、防煤气中毒、防大风雪、大雾，用电安全。

四、安全技术管理

1. 基本要求

（1）所有建筑工程的施工组织设计（施工方案），都必须有安全技术措施。爆破、吊装、水下、深坑、支模、拆除等大型特殊工程，都要编制单项安全技术方案，否则不得开工。

（2）施工现场道路、上下水及采暖管道、电气线路、材料堆放、临时和附属设施等的平面布置，都要符合安全、卫生、防水要求，并要加强管理，做到安全生产和文明生产。

（3）各种机电设备的安全装置和起重设备的限位装置，要齐全有效，否则不能使用。要建立定期维修保养制度，检修机械设备要同时检修防护装置。

（4）脚手架、井字架（龙门架）和安全网，搭设完必须经工长验收合格，方能使用。使用期间要指定专人维护保养，发现有变形、倾斜、摇晃等情况，要及时加固。

（5）施工现场、坑井、沟和各种孔洞，易燃易爆场所，变压器周围，都要指定专人设置围栏或盖板和安全标志，夜间要设红灯示警。各种防护设施、警告标志，未经施工负责人批准，不得移动和拆除。

（6）实行逐级安全技术交底制度。开工前，技术负责人要将工程概况、施工方法、安全技术措施等情况向全体职工进行详细交底，两个以上施工队或工种配合施工时，施工队长、工长要按工程进度定期或不定期的向有关班组长进行交叉作业的安全交底。班组每天对工人进行施工要求、作业环境的安全交底。

（7）混凝土搅拌站、木工车间、沥青加工点及喷漆作业场所等，都要采取措施，限期使尘毒浓度达到国家标准。

(8) 采用各种安全技术和工业卫生的革新和科研成果，都要经过试验、鉴定和制定相应安全技术措施，才能使用。

(9) 加强季节性劳动保护工作。夏季要防暑降温，冬季要防寒防冻，防止煤气中毒，雨季和台风到来之前，应对临时设施和电气设备进行检修，沿河流域的工地要做好防洪抢险准备。雨雪过后要采取防滑措施。

(10) 施工现场和木工加工厂（车间）和贮存易燃易爆器材的仓库，要建立防火管理制度，备足防火设施和灭火器材，要经常检查，保持良好。

(11) 凡新建、改建和扩建的工厂和车间，都应采用有利于劳动者的安全和健康的先进工艺和技术。劳动安全卫生设施与主体工程同时设计、同时施工、同时投产。

2. 安全技术措施编制

详见本章第五节《安全技术措施》。

3. 安全技术交底

详见本章第六节《安全技术交底》。

4. 总包对分包的进场安全总交底

为了贯彻“安全第一、预防为主”的方针，保护国家、企业的财产免遭损失，保障职工的生命安全和身体健康，保障施工生产的顺利进行，各施工单位必须认真执行以下要求：

(1) 贯彻执行国家、行业的安全生产、劳动保护和消防工作的各类法规、条例、规定；遵守企业的各项安全生产制度、规定及要求。

(2) 分包单位要服从总包单位的安全生产管理。分包单位的负责人必须对本单位职工进行安全生产教育，以增强法制观念和提高职工的安全意识及自我保护能力，自觉遵守安全生产六大纪律、安全生产制度。

(3) 分包单位应认真贯彻执行工地的分部分项、分工种及施工安全技术交底要求。分包单位的负责人必须检查具体施工人员落实情况，并进行经常性的督促、指导，确保施工安全。

(4) 分包单位的负责人应对所属施工及生活区域的施工安全、文明施工等各方面工作全面负责。分包单位负责人离开现场，应指定专人负责，办理书面委托管理手续。分包单位负责人和被委托负责管理的人员，应经常检查督促本单位职工自觉做好各方面工作。

(5) 分包单位应按规定，认真开展班组安全活动。施工单位负责人应定期参加工地、班组的安全活动，以及安全、防火、生活卫生等检查，并做好检查活动的有关记录。

(6) 分包单位在施工期间必须接受总包方的检查、督促和指导。同时总包方应协助各施工单位搞好安全生产、防火管理。对于查出的隐患及问题，各施工单位必须限期整改。

(7) 分包单位对各自所处的施工区域、作业环境、安全防护设施、操作设施设备、工具用具等必须认真检查，发现问题和隐患，立即停止施工，落实整改。如本单位无能力落实整改的，应及时向总包汇报，由总包协调落实有关人员进行整改，分包单位确认安全后，方可施工。

(8) 由总包提供的机械设备、脚手架等设施，在搭设、安装完毕交付使用前，总包必须会同有关分包单位共同按规定验收，并做好移交使用的书面手续，严禁在未经验收或验收不合格的情况下投入使用。

(9) 分包单位与总包单位如需相互借用或租赁各种设备以及工具的，应由双方有关人员办理借用或租赁手续，制订有关安全使用及管理制度。借出单位应保证借出的设备和工具完好并符合要求，借入单位必须进行检查，并做好书面移交记录。

(10) 分包单位对于施工现场的脚手架、设施、设备的各种安全防护设施、保险装置、安全标志和警告牌等不得擅自拆除、变动，如确需拆除变动的，必须经总包施工负责人和安全管理人员的同意，并采取必要、可靠的安全措施后方能拆除。

(11) 特种作业及中、小型机械的操作人员，必须按规定经有关部门培训、考核合格后，持有效证件上岗作业。起重吊装人员必须遵守“十不吊”规定，严禁违章、无证操作，严禁不懂电气、机械设备的人员擅自操作使用电气、机械设备。

(12) 各施工单位必须严格执行防火防爆制度，易燃易爆场所严禁吸烟及动用明火，消防器材不准挪作他用。电焊、气割作业应按规定办理动火审批手续，严格遵守“十不烧”规定，严禁使用电炉。冬期施工如必须采用明火加热的防冻措施时，应取得总包防火主管人员同意，落实防火、防中毒措施，并指派专人值班看护。

(13) 分包单位需用总包提供的电气设备时，在使用前应先进行检测，如不符合安全使用规定的，应及时向总包提出，总包应积极落实整改，整改合格后方准使用，严禁擅自乱拖乱拉私接电气线路及电气设备。

(14) 在施工过程中，分包单位应注意地下管线及高、低压架空线和通信设施、设备的保护。总包应将地下管线及障碍物情况向分包单位详细交底，分包单位应贯彻交底要求，如遇有问题或情况不明时要采取停止施工的保护措施，并及时向总包汇报。

(15) 贯彻“谁施工谁负责安全、防火”的原则。分包单位在施工期间发生各类事故，应及时组织抢救伤员、保护现场，并立即向总包方和自己的上级单位和有关部门报告。

(16) 按工程特点进行针对性交底。

五、外施队安全生产管理

1. 不得使用未经劳动部门审核的外施队。

2. 对外施队人员要严格进行安全生产管理，保障外施队人员在生产过程中的安全和健康。

3. 外施队长必须申请办理《施工企业安全资格认可证》。各用工单位应监督、协助外施队办理“认可证”，否则视同无安全资质处理。

4. 依照“管生产必须管安全”的原则，外施队必须明确一名领导做为本队安全生产负责人，主管本队日常的安全生产管理工作。50人以下的外施队，应设一名兼职安全员，50人以上的外施队应设一名专职安全员。用工单位要负责对外施队专（兼）职安全员进行安全生产业务培训考核，对合格者签发《安全生产检查员》证。外施队专（兼）职安全员应持证上岗，纠正本队违章行为。

5. 外施队要保证人员相对稳定，确需增加或调换人员时，外施队领导必须事先提出计划，报请有关领导和部门审核。增加或调换的人员按新入场人员进行三级安全教育。凡未经同意擅自增加或调换人员，未经安全教育考试上岗作业者，一经发现，追究有关部门和外施队领导责任。

6. 外施队领导必须对本队人员进行经常性的安全生产和法制教育，必须服从用工单位各级安全管理人员的监督指导。用工单位各级安全管理人员有权按照规章制度，对违章冒险作业人员进行经济处罚，停工整顿，直到建议清退出场。用工单位应认真研究安全管理人员的建议，对决定清退出场的外施队，用工单位必须及时上报集团总公司安全施工管理处和劳动力调剂服务中心，劳务部门当年不得再与该队签订用工协议，也不得将其转移到其他单位，若发现因外施队严重违章应清退出场而未清退或转移到集团其他单位的，则追究有关人员责任。

7. 外施队自身必须加强安全生产教育，提高技术素质和安全生产的自我保护意识，认真执行班前安全讲话制度，建立每周一次安全生产活动日制度。讲评一周安全生产情况，学习有关安全生产规章制度，研究解决存在不安全隐患的情况，表彰好人好事，批评违章行为，组织观看安全生产录像等。并做好活动记录。

8. 外施队领导和专（兼）职安全员必须每日上班前对本队的作业环境，设施设备的安全状态进行认真的检查，对检查发现的隐患，应本着凡是自己能解决的，不推给上级领导，立即解决。凡是检查发现的重大隐患，必须立即报告项目经理部安全管理员的原则。

9. 外施队领导和专（兼）职安全员应在本队人员作业过程中巡视检查，随时纠正违章行为，解决作业中人为形成的隐患。下班前对作业中使用的设施设备进行检查，确认机电是否拉闸断电，用火是否熄灭，活完料净场地清，确认无误，方准离开现场。

10. 凡违反有关规定，使用未办理《施工企业安全资格认可证》、未经注册登记、无用工手续的外施队或对外施队没有进行三级安全教育，安全部门有权对用工单位和直接责任者进行经济处罚。造成严重后果，触犯刑法的，提交司法部门处理。

第三节 安全生产责任制

一、安全生产责任制的含义

安全生产责任制是各项安全管理制度的核心，是企业岗位责任制的一个重要组成部分，是企业安全管理中最基本的制度，是保障安全生产的重要组织措施。

安全生产责任制是根据“管生产必须管安全”、“安全生产，人人有责”的原则，明确规定各级领导、各职能部门、岗位、各工种人员在生产活动中应负的安全职责的管理制度。

二、建立和实施安全生产责任制的目的

1. 建立和健全以安全生产责任制为中心的各项安全管理制度，是保障施工项目安全生产的重要组织手段。没有规章制度，就没有准绳，无章可循就容易出问题。安全生产是关系到施工企业全员、全方位、全过程的一件大事，因此，必须制定具有制约性的安全生产责任制。

2. 建立和实施安全生产责任制，就能把安全与生产从组织领导上统一起来，把管生产必须管安全的原则从制度上固定下来，从而增强了各级管理人员的安全责任心，使安全管理纵向到底、横向到边。专管成线，群管成网，责任明确，协调配合，共同努力，真正

把安全生产工作落到实处。

三、企业领导安全生产责任

1. 企业法人代表

(1) 认真贯彻执行国家有关安全生产的方针政策和法规、规范，掌握本企业安全生产动态，定期研究安全工作，对本企业安全生产负全面领导责任。

(2) 领导编制和实施本企业中、长期整体规划及年度、特殊时期安全工作实施计划。建立健全和完善本企业的各项安全生产管理制度及奖惩办法。

(3) 建立健全安全生产的保证体系，保证安全技术措施经费的落实。

(4) 领导并支持安全管理人员或部门的监督检查工作。

(5) 在事故调查组的指导下，领导、组织本企业有关部门或人员，做好特大、重大伤亡事故调查处理的具体工作，监督防范措施的制定和落实，预防事故重复发生。

2. 企业技术负责人（总工程师）

(1) 贯彻执行国家和上级的安全生产方针、政策，协助法定代表人做好安全方面的技术领导工作，在本企业施工安全生产中负技术领导责任。

(2) 领导制定年度和季节性施工计划时，要确定指导性的安全技术方案。

(3) 组织编制和审批施工组织设计、特殊复杂工程项目或专业性工程项目施工方案时，应严格审查是否具备的安全技术措施及其可行性，并提出决定性意见。

(4) 领导安全技术攻关活动，确定劳动保护研究项目，并组织鉴定验收。

(5) 对本企业使用的新材料、新技术、新工艺从技术上负责，组织审查其使用和实施过程中的安全性，组织编制或审定相应的操作规程，重大项目应组织安全技术交底工作。

(6) 参加特大、重大伤亡事故的调查，从技术上分析事故原因，制定防范措施。

3. 企业主管生产负责人

(1) 协助法定代表人认真贯彻执行安全生产方针、政策、法规，落实本企业各项安全生产管理制度，对本企业安全生产工作负直接领导责任。

(2) 组织实施本企业中长期、年度、特殊时期安全工作规划、目标及实施计划，组织落实安全生产责任制。

(3) 参与编制和审核施工组织设计、特殊复杂工程项目或专业性工程项目施工方案。审批本企业工程生产建设项目中的安全技术管理措施，制定施工生产中安全技术措施经费的使用计划。

(4) 领导组织本企业的安全生产宣传教育工作，确定安全生产考核指标。领导、组织外包工队长的培训、考核与审查工作。

(5) 领导组织本企业定期和不定期的安全生产检查，及时解决施工中的不安全生产问题。

(6) 认真听取、采纳安全生产的合理化建议，保证本企业安全生产保障体系的正常运转。

(7) 在事故调查组的指导下，组织特大、重大伤亡事故的调查、分析及处理中的具体工作。

四、项目管理人员安全生产责任

1. 项目经理

(1) 对合同工程项目生产经营过程中的安全生产负全面领导责任。

(2) 贯彻落实安全生产方针、政策、法规和各项规章制度，结合项目特点及施工全过程的情况，制定本工程项目各项安全生产管理办法，或有针对性的安全管理要求，并监督其实施。

(3) 在组织工程项目业务承包，聘用业务人员时，必须本着安全工作只能加强的原则，根据工程特点确定安全工作的管理体制和人员，并明确各业务承包人的安全责任和考核指标，严格履行安全考核指标和安全生产奖惩办法，支持、指导安全管理人员的工作。

(4) 健全和完善用工管理手续，录用外包队必须及时向有关部门申报，严格用工制度与管理，适时组织上岗安全教育，要对外包工队的健康与安全负责，加强劳动保护工作。

(5) 组织落实施工组织设计中的安全技术措施，组织并监督工程项目施工中安全技术措施审批制度、安全技术交底制度和设备、设施交接验收使用制度的实施。

(6) 领导、组织施工现场定期的安全生产检查，发现施工生产中不安全问题，组织制定措施，及时解决。对上级提出的安全生产与管理方面的问题，要定时、定人、定措施予以解决。

(7) 发生事故，及时上报，保护好现场，做好抢救工作，积极组织配合事故的调查，认真落实总结预防措施，吸取事故教训。

2. 项目工程技术负责人（项目总工程师）

(1) 对工程项目生产经营中的安全生产负技术领导责任。

(2) 贯彻、落实安全生产方针、政策，严格执行安全技术规程、规范、标准。结合本工程项目特点，主持项目的安全技术交底。

(3) 参加或组织编制施工组织设计，编制、审查施工方案时，要制定、审查安全技术措施，保证其可行性与针对性，并随时检查、监督落实工作。

(4) 主持制定技术措施计划和季节性施工方案的同时，制定相应的安全技术措施并监督执行。及时解决执行中出现的问题。

(5) 工程项目应用新材料、新技术、新工艺，要及时上报，经批准后方可实施。同时要组织上岗人员的安全技术培训、教育。认真执行相应的安全技术措施与安全操作规程，预防施工中因化学物品引起的火灾、中毒或其新工艺实施中可能造成的事故。

(6) 主持安全防护设施和设备的验收。发现设备、设施的不正常情况应及时采取措施。严格控制不合标准要求的防护设备、设施投入使用。

(7) 参加安全生产检查，对施工中存在的不安全因素，从技术方面提出整改意见和办法予以消除。

(8) 参加、配合因工伤亡及重大未遂事故的调查，从技术上分析事故原因，提出防范措施、意见。

3. 安全员

(1) 认真执行安全生产规章制度，不违章指导。

(2) 落实施工组织设计中的各项安全技术措施。

(3) 经常进行安全检查，消除事故隐患，制止违章作业。

(4) 对员工进行安全技术和安全纪律教育。

(5) 发生工伤事故及时报告，并认真分析原因，提出和落实改进措施。

4. 工长、施工员

(1) 认真执行上级有关安全生产规定，对所管辖班组（特别是外包工队）的安全生产负直接领导责任。

(2) 认真执行安全技术措施及安全操作规程，针对生产任务特点，向班组（包括外包队）进行书面安全技术交底，履行签认手续，并对规程、措施、交底要求执行情况经常检查，随时纠正作业违章。

(3) 经常检查所辖班组（包括外包队）作业环境及各种设备、设施的安全状况，发现问题及时纠正解决。对重点、特殊部位施工，必须检查作业人员及各种设备设施技术状况是否符合安全要求，严格执行安全技术交底，落实安全技术措施，并监督其执行，做到不违章指挥。

(4) 定期和不定期组织所辖班组（包括外包队）学习安全操作规程，开展安全教育活动，教育工人不违章作业。接受安全部门或人员的安全监督检查，及时解决提出的不安全问题。

(5) 对分管工程项目应用的新材料、新工艺、新技术严格执行申报、审批制度，发现问题，及时停止使用，并上报有关部门或领导。

(6) 发生因工伤亡及未遂事故要保护现场，立即上报。

5. 班组长

(1) 严格执行安全生产规章制度及安全操作规程，合理安排班组人员工作，对本班组人员在生产中的安全和健康负责。

(2) 经常组织班组人员学习安全操作规程，监督班组人员正确使用个人劳保用品，不断提高自保能力。

(3) 安排生产任务时要认真进行安全技术交底，有权拒绝违章指挥，也不违章指挥、冒险蛮干。

(4) 岗前要对所使用的机具、设备、防护用具及作业环境进行安全检查，发现问题立即采取改进措施，及时消除事故隐患，并上报有关领导。

(5) 组织班组开展安全活动，开好班前安全生产会，做好收工前的安全检查，坚持每周安全讲评工作。

(6) 认真做好新工人的岗位教育。

(7) 发生因工伤亡及未遂事故要立即组织抢救，保护好现场，立即上报有关领导。

6. 分包单位（队）负责人

(1) 认真执行安全生产的各项法规、规定、规章制度及安全操作规程，合理安排班组人员工作，对该项目本单位（队）人员在施工生产中的安全和健康负责。

(2) 按制度严格履行各项劳务用工手续，做好本单位（队）人员的岗位安全培训，经常组织学习安全操作规程，监督员工遵守劳动、安全纪律，做到不违章指挥，制止违章作业。

(3) 必须保持本单位（队）人员的相对稳定，人员需要变更时，须事先向有关部门申报，批准后新来人员应按规定办理各种手续，并经入场和上岗安全教育后方准上岗。

(4) 根据上级的交底向本单位（队）各工种进行详细的书面安全交底，针对当天任务、作业环境等情况，做好班前安全讲话，监督其执行情况，发现问题，及时纠正、解决。

(5) 定期和不定期组织检查本单位（队）人员作业现场安全生产状况，发现问题，及时纠正，重大隐患应立即上报有关领导。

(6) 发生因工伤亡及未遂事故，保护好现场，做好伤者抢救工作，并立即上报有关领导。

7. 工人

(1) 认真学习并严格执行安全技术操作规程，自觉遵守安全生产规章制度。

(2) 积极参加安全活动，认真执行安全交底，不违章作业，服从安全人员的指导。

(3) 发扬团结友爱精神，在安全生产方面做到互相帮助、互相监督。对新工人要积极传授安全生产知识。维护一切安全设施和防护用具，做到正确使用，不擅自拆改。

(4) 对不安全作业要敢于提出意见，并有权拒绝违章指令。

(5) 发生因工伤亡及未遂事故，要保护好现场，并立即上报有关领导。

五、各职能部门安全生产责任

1. 生产计划部门

(1) 在编制年、季、月生产计划时，必须树立"安全第一"的思想，组织均衡生产，保障安全工作与生产任务协调一致。对改善劳动条件、预防伤亡事故的项目必须视同生产任务，纳入生产计划优先安排，在检查生产计划完成情况时，一并检查。对施工中重要的安全防护设施、设备的实施工作（如支拆脚手架、安全网等）也要纳入计划，列为正式工序，给予时间保证。

(2) 在检查生产计划实施情况同时，要检查安全措施项目的执行情况。

(3) 坚持按合理施工顺序组织生产，要充分考虑职工的劳逸结合，认真按施工组织设计组织施工。

(4) 在生产任务与安全保障发生矛盾时，必须优先安排解决安全工作的实施。

2. 技术部门

(1) 认真学习、贯彻执行国家和上级有关安全技术及安全操作规程规定，保障施工生产中的安全技术措施的制定与实施。

(2) 在编制和审查施工组织设计和方案的过程中，要在每个环节中贯穿安全技术措施，对确定后的方案，若有变更，应及时组织修订。

(3) 检查施工组织设计和施工方案中安全措施的实施情况，对施工中涉及安全方面的技术性问题，提出解决办法。

(4) 对新技术、新材料、新工艺，必须制定相应的安全技术措施和安全操作规程。

(5) 对改善劳动条件，减轻笨重体力劳动，消除噪声、治理尘毒危害等方面的治理情况进行研究，负责制定技术措施。

(6) 参加伤亡事故和重大已、未遂事故中技术性问题的调查，分析事故原因，从技术上提出防范措施。

(7) 会同劳动、教育部门编制安全技术教育计划，对职工进行安全技术教育。

3. 安全管理部门

(1) 贯彻执行国家安全生产和劳动保护方针、政策、法规、条例及企业的规章制度。

(2) 做好安全生产的宣传教育和管理工作，总结交流推广先进经验。

(3) 经常深入基层，指导下级安全技术人员的工作，掌握安全生产情况，调查研究生产中的不安全问题，提出改进意见和措施。

(4) 组织安全活动和定期安全检查，及时向上级领导汇报安全情况。

(5) 参加审查施工组织设计（施工方案）和编制安全技术措施计划，并对贯彻执行情况进行督促检查。

(6) 与有关部门共同做好新员工、转岗工人、特种作业人员的安全技术训练、考核、发证工作。

(7) 进行工伤事故统计、分析和报告，参加工伤事故的调查和处理。

(8) 制止违章指挥和违章作业，遇有严重险情，有权暂停生产，并报告领导处理。

(9) 对违反安全生产和劳动保护法规的行为，经说服劝阻无效时，有权越级上告。

4. 机械动力部门

(1) 对机、电、起重设备、锅炉、受压容器及自制机械设施的安全运行负责，按照安全技术规范经常进行检查，并监督各种设备的维修、保养的进行。

(2) 对设备的租赁要建立安全管理制度，确保租赁设备完好、安全可靠。

(3) 对新购进的机械、锅炉、受压容器及大修、维修、外租回厂后的设备必须严格检查和把关，新购进的要有出厂合格证及完整的技术资料，使用前制定安全操作规程，组织专业技术培训，向有关人员交底，并进行鉴定验收。

(4) 参加施工组织设计、施工方案的会审，提出涉及安全的具体意见，同时负责督促下级落实，保证实施。

(5) 对严重危及职工安全的机械设备，应会同技术部门提出技术改进措施，并付诸实施。

(6) 对特种作业人员定期培训、考核，制止无证上岗。

(7) 参加因工伤亡及重大未遂事故的调查，从事故设备方面，认真分析事故原因，提出处理意见，制定防范措施。

5. 劳动、劳务部门

(1) 对职工（含外包队工）进行定期的教育考核，将安全技术知识列为工人培训、考工、评级内容之一，对招收新工人（含外包队工）要组织入厂教育和资格审查，保证提供的人员具有一定的安全生产素质。

(2) 严格执行国家特种作业人员上岗作业的有关规定，适时组织特种作业人员的培训工作，并向安全部门或主管领导通报情况。

(3) 认真落实国家和地方政府有关劳动保护的法规，严格执行有关人员的劳动保护待遇，并监督实施情况。

(4) 负责对劳动保护用品发放标准的执行情况进行监督检查，并根据上级有关规定，修改和制定劳保用品发放标准实施细则。

(5) 对违反劳动纪律，影响安全生产者应加强教育，经说服无效或屡教不改的应提出处理意见。

(6) 参加因工伤亡事故的调查，从用工方面分析事故原因，提出防范措施，并认真执行对事故责任者（工人）的处理决定，并将处理材料归档。

6. 材料采购部门

(1) 凡购置的各种机、电设备，脚手架，新型建筑装饰、防水等料具或直接用于安全防护的料具及设备，必须执行国家、市有关规定，必须有产品介绍或说明的资料，严格审查其产品合格证明材料，必要时做抽样试验，回收后必须检修。

(2) 采购的劳动保护用品，必须符合国家标准及相关规定，并向主管部门提供情况，接受对劳动保护用品的质量监督检查。

(3) 负责采购、保管、发放和回收劳动保护用品，并向本单位劳动部门提供使用情况。

(4) 做好材料堆放和物品储存，对物品运输应加强管理，保证安全。

(5) 把批准的安全设施所用的材料应纳入计划，及时供应。

(6) 对所属员工经常进行安全意识和纪律教育。

7. 财务部门

(1) 根据本企业实际情况及企业安全技术措施经费的需要，按计划及时提取安全技术措施经费、劳保保护经费、安全教育所需宣传费用及其他安全生产所需经费，保证专款专用。

(2) 按照国家对劳动保护用品的有关标准和规定，负责审查购置劳动保护用品的合法性，保证其符合标准。

(3) 协助安全主管部门办理安全奖、罚的手续。

8. 人事部门

(1) 根据国家有关安全生产的方针、政策及企业实际，配备具有一定文化程度、技术和实践经验的安全干部，保证安全干部的素质。

(2) 会同有关部门对施工、技术、管理人员进行遵章守纪教育。

(3) 按照国家规定，负责审查安全管理人员资格，有权向主管领导建议调整和补充安全监督管理人员。

(4) 参加因工伤亡事故的调查，认真执行对事故责任者的处理决定，并将处理材料归档。

9. 消防保卫部门

(1) 贯彻执行国家有关消防保卫的法规、规定，协助领导做好消防保卫工作。

(2) 制定年、季消防保卫工作计划和消防安全管理制度，并对执行情况进行监督检查，参加施工组织设计、方案的审批，提出具体建议并监督实施。

(3) 经常对职工进行消防安全教育，会同有关部门对特种作业人员进行消防安全考核。

(4) 组织消防安全检查，督促有关部门对火灾隐患进行解决。

(5) 负责调查火灾事故的原因，提出处理意见。

(6) 参加新建、改建、扩建工程项目的设计、审查和竣工验收。

(7) 负责施工现场的保卫，对新招收人员需进行暂住证等资格审查，并将情况及时通知安全管理部门。

(8) 对已发生的重大事故，会同有关部门组织抢救，查明性质；对性质不明的事故要参与调查；对破坏和破坏嫌疑事故负责追查处理。

10. 教育部门

(1) 组织与施工生产有关的学习班时，要安排安全生产教育课程。

(2) 将安全教育纳入职工培训教育计划，负责组织职工的安全技术培训和教育。

11. 行政卫生部门

(1) 配合有关部门，负责对职工进行体格普查，对特种作业人员要定期检查，提出处理意见。

(2) 监测有毒有害作业场所的尘毒浓度，做好职业病预防工作。

(3) 正确使用防暑降温费用，保证清凉饮料的供应及卫生。

(4) 负责本企业食堂（含现场临时食堂）的管理工作，搞好饮食卫生，预防疾病和食物中毒的发生。对冬季取暖火炉的安装、使用进行监督检查，防止煤气中毒。

(5) 经常对本部门人员开展安全教育，对机电设备和机具要指定专人负责并定期检查维修。

(6) 对施工现场大型生活设施的建、拆，要严格执行有关安全规定，不违章指挥、违章作业。

(7) 发生工伤事故要及时上报并积极组织抢救、治疗，并向事故调查组提供伤势情况，负责食物中毒事故的调查与处理，提出防范措施。

12. 基建部门

(1) 在组织本企业的新建、改建、扩建工程项目的设计、施工、验收时，必须贯彻执行国家和地方有关建筑施工的安全法规和规程。

(2) 自行组织施工的，施工前应按照施工程序编制安全技术措施，审查外包施工的承包单位资质等级是否符合施工的等级范围，提出施工安全要求，并督促检查落实。

13. 宣传部门

(1) 大力宣传党和国家的安全生产方针、政策、法令，教育职工树立安全第一的思想。

(2) 配合各种安全生产竞赛等活动，做好宣传鼓动工作。

(3) 及时总结报道安全生产的先进事迹和好人好事。

六、总包与分包单位安全生产责任

1. 总包单位安全生产责任

在几个施工单位联合施工实行总承包制度时，总包单位要统一领导和管理分包单位的安全生产，其责任有：

(1) 审查分包单位的安全生产保证体系与条件，对不具备安全生产条件的，不得发包工程。

(2) 对分包的工程，承包合同要明确安全责任。

(3) 对外包单位工人承担的工程要做详细的安全交底，提出明确的安全要求，并认真监督检查。

(4) 对违反安全规定冒险蛮干的分包单位，要勒令停产。

(5) 凡总包单位产值中包括外包单位完成的产值的，总包单位要统计上报外包单位的伤亡事故，并按承包合同的规定，处理外包单位的伤亡事故。

2. 分包单位安全生产责任

(1) 分包单位行政领导对本单位的安全生产工作负责，认真履行承包合同规定的安全生产责任。

(2) 认真贯彻执行国家和当地政府有关安全生产的方针、政策、法规、规定。

(3) 服从总包单位关于安全生产的指挥，执行总包单位有关安全生产的规章制度。

(4) 及时向总包单位报告伤亡事故，并按承包合同的规定调查处理伤亡事故。

第四节　施工现场安全生产基本要求

一、新工人安全生产须知

1. 新工人进入工地前必须认真学习本工种安全技术操作规程。未经安全知识教育和培训，不得进入施工现场操作。

2. 进入施工现场，必须戴好安全帽，扣好帽带。

3. 在没有防护设施的2m高处，悬崖和陡坡施工作业必须系好安全带。

4. 高空作业时，不准往下或向上抛材料和工具等物件。

5. 不懂电器和机械的人员，严禁使用和摆弄机电设备。

6. 建筑材料和构件要堆放整齐稳妥，不要过高。

7. 危险区域要有明显标志，要采取防护措施，夜间要设红灯示警。

8. 在操作中，应坚守工作岗位，严禁酒后操作。

9. 特殊工种（电工、焊工、司炉工、爆破工、起重及打桩司机和指挥、架子工、各种机动车辆司机等）必须经过有关部门专业培训考试合格发给操作证，方准独立操作。

10. 施工现场禁止穿拖鞋、高跟鞋、赤脚和易滑、带钉的鞋和赤膊操作。

11. 施工现场的脚手架、防护设施、安全标志、警告牌、脚手架连接铅丝或连接件不得擅自拆除，需要拆除必须经过加固后经施工负责人同意。

12. 施工现场的洞、坑、井架、升降口、漏斗等危险处，应有防护措施并有明显标志。

13. 任何人不准向下、向上乱丢材料、物、垃圾、工具等。不准随意开动一切机械。操作中思想要集中，不准开玩笑，做私活。

14. 不准坐在脚手架防护栏杆上休息和在脚手架上睡觉。

15. 手推车装运物料，应注意平稳，掌握重心，不得猛跑或撒把溜放。

16. 拆下的脚手架、钢模板、轧头或木模、支撑要及时整理，圆钉要及时拔除。

17. 砌墙斩砖要朝里斩，不准朝外斩。防止碎砖堕落伤人。

18. 工具用好后要随时装入工具袋。

19. 不准在井架内穿行；不准在井架提升后不采取安全措施到下面去清理砂浆、混凝土等杂物；不准吊篮久停空中；下班后吊篮必须放在地面处，且切断电源。

20. 脚手架上霜、雪、泥等要及时清扫。

21. 脚手板两端间要扎牢，防止探头板。

22. 脚手架超载危险：

砌筑脚手架施工均布荷载每平方米不得超过3kN，即在脚手架上堆放标准砖不得超过单行侧放三皮高；20孔多孔砖不得超过单行侧放四皮高；非承重三孔砖不得超过单行平放五皮高。只允许二排脚手架上同时堆放。

脚手架连接物拆除危险。

坐在防护栏杆上休息危险。

搭、拆脚手架，井字架不系安全带危险。

23. 单梯上部要扎牢，下部要有防滑措施；挂梯上部要挂牢，下部要绑扎。

24. 人字梯中间要扎牢，下部要有防滑措施，不准人坐在上面，骑马式移动。

25. 高处：

从事高处作业的人员，必须身体健康，患有高血压、贫血症、严重心脏病、精神症、癫痫病、深度近视眼在500度以上人员，以及经医生检查认为不适合高空作业的人员，不得从事高空作业。对井架，起重工等从事高空作业的工种人员要每年体格检查一次。

（1）在平台、屋檐口操作时，面部要朝外，系好安全带。

（2）高处作业不要用力过猛，防止失去平衡而坠落。

（3）在平台等处拆木模撬棒要朝里，不要向外，防止人向外坠落。

（4）遇有暴雨、浓雾和六级以上的强风应停止室外作业。

（5）夜间施工必须要有充分的照明。

二、施工现场安全管理目标

施工现场应对安全工作制定工作目标。安全管理目标主要包括：

1. 伤亡事故控制目标：杜绝死亡、避免重伤，一般事故应有控制指标。

2. 安全达标目标：根据工程特点，按部位制定安全达标的具体目标。

3. 文明施工实现目标：根据作业条件的要求，制定文明施工的具体方案和实现文明工地的目标。

对制定的安全管理目标，应根据安全责任目标的要求，按专业管理将目标分解到人。将目标的责任目标及责任人的执行情况与经济挂钩，每个月根据具体的责任分析和考核办法进行考核，记录考核结果并兑现。

三、安全生产六大纪律

作为安全管理人员，必须牢记并模范遵守安全生产六大纪律。

1. 进入现场必须戴好安全帽，扣好帽带；并正确使用个人劳动防护用品。

2. 2m以上的高处、悬空作业，无安全设施的，必须戴好安全帽，扣好保险钩。

3. 高处作业时，不准往下或向上乱抛材料和工具等物件。

4. 各种电动机械设备必须有可靠有效的安全接地和防雷装置，方能开动使用。

5. 不懂电气和机械的人员，严禁使用和玩弄机电设备。

6. 吊装区域非操作人员严禁入内，吊装机械设备必须完好，把杆垂直下方不准站人。

四、建筑施工“五大伤害”

建筑施工属事故多发行业。建筑施工的特点：是生产周期长，工人流动性大，露天高处作业多，手工操作多，劳动繁重，产品变化大，规则性差，施工机械品种繁多等，且是动态变化，具有一定的危险性。而建筑施工的不安全隐患也多存在于高处作业、交叉作业、垂直运输以及使用各种电气设备工具上，综合分析伤亡事故主要发生在高处坠落、施工坍塌、物体打击、机具伤害和触电等五个方面。

建设部发布的《全国建筑施工安全生产形势分析报告（2005年度）》显示，施工事故类型仍以“五大伤害”为主，占事故总数的88%以上。

高处坠落、施工坍塌、物体打击、机具伤害和触电等事故，死亡人数分别占全部事故死亡人数的45.52%、18.61%、11.82%、5.87%、6.54%，共占全部事故死亡人数的88.36%。从事故发生的部位看，在临边洞口处作业发生的伤亡事故死亡人数占总数的19.20%；在各类脚手架上作业发生事故的死亡人数占总数的12.66%；安装、拆卸塔吊事故死亡人数占总数的10.06%；安装、拆除龙门架（井字架）物料提升机事故死亡人数占总数的8.38%。

如能采取措施消除这“五大伤害”，建筑施工伤亡事故将大幅度下降。所以，这“五大伤害”也就是建筑施工安全技术要解决的主要问题。

五、安全常识

1. 反对“三违”

员工遵章守纪，是实现安全生产的基础。员工在生产过程中，不仅要有熟练的技术，而且必须自觉遵守各项操作规程和劳动纪律，远离“三违”。即违章指挥、违章操作、违反劳动纪律。

2. “三宝”、“四口”、临边

“三宝”指安全帽、安全带、安全网的正确使用；

“四口”指楼梯口、电梯井口、预留洞口、通道口；

临边通常指尚未安装栏杆或栏板的阳台周边、无外脚手架防护的楼面与屋面周边、分层施工的楼梯与楼梯段边、井架、施工电梯或外脚手架等通向建筑物的通道的两侧边、框架结构建筑的楼层周边、斜道两侧边、卸料平台外侧边、雨篷与挑檐边、水箱与水塔周边等处。

3. 三级安全教育

三级安全教育是每个刚进企业的新员工（包括新招收的合同工、临时工、学徒工、农民工、大中专毕业实习生和代培人员）必须接受的首次安全生产方面的基本教育。即公司（即企业）、项目（或工程处、施工队、工区）、班组这三级。

4. 三不伤害

施工现场每一个操作人员和管理人员都要增强自我保护意识，切实做到“不伤害自己，不伤害他人，不被他人伤害”。同时也要对安全生产自觉负起监督的责任，做到“我保护他人不受伤害”，才能达到开展全员安全教育活动的目的。

5. “三落实”活动

即施工班组的每周安全活动要做到时间、人员、内容“三落实”。

6.“三懂三会”能力

即懂得本岗位和部门有什么火灾危险性，懂得灭火知识，懂得预防措施；会报火警，会使用灭火器材，会处理初起火灾。

六、基本术语

1. 安全生产

为预防生产过程中发生事故而采取的各种措施和活动。

2. 安全生产条件

满足安全生产的各种因素及其组合。

3. 安全生产业绩

在安全生产过程中产生的可测量的结果。

4. 安全生产能力

安全生产条件和安全生产业绩的组合。

5. 危险源

可能导致死亡、伤害、职业病、财产损失、工作环境破坏或这些情况组合的根源或状态。

6. 事故

造成死亡、伤害、职业病、财产损失、工作环境破坏或超出规定要求的不利环境影响的意外情况或事件的总称。

7. 隐患

未被事先识别可导致事故的危险源和不安全行为及管理上的缺陷。

8. 安全生产保证体系

对项目安全风险和不利环境影响的管理系统。

9. 劳动强度

劳动的繁重和紧张程度的总和。

10. 特种设备

由国家认定的，因设备本身和外在因素的影响容易发生事故，并且一旦发生事故造成人身伤亡及重大经济损失的危险性较大的设备。

11. 特种作业

由国家认定的，对操作者本人及其周围人员和设施的安全可能成为重大危险因素的作业。

12. 特种工种

从事特种作业人员岗位类别的统称。

13. 特种劳动保护用品

由国家认定的，在易发生伤害及职业危害的场合，供职工穿戴或使用的劳动防护用品。

14. 有害物质

化学的、物理的、生物的等能危害职工健康的所有物质的总称。

15. 起因物

导致事故发生的物体物质。

16. 有毒物质

作用于生物体。能使机体发生暂时或永久性病变，导致疾病甚至死亡的物质。

17. 危险因素

能对人造成伤亡或对物造成突发性损坏的因素。

18. 有害因素

能影响人的身体健康，导致疾病或对物造成慢性损坏的因素。

19. 有害作业：

作业环境中有害物质的浓度、剂量超过国家卫生标准中该物质最高允许值的作业。

20. 有尘作业

作业场所空气中粉尘含量超过国家卫生标准中粉尘的最高容许值的作业。

21: 有毒作业

作业场所空气中有毒物质含量超过国家卫生标准中有毒物质的最高容许浓度的作业。

22. 防护措施

为避免职工在作业时，身体的某部位误入危险区域或接触有害物质而采取的隔离、屏蔽、安全距离、个人防护等措施或手段。

23. 个人防护用品

为使职工在职业活动过程中，免遭或减轻事故和职业危害因素的伤害而提供的个人穿戴用品。

同义词：劳动防护用品。

24. 安全认证

由国家授权的机构，依法对特种设备，特种作业场所、特种劳动防护用品的安全卫生性能，以及对特种作业人员的资格等进行考核、认可并颁发凭证。

25. 职业安全

以防止职工在职业活动过程中发生各种伤亡事故为目的的工作领域及在法律、技术、设备、组织制度和教育等方面所采取的相应措施。

同义词：劳动安全。

26. 职业卫生

以职工的健康在职业活动过程中免受有害因素割害为目的的工作领域及在法律、技术设备、组织制度和教育等方面所采取的相应措施。

同名词：劳动卫生。

27. 女职工劳动保护

针对女职工在经期、孕期、产期、哺乳期等的生理特点，在工作任务分配和工作时间、工作分配等方面所进行的特殊保护。

28. 未成年工劳动保护

针对未成年工（已满16周岁、未满18周岁）的生理特点，在工作时间和工作分配等方面所进行的特殊保护。

29. 职业病

职工因受职业性有害因素的影响引起的，由国家以法规形式，并经国家指定的医疗机构确诊的疾病。

30. 职业禁忌

某些疾病（或某些生理缺陷），其患者如从事某种职业便会因职业性危害因素而使病情加重或易于发生事故，则称此疾病（或生理缺陷）为该职业的职业性禁忌。

31. 重大事故

会对职工、公众或环境以及生产设备造成即刻或延迟性严重危害的事故。

同义词：恶性事故。

32. 不安全行为

指能造成事故的人为错误。

33. 违章指挥

强迫职工违反国家法律、法规、规章制度或操作规程进行作业的行为。

34. 违章操作

职工不遵守规章制度冒险进行操作的行为。

35. 工作条件

职工在工作中的设施条件、工作环境、劳动强度和工作时间的总和。

同义词：劳动条件。

36. 工作环境

工作场所及周围空间的安全卫生状态和条件。

37. 致害物

指直接引起伤害及中毒的物体或物质。

38. 伤害方式

指致害物与人体发生接触的方式。

39. 不安全状态

指能导致事故发生的物质条件。

40. 不安全行为

指能造成事故的人为错误。

41. 轻伤

指损失工作日低于105日的失能伤害。

42. 重伤

指相当于表定损失工作日等于和超过105日的失能伤害。

43. 重大伤亡事故

指一次事故死亡1~2人的事故。

44. 特大伤亡事故

指一次事故死亡3人以上的事故（含3人）

七、十项安全技术措施

1. 按规定使用安全“三宝”。

2. 机械设备防护装置一定要齐全有效。

3. 塔吊等起重设备必须有限位保险装置，不准“带病”运转，不准超负荷作业，不准在运转中维修保养。

4. 架设电线线路必须符合当地电业局的规定，电气设备必须全部接零接地。

5. 电动机械和手持电动工具要设置漏电保护器。

6. 脚手架材料及脚手架的搭设必须符合规程要求。

7. 各种缆风绳及其设置必须符合规程要求。

8. 在建工程的楼梯口、电梯口、预留洞口、通道口，必须有防护设施。

9. 严禁赤脚或穿高跟鞋、拖鞋进入施工现场，高空作业不准穿硬底和带钉易滑的鞋靴。

10. 施工现场的悬崖、陡坎等危险地区应设警戒标志，夜间要设红灯示警。

八、施工现场行走或上下的“十不准”

1. 不准从正在起吊、运吊中的物件下通过。

2. 不准从高处往下跳或奔跑作业。

3. 不准在没有防护的外墙和外壁板等建筑物上行走。

4. 不准站在小推车等不稳定的物体上操作。

5. 不得攀登起重臂、绳索、脚手架、井字架、龙门架和随同运料的吊盘及吊装物上下。

6. 不准进入挂有“禁止出入”或设有危险警示标志的区域、场所。

7. 不准在重要的运输通道或上下行走通道上逗留。

8. 未经允许不准私自进入非本单位作业区域或管理区域，尤其是存有易燃易爆物品的场所。

9. 严禁在无照明设施，无足够采光条件的区域、场所内行走、逗留。

10. 不准无关人员进入施工现场。

九、防止违章和事故的十项操作要求

即做到“十不盲目操作”：

1. 新工人未经三级安全教育，复工换岗人员未经安全岗位教育，不盲目操作。

2. 特殊工种人员、机械操作工未经专门安全培训，无有效安全上岗操作证，不盲目操作。

3. 施工环境和作业对象情况不清，施工前无安全措施或作业安全交底不清，不盲目操作。

4. 新技术、新工艺、新设备、新材料、新岗位无安全措施，未进行安全培训教育、交底，不盲目操作。

5. 安全帽和作业所必须的个人防护用品不落实，不盲目操作。

6. 脚手、吊篮、塔吊、井字架、龙门架、外用电梯、起重机械、电焊机、钢筋机械、木工平刨、圆盘锯、搅拌机、打桩机等设施设备和现浇混凝土模板支撑、搭设安装后，未经验收合格，不盲目操作。

7. 作业场所安全防护措施不落实，安全隐患不排除，威胁人身和国家财产安全时，

不盲目操作。

8. 凡上级或管理干部违章指挥，有冒险作业情况时，不盲目操作。

9. 高处作业、带电作业、禁大区作业、易燃易爆作业、爆破性作业、有中毒或窒息危险的作业和科研实验等其他危险作业的，均应由上级指派，并经安全交底；未经指派批准、未经安全交底和无安全防护措施，不盲目操作。

10. 隐患未排除，有自己伤害自己，自己伤害他人，自己被他人伤害的不安全因素存在时，不盲目操作。

十、防止高处坠落、物体打击的十项基本安全要求

1. 高处作业人员必须着装整齐，严禁穿硬塑料底等易滑鞋、高跟鞋，工具应随手放入工具袋中。

2. 高处作业人员严禁相互打闹，以免失足发生坠落危险。

3. 在进行攀登作业时，攀登用具结构必须牢固可靠，使用必须正确。

4. 各类手持机具使用前应检查，确保安全牢靠。洞口临边作业应防止物件坠落。

5. 施工人员应从规定的通道上下，不得攀爬脚手架、跨越阳台，在非规定通道进行攀登、行走。

6. 进行悬空作业时，应有牢靠的立足点并正确系挂安全带；现场应视具体情况配置防护栏网、栏杆或其他安全设施。

7. 高处作业时，所有物料应该堆放平稳，不可放置在临边或洞口附近，并不可妨碍通行。

8. 高处拆除作业时，对拆卸下的物料、建筑垃圾都要加以清理和及时运走，不得在走道上任意乱置或向下丢弃，保持作业走道畅通。

9. 高处作业时，不准往下或向上乱抛材料和工具等物件。

10. 各施工作业场所内，凡有坠落可能的任何物料，都应先行撤除或加以固定，拆卸作业要在设有禁区、有人监护的条件下进行。

十一、防止机械伤害的“一禁、二必须、三定、四不准”

1. 一禁

不懂电器和机械的人员严禁使用和摆弄机电设备。

2. 二必须

(1) 机电设备应完好，必须有可靠有效的安全防护装置。

(2) 机电设备停电、停工休息时必须拉闸关机，按要求上锁。

3. 三定

(1) 机电设备应做到定人操作，定人保养、检查。

(2) 机电设备应做到定机管理、定期保养。

(3) 机电设备应做到定岗位和岗位职责。

4. 四不准

(1) 机电设备不准带病运转。

(2) 机电设备不准超负荷运转。

(3) 机电设备不准在运转时维修保养。

(4) 机电设备运行时，操作人员不准将头、手、身伸入运转的机械行程范围内。

十二、防止车辆伤害的十项基本安全要求

1. 未经劳动、公安交通部门培训合格持证人员，不熟悉车辆性能者不得驾驶车辆。

2. 应坚持做好例保工作，车辆制动器、喇叭、转向系统、灯光等影响安全的部件如作用不良不准出车。

3. 严禁翻斗车、自卸车车厢乘人，严禁人货混装，车辆载货应不超载、超高、超宽，捆扎碰牢固可靠、应防止车内物体失稳跌落伤人。

4. 乘坐车辆应坐在安全处，头、手、身不得露出车厢外，要避免车辆启动制动时跌倒。

5. 车辆进出施工现场，在场内掉头、倒车，在狭窄场地行驶时应有专人指挥。

6. 现场行车进场要减速，并做到"四慢"，即：道路情况不明要慢，线路不良要慢，起步、会车、停车要慢，在狭路、桥梁弯路、坡路、叉道、行人拥挤地点及出入大门时要慢。

7. 在临近机动车道的作业区和脚手架等设施，以及在道路中的路障应加设安全色标、安全标志和防护措施，并要确保夜间有充足的照明。

8. 装卸车作业时，若车辆停在坡道上，应在车轮两侧用楔形木块加以固定。

9. 人员在场内机动车道应避免右侧行走，并做到不平排结队有碍交通；避让车辆时，应不避让于两车交会之中，不站于旁有堆物无法退让的死角。

10. 机动车辆不得牵引无制动装置的车辆，牵引物体时物体上不得有人，人不得进入正在牵引的物与车之间，坡道上牵引时，车和被牵引物下方不得有人作业和停留。

十三、防止触电伤害的十项基本安全操作要求

根据安全用电"装的安全、拆的彻底、用的正确、修的及时"的基本要求，为防止触电伤害的操作要求有：

1. 非电工严禁拆接电气线路、插头、插座、电气设备、电灯等。

2. 使用电气设备前必须要检查线路、插头、插座、漏电保护装置是否完好。

3. 电气线路或机具发生故障时，应找电工处理，非电工不得自行修理或排除故障。

4. 使用振捣器等手持电动机械和其他电动机械从事湿作业时，要由电工接好电源，安装上漏电保护器，操作者必须穿戴好绝缘鞋、绝缘手套后再进行作业。

5. 搬迁或移动电气设备必须先切断电源。

6. 搬运钢筋、钢管及其他金属物时，严禁触碰到电线。

7. 禁止在电线上挂晒物料。

8. 禁止使用照明器烘烤、取暖，禁止擅自使用电炉和其他电加热器。

9. 在架空输电线路附近工作时，应停止输电，不能停电时，应有隔离措施，要保持安全距离，防止触碰。

10. 电线必须架空，不得在地面、施工楼面随意乱拖，若必须通过地面、楼面时应有

过路保护，物料、车、人不准压踏碾磨电线。

十四、起重吊装的“十不吊”规定

1. 起重臂和吊起的重物下面有人停留或行走不准吊。

2. 起重指挥应由技术培训合格的专职人员担任，无指挥或信号不清不准吊。

3. 钢筋、型钢、管材等细长和多根物件必须捆扎牢靠，多点起吊。单头“千斤”或捆扎不牢靠不准吊。

4. 多孔板、积灰斗、手推翻斗车不用四点吊或大模板外挂板不用卸甲不准吊。预制钢筋混凝土楼板不准双拼吊。

5. 吊砌块必须使用安全可靠的砌块夹具，吊砖必须使用砖笼，并堆放整齐。木砖、预埋件等零星物件要用盛器堆放稳妥，叠放不齐不准吊。

6. 楼板、大梁等吊物上站人不准吊。

7. 埋入地下的板桩、井点管等以及粘连、附着的物件不准吊。

8. 多机作业，应保证所吊重物距离不小于 3m，在同一轨道上多机作业，无安全措施不准吊。

9. 6 级以上强风不准吊。

10. 斜拉重物或超过机械允许荷载不准吊。

十五、气割、电焊的“十不烧”规定

1. 焊工必须持证上岗，无特种作业人员安全操作证的人员，不准进行焊、割作业。

2. 凡属一、二、三级动火范围的焊、割作业，未经办理动火审批手续，不准进行焊、割。

3. 焊工不了解焊、割现场周围情况，不得进行焊、割。

4. 焊工不了解焊件内部是否安全时，不得进行焊、割。

5. 各种装过可燃气体，易燃液体和有毒物质的容器，未经彻底清洗，排除危险性之前，不准进行焊、割。

6. 用可燃材料作保温层、冷却层、隔热设备的部位，或火星能飞溅到的地方，在未采取切实可靠的安全措施之前，不准焊、割。

7. 有压力或密闭的管道、容器，不准焊、割。

8. 焊、割部位附近有易燃易爆物品，在未作清理或未采取有效的安全措施之前，不准焊、割。

9. 附近有与明火作业相抵触的工种在作业时，不准焊、割。

10. 与外单位相连的部位，在没有弄清有无险情，或明知存在危险而未采取有效的措施之前，不准焊、割。

十六、安全色标

安全色标是特定的表达安全信息含义的颜色和标志。它以形象而醒目的信息语言向人们提供表达禁止、警告、指令、提示等安全信息。

安全色与安全标志是以防止灾害为指导思想而逐渐形成的。对于它的研究，大约始于第二次世界大战期间，盟国的部队来自语言和文字都各不相通的国家，因此，对于那些在军事上和交通上必须注意的安全要求或指示，如"这里有危险""禁止入内""当心车辆"等无法用文字或标语来表达，这就出现了安全色标的最初概念。1942年美国有名的颜料公司菲巴比林氏统一制定了一种安全色的规则，虽未被美国国家标准协会（ASA）所采用，但广泛地为海军、杜邦公司和其他单位所应用。随着工业、交通业的发展，特别是第二次世界大战之后，一些工业发达的国家相继公布了本国的"安全色"和"安全标志"的国家标准。国际标准化组织（ISO）也在1952年设立了安全色标技术委员会（TC80），专门研究安全色与安全标志，力图使安全色与安全标志在国际上统一。这个组织在1964年和1967年先后公布了《安全色标准》（ISO R408—64）和《安全标志的符号、尺寸和图形标准》（ISO R577—67）。以后又经过多次会议，讨论修改了所公布的两个标准，1978年海牙会议上通过了修改稿，就是现在国际标准草案3864·3文件。

国际上安全色标保持一致是十分必要的。这样做可使各国人们具有共同的信息语言，以便在交往中注意安全，也能给对外贸易工作带来方便。

自从ISO公布了安全色标的国际标准草案之后，许多国家纷纷修改了本国的安全色标标准，以力求与国际标准统一。现在越来越多的国家采纳了国际标准草案中的三个基本内容，即：（1）都用红、蓝、黄、绿作为安全色；（2）基本上采用了国际标准草案规定的四种基本安全标志图形；（3）采纳了国际标准草案中制定的19个安全标志中的大部分。总之，各国的安全色标与国际标准正逐步取得一致。

我国也在1982年颁布了《安全色》（GB 2893—82）（已废止，现为GB 2893—2001）和《安全标志》（GB 2894—82）（已废止，现为GB 2894—1996）的国家标准，又在1986年公布了《安全色卡》（GB 6527·1—86）以及《安全色使用导则》（GB 6527·2—86）（已废止，现为GB 16179—1996）的国家标准。中国规定的安全色的颜色及其含义与国际标准草案中所规定的基本一致，安全标志的图形种类及其含义与国际标准草案中所规定的也基本一致。现把安全色与安全标志分述如下。

1. 安全色

各种颜色具有各自的特性，它给人们的视觉和心理以刺激，从而给人们以不同的感受，如冷暖、进退、轻重、宁静与刺激、活泼与忧郁等各种心理效应。

安全色就是根据颜色给予人们不同的感受而确定的。由于安全色是表达"禁止"、"警告"、"指令"和"提示"等安全信息含义的颜色，所以要求容易辨认和引人注目。

（1）含义及用途

国家标准《安全色》（GB 2893—2001）中规定了红、蓝、黄、绿四种颜色为安全色，其含义和用途如表1-1所示。

安全色的含义及用途 **表1-1**

颜色	含　义	用 途 举 例
红色	禁止、停止 危险、消防	禁止标志；交通禁令标志；消防设备标志；危险信号旗 停止信号：机器、车辆上的紧急停止手柄或按钮，以及禁止人们触动的部位
蓝色	指令 必须遵守的规定	指令标志：如必须佩戴个人防护用具，道路指引车辆和行人行走方向的指令

续表

颜色	含 义	用 途 举 例
黄色	警告 注意	警告标志；警告信号旗；道路交通标志和标线 警戒标志：如厂内危险机器和坑池边周围的警戒线 机械上齿轮箱的内部 安全帽
绿色	提示 安全状态 通行	提示标志 车间内的安全通道 行人和车辆通行标志 消防设备和其他安全防护装置的位置

注：1. 蓝色只有与几何图形同时使用时，才表示指令。

2. 为了不与道路两旁绿色行道树相混淆，道路上的提示标志用蓝色。

这四种颜色有如下的特性：

1）红色　红色很醒目，使人们在心理上会产生兴奋感和刺激性。红色光波较长，不易被尘雾所散射，在较远的地方也容易辨认，即红色的注目性非常高，视认性也很好，所以用其表示危险、禁止和紧急停止的信号。

2）蓝色　蓝色的注目性和视认性虽然都不太好，但与白色相配合使用效果不错，特别是在太阳光直射的情况下较明显。因而被选用为指令标志的颜色。

3）黄色　黄色对人眼能产生比红色更高的明度，黄色与黑色组成的条纹是视认性最高的色彩，特别能引起人们的注意，所以被选用为警告色。

4）绿色　绿色的视认性和注目性虽然都不高，但绿色是新鲜、年轻、青春的象征，具有和平、久远、生长、安全等心理效应，所以用绿色提示安全信息。

(2) 对比色规定

为使安全色更加醒目，使用对比色为其反衬色。对比色为黑白两种颜色。对于安全色来说，什么颜色的对比色用白色，什么颜色的对比色用黑色取决于该色的明度。两色明度差别越大越好。所以黑白互为对比色；红、蓝、绿色的对比色定为白色；黄色的对比色定为黑色。

在运用对比色时，黑色用于安全标志的文字、图形符号和警告标志的几何边框。白色既可以用于红、蓝、绿的背景色，也可以用作安全标志的文字和图形符号。

(3) 间隔条纹标示

用安全色和其对比色制成的间隔条纹标示，能显得更加清晰醒目。间隔的条纹标示有红色与白色相间隔的，黄色与黑色相间隔的，以及蓝色与白色相间隔的条纹。安全色与对比色相间的条纹宽度应相等，即各占50%。这些间隔条纹标示的含义和用途见表1-2。

间隔条纹标志的含义与用途　　表1-2

间隔条纹	含 义	用 途 举 例
红、白色相间	禁止进入、禁止超过	道路上用的防护栏杆和隔离墩
黑、黄色相间	提示特别注意	轮胎式起重机的外伸腿 吊车吊钩的滑轮架 铁路和通道交叉口上的防护栏杆
蓝、白色相间	必须遵守规定的信息	交通指示性导向标志
绿、白色相间	与提示标志牌同时使用，更为醒目的提示	固定提示标志杆上的色带

(4) 使用范围

安全色的使用范围和作用，按照《安全色》(GB 2893—2001) 的规定，适用于工业企业、交通运输、建筑、消防、仓库、医院及剧场等公共场所使用的信号和标志的表面色。不适用于灯光信号、航海、内河航运以及其他目的而使用的颜色。

(5) 注意事项

为了使人们对周围存在的不安全因素环境、设备引起注意，需要涂以醒目的安全色以提高人们对不安全因素的警惕是十分必要的。另外，统一使用安全色，能使人们在紧急情况下，借助于所熟悉的安全色含义，尽快识别危险部位，及时采取措施，提高自控能力，有助于防止事故的发生。但必须注意，安全色本身与安全标志一样，不能消除任何危险，也不能代替防范事故的其他措施。

1) 安全色和对比色的颜色范围

在使用安全色时，一定要严格执行《安全色》(GB 2893—2001) 中规定的安全色和对比色的颜色范围和亮度因数。因为只有合乎要求，才能便于人们准确而迅速的辨认。在使用安全色的场所，照明光源应接近于天然昼光，其照度应不低于《工业企业照明设计标准》(GB 50034—92) 的规定。

2) 安全色涂料

必须符合《安全色卡》(GB 6527·1—86) 所规定的颜色。安全色卡具有最佳的颜色辨认率，即使在傍晚或普通的人造光源下也比较容易识别，所以能更好地提高人们对不安全因素的警惕。

3) 凡涂有安全色的部位，最少半年至一年检查一次，应经常保持整洁、明亮，如有变色、褪色等不符合安全色范围和逆反射系数低于 70% 的要求时，需要及时重涂或更换，以保证安全色的正确、醒目，以达到安全的目的。

2. 安全标志

安全标志是指在操作人员容易产生错误而造成事故的场所，为了确保安全，提醒操作人员注意所采用的一种特殊标识。

制定安全标志的目的是引起人们对不安全因素的注意，预防事故的发生。因此要求安全标志含义简明、清晰易辨、引人注目。安全标志应尽量避免过多的文字说明，甚至不用文字说明，也能使人们一看就知道它所表达的信息含义。安全标志不能代替安全操作规程和保护措施。

根据国家有关标准，安全标志应由安全色、几何图形和图形符号构成。必要时，还需要补充一些文字说明与安全标志一起使用。

国家标准《安全标志》(GB 2894—1996) 对安全标志的尺寸、衬底色、制作、设置位置、检查、维修以及各类安全标志的几何图形、标志数目、图形颜色及其辅助标志等都作了具体规定。安全标志的文字说明必须与安全标志同时使用。辅助标志应位于安全标志几何图形的下方，文字有横写、竖写两种形式。

(1) 标志类型

1) 安全标志根据其使用目的的不同，可以分为以下 9 种：

①防火标识（有发生火灾危险的场所，有易燃易爆危险的物质及位置，防火、灭火设备位置）；

②禁止标识（所禁止的危险行动）；

③危险标识（有直接危险性的物体和场所并对危险状态作警告）；

④注意标识（由于不安全行为或不注意就有危险的场所）；

⑤救护标识；

⑥小心标识；

⑦放射性标识；

⑧方向标识；

⑨指示标识。

2）安全标志按其用途可分为禁止标志、警告标志、指令标志和提示标志四大类型。这四类标志用四个不同的几何图形来表示。

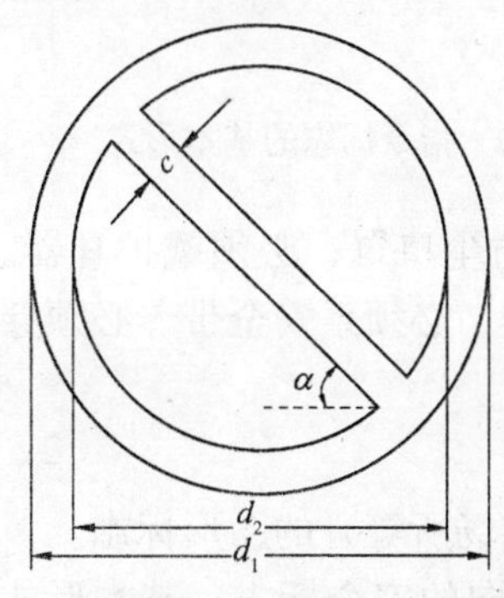

图 1-7 禁止标志的基本形式

①禁止标志

禁止标志的含义是不准或制止人们的不安全行动的图形标志。

禁止标志的基本型式是带斜杠的圆边框。如图 1-7 所示，外径 $d_1 = 0.025L$，内径 $d_2 = 0.800d_1$，斜杠宽 $c = 0.080d_1$，斜杠与水平线的夹角 $\alpha = 45°$，L 为观察距离。带斜杠的圆环的几何图形，图形背景为白色，圆环和斜杠为红色，图形符号为黑色。

人们习惯用符号“×”表示禁止或不允许。但是，如果在圆环内画上“×”会使图像不清晰，影响视认效果。因此改用“\”即“×”的一半来表示“禁止”。这样做也与国际标准化组织的规定是一致的。

禁止标志有禁止吸烟、禁止烟火、禁止带火种、禁止用水灭火、禁止放易燃物、禁止启动、禁止合闸、禁止转动、禁止触摸、禁止跨越、禁止攀登、禁止跳下、禁止入内、禁止停留、禁止通行、禁止靠近、禁止乘人、禁止堆放、禁止抛物、禁止戴手套、禁止穿化纤服装、禁止穿带钉鞋、禁止饮用等 23 个。

②警告标志

警告标志的含义是提醒人们对周围环境引起注意，以避免可能发生危险的图形标志。

警告标志的基本形式是正三角形边框，如图 1-8 所示，外边 $a_1 = 0.034L$，内边 $a_2 = 0.700a_1$，边框外角圆弧半径 $r = 0080a_2$，L 为观察距离。三角形几何图形，图形背景是黄色，三角形边框及图形符号均为黑色。

三角形引人注目，即使光线不佳时也比圆形清楚。国际标准草案 3864·3 文件中也把三角形作为“警告标志”的几何图形。

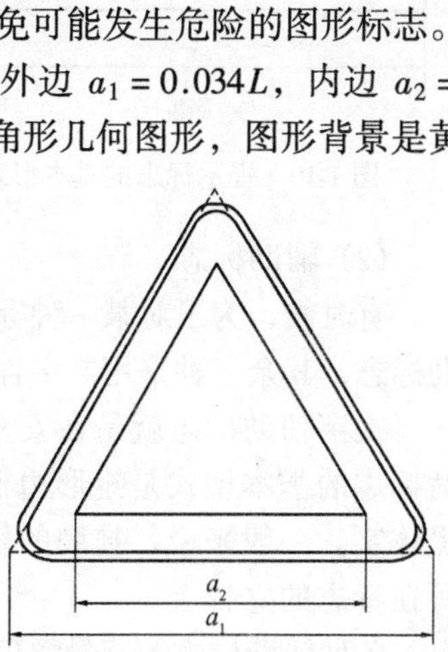

警告标志有：注意安全、当心火灾、当心爆炸、当心腐蚀、当心中毒、当心感染、当心触电、当心电缆、当心机械伤人、当心伤手、当心扎脚、当心吊物、当心坠落、当心落物、当心坑洞、当心烫伤、当心弧光、当心塌方、当心冒顶、当心瓦斯、当心电离辐射、当心裂变物质、当心激光、当心微波、当心车辆、当心火车、当心滑跌、当

图 1-8 警告标志的基本形式

心绊倒等28个。

③指令标志

指令标志的含义是强制人们必须做出某种动作或采用防范措施的图形标志。

指令标志是提醒人们必须要遵守某项规定的一种标志。基本形式是圆形边框。如图1-9所示，直径 $d = 0.025L$，L 为观察距离。圆形几何图形，背景为蓝色，图形符号为白色。

标有“指令标志”的地方，就是要求人们到达这个地方，必须遵守“指令标志”的规定。例如进入施工工地，工地附近有“必须戴安全帽”的指令标志，则必须将安全帽戴上，否则就是违反了施工工地的安全规定。

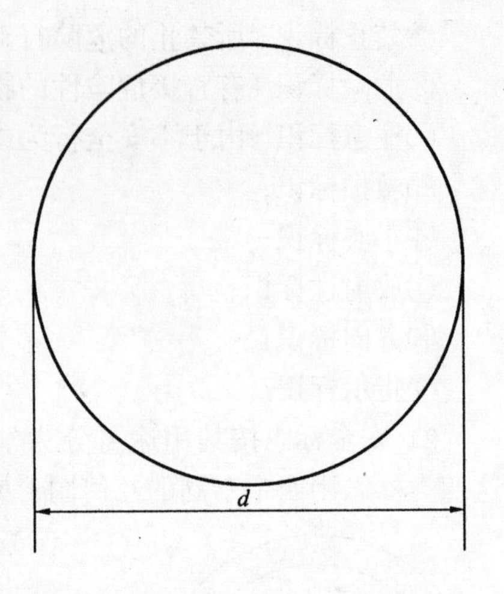

图1-9 指令标志的基本形式

指令标志有：必须戴防护眼镜、必须戴防毒面具、必须戴防尘口罩、必须戴护耳器、必须戴安全帽、必须戴防护帽、必须戴防护手套、必须穿防护鞋、必须系安全带、必须穿救生衣、必须穿防护服、必须加锁等12个。

④提示标志

提示标志的含义是向人们提供某种信息（如标明安全设施或场所等）的图形标志。

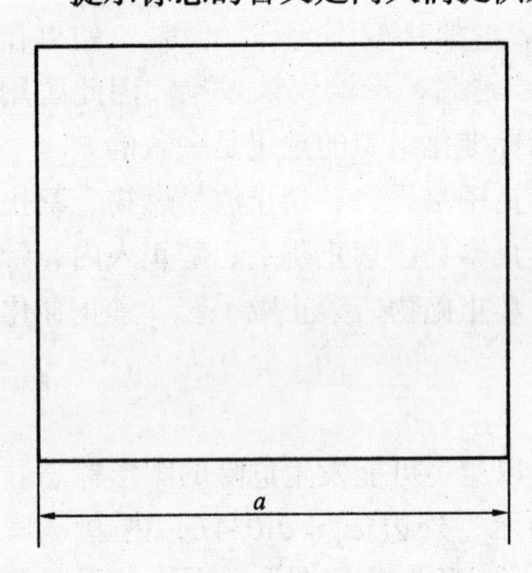

图1-10 提示标志的基本形式

提示标志是指示目标方向的安全标志。基本形式是正方形边框，如图1-10所示，边长 $a = 0.025L$，L 为观察距离。长方形几何图形，图形背景为绿色，图形符号及文字为白色。

长方形给人以安定感，另外提示标志也需要有足够的地方书写文字和画出箭头以提示必要的信息，所以用长方形是适宜的。

提示标志有紧急出口、可动火区、避险处等3个。

提示标志提示目标的位置时要加方向辅助标志。按实际需要指示左向或下向时，辅助标志应放在图形标志的左方，如指示右向时，则应放在图形标志的右方。

(2) 辅助标志

有时候，为了对某一种标志加以强调而增设辅助标志。提示标志的辅助标志为方向辅助标志，其余三种采用文字辅助标志。

文字辅助标志就是在安全标志的下方标有文字，补充说明安全标志的含义。文字辅助标志的基本型式是矩形边框，辅助标志的文字可以横写，也可以竖写。文字字体均为黑体字。一般来说，挂牌的辅助标志用横写，用杆竖立在特定地方的辅助标志，文字竖写在标志的立杆上。

各种辅助标志的背景颜色、文字颜色、字体，辅助标志放置的部位、形状与尺寸的规定等见表1-3。

辅助标志的有关规定　　表1-3

辅助标志写法	横　写	竖　写
背景颜色	禁止标志-红色 警告标志-白色 指令标志-蓝色 提示标志-绿色	白色
文字颜色	禁止标志-白色 警告标志-黑色 指令标志-白色 提示标志-白色	黑色
字体	黑体字	黑体字
放置部位	在标志的下方，可以和标志连在一起，也可以分开	在标志杆的上方(标志杆下部色带的颜色应和标志的颜色相一致)
形状	矩形	矩形
尺寸	长500mm	

安全标志在使用场所和视距上必须保证人们可以清楚地识别。为此，安全标志应当设置在它所指示的目标物附近，使人们一眼就能识别出它所提供的信息是属于哪一种事物。另外，安全标志应有充分的照明，为了保证能在黑暗地点或电源切断时也能看清标志，有些标志应带有应急照明电池或荧光。

安全标志所用的颜色应符合《安全色》(GB 2893—2001) 规定的颜色。

(3) 安全标志使用范围

安全标志的使用范围，按照《安全标志》(GB 2894—1996) 的规定，适用于工矿企业、建筑工地、厂内运输和其他有必要提醒人们注意安全的场所。

(4) 安全标志牌

安全标志牌要有衬边。除警告标志边框用黄色勾边外，其余全部用白色将边框勾一窄边，即为安全标志的衬边，衬边宽度为标志边长或直径的0.025倍。

安全标志牌应采用坚固耐用的材料制作，一般不宜使用遇水变形、变质或易燃的材料。有触电危险的作业场所应使用绝缘材料。标志牌图形应清楚，无毛刺、孔洞和影响使用的任何疵病。

安全标志牌的使用按《安全色使用导则》(GB 16179—1996) 的规定执行。

第五节　安 全 技 术 措 施

一、施工安全技术措施的定义

是指为防止工伤事故和职业病的危害，从技术上采取的措施。在工程项目施工中，针对工程特点、施工现场环境、施工方法、劳力组织、作业方法使用的机械、动力设备、变配电设施、架设工具以及各项安全防护设施等制定的确保安全施工的预防措施，称为施工安全技术措施。施工安全技术措施包括安全防护设施和安全预防设施，是施工组织设计的重要组成部分。

二、施工安全技术措施编制的要求

1. 施工安全技术措施的编制要有超前性。施工安全技术措施在项目开工前必须编制好，在工程图纸会审时，就要开始考虑到施工安全问题。因为在开工前经过编审正式下达施工单位指导施工的安全技术措施，对于该工程各种安全设施的落实就有较充分的准备时间。设计和施工发生变更时，安全技术措施必须及时变更或相应补充完善。

2. 施工安全技术措施的编制要有针对性。施工安全技术措施是针对每项工程特点而制定的，编制安全技术措施的技术人员必须掌握工程概况、施工方法、施工环境条件等资料，并熟悉安全法规、标准等才能编写出有针对性的安全技术措施。编制时应主要考虑以下几个方面：

(1) 针对不同工程的特点可能造成的施工危害，从技术上采取措施，消除危险，保证施工安全。

(2) 针对不同的施工方法制定相应的安全技术措施。井巷作业、水下作业、立体交叉作业、滑模、网架整体提升吊装、大模板施工等，可能给施工带来不安全因素，从技术上采取措施，保证安全施工。

(3) 针对不同分部分项工程的施工工艺可能给施工带来的不安全因素，从技术上采取措施保证其安全实施。如土方工程、地基与基础工程、脚手架工程、支模、拆模等都必须编制单项工程的安全技术措施。

(4) 针对使用的各种机械设备、变配电设施给施工人员可能带来的危险因素，从安全保险装置等方面采取的技术措施。

(5) 针对施工中有毒、有害、易燃、易爆等作业可能给施工人员造成的危害，从技术上采取措施，防止伤害事故。

(6) 针对施工现场及周围环境，可能给施工人员及周围居民带来危害，以及材料、设备运输带来的困难和不安全因素，制定相应的安全技术措施予以保护。

(7) 针对季节性施工的特点，制定相应的安全技术措施。夏季要制定防暑降温措施；雨期施工要制定防触电、防雷、防坍塌措施；冬期施工要制定防风、防火、防滑、防煤气中毒、防亚硝酸钠中毒措施。

3. 施工安全技术措施的编制必须可靠。安全技术措施均应贯彻于每个施工工序之中，力求细致全面、具体可靠。如施工平面布置不当，临时工程多次迁移，建筑材料多次转运，不仅影响施工进度，造成很大浪费，有的还留下安全隐患。再如易爆易燃临时仓库及明火作业区、工地宿舍、厨房等定位及间距不当，可能酿成事故。只有把多种因素和各种不利条件，考虑周全，有对策措施，才能真正做到预防事故。但是，全面具体不等于罗列一般通常的操作工艺、施工方法以及日常安全工作制度、安全纪律等。这些制度性规定，安全技术措施中不需再作抄录，但必须严格执行。

4. 编制施工安全技术的措施要有可操作性。对大中型项目工程，结构复杂的重点工程除必须在施工组织总体设计中编制施工安全技术措施外，还应编制单位工程或分部分项工程安全技术措施，详细制定出有关安全方面的防护要求和措施，并易于操作、实现，确保单位工程或分部分项工程的安全施工。

5. 编制施工组织设计或施工方案在使用新技术、新工艺、新设备、新材料的同时，必须研究应用相应的安全技术措施。

6. 安全技术措施中必须有施工总平面图，在图中必须对危险的油库、易燃材料库、变电设备以及材料、构件的堆放位置、塔式起重机、井字架或龙门架、搅拌台的位置等按照施工需要和安全规程的要求明确定位，并提出具体要求。

7. 特殊性和危险性大的工程，施工前必须编制单独的安全技术措施方案。

三、施工安全技术措施编制的原则

项目部在编制施工组织设计时，应当根据该工程的特点制定相应的安全技术措施，对专业性较强的工程项目应当编制专项安全施工组织设计，并采取安全技术措施。

项目部应当在施工现场采取维护安全、防范危险、预防火灾等措施，有条件的，应当对施工现场实行封闭管理。

施工现场对毗邻的建筑物、构筑物和特殊作业环境可能造成损害的，建筑施工企业应当采取安全防护措施。

四、施工安全技术措施编制的主要内容

工程大致分为两类：结构共性较多的称为一般工程；结构比较复杂、技术含量高的称为特殊工程。由于施工条件、环境等不同，同类结构工程既有共性，也有不同之处。不同之处在共性措施中就无法解决。因此应根据工程施工特点不同危险因素，按照有关规程的规定，结合以往的施工经验与教训，编制安全技术措施。

安全技术措施包括安全防护设施和安全预防设施，主要有17方面的内容，如防火、防毒、防爆、防洪、防尘、防雷击、防触电、防坍塌、防物体打击、防机械伤害、防起重设备滑落、防高空坠落、防交通事故、防寒、防暑、防疫、防环境污染等方面措施。

1. 一般工程安全技术措施

(1) 根据基坑、基槽、地下室等开挖深度、土质类别，选择开挖方法，确定边坡的坡度及采取何种基坑支护方式，以防塌方。

(2) 脚手架选型及设计搭设方案和安全防护措施。

(3) 高处作业的上下安全通道。

(4) 安全网（平网、立网）的架设要求，范围（保护区域）、架设层次、段落。

(5) 对施工电梯、龙门架（井架）等垂直运输设备，搭设位置要求，稳定性、安全装置等的要求，防倾覆、防漏电措施。

(6) 施工洞口的防护方法和主体交叉施工作业区的隔离措施。

(7) 场内运输道路及人行通道的布置。

(8) 编制临时用电的施工组织设计和绘制临时用电图纸。在建工程（包括脚手架具）的外侧边缘与外电架空线路的间距达到最小安全距离采取的防护措施。

(9) 防火、防毒、防爆、防雷等安全措施。

(10) 在建工程与周围人行通道及民房的防护隔离设置。

2. 特殊工程施工安全技术措施

对于结构复杂，危险性大的特殊工程，应编制单项的安全技术措施。如爆破、大型吊装、沉箱、沉井、烟囱、水塔、特殊架设作业，高层脚手架、井架和拆除工程必须编制单项的安全技术措施。并注明设计依据，做到有计算、有详图、有文字说明。

3. 季节性施工安全措施

季节性施工安全措施，就是考虑不同季节的气候，对施工生产带来的不安全因素，可能造成的各种突发性事故，从防护上、技术上、管理上采取的措施。一般建筑工程中在施工组织设计或施工方案的安全技术措施中，编制季节性施工安全措施。危险性大、高温期长的建筑工程，应单独编制季节性的施工安全措施。季节性主要指夏季、雨季和冬季。各季节性施工安全的主要内容是：

(1) 夏季气候炎热，高温时间持续较长，主要是做好防暑降温工作。

(2) 雨季进行作业，主要应做好防触电、防雷、防塌方、防洪和防台风的工作。

(3) 冬季进行作业，主要应做好防风、防火、防冻、防滑、防煤气中毒、防亚硝酸钠中毒的工作。

五、施工安全技术措施的实施要求

经批准的安全技术措施具有技术法规的作用，必须认真贯彻执行。遇到因条件变化或考虑不周需变更安全技术措施内容时，应经原编制，审批人员办理变更手续，否则不能擅自变更。

1. 工程开工前，应将工程概况、施工方法和安全技术措施，向参加施工的工地负责人、工长、班组长进行安全技术措施交底。每个单项工程开工前，应重复进行单项工程的安全技术交底工作。使执行者了解其要求，为落实安全技术措施打下基础，安全交底应有书面材料，双方签字并保存记录。

2. 安全技术措施中的各种安全设施的实施应列入施工任务计划单，责任落实到班组或个人，并实行验收制度。

3. 加强安全技术措施实施情况的检查，技术负责人、安全技术人员、应经常深入工地检查安全技术措施的实施情况，及时纠正违反安全技术措施的行为，各级安全管理部门应以施工安全技术措施为依据，以安全法规和各项安全规章制度为准则，经常性地对工地实施情况进行检查，并监督各项安全措施的落实。

4. 对安全技术措施的执行情况，除认真监督检查外，还应建立起与经济挂钩的奖罚制度。

第六节　安全技术交底

一、安全技术措施交底的基本要求

1. 工程项目必须实行逐级安全技术交底制度。

2. 安全技术交底应具体、明确、针对性强。交底的内容必须针对分部分项工程中施工给作业人员带来的危险因素而编写。

3. 安全技术交底应优先采用新的安全技术措施。

4. 工程开工前，应将工程概况、施工方法、安全技术措施等情况，向工地负责人、工长进行详细交底，必要时直接向参加施工的全体员工进行交底。

5. 两个以上施工队或工种配合施工时，应按工程进度定期或不定期地向有关施工单位和班组进行交叉作业的安全书面交底。

6. 工长安排班组长工作前，必须进行书面的安全技术交底，班组长要每天对工人进行施工要求、作业环境等书面安全交底。

7. 各级书面安全技术交底应有交底时间、内容及交底人和接受交底人的签字，并保存交底记录。交底书要按单位工程归放在一起，以备查验。

8. 应针对工程项目施工作业的特点和危险点。

9. 针对危险点的具体防范措施和应注意的安全事项。

10. 有关的安全操作规程和标准。

11. 一旦发生事故后应及时采取的避难和急救措施。

12. 出现下列情况时，项目经理、项目总工程师或安全员应及时对班组进行安全技术交底。

(1) 因故改变安全操作规程；

(2) 实施重大和季节性安全技术措旋；

(3) 推广使用新技术、新工艺、新材料、新设备；

(4) 发生因工伤亡事故、机械损坏事故及重大未遂事故；

(5) 出现其他不安全因素、安全生产环境发生较大变化。

二、安全技术措施交底的内容

1. 安全技术操作规程一般规定

(1) 施工现场

1) 参加施工的员工（包括学徒工、实习生、代培人员和民工）要熟知本工种的安全技术操作规程。在操作中，应坚守工作岗位，严禁酒后操作。

2) 电工、焊工、司炉工、爆破工、起重机司机、打桩机司机和各种机动车司机，必须经过专门训练，考试合格取得特种作业操作证，方可独立操作。

3) 正确使用防护用品和采取安全防护措施，进入施工现场，应戴好安全帽，禁止穿拖鞋或光脚；在没有防护设施下高空悬崖和陡坡施工，应系好安全带；上下交叉作业有危险的出入口要有防护棚或其他隔离设施；距地面 2m 以上作业要有防护栏杆、挡板或安全网；安全帽、安全带、安全网要定期检查，不符合要求的，严禁使用。

4) 施工现场的脚手架、防护设施、安全标志和警告牌不得擅自拆动，需要拆动的，要经工地负责人同意，

5) 施工现场的洞、坑、沟、升降口、漏斗等危险处，应有防护设施或明显标识。

6) 施工现场要有交通指示标识。交通频繁的交叉路口，应设指挥；火车道口两侧，应设落杆；危险地区，要悬挂“危险”或“禁止通行”牌，夜间设红灯示警。

7) 工地行驶的斗车、小平车的轨道坡度不得大于 3%，铁轨终点应有车挡，车辆的

制动闸和挂钩要完好可靠。

8）坑槽施工，应经常检查边壁土质稳固情况，发现有裂缝、疏松或支撑走动，要随时采取加固措施，根据土质、沟深、水位、机械设备重量等情况，确定堆放材料和机械距坑边距离。往坑槽运材料，先用信号联系。

9）调配酸溶液，先将酸液缓慢地注入水中，搅拌均匀，严禁将水倒入酸液中。贮存酸液的容器应加盖并设有标识牌。

10）做好女工在月经、怀孕、生育和哺乳期间的保护工作，女工在怀孕期间对原工作不能胜任时，根据医院的证明意见，应调换轻便工作。

（2）机电设备

1）机械操作时要束紧袖口，女工发辫要挽入帽内。

2）机械和动力机械的机座应稳固，转动的危险部位要安装防护装置。

3）工作前应检查机械、仪表、工具等，确认完好方可使用。

4）电气设备和线路必须绝缘良好，电线不得与金属物绑在一起，各种电动机具应按规定接地接零，并设置单一开关，临时停电或停工休息时，必须拉闸上锁。

5）施工机械和电气设备不得带病运行和超负荷作业。发现不正常情况应停机检查，不得在运行中修理。

6）电气、仪表和设备试运转，应严格按照单项安全技术措施进行，运转时不准清洗和修理，严禁将头手伸入机械行程范围内。

7）在架空输电线路下面作业应停电；不能停电的，应有隔离防护措施。起重机不得在架空输电线下面作业。通过架空输电线路应将起重臂落下。在架空输电线路一侧作业时，不论在何种情况下，起重臂、钢丝绳或重物等与架空输电线路的最近距离不应小于有关规定。

8）行灯电压不得超过36V，在潮湿场所或金属容器内工作时，行灯电压不得超过12V。

9）受压容器应有安全阀、压力表，并避免曝晒、碰撞，氧气瓶严防沾染油脂；乙炔发生气、液化石油气，应有防止回火的安全装置。

10）X光或其他射线探伤作业区，非操作人员，不准进入。

11）从事腐蚀、粉尘、放射性和有毒作业，要有防护措施，并定期进行体检。

（3）高处作业

1）从事高处作业要定期体检，凡患有高血压、心脏病，贫血病、癫痫病以及其他不适应高处作业的，不得从事高处作业。

2）高处作业衣着要灵便，禁止穿硬底和带钉易滑的鞋。

3）高处作业所用材料要堆放平稳，工具应随手放入工具袋内，上下传递物件禁止抛掷。

4）遇有恶劣气候（如风力在6级以上）影响施工安全时，禁止进行露天高空、起重和打桩作业。

5）梯子不得缺档或垫高使用，梯子横档间距以30cm为宜，使用时上端要扎牢，下端应采取防滑措施。单面梯与地面夹角以60°~70°为宜，禁止工人同时在梯上作业，如需接长使用，应绑扎牢固。人字梯底脚要固定牢。在通道处使用梯子，应有人监护或设置围栏。

6）没有安全防护措施，禁止在屋架的上弦、支撑、檩条、挑架的挑梁和半固定的构件上行走或作业。高处作业与地面联系，应设通讯装置，并专人负责。

7）乘人的外用电梯、吊笼，应有可靠的安全装置。除指派专业人员外，禁止攀登起重臂、绳索和随同运料的吊笼吊物上下。

（4）季节施工

1）暴雨台风前后，检查工地临时设施、脚手架、机电设备、临时线路，发现倾斜、变形、下沉、漏雨、漏电等现象，应及时修理加固，有严重危险的，立即排除。

2）高层建筑、烟囱、水塔的脚手架及易燃、易爆仓库和塔吊、打桩机等机械，应设临时避雷装置，对机电设备的电气开关，要有防雨、防潮设施。

3）现场道路应加强维护，斜道和脚手板应有防滑措施。

4）夏季作业应调整作息时间，从事高温工作的场所，应加强通风和降温措施。

5）冬期施工使用煤炭取暖，应符合防火要求和指定专人负责管理，并有防止一氧化碳中毒的措施。

2. 施工现场安全防护标准

（1）高处作业防护

1）起重机吊砖：用上压式或网式砖笼。

2）起重机吊砌块：使用摩擦式砌块夹具。

3）安全平网

①从二层楼面起设安全网，往上每隔四层设置一道，同时再设一道随施工高度提升的随层安全网。

②网绳不破损，生根牢固、绷紧、圈牢、拼接严密，网杠支杆用钢管为宜。

③网宽不少于 3.0m，里口离墙不大于 15cm，外高内低，每隔 3m 设支撑，角度 45°。

4）安全立网

①随施工层提升，网高出施工层面 1m 以上。

②网之间拼接严密，空隙不大于 10cm。

5）圈梁施工

搭设操作平台或脚手架，扶梯间搭操作平台。

（2）洞口临边防护

1）预留孔洞

①边长或直径在 20～50cm 的洞口可用混凝土板内钢筋或固定盖板防护。

②边长或直径在 50～150cm 的洞口，可用混凝土板内钢筋贯穿洞径构成防护网，网格边长大于 20cm 要另外加密。

③边长或直径在 150cm 以上的洞口，四周设护栏，洞口下张安全网，护栏高 1m，设两道水平杆。

④预制构件的洞，包括缺件临时形成的洞口参照上述原则防护或架设脚手板满铺竹笆固定防护。

⑤垃圾井道、烟道，随楼层砌筑或安装消防洞口或参照预留洞口要求加以防护。

⑥管笼施工时，四周设防护栏，并设有明显标识。

2）电梯井门口，安装固定栅门或护栏。

3）楼梯口

①分层施工楼梯口安装临时护栏。

②梯段每边设临时防护栏杆（用钢管或毛竹）。

③顶层楼梯口，随施工安装正式栏杆或临时护栏。

4）阳台临边，利用正式阳台栏板，随楼层安装或装设临时护栏，间距大于2m设立柱。

5）框架结构

①施工时，外设脚手架不低于操作面，内设操作平台。

②周边架设钢管护身栏。

③周边无柱时，板口顶埋短钢管，供安装钢管临时护栏立管用。

④高层框架采用非落地式外脚手架时，外设密目式安全立网，底部按规定设平网。

6）深坑防护，深坑顶周边设防护栏杆，行人坡道设扶手及防滑措施（深度2m以上）。

7）底层通道，固定出入口通道，搭设防护棚，棚宽大于道口，多层建筑防护棚棚顶满铺木板或竹笆，高层建筑防护棚棚顶须双层铺设。

8）杯型基础、钢管壁上口、未填土的钢管桩上口应及时加盖，杯型基础深度在1.2m以上拆模后也应加盖。

（3）垂直运输设备防护

1）井架

①井架下部三面搭防护棚，正面宽度不小于2m，两侧不小于1m，井架高度超过30m，棚项设双层。

②井架底层入口处设外压门，楼层通道口设安全门，通道两侧设护栏，下设踢脚笆。

③井架吊篮安装内落门、冲顶限位、弹闸等防护安全装置。

④井架底部设可靠的接地装置。

⑤井架本身腹杆及连接螺栓齐全，缆风绳及与建筑物的硬支撑按规定搭设齐全牢固。

⑥临街或人流密集区，在防坠棚以上三面挂安全网防护。

2）人货两用电梯

①电梯下部三面搭设双层防坠栅，搭设宽度正面不小于2.8m，两侧不小于1.8m，搭设高度为4m。

②必须设有楼层通讯装置或传话器。

③楼层通道口须设防护门及明显标识，电梯吊笼停层后与通道桥之间的间隙不大于10cm，通道桥两侧须设有防护栏杆和挡脚板。

④装有良好的接地装置，底部排水畅通。

⑤吊笼门上要挂设起重量、乘人限额标识牌。

3）塔吊

①“三保险”、“五限位”齐全有效。

②夹轨器要齐全。

③路轨纵横向高低差不大于1%，路轨两端设缓冲器离轨端不小于1m。

④轨道横拉杆两端各设一组，中间杆距不大于6m。

⑤路轨接地两端各设一组，中间间距不大于25m，电阻不大于4Ω。

⑥轨道内排水畅通，移动部位电缆严禁有接头。

⑦轨道中间严禁堆杂物，路轨两侧和两端外堆物应离塔吊回转台尾部50cm以上。

（4）现场安全用电

1）现场临时变配电所

①高压露天变压器面积不小于3m×3m，低压配电应邻靠高压受压器间，其面积也不小于3m×3m，围墙高度不低于3.5m，室内地坪满铺混凝土，室外四周做80cm宽混凝土散水坡。

②变压器四周及配电板背面凸出部位，须有不小于80cm的安全操作通道，配电板下沿距地面为1m。

③配电挂箱的下沿距地面不少于1.2m。

2）现场开关箱

①电箱应安装双扇开启门，并有门锁、插销，写上指令性标识和统一编号。

②电源线进箱有滴水弯，进线应先进入熔断器后再进开关，箱内要配齐接地线另排，金属电箱外壳应设接地保护。

③电箱内分路凡采用分路开关、漏电开关，其上方均要单独熔断保护。

④箱内要单独设置单相三眼插座，上方要装漏电保护自动开关，现场使用单相电源的设备应配用单相三眼插头。

⑤凡手提分路流动电箱，外壳要有可靠的接地保护，10A铁壳开关或按用量配上分路熔断器。

⑥要明显分开"动力"、"照明"、"电焊机"使用的插座。

3）用电线路

①现场电气线路，必须按规定架空敷设坚韧橡皮线或塑料护套软线。在通道或马路处可采用加保护管埋设，树立标识牌，接头应架空或设接头箱。

②手持移动电具的橡皮电缆，引线长度不应超过5m，不得有接头。

③现场使用的移动电具和照明灯具一律用软质橡皮线，不准用塑料胶质线代替。

④现场大型临时设施的电线安装，凡使用橡皮或塑料绝缘线，应瓷柱明线架设，开关设置合理。

4）接地装置

①接地体可用角钢，钢管不少于二根，入土深度不小于2m，两根接地体间距不小于2.5m，接地电阻不大于4Ω。

②接地线可用绝缘铜或铝芯绒，严禁在地下使用裸铝导线作接地线，接头处应采用焊接压接等可靠连接。

③橡皮电缆芯绒中"黑色"或"绿/黄双色"线作为接地线。

5）高压线防护

①在架空输电线路附近施工，须搭设毛竹防护架。

②在高压线附近搭设的井架、脚手架外侧在高压线水平上方的，全部设安全网。

6）手持或移动电动机具（包括下列机具：振动机、磨石机、打夯机、潜水泵、手电刨、手电钻、砂轮机、切割机、纹丝机、移动照明灯具等）

电源线须有漏电保护装置。

(5) 中小型机具

1）拌合机械

①应有防雨顶棚。

②排水应畅通，设有排水沟和沉淀池。

③拌合机操纵杆，应有保险装置。

④应有良好的接地装置，采用36V低压电。

⑤砂石笼挡墙应坚固。

⑥四十式砂浆机拌筒防护栅齐全。

2）卷扬机

①露天操作应搭设操作棚。

②应配备绳筒保护。

③开关箱的位置应正确设置，禁用倒顺开关，操作视线必须良好，凡用按钮开关，在操作人员处设断电开关。

3）电焊机

①一机一闸并装有随机开关。

②一、二次电源接头处有防护装置，二次线使用线鼻子。

4）乙炔器、氧气瓶

①安全阀应装设有效，压力表应保持灵敏准确，回火防止器应保持一定的水位。

②乙炔器与氧气瓶间距应大于5m，与明火操作距离应大于10m，不准放在高压线下。

③乙炔器皮管为“黑色”、氧气瓶皮管为“红色”，皮管头用轧箍轧牢。

5）木工机械

①应有可靠灵活的安全防护装置，圆锯设松口刀，轧刨设回弹安全装置，外露传动部位均有防护罩。

②木工棚内应备有消防器材。

3. 各分部分项工程安全技术交底

详见第三章施工过程安全技术管理，交底时可根据现场实际情况有针对性的进行。

第七节　安全检查和验收制度

一、安全生产检查的内容与方式、方法

1. 安全检查的基本含义

安全检查是指对施工项目贯彻安全生产法律法规的情况、安全生产状况、劳动条件、事故隐患等所进行的检查。是指预知危险和消除危险，两者缺一不可。也就是说，告诉人们怎样去识别危险和防止事故的发生。

2. 安全检查的目标

(1) 预防伤亡事故，把伤亡事故频率和经济损失降到低于社会容许的范围，以及国际同行业先进水平。

(2) 不断改善生产条件和作业环境，达到最佳安全状态。但是，由于安全与生产是同时存在的，因此危及劳动者的不安全因素也同时存在，事故的原因也是复杂和多方面的，所以，必须通过安全检查对施工生产中存在的不安全因素进行预测、预报和预防。

3. 安全检查的意义

(1) 通过安全检查，可以发现施工生产中的人的不安全行为和物的不安全状态，从而采取对策，消除不安全因素，保障安全生产。

(2) 利用安全检查，进一步宣传、贯彻、落实国家的安全生产方针、政策和企业的各项规章制度。

(3) 通过安全检查深入开展群众性的安全教育，不断增强领导和全体员工的安全意识，纠正违章指挥、违章作业，不断提高搞好安全生产的自觉性和责任感。

(4) 通过安全检查，可以互相学习、总结经验、吸取教训、取长补短，进一步促进安全生产工作。

(5) 通过安全检查，了解和掌握安全生产状态，为分析安全生产形势，强化安全管理提供信息和依据。

4. 安全检查的内容

安全检查的内容主要包括查思想、查制度、查机械设备、查安全设施、查安全教育培训、查操作行为、查劳保用品使用、查伤亡事故处理等。

5. 安全检查的方式

安全检查方式有公司或项目定期组织的安全检查，各级管理人员的日常巡回检查、专业安全检查，季节性和节假日安全检查，班组自我检查、交接检查。

(1) 定期安全生产检查

企业必须建立定期分级安全生产检查制度，每季度组织一次全面的安全生产检查；分公司、工程处、工区、施工队每月组织一次安全生产检查；项目经理部每旬组织一次安全生产检查。对施工规模较大的工地可以每月组织一次安全生产检查。每次安全生产检查应由单位主管生产的领导或技术负责人带队，由相关的安全、劳资、保卫等部门联合组织检查。

(2) 经常性安全生产检查

经常性的检查包括公司组织的、项目经理部组织的安全生产检查，项目安全管理小组成员、安全专兼职人员和安全值日人员对工地进行日常的巡回安全生产检查及施工班组每天由班组长和安全值日人员组织的班前班后安全检查等。

(3) 专业性安全生产检查

专业安全生产检查内容包括对物料提升机、脚手架、施工用电、塔吊、压力容器、登高设施等的安全生产问题和普遍性安全问题进行单项专业检查。这类检查专业性强，也可以结合单项评比进行，参加专业安全生产检查组的人员应由技术负责人、安全管理小组、职能部门人员、专职安全员、专业技术人员、专项作业负责人组成。

(4) 季节性安全生产检查

季节性安全生产检查是针对施工所在地冬期和雨期气候的特点，可能给施工带来危害而组织的安全生产检查。

(5) 节假日前后安全生产检查

是针对节假日前后职工思想松懈而进行的安全生产检查。

(6) 自检、互检和交接检查

1) 自检：班组作业前、后对自身处所的环境和工作程序要进行安全生产检查，可随时消除不安全隐患。

2) 互检：班组之间开展的安全生产检查。可以做到互相监督、共同遵章守纪。

3) 交接检查：上道工序完毕，交给下道工序使用或操作前，应由工地负责人组织工长、安全员、班组长及其他有关人员参加，进行安全生产检查和验收，确认无安全隐患，达到合格要求后，方能交给下道工序使用或操作。

6. 安全检查的方法

(1) "看"：主要查看管理记录、持证上岗、现场标识、交接验收资料、"三宝"使用情况、"洞口"、"临边"防护情况、设备防护装置等。

(2) "量"：主要是用尺实测实量。例如：脚手架各种杆件间距、塔吊道轨距离、电气开关箱安装高度、在建工程邻近高压线距离等。

(3) "测"：用仪器、仪表实地进行测量。例如：用水平仪测量道轨纵、横向倾斜度，用地阻仪摇测地阻等。

(4) "现场操作"：由司机对各种限位装置进行实际动作，检验其灵敏程度。例如：塔吊的力矩限制器、行走限位，龙门架的超高限位装置，翻斗车制动装置等等。

总之，能测量的数据或操作试验，不能用估计、步量或"差不多"等来代替，要尽量采用定量方法检查。

二、安全检查的要求

1. 各种安全检查都应根据检查要求配备足够的资源。特别是大范围、全面性的安全检查，应明确检查负责人，选调专业人员，并明确分工、检查内容、标准等要求。

2. 每种安全检查都应有明确的检查目的、检查项目、内容及标准。特殊过程、关键部位应重点检查。检查时应尽量采用检测工具，用数据说话。对现场管理人员和操作人员要检查是否有违章指挥和违章作业的行为，还应进行应知应会知识的抽查，以便了解管理人员及操作工人的安全素质。

3. 检查记录是安全评价的依据，要做到认真详细，真实可靠，特别是对隐患的检查记录要具体。如隐患的部位、危险程度及处理意见等。采用安全检查评分表的，应记录每项扣分的原因。

4. 对安全检查记录要用定性定量的方法，认真进行系统分析安全评价。哪些检查项目已达标，哪些项目没有达标，哪些方面需要进行改进，哪些问题需要进行整改，受检单位应根据安全检查评价及时制定改进的对策和措施。

5. 整改是安全检查工作重要的组成部分，也是检查结果的归宿。

三、安全检查的注意事项

1. 安全检查要深入基层、紧紧依靠职工，坚持领导与群众相结合的原则，组织好检查工作。

2. 建立检查的组织领导机构，配备适当的检查力量，挑选具有较高技术业务水平的专业人员参加。

3. 做好检查的各项准备工作，包括思想、业务知识、法规政策和检查设备、奖金的准备。

4. 明确检查的目的和要求。

5. 把自查与互查有机结合起来。

6. 坚持查改结合。

7. 建立检查档案。

8. 在制定安全检查表时，应根据用途和目的具体确定安全检查表的种类。

四、安全生产检查标准

建设部于1999年4月颁发了《建筑施工安全检查标准》（JGJ 59—99）（以下简称“标准”）并于1999年5月1日起实施。《标准》共分3章27条，其中1个检查评分汇总表，13个分项检查评分表。13个分项检查评分表检查内容共有168个项目535条。

1. 检查分类

1）对建筑施工中易发生伤亡事故的主要环节、部位和工艺等的完成情况做安全检查评价时，应采用检查评分表的形式，分为安全管理、文明工地、脚手架、基坑支护与模板工程、“三宝”“四口”防护、施工用电、物料提升机与外用电梯、塔吊、起重吊装和施工机具共十项分项检查评分表和一张检查评分汇总表。

2）在安全管理、文明施工、脚手架、基坑支护与模板工程、施工用电、物料提升机与外用电梯、塔吊和起重吊装八项检查评分表，设立了保证项目和一般项目，保证项目应是安全检查的重点和关键。

2. 评分方法及分值比例

1）各分项检查评分表中，满分为100分。表中各检查项目得分为按规定检查内容所得分数之和。每张表总得分应为各自表内各检查项目实得分数之和。

2）在检查评分中，遇有多个脚手架、塔吊、龙门架与井字架等时，则该项得分应为各单项实得分数的算术平均值。

3）检查评分不得采用负值。各检查项目所扣分数总和不得超过该项应得分数。

4）在检查评分中，当保证项目有一项不得分或保证项目小计得分不足40分时，此检查评分表不应得分。

5）检查评分汇总表满分为100分，各分项检查表在汇总表中所占的满分分值应分别为：安全管理10分、文明施工20分、脚手架10分、基坑支护与模板工程10分、“三宝”、“四口”防护10分、施工用电10分、物料提升机与外用电梯10分、塔吊10分、起重吊装5分和施工机具5分。在汇总表中各份项项目实得分数应按下式计算：

在汇总表中各分项项目实得分数 = 汇总表中该项应得满分分值 × 该项检查评分表实得

分数÷100

汇总表总得分应为表中各分项项目实得分数之和。

6）检查中遇有缺项时，汇总表总得分应按下式换算：

遇有缺项时汇总表总得分=实查项目在汇总表中按各对应的实得分值之和÷实查项目在汇总表中应得满分的分值之和×100

7）多人同时对同一项目检查评分时，应按加权评分方法确定分值。权数的分配原则应为：专职安全人员的权数为0.6，其他人员的权数为0.4。

3. 等级划分

建筑施工安全检查评分，应以汇总表的总得分及保证项目达标与否，作为对一个施工现场安全生产情况的评价依据，分为优良、合格、不合格三个等级。

1）优良

保证项目分值均应达到规定得分标准，检查评分汇总表得分值应在80分（含）以上。

2）合格

①保证项目分值均应达到规定得分标准，检查评分汇总表得分值应在70分及以上；

②有一份表未得分，但检查评分汇总表得分值在75分及其以上；

③起重吊装检查评分表或施工机具检查评分表未得分，但汇总表得分值在80分以上。

3）不合格

①检查评分汇总表得分值不足70分；

②有一份表未得分，且检查评分汇总表得分在75分以下；

③起重吊装检查评分表或施工机具检查评分表未得分，且检查评分汇总表得分值在80分（含）以下。

4. 分值的计算方法

1）汇总表中各项实得分数计算方法

分项实得分=该分项在汇总表中应得分×该分项在检查评分表中实得分÷100

【例1】 "文明施工检查评分表"实得86分，换算在汇总表中"文明施工"分项实得分为多少？

分项实得分=20×86/100=17.2（分）

2）汇总表中遇有缺项时，汇总表总分计算方法

缺项的汇总表分=实查项目实得分值之和÷实查项目应得分值之和×100

【例2】 如某工地没有塔吊，则塔吊在汇总表中有缺项，其他各分项检查在汇总表实得分为81分，计算该工地汇总表实得分为多少？

缺项的汇总表分=81÷90×100=90（分）

3）分表中遇有缺项时，分表总分计算方法

缺项的分表分=实查项目实得分值之和÷实查项目应得分值之和×100

【例3】 "起重吊装安全检查评分表"中，"施工方案"缺项（该项应得分值为10分），其他各项检查实得分为72分，计算该分表实得多少分？换算到汇总表中应为多少

分？

缺项的分表分 = 70 ÷ （100 - 10） × 100 = 77.78（分）

汇总表中起重吊装分项实得分 = 10 × 77.78 ÷ 100 = 7.78（分）

4）分表中遇保证项目缺项时，“保证项目小计得分不足 40 分，评分表得 0 分”，计算方法

实得分与应得分之比 < 66.7%时，评分表得 0 分（40 ÷ 60 = 66.7%）。

【例 4】 如起重吊装安全检查评分表中，施工方案这一保证项目缺项（该项为 10 分），其他“保证项目”检查实得分合计为 30 分（应得分值为 50 分），该分项检查表是否能得分？

$$30 \div 50 = 60\% < 66.7\%$$

则该分项检查表计 0 分。

5）在各汇总表的各分项中，遇有多个检查评分表分值时，则该分项得分应为各单项实得分数的算术平均值。

【例 5】 某工地有多种脚手架和多台塔吊。落地式脚手架实得分为 86 分、悬挑脚手架实得分为 80 分；甲塔吊实得分为 90 分、乙塔吊实得分为 85 分。计算汇总表中脚手架、塔吊实得分值为多少？

脚手架实得分 = （86 + 80） ÷ 2 = 83（分）

换算到汇总表中分值 = 10 × 83 ÷ 100 = 8.3（分）

塔吊实得分 = （90 + 85） ÷ 2 = 87.5（分）

换算到汇总表中分值 = 10 × 87.5 ÷ 100 = 8.75（分）

5. 检查评分表计分内容简介

1）汇总表内容

“建筑施工安全检查评分汇总表”是对 13 个分项检查结果的汇总，主要包括安全管理、文明施工、脚手架、基坑支护与模板工程、“三宝”“四口”防护、施工用电、物料提升与外用电梯、塔吊起重吊装和施工机具十项内容，利用该表所得分作为对施工现场安全生产情况，进行安全评价的依据。

①安全管理　主要是对施工安全管理中的日常工作进行考核，发生事故由于管理不善是造成伤亡事故的主要原因之一。在事故分析中，事故大多不是因技术问题解决不了造成的，而是因违章所致。所以应做好日常的安全管理工作，并保存记录，为检查人员提供对该工程安全管理工作的确认资料。

②文明施工　按照 167 号国际劳工公约《施工安全与卫生公约》的要求，施工现场不但应做到遵章守纪，安全生产，同时还应做到文明施工，整齐有序，变过去施工现场“脏、乱、差”为施工企业文明的“窗口”。

③脚手架

a. 落地式脚手架　包括从地面搭起的各种高度的钢管扣件式脚手架、碗扣式脚手架。

b. 悬挑式脚手架　包括从地面、楼板或墙体上用立杆斜挑的脚手架，以及提供一个层高的使用高度的外挑式脚手架和高层建筑施工分段搭设的多层悬挑式脚手架。

c. 门型脚手架　是指定型的门型框架为基本构件的脚手架，由门型框架、水平梁、

交叉支撑组合成基本单元，这些基本单元相互连接，逐层叠高，左右伸展，构成整体门型脚手架。

d. 挂脚手架　是指悬挂在建筑结构预埋件上的钢架，并在两片钢架之间铺设脚手板，提供作业的脚手架。

e. 吊篮脚手架　是指将预制组装的吊篮悬挂在挑梁上，挑梁与建筑结构固定，吊篮通过手（电）动葫芦钢丝绳带动，进行升降作业。

f. 附着式升降脚手架　是指将脚手架附着在建筑结构上，并利用自身设备使架体升降，可以分段提升或整体提升，也称整体提升脚手架或爬架。

④基坑支护及模板工程　近年来施工伤亡事故中坍塌事故比例增大，其中因开挖基坑时为按地质情况设置安全边坡和做好固壁支撑，拆模时楼板混凝土为达到设计强度、模板支撑未经设计验算造成的坍塌事故较多。

⑤“三宝”“四口”防护　“三宝”指安全帽、安全带、安全网的正确使用；“四口”指楼梯口、电梯井口、预留洞口、通道口。要求在施工过程中，必须针对易发生事故的部位，采取可靠的防护措施，或补充措施，同时按不同作业条件佩戴和使用个人防护用品。

⑥施工用电　是针对施工现场在工程建设过程中的临时用电而制定的，主要强调必须按照临时用电施工组织设计施工，有明确的保护系统，符合三级配电两级保护要求，做到“一机、一闸、一漏、一箱”，线路架设符合规定。

⑦物料提升机与外用电梯　施工现场使用的物料提升机和人货两用电梯是垂直运输的主要设备。由于物料提升机目前尚未定型，多由企业自已设计制作使用，存在着设计制作不符合规范规定的现象，使用管理随意性较大的情况；人货两用电梯虽然是由厂家生产，但也存在组装、使用及管理上不合规范的隐患，所以必须按照规范及有关规定，对这两种设备进行认真检查，严格管理，防止发生事故。

⑧塔吊　塔式起重机因其高度幅度大的特点大量用于建筑工程施工，可以同时解决垂直及水平运输，但由于其作业环境、条件复杂多变，在组装、拆除及使用中存在一定的危险性，使用、管理不善易发生倒塔事故造成人员伤亡。所以要求组装、拆除必须由具有资格的专业队伍承担，使用前进行试运转检查，使用中严格按规定要求进行作业。

⑨起重吊装　是指建筑工程中的结构吊装和设备安装工程。起重吊装是专业性强且危险性较大的工作，所以要求必须做专项施工方案，进行试吊，有专业队伍和经验收合格的起重设备。

⑩施工机具　施工现场除使用大型机械设备外，也大量使用中小型机械和机具，这些机具虽然体积较小，但仍有其危险性，且因使用的量多面广，有必要进行规范，否则造成事故也相当严重。

2）分项检查表结构

分项检查表的结构形式分为两类，一类是自成整体的系统，如脚手架、施工用电等检查表，列出的各检查项目之间有内在的联系，按其结构重要程度的大小，对其系统的安全检查情况起到制约的作用。在这类检查评分表中，把影响安全的关键项目列为保证项目，其他项目列为一般项目；另一类是各检查项目之间无相互联系的逻辑关系，因此没有列出保证项目，如“三宝”“四口”防护和施工机具两张检查表。

凡在检查表中列在保证项目中的各项，对系统的安全与否起着关键作用，为了突出这些项目的作用，而制定了保证项目的评分原则：即遇有保证项目中有一项不得分或保证项目小计得分不足40分时，此检查评分不得分。

①“安全管理检查评分表”是对施工单位安全管理工作的评价。检查的项目应包括：安全生产责任制、目标管理、施工组织设计、分部（分项）工程安全技术交底、安全检查、安全教育、班前安全活动、特种作业持证上岗、工伤事故处理和安全标志共十项内容。通过调查分析、发现有89%事故都不是因技术解决不了造成的，而是由于管理不善，没有安全技术措施、缺乏安全技术知识、不作安全技术交底、安全生产责任不落实、违章指挥、违章作业等造成的。因此，把管理工作中的关键部分列为“保证项目”，保证项目能够做好，整体的安全工作也就有了一定的保证。

②“文明施工检查评分表”是对施工现场文明施工的评价。检查的项目包括：现场围挡、封闭管理、施工场地、材料堆放、现场宿舍、现场防火、治安综合治理、施工现场标牌、生活设施、保健急救、社区服务十一项内容。

③“脚手架检查评分表”为落地式外脚手架、悬挑式脚手架、门型脚手架、挂脚手架、吊篮脚手架、附着式升降脚手架共六项内容。近几年来，从脚手架上坠落的事故已占高处坠落事故的50%以上，脚手架上的事故如能得到控制，则高坠事故可以大量减少。按照安全系统工程学的原理，将近年来发生的事故用事故树的方法进行分析，问题主要出现在脚手架倒塌和脚手架上缺少防护措施上。从两方面考虑，找到引起倒塌和缺少防护的基本原因，由此确定了检查项目，按每分项在总体结构中的重要程度及因为它的缺陷而引起伤亡事故的频率，确定了它的分值。

④“基坑支护安全检查评价表”是对施工现场基坑支护工程的安全评价。检查的项目应包括：施工方案、临边防护、坑壁支护、排水措施、坑边荷载、上下通道、土方开挖、基坑支护变形监测和作业环境九项内容。

⑤“模板工程安全检查评分表”是对施工过程中模板工作的安全评价。检查的项目应包括：施工方案、支撑系统、立柱稳定、施工荷载、模板存放、支拆模板、模板验收、混凝土强度、运输道路和作业环境十项内容。

⑥“‘三宝’、‘四口’防护检查评分表”，三宝防护检查评分表是指安全帽、安全带、安全网的使用情况与评价；四口防护检查评分表是指通道口、预留口、电梯井口、楼梯口等各种洞口（含坑、井）的防护情况的评价。两部分之间无有机的联系，但这两部分引起的伤亡事故却是相互交叉，既有高处坠落又有物体打击，因此将这两部分放在一张表内，但不设保证项目。其中“三宝”为55分。在发生物体打击的事故分析中，由于受伤者不戴安全帽的占事故总数的90%以上，而不戴安全帽都是由于怕麻烦图省事造成。无论工地有多少人，只要有一人不戴安全帽，就存在被打击造成伤亡的隐患。同样，有一个不系安全带的，就存在高处坠落伤亡的危险。因此，在评分中突出了这个重点。对于“四口”防护的要求，考虑了建筑业安全防护技术的现状，没有对防护方法和设施等做统一要求，只要求严密可靠。

⑦“施工用电检查评分表”是对施工现场临时用电情况的评价。检查的项目包括：外电防护、接地与接零保护系统、配电箱、开关箱、现场照明、配电线路、电器装置、变配电装置和用电档案共九项内容。临时用电也是一个独立的子系统，各部位有

相互联系和制约的关系。但从事故的分析来看，发生伤亡事故的原因不完全是相互制约的，而是哪里有隐患哪里就存在着发生事故的危险，根据发生伤亡事故的原因分析定出了检查项目。其中由于施工碰触高压线造成的伤亡事故占30%；供电线在工地随意拖拉、破皮漏电造成的触电事故占16%；现场照明不使用安全电压造成的触电事故占15%。如能将这三类事故控制住，触电事故则可大幅度下降。因此把三项内容作为检查的重点列为保证项目。在临时用电系统中，保护零线和重复接地是保障安全的关键环节，但在事故的分析中往往容易被忽略，为了强调它的重要也将它列为保证项目。检查项目中的扣分标准是根据施工现场的通病及其危害程度、发生事故的概率确定的。

⑧“物料提升机（龙门架与井字架）检查评分表”是对物料提升机的设计制作、搭设和使用情况的评价。检查的项目包括：架体制作、限位保险装置、架体稳定、钢丝绳、楼层卸料平台防护、吊篮、安装验收、架体、传动系统、联络信号、卷扬机操作棚和避雷十二项内容。龙门架、井字架在近几年建筑中是主要的垂直运输工具，也是事故发生的主要部位。每年发生的一次死亡3人以上的重大伤亡事故中，属于龙门架与井字架上的就占50%，主要由于选择缆风绳不当和缺少限位保险装置所致。因此检查表中把这些项目都列为保证项目，扣分标准是按事故直接原因，现场存在的通病及其危害程度确定的。在龙门架与井字架的安装和拆除过程中极易发生倒塌事故，这个过程在检查表中没有列出，可由各地自选补充。但应注意的是，龙门架与井字架所使用的缆风绳一定要使用钢丝绳，任何情况下都不能用麻绳、棕绳、再生绳、8号铅丝及钢盘所代替。

⑨“外用电梯（人货两用电梯）检查评分表”是对施工现场外用电梯的安全状况及使用管理的评价。检查的内容包括：安全装置、安全防护、司机、荷载、安装与拆卸、安装验收、架体稳定、联络信号、电气安全和避雷十项内容。

⑩“塔吊检查评分表”是塔式起重机使用情况的评价。检查内容包括：力矩限制器、限位器、保险装置、附墙装置与夹轨钳、安装与拆卸、塔吊指挥、路基与轨道、电气安全、多塔作业和安装验收十项内容。由于高层和超高层建筑的增多，塔吊的使用也逐渐普遍。在运行中因力矩、超高、变幅、行走、超载等限位装置不足、失灵、不配套、不完善等造成的倒塔事故时有发生，因此将这些项目列为保证项目，并且增大了力矩限位器的分值，以促使各单位在使用塔吊时保证其齐全有效，控制由超载开车造成的倒塔事故。塔吊在安装和拆除中也曾发生过多起倾翻事故，检查表中也将它列出。

⑪“起重吊装安全检查评分表”是对施工现场起重吊装作业和起重吊装机械的安全评价。检查的项目内容包括：施工方案、起重机械、钢丝绳与地锚、吊点、司机、指挥、地耐力、起重作业、高处作业、作业平台、构件堆放、警戒和操作工十二项内容。

⑫“施工机具检查评分表”是对施工中使用的平刨、圆盘锯、手持电动工具、钢筋机械、电焊机、搅拌机、气瓶、翻斗车、潜水泵和打桩机械十种施工机具安全状况的评价。

6. 检查评分表内容格式

检查评分表内容格式略，详见《建筑施工安全检查标准》(JGJ 59—99)。

五、安全生产评价标准

1. 评价内容

(1) 施工企业安全生产评价的内容应包括安全生产条件单项评价、安全生产业绩单项评价及由以上两项单项评价组合而成的安全生产能力综合评价。

(2) 施工企业安全生产条件单项评价的内容应包括安全生产管理制度，资质、机构与人员管理，安全技术管理和设备与设施管理4个分项。评分项目及其评分标准和评分方法应符合表1-4～表1-7的规定。

(3) 施工企业安全生产业绩单项评价的内容应包括生产安全事故控制、安全生产奖罚、项目施工安全检查和安全生产管理体系推行4个评分项目。评分项目及其评分标准和评分方法应符合表1-8的规定。

(4) 安全生产条件、安全生产业绩单项评价和安全生产能力综合评价记录，应采用表1-9《施工企业安全生产评价汇总表》。

安全生产管理制度分项评分 **表1-4**

序号	评分项目	评分标准	评分方法	应得分	扣减分	实得分
1	安全生产责任制度	·未按规定建立安全生产责任制度或制度不齐全，扣10～25分 ·责任制度中未制定安全管理目标或目标不齐全，扣5～10分 ·承发包合同无安全生产管理职责和指标，扣5～10分 ·有关层次、部门、岗位人员以及总分包安全生产责任制未得到确认或未落实，扣5～10分 ·未制定安全生产奖惩考核制度或制度不齐全，扣5～10分 ·未按安全生产奖惩考核制度落实奖罚，扣3～5分	查管理制度目录、内容，并抽查企业及施工现场相关记录	25		
2	安全生产资金保障制度	·未按规定建立制度或制度不齐全，扣10～20分 ·未落实安全劳防用品资金，扣5～10分 ·未落实安全教育培训专项资金，扣5～10分 ·未落实保障安全生产的技术措施资金，扣5～10分		20		

续表

序号	评分项目	评 分 标 准	评分方法	应得分	扣减分	实得分
3	安全教育培训制度	·未按规定建立制度，扣20分 ·制度未明确项目经理、安全专职人员、特殊工种、待岗、转岗、换岗职工、新进单位从业人员安全教育培训要求，扣5~15分 ·企业无安全教育培训计划，扣10分 ·未按计划实施教育培训活动或实施记录不齐全，扣5~10分	查管理制度目录、内容，并抽查企业及施工现场相关记录	20		
4	安全检查制度	·未按规定制定包括企业和各层次安全检查制度，扣20分 ·制度未明确企业、项目定期及日常、专项、季节性安全检查的时间和实施要求，扣3~5分 ·制度未规定对隐患整改、处置和复查要求，扣3~5分 ·无检查和隐患处置、复查的记录或隐患整改未如期完成，扣5~10分		20		
5	生产安全事故报告处理制度	·未按规定制定事故报告处理制度或制度不齐全，扣5~10分 ·未按规定实施事故的报告和处理，未落实“四不放过”，扣10~15分 ·未建立事故档案，扣5分 ·未按规定办理意外伤害保险，扣10分；意外伤害保险办理率不满100%，扣1~10分 ·未制定事故应急预案，未建立应急救援小组或指定专门应急救援人员，扣5~10分		15		
	分 项 评 分			100		

评分员：　　　　　　　　　　　　　　　　　　　　　　　　　　年　　月　　日

注：“四不放过”指事故原因未查清不放过；职工和事故责任人受不到教育不放过；事故隐患不整改不放过；事故责任人不处理不放过。

资质、机构与人员管理分项评分　　　　**表1-5**

序号	评分项目	评 分 标 准	评分方法	应得分	扣减分	实得分
1	企业资质和从业人员资格	·企业资质与承发包生产经营行为不相符，扣30分 ·总分包单位主要负责人、项目经理和安全生产管理人员未经过安全考核合格，不具备相应的安全生产知识和管理能力，扣10~15分 ·其他管理人员、特殊工种人员等其他从业人员未经过安全培训，不具备相应的安全生产知识和管理能力，扣5~10分	查企业资质证书与经营手册，抽查上岗证及教育培训记录，抽查施工现场	30		

续表

序号	评分项目	评分标准	评分方法	应得分	扣减分	实得分
2	安全生产管理机构	·企业未按规定设置安全生产管理机构或配备专职安全生产管理人员，扣10～25分 ·无相应安全管理体系，扣10分 ·各级未配备足够的专、兼职安全生产管理人员，扣5～10分	查企业安全管理组织网络图、安全管理人员名册清单等	25		
3	分包单位资质和人员资格管理	·未制定对分包单位资质资格管理及施工现场控制的要求和规定，扣15分 ·缺乏对分包单位资质和人员资格管理及施工现场控制的证实材料，扣10分 ·分包单位承接的项目不符合相应的安全资质管理要求，扣15分 ·50人以上规模的分包单位未配备专、兼职安全生产管理人员，扣3～5分	查企业对分包单位管理记录，合格分包方名录，抽查施工现场管理资料	25		
4	供应单位管理	·未制定对安全设施所需材料、设备及防护用品的供应单位的控制要求和规定，扣20分 ·无安全设施所需材料、设备及防护用品供应单位的生产许可证或行业有关部门规定的证书，每起扣5分 ·安全设施所需材料、设备及防护用品供应单位所持生产许可证或行业有关部门规定的证书与其经营行为不相符，每起扣5分	查企业对分供单位管理记录，合格分供方名录，抽查施工现场管理资料	20		
	分项评分			100		

评分员：　　　　　　　　　　　　　　　　　　　　　　　　年　月　日

注：表中涉及到的大型设备装拆的资质、人员与技术管理，应按表1-7中“大型设备装拆安全控制”规定的评分标准执行。

安全技术管理分项评分 **表1-6**

序号	评分项目	评分标准	评分方法	应得分	扣减分	实得分
1	危险源控制	·未进行危险源识别、评价，未对重大危险源进行控制策划、建档，扣10分 ·对重大危险源不制定有针对性的应急预案，扣10分	查企业及施工现场相关记录	20		
2	施工组织设计（方案）	·无施工组织设计（方案）编制审批制度，扣20分 ·施工组织设计中未根据危险源编制安全技术措施或安全技术措施无针对性，扣5～15分 ·施工组织设计（方案，包括修改方案）未经技术负责人组织安全等有关部门审核、审批，扣5～10分	查企业技术管理制度，抽查企业备份或施工现场的施工组织设计	20		

续表

序号	评分项目	评分标准	评分方法	应得分	扣减分	实得分
3	专项安全技术方案	·专业性强、危险性大的施工项目，未按要求单独编制专项安全技术方案（包括修改方案）或专项安全技术方案（包括修改方案）无针对性，扣5～15分 ·专项安全技术方案（包括修改方案）未经有关部门和技术负责人审核、审批，扣10～15分 ·方案未按规定进行计算和图示，扣5～10分 ·技术负责人未组织方案编制人员对方案（包括修改方案）的实施进行交底、验收和检查，扣5～10分 ·未安排专业人员对危险性较大的作业进行安全监控管理，扣3～5分	抽查企业备份或施工现场的专项方案	20		
4	安全技术交底	·未制定各级安全技术交底的相关规定，扣15分 ·未有效落实各级安全技术交底，扣5～15分 ·交底无书面交底记录，交底未履行签字手续，扣3～5分	查企业相关规定企业备份及施工现场交底资料	15		
5	安全技术标准、规范和操作规程	·未配备现行有效的、与企业生产经营内容相关的安全技术标准、规范和操作规程，扣15分 ·安全技术标准、规范和操作规程配备有缺陷，扣5～10分	查企业规范目录清单，抽查企业及施工现场的规范、标准、操作规程	15		
6	安全设备和工艺的选用	·选用国家明令淘汰的设备或工艺，扣10分 ·选用国家推荐的新设备、新工艺、新材料，或有市级以上安全生产技术成果，加5分	抽查施工组织设计和专项方案及其他记录	10		
		分项评分		100		

评分员：　　　　　　　　　　　　　　　　　　年　月　日

注：表中涉及到的大型设备装拆资质、人员与技术管理，应按表1-7中“大型设备装拆安全控制”规定的评分标准执行。

设备与设施管理分项评分　　　　**表1-7**

序号	评分项目	评分标准	评分方法	应得分	扣减分	实得分
1	设备安全管理	·未制定设备（包括应急救援器材）安装（拆除）、验收、检测、使用、定期保养、维修、改造和报废制度或制度不完善、不齐全，扣10～25分 ·购置的设备，无生产许可证和产品合格证或证书不齐全，扣10～25分 ·设备未按规定安装（拆除）、验收、检测、使用、保养、维修、改造和报废，扣5～15分 ·向不具备相应资质的企业和个人出租或租用设备，扣10～25分 ·无企业设备管理档案台账，扣5分 ·设备租赁合同未约定各自安全生产管理职责，扣5～10分	查企业设备安全管理制度，查企业设备清单和管理档案，抽查施工现场设备及管理资料	25		

续表

序号	评分项目	评分标准	评分方法	应得分	扣减分	实得分
2	大型设备装拆安全控制	·装拆由不具备相应资质的单位或不具备相应资格的人员承担，扣25分 ·大型起重设备装拆无经审批的专项方案，扣10分 ·装拆未按规定做好监控和管理，扣10分 ·未按规定检测或检测不合格即投入使用，扣10分	抽查企业备份或施工现场方案及实施记录	25		
3	安全设施和防护管理	·企业对施工现场的平面布置和有较大危险因素的场所及有关设施、设备缺乏安全警示标志的统一规定，扣5分 ·安全防护措施和警示、警告标识不符合安全色与安全标志要求，扣5分	查相关规定，抽查施工现场	20		
4	特种设备管理	·未按规定制定管理要求或无专人管理，扣10分 ·未按规定检测合格后投入使用，扣10分	抽查施工现场	15		
5	安全检查测试工具管理	·未按有关规定配备相应的安全检测工具，扣5分 ·配备的安全检测工具无生产许可证和产品合格证或证件不齐全，扣5分 ·安全检测工具未按规定进行复检，扣5分	·查相关记录，抽查施工现场检测工具	15		
分项评分				100		

评分员：　　　　　　　　　　　　　　　　　　　　　　　　年　　月　　日

安全生产业绩单项评分　　　　**表1-8**

序号	评分项目	评分标准	评分方法	应得分	扣减分	实得分
1	生产安全事故控制	·安全事故累计死亡人数2人扣30分 ·安全事故累计死亡人数1人，扣20分 ·重伤事故年重伤率大于0.6‰，扣15分 ·一般事故年平均月频率大于3‰，扣10分 ·瞒报重大事故，扣30分	查事故报表和事故档案	30		
2	安全生产奖罚	·受到降级、暂扣资质证书处罚、扣25分 ·各类检查中项目因存在安全隐患被指令停工整改，每起扣5~10分 ·受建设行政主管部门警告处分，每起扣5分 ·受建设行政主管部门经济处罚，每起扣10分 ·文明工地，国家级每项加15分，省级加8分，地市级加5分，县级加2分 ·安全标化工地，省级加3分，地市级加2分，县级加1分 ·安全生产先进单位，省级加5分，地市级加3分，县级加2分	查各级行政主管部门管理信息资料，各类有效证明材料	25		

续表

序号	评分项目	评 分 标 准	评分方法	应得分	扣减分	实得分
3	项目施工安全检查	·按JGJ159—99《建筑施工安全检查标准》对施工现场进行各级大检查，项目合格率低于100%，每低1%扣1分，检查优良率低于30%，每1%扣1分 ·省级及以上安全检查通报表扬，每项加3分；地市级安全生产通报表扬，每项加2分 ·省级及以上通报批评每项扣3分，地市级通报批评每项扣2分 ·因不文明施工引起投诉，每起扣2分 ·未按建设安全主管部门签发的安全隐患整改指令书落实整改，扣5~10分	查各级行政主管部门管理信息资料，各类有效证明材料	25		
4	安全生产管理体系推行	·企业未贯彻安全生产管理体系标准，扣20分 ·施工现场未推行安全生产管理体系，扣5~15分 ·施工现场安全生产管理体系推行率低于100%，每低1%扣1分	查企业相应管理资料	20		
单 项 评 分				100		

评分员： 年 月 日

施工企业安全生产评价汇总表 **表 1-9**

企业名称： 经济类型：

资质等级： 上年度施工产值： 在册人数：

安全生产条件单项评价			安全生产业绩单项评价	
序号	评 分 分 项	实得分（满分100分）		
①	安全生产管理制度		单项评分实得分（满分100分）	
②	资质、机构与人员管理			
③	安全技术管理			
④	设备与设施管理			
单项评分实得分 ①×0.3+②×0.2+③×0.3+④×0.2				
分项评分表中的实得分为零的评分项目数（个）			分项评分表中的实得分为零的评分项目数（个）	
单项评价等级			单项评价等级	
安全生产能力综合评价等级				
评价意见：				
评价负责人（签名）		评价人员（签名）		
企业负责人（签名）		企业签章		

年 月 日

2. 评分方法

(1) 施工企业安全生产条件单项评分应符合下列原则：

1) 各分项评分满分分值为100分，各分项评分的实得分应为相应分项评分表中各评分项目实得分之和。

2) 分项评分表中的各评分项目的实得分不应采用负值，扣减分数总和不得超过该评分项目应得分分值。

3) 评分项目有缺项的，其分项评分的实得分应按下式换算：

遇有缺项的分项评分的实得分 = 可评分项目的实得分之和 ÷ 可评分项目的应得分值之和 × 100

4) 单项评分实得分应为其4个分项实得分的加权平均值。表1-4～表1-7相应分项的权数分别为0.3、0.2、0.3、0.2。

(2) 施工企业安全生产业绩单项评分应符合下列原则：

1) 单项评分满分分值为100分。

2) 单项评分中的各评分项目的实得分不应采用负值，扣减分数总和不得超过该评分项目应得分分值，加分总和也不得超过该评分项目的应得分分值。

3) 单项评分实得分应为各评分项目实得分之和。

4) 当评分项目涉及到重复奖励或处罚时，其加、扣分数应以该评分项目可加、扣分数的最高分计算，不得重复加分或扣分。

3. 评价等级

(1) 施工企业安全生产条件、安全生产业绩的单项评价和安全生产能力综合评价结果均应分为合格、基本合格、不合格三个等级。

依据施工企业安全生产条件、安全生产业绩各分项评分表的评分结果进行汇总，确定了施工企业安全生产评价等级。不论是安全生产条件、安全生产业绩单项评价，还是生产能力评价结果，本着帮助和鼓励大多数企业积极进取的目的，在合格和不合格之间，设立基本合格的等级。

(2) 施工企业安全生产条件单项评价等级划分应按表1-10核定。依据施工企业安全生产条件各分项评分表的评分量化结果，在经过汇总后，安全生产条件单项评价等级划分的原则是：合格和基本合格的一项共同标准为单项评价各分项评分表中无实得分数为零的评分项目，因为无论哪一项为零分，对企业的安全生产都是致命的。

施工企业安全生产条件单项评价等级划分 **表1-10**

评价等级	评价项		
	分项评分表中的实得分为零的评分项目数（个）	各分项评分实得分	单项评分实得分
合　格	0	≥70	≥75
基本合格	0	≥65	≥70
不合格	出现不满足基本合格条件的任意一项时		

评分表中的条款，多数是企业满足安全生产条件的基本条件，必须做到。但全国各地管理体制水平存在一定的差距，因此评价等级为合格的分数定位为75分。受此分的限制，

合格和基本合格之间的分数差距也仅有5分余地。

合格标准为加权平均汇总后单项评分实得分数要保证为75分及以上，而各分项评分表均不小于70分，这样既明确了单项评分实得分数数值，又限制了各评分分项之间的得分差距，以确保各评分分项均能保持一定水准。

如果出现不满足基本合格的条件任意一项，说明施工企业在安全生产的条件上存在较大的缺陷，不能保证安全生，故应评为不合格。

(3) 施工企业安全生产业绩单项评价等级划分应按表1-11核定。根据施工企业安全生产业绩分项评分表的评分进行的量化结果，该表是安全生产业绩单项评价等级划分的原则。

其中，基本合格的标准允许单项评价分项评分表中有一项实得分数为零的评分项目，主要是考虑对于一些大型施工企业，年产值数亿元以上，工程规模大，施工难度高，即便管理水平高，也难免有意外和偶然，因此，从科学评价的角度和以人为本的管理理念出发，制定了此条标准，但前提条件是：如果因安全事故造成死亡人数累计超过3人，或造成直接经济损失累计30万元以上，则评价等级为不合格。

施工企业安全生产业绩单项评价等级划分　　　　表1-11

评价等级	评　价　项	
	单项评分表中的实得分为零的评分项目数（个）	评分实得分
合　格	0	≥75
基本合格	≤1	≥70
不合格	出现不满足基本合格条件的任意一项或安全事故死亡人数3个及以上或安全事故造成直接经济损失累计30万元以上	

(4) 施工企业安全生产能力综合评价等级划分应按表1-12核定。该表表明了企业安全生产能力评价的原则。考虑到施工企业安全生产条件相对是静态的，安全生产业绩评价是动态的，两者相对独立，条件是业绩的基础，业绩是条件的具体表现，故不考虑其评价权数，不采用量化评价，而是在施工企业安全生产条件和安全生产业绩单项评价结果的基础上，进行逻辑判断，确定评价结果。

施工企业安全生产能力综合评价等级划分　　　　表1-12

评价等级	评　价　项	
	施工企业安全条件	施工企业安全生产业绩单项评价等级
合　格	合　格	合　格
基本合格	单项评价等级均为基本合格或一个合格，一个基本合格	
不合格	单项评价等级有一项不合格	

六、安全生产验收制度

1. 验收原则

必须坚持“验收合格才能使用”的原则。

2. 验收的范围

(1) 各类脚手架、井字架、龙门架、堆料架；

(2) 临时设施及沟槽支撑与支护；

(3) 支搭好的水平安全网和立网；

(4) 临时电气工程设施；

(5) 各种起重机械、路基轨道、施工电梯及其他中小型机械设备；

(6) 安全帽、安全带和护目镜、防护面罩、绝缘手套、绝缘鞋等个人防护用品。

3. 验收程序

(1) 脚手架杆件、扣件、安全网、安全帽、安全带以及其他个人防护用品，必须有出厂证明或验收合格的单据，由安全员、材料保管人员、技术负责人、工长共同审验；

(2) 各类脚手架、堆料架，井字架、龙门架和支搭的安全网、立网由项目经理或技术负责人申报支搭方案并牵头，会同工程部和安全主管部门进行检查验收；

(3) 临时电气工程设施，由安全主管部门牵头，会同电气工程师、项目经理、方案制定人、工长、安全员进行检查验收；

(4) 起重机械、施工用电梯由安装单位和使用工地的负责人牵头，会同有关部门检查验收；

(5) 路基轨道由工地申报铺设方案，工程部和安全主管部门共同验收；

(6) 工地使用的中小型机械设备，由工地技术负责人和工长牵头，会同工程部进行检查验收；

(7) 所有验收，必须办理书面验收手续，否则无效。

七、隐患控制与处理

1. 项目经理部应对存在隐患的安全设施、过程和行为进行控制，组装完毕后应进行检查验收，确保不合格设施不使用、不合格物资不放行、不合格过程不通过。

2. 检查中发现的隐患应进行登记，不仅作为整改的备查依据，而且是提供安全动态分析的重要信息渠道。如多数单位安全检查都发现同类型隐患，说明是“通病”；若某单位在安全检查中重复出现隐患，说明整改不彻底，形成“顽症”。根据检查隐患记录分析，制定指导安全管理的预防措施。

3. 安全检查中查出的隐患，还应发出隐患整政通知单。对凡存在即发性事故危险的隐患，检查人员应责令停工，被查单位必须立即进行整改。

4. 对于违章指挥、违章作业行为，检查人员可以当场指出，立即纠正。

5. 被检查单位领导对查出的隐患，应立即研究制定整改方案，组织实施整改。按照“五定”，即定整改责任人、定整改措施、定整改完成时间、定整改完成人、定整改验收人，限期完成整改，报上级检查部门备案。

6. 事故隐患的处理方式

(1) 停止使用、封存；

(2) 指定专人进行整改以达到规定要求；

(3) 进行返工，以达到规定要求；

(4) 对有不安全行为的人员进行教育或处罚；

(5) 对不安全生产的过程重新组织。

7. 整改完成后，项目经理部安监部门必要时对存在隐患的安全设施、安全防护用品整改效果进行验证，再及时通知企业主管部门等有关部门派员进行复查验证，经复查整改合格后，即可销案。

第八节　安全教育与培训

一、安全教育的意义

安全是生产赖以正常进行的前提，安全教育又是安全控制工作的重要环节，安全教育的目的，是提高全员安全素质、安全管理水平和防止事故，从而实现安全生产。

建筑施工具有流动性大、劳动强度大，露天作业多，高空作业多，施工生产受环境及气候的影响大等特点。施工过程中的不安全因素很多，安全管理与安全技术的发展却滞后于建筑规模的迅速扩大和施工工艺的快速发展，同时，由于部分作业人员缺乏基本的安全生产知识，自我保护意识差，导致了建筑施工行业伤亡事故多发的趋势。

党和政府始终非常重视建筑行业的安全生产和劳动保护以及对职工的安全生产教育工作，国家及地方的各级人大、政府等先后制定颁发了一系列安全生产、劳动保护的方针、政策、法律、法规和规章。《中华人民共和国劳动法》、《中华人民共和国建筑法》、《中华人民共和国安全生产法》等都对安全生产、安全教育做了明确规定，说明了国家对安全生产，包括工作的重视。这些重要的文件是我们开展安全生产、劳动保护工作的法律依据和行动准则，也是我们对广大职工进行安全生产教育培训的主要内容。

改革开放以来，随着社会主义市场经济体系的逐步建立，建设规模的逐渐扩大，建筑队伍也急剧膨胀，来自农村和边远地区的大量农民工，被补充到建筑队伍中来，目前农民工占建筑施工从业人员的比例已达到80%。这虽然给蓬勃发展的建筑市场提供了可观的人力资源，弥补了劳动力不足的问题，但是由于他们中的绝大多数人，文化素质较低，加之原先所从事的工作是农业生产，他们的安全意识、安全知识及自我保护能力均难以满足现代建筑业安全生产的要求。对新的工作及工作环境所潜在的事故隐患、职业危害的认识及预防能力，都要比城市工人差，这就使他们往往会成为伤亡事故和职业危害的主要受害者。同时，一些企业和个人为片面追求经济效益，见利忘义，在新工人进人施工现场上岗前，没有对他们进行必要的安全生产和安全技能的培训教育；在工人转岗时，也没有按规定进行针对新岗位的安全教育。同时，农民工对施工管理人员的违章指挥和冒险作业命令有的不知道拒绝，有的不敢拒绝，在施工现场，他们常常不能正确辨识危险或发现不了隐患，对事故隐患、险兆报告意识较差，致使他们成了建设工程施工事故主要被伤害的群体。这些因素是近年来建筑行业伤亡事故多发的重要原因，特别是新上岗的工人发生的伤亡事故比例相当高。伤亡事故给个人、家庭、企业和国家都带来了无法弥补的损失，还给社会的安定带来了不利的影响。

因此，当前亟需对建筑施工的全体从业人员、尤其是新职工，进行普遍地、深入地、全面地安全生产和劳动保护方面的教育。目前，企业生产设施、设备落后，职工文化素质较差，用工形式多样，新职工较多，安全工作难度较大。不进行广泛深入的安全教育，就不能达到安全生产的目的。

通过安全教育，使他们了解我国安全生产和劳动保护的方针、政策、法规、规范，掌握安全生产知识和技能，提高职工安全觉悟和安全技术素质，增加企业领导和广大职工搞好安全工作的责任感和自觉性，树立起群防群治的安全生产新观念，真正从思想上认识安全生产的重要性，从工作中提高遵章守纪的自觉性，从实践中体验劳动保护的必要性。因此，大力加强安全宣传教育培训工作，显得尤为重要。

二、安全教育的特点

安全教育既是施工企业安全管理工作的重要组成部分，也是施工现场安全生产的一个重要工作方面，安全教育具有以下几个特点。

1. 安全教育的全员性

安全教育的对象是企业内所有从事生产活动的人员。因此，从企业经理、项目经理，到一般管理人员及普通工人，都必须接受安全教育。安全教育是企业所有人员上岗前的先决条件，任何人不得例外。

2. 安全教育的长期性

安全教育是一项长期性的工作，这个长期性体现在三个方面。

（1）安全教育贯穿于每个职工工作的全过程　从新工人进企业开始，就必须接受安全教育，这种教育尽管存在着形式、内容、要求、时间等的不同，但是，对个人来讲，在其一生的工作经历中，都在不断地、反复地接受着各种类型的安全教育，这种全过程的安全教育是确保职工安全生产的基本前提条件。因此，安全教育必须贯穿于职工工作的全过程。

（2）安全教育贯穿于每个工程施工的全过程　从施工队伍进入现场开始，就必须对职工进行入场安全教育，使每个职工了解并掌握本工程施工的安全生产特点；在工程的每个重要节点，也要对职工进行施工转折时期的安全教育；在节假日前后，也要对职工进行安全思想教育，稳定情绪；在突击加班赶进度或工程临近收尾时，更要针对麻痹大意思想，进行有针对性地教育，等等。因此，安全教育也贯穿于整个工程施工的全过程。

（3）安全教育贯穿于施工企业生产的全过程　有生产就有安全问题，安全与生产是不可分割的统一体。哪里有生产，哪里就要讲安全；哪里有生产，哪里就要进行安全教育。企业的生存靠生产，没有生产就没有发展，就无法生存；而没有安全，生产也无法长久进行。因此，只有把安全教育贯穿于企业生产的全过程，把安全教育看成是关系到企业生存、发展的大事，安全工作才能做得扎扎实实，才能保障生产安全，才能促进企业的发展。

安全教育的长期性所体现的这三种全过程要求告诫我们，安全教育的任务“任重而道远”，不应该也不可能会是一劳永逸的，这就需要经常地、反复地、不断地进行安全教育，才能减少并避免事故的发生。

3. 安全教育的专业性

施工现场生产所涉及的范围广、内容多。安全生产既有管理性要求，也有技术性知识，安全生产的管理性与技术性结合，使得安全教育具有专业性要求。教育者既要有充实的理论知识，也要有丰富的实践经验，这样才能使安全教育做到深入浅出、通俗易懂，并且收到良 好的效果。

安全教育的目的是：通过对企业各级领导、管理人员及工人的安全培训教育，使他们学 习并了解安全生产和劳动保护的法律、法规、标准，掌握安全知识与技能，运用先进的、科学的方法，避免并制止生产中的不安全行为，消除一切不安全因素，防止事故发生，实现安全生产。

三、安全教育的培训时间要求

建设部建教［1997］83号《关于印发（建筑业企业职工安全培训教育暂行规定）的通知》中要求建筑业企业职工每年必须接受一次专门的安全生产培训。

1. 企业法定代表人、项目经理每年接受安全生产培训的时间，不得少于30学时。

2. 企业专职安全生产管理人员除按照建教（1991）522号文《建设企事业单位关键岗位持证上岗管理规定》的要求，取得岗位合格证书并持证上岗外，每年还必须接受安全专业技术培训，时间不得少于40学时。

3. 企业其他管理人员和技术人员每年接受安全生产培训的时间，不得少于20学时。

4. 企业特殊工种（包括电工、焊工、架子工、司炉工、爆破工、机械操作工、起重工、塔吊司机及指挥人员、人货两用电梯司机等）在通过专业技术培训并取得岗位操作证后，每年仍须接受有针对性的安全生产培训，时间不得少于20学时。

5. 企业其他职工每年接受安全生产培训的时间，不得少于15学时。

6. 企业待岗、转岗、换岗的职工，在重新上岗前，必须接受一次安全生产培训，时间不得少于20学时。

7. 建筑业企业新进场的工人，必须接受公司、项目（或工程处、工区、施工队）、班组的三级安全生产培训教育，经考核合格后，方能上岗。

四、安全教育的类别

1. 按教育的内容分类

安全教育按教育的内容分类，主要包括：安全思想教育、安全法制教育、安全知识教育和安全技能教育。

（1）安全思想教育

1）首先提高企业各级领导和全体员工对安全生产重要意义的认识，从思想上认识搞好安全生产的重要意义，以增强关心人、保护人的责任感，树立牢固的群众观念，使其在日常工作中坚定地树立“安全第一”的思想，正确处理好安全与生产的关系，确保企业安全生产。其次是通过安全生产方针、政策教育，提高各级领导和全体员工的政策水平，使他们正确全面地理解国家的安全生产方针政策，严肃认真地执行安全生产法律法规和规章制度。

2）劳动纪律的教育

使全体员工懂得严格执行劳动纪律对实现安全生产的重要性，劳动纪律是劳动者进行共同劳动时必须遵守的规则和秩序。反对违章指挥，反对违章作业，严格执行安全操作规程，遵守劳动纪律是贯彻“安全第一，预防为主”的方针，减少伤亡事故，实现安全生产的重要保证。

（2）安全法制教育

安全法制教育就是采取各种有效形式，通过对职工进行安全生产、劳动保护方面的法律、法规的宣传教育，提高全体员工学法、知法、懂法、守法的自觉性，以达到安全生产的目的。促使每个职工从法制的角度去认识搞好安全生产的重要性，明确遵章守法、遵章守纪是每个职工应尽职责。而违章违规的本质也是一种违法行为，轻则会受到批评教育；造成严重后果的，还将受到法律的制裁。

安全法制教育就是要使每个劳动者懂得遵章守法的道理。作为劳动者，既有劳动的权利，也有遵守劳动安全法规的义务。要通过学法、知法来守法，守法的前题首先是“从我做起”，自己不违章违纪；其次是要同一切违章违纪和违法的不安全行为作斗争，以制止并预防各类事故的发生，实现安全生产的目的。

(3) 安全知识教育

安全知识教育是一种最基本、最普通和最经常性的安全教育活动，企业所有员工都应具备安全基本知识。因此，全体员工必须接受安全知识教育和每年按规定学时进行安全培训。

安全知识教育就是要让职工了解施工生产中的安全注意事项、劳动保护要求，掌握一般安全基础知识。从内容看，安全知识是生产知识的一个重要组成部分，所以，在进行安全知识教育时，也往往是结合生产知识交叉进行教育的。

安全知识教育要求做到因人施教、浅显易懂，不搞“填鸭式”的硬性教育，因为教育对象大多数是文化程度不高的操作工人，特别要注意教育的方式、方法，注重教育的实际效果。例如对新工人进行安全知识教育，往往由于他们没有对施工现场有一个感性认识，因此，需要在工作一个阶段后，有了对现场的感性认识以后，再重复进行安全教育，使其认识达到从感性到理性，再从理性到感性的再认识过程，从而加深对安全知识教育的理解。

安全基本知识教育的主要内容有：本企业的生产经营概况，施工生产流程、主要施工方法，施工生产危险区域及其安全防护的基本常识和注意事项，施工设施、设备、机械的有关安全常识、电气设备安全常识、车辆运输安全常识、高处作业安全知识、施工过程中有毒有害物质的辨别及防护知识、防火安全的一般要求及常用消防器材的使用方法、特殊类专业（如桥梁、隧道、深基础、异形建筑等）施工的安全防护知识、工伤事故的简易施救方法和报告程序及保护事故现场等规定，个人劳动防护用品的正确穿戴、使用常识等。

(4) 安全技能教育

安全技能教育，就是结合本工种专业特点，达到实现安全操作、安全防护所必须具备的基本技能知识要求。每个员工都要熟悉本工种、本岗位专业安全技能知识。安全技能知识是比较专门、细致和深入的知识，它包括安全技术、劳动卫生和安全操作规程。国家规定建筑登高架设、起重、焊接、电气、爆破、压力容器、锅炉等特种作业人员必须进行专门的安全技能培训，经考试合格，持证上岗。

2. 按教育的对象分类

安全教育按教育的对象分类，可领导干部的安全教育培训教育、一般管理人员的安全教育、新工人的三级安全教育、变换工种的安全教育等。企业应根据不同的教育对象，侧重于不同的教育内容，提出不同的教育要求。

(1) 领导干部的安全培训教育

加强对企业领导干部的安全培训教育，是社会主义市场经济条件下，安全生产工作的一项重要举措。1993 年国务院印发了“关于加强安全生产工作的通知”（国发（1993）50 号)，指出“在发展社会主义市场经济过程中，各有关部门和单位要强化搞好安全生产的职责，实行企业负责、行业管理、国家监察和群众监督的安全生产管理体制”。并且强调

“企业法定代表人是安全生产的第一责任者，要对本企业的安全生产全面负责。”这个通知在我国实行市场经济条件下，对安全生产管理体制作了重大调整，即增加并把“企业负责”作为第一项规定，从而改变了1985年确定的“国家监察、行政管理、群众监督”管理体制。使企业在走向市场的同时，也真正实行对自己负责的客观要求。

为加强对企业负责人的安全培训教育，劳动部于1990年10月5日印发了《厂长、经理职业安全卫生管理资格认证规定》（劳安字（1990归5号），明确规定企业厂长、经理必须通过职业安全卫生管理资格认证，做到持证上岗。从而使企业领导干部的安全培训教育，进入规范化管理的行列。

建设部为了督促施工企业落实主要领导的安全生产责任制，根据国务院文件精神，明确提出了“施工企业法定代表人是企业安全生产的第一责任人，项目经理是施工项目安全生产的第一责任人”。明确了企业与项目的两个安全生产第一责任人，使安全生产责任制得到了具体落实。

总之，要通过对企业领导干部的安全培训教育，全面提高他们的安全管理水平，使他们真正从思想上树立起安全生产意识，增强安全生产责任心，摆正安全与生产、安全与进度、安全与效益的关系，为进一步实现安全生产和文明施工打下基础。

（2）新员工三级安全教育

三级教育是企业应坚持的安全生产基本教育制度。1963年国务院明确规定必须对新工人进行三级安全教育，此后，建设部又多次对三级安全教育提出了具体要求，特别是建设部关于印发《建筑业企业职工安全培训教育暂行规定》的通知，除对安全培训教育主要内容作了要求外，还对时间作了规定，为安全教育工作的培训质量提供了法制保障。

三级安全教育是每个刚进企业的新员工（包括新招收的合同工、临时工、学徒工、农民工、大中专毕业实习生和代培人员）必须接受的首次安全生产方面的基本教育。三级一般是指公司（即企业）、项目（或工程处、施工队、工区）、班组这三级。由于企业的所有制性质、内部组织结构的不同，三级安全教育的名称可以不同，但必须要确保这三个层次安全教育工作的到位。因为这三个层次的安全教育内容，体现了企业安全教育有分工、抓重点的特点。三级安全教育是为了使新工人能尽快了解安全生产的方针、政策、法律、规章，逐步适应施工现场安全生产的基本要求。

三级安全教育一般是由企业的安全、教育、劳动、技术等部门配合组织进行的。受教育者必须经过教育、考试，合格后才准许进入生产岗位；考试不合格者不得上岗工作，必须重新补课并进行补考，合格后方可工作。

对新员工的三级安全教育情况，要建立档案。为加深对三级安全教育的感性认识和理性认识，新员工工作一个阶段后（一般规定在新员工上岗工作六个月后），还要进行安全继续教育。培训内容可以从原先的三级安全教育的内容中有重点地选择，并进行考核。不合格者不得上岗工作。

施工企业必须给每一名职工建立职工安全教育卡。教育卡应记录包括三级安全教育、转场及变换工种安全教育等的教育及考核情况，并由教育者与受教育者双方签字后入册，作为企业及施工现场安全管理资料备查。

1）公司安全教育

按建设部《建筑业企业职工安全培训教育暂行规定》（建教（1997）83号）的规定

(下同)，公司级的安全培训教育时间不得少于15学时。主要内容有：

①国家和地方有关安全生产、劳动保护的方针、政策、法律、法规、标准、规范、规程。如《宪法》、《刑法》、《建筑法》、《消防法》等法律有关章节条款；国务院《关于加强安全生产工作的通知》；国务院发布的《建筑安装工程安全技术规程》有关内容等。

②企业及其上级部门（主管局、集团、总公司、办事处等）印发的安全管理规章制度。

③安全生产与劳动保护工作的目的、意义等。

④事故发生的一般规律及典型事故案例；

⑤预防事故的基本知识，急救措施。

2）项目（施工现场）安全教育：

按规定，项目应就工地安全制度、施工现场环境、工程施工特点及可能存在的不安全因素等对新员工进行安全培训教育，时间不得少于15学时。主要内容有：

①各级管理部门有关安全生产的标准。

②建设工程施工生产的特点，施工现场的一般安全管理规定、要求。

③施工现场主要事故类别，常见多发性事故的特点、规律及预防措施，事故教训等。

④本单位安全生产制度、规定及安全注意事项。

⑤本工程项目施工的基本情况（工程类型、施工阶段、作业特点等），施工中应当注意的安全事项。

⑥机械设备、电气安全及高处作业等安全基本知识。

⑦防火、防毒、防尘、防塌方、防煤气中毒、防爆知识及紧急情况下安全处置和安全疏散知识。

⑧防护用品发放标准及防护用具使用的基本知识。

3）班组教育

按规定，班组安全培训教育时间不得少于20学时。班组教育又叫岗位教育，由班组长主持。主要内容有：

①本工种的安全操作规程；

②班组安全活动制度及纪律；

③本班组施工生产工作概况，包括工作性质、作业环境、职责、范围等；

④本岗位易发生事故的不安全因素及其防范对策；

⑤本人及本班组在施工过程中，所使用、所遇到的各种机具设备及其安全防护设施的性能、作用、操作要求和安全防护要求；

⑥个人使用和保管的各类劳动防护用品的正确穿戴、使用方法及劳防用品的基本原理与主要功能；

⑦发生伤亡事故或其他事故，如火灾、爆炸、设备及管理事故等，应采取的措施（救助抢险、保护现场、报告事故等）要求；

⑧工程项目中工人的安全生产责任制；

⑨本工种的典型事故案例剖析。

(3) 转场及变换工种安全教育

施工现场变化大，动态管理要求高，随着工程进度的发展，部分工人（如专业分包工人）会从一个施工项目到另一个施工项目进行工作或者在同一个施工项目中，工作岗位也可能会发生变化，转场、转岗现象非常普遍。这种现场的流动、工种之间的互相转换，往往是施工生产的需要。但是，如果安全管理工作没有跟上，安全教育不到位，就可能给转场和转岗工人带来伤害事故。因此，必须对他们进行转场和转岗安全教育，教育考核合格后方准上岗。

1）转场教育

施工人员转入另一个工程项目时必须进行转场安全教育。转场教育内容有：

①本工程项目安全生产状况及施工条件；

②施工现场中危险部位的防护措施及典型事故案例；

③本工程项目的安全管理体系、规定及制度。

2）变换工种的安全教育

对待岗、转岗、换岗职工的安全教育主要内容是：

①新工作岗位或生产班组安全生产概况、工作性质和职责；

②新工作岗位必要的安全知识，各种机具设备及安全防护设施的性能、作用和安全防护要求等；

③新工作岗位、新工种的安全技术操作规程；

④新工作岗位容易发生事故及有毒有害的地方；

⑤新工作岗位个人防护用品的使用和保管。

总之，要确保每一个变换工种的职工，在重新上岗工作前，熟悉并掌握将要工作岗位的安全技能要求。

(4) 特种作业人员的培训

1986年3月1日起实施的《特种作业人员安全技术考核管理规则》(GB5306—85) 是我国第一个特种作业人员安全管理方面的国家标准。对特种作业的定义、范围、人员条件和培训、考核、管理都做了明确的规定。

特种作业的定义：对操作者本人，尤其对他人和周围设施的安全有重大危害因素的作业，称为特种作业。直接从事特种作业者，称特种作业人员。

特种作业范围：电工作业、锅炉司炉、压力容器操作、起重机械操作、爆破作业、金属焊接、井下瓦斯检验、机动车辆驾驶、轮机操作、机动船舶驾驶、建筑登高架设作业，以及符合特种作业基本定义的其他作业。

从事特种作业的人员，必须经国家规定的有关部门进行安全教育和安全技术培训，并经考核合格取得操作证者，方准独立作业。除机动车辆驾驶和机动船舶驾驶、轮机操作人员按国家有关规定执行外，其他特种作业人员上岗资格两年进行一次复审。

电工、焊工、架工、司炉工、爆破工、机操工及起重工、打桩机和各种机动车辆司机等特殊工种工人，除进行一般安全教育外，还要经过本工种的安全技术教育，经考试合格发证后，方准独立操作，每年还要进行一次复审；对从事有尘毒危害作业的工作，要进行尘毒危害和防治知识教育。

(5) 外施队伍安全生产教育内容

当前，建设行业的一大特点就是大部分建筑企业已经没有自己的操作工人队伍，80%的建设工程施工作业都由进城的农民工来承担。每年农民工死亡人数，占事故死亡总人数的90%以上。因此，可以这样讲，建筑业的安全教育的重心、重点就是对外施队伍的安

全生产教育。

1）各用工单位使用的外施队伍，必须接受三级安全教育，经考试合格后方可上岗作业，未经安全教育或考试不合格者，严禁上岗作业。

2）外施队伍上岗作业前的三级安全教育，分别由用工单位（公司、厂或分公司），项目经理部（现场）、班组（外施队伍）负责组织实施，总学时不得少于24学时。

3）外施队伍上岗前须由用工单位劳务部门负责将外施队伍人员名单提供给安全部门，由用工单位（公司、厂或分公司）安全部门负责组织安全生产教育，授课时间不得少于8学时，具体内容是：

①安全生产的方针、政策和法规制度。

②安全生产的重要意义和必要性。

③建筑安装工程施工中安全生产的特点。

④建筑施工中因工伤亡事故的典型案例和控制事故发生的措施。

4）项目经理部（现场）必须在外施队伍进场后，由负责劳务的人员组织并及时将注册名单提交给现场安全管理人员，由安全管理人员负责对外施队伍进行安全生产教育，时间不得小于8学时，具体内容是：

①介绍项目工程施工现场的概况。

②讲解项目工程施工现场安全生产和文明施工的制度、规定。

③讲解建筑施工中高处坠落、触电、物体打击、机械（起重）伤害、坍塌等五大伤害事故的控制预防措施。

④讲解建筑施工中常用的有毒有害化学材料的用途和预防中毒的知识。

5）外施队伍上岗作业前，必须由外施队长（或班组长）负责组织学习本工种的安全操作规程和一般安全生产知识。

6）对外施队伍进行三级安全教育时，必须分级进行考试。经考试不合者，允许补考一次，仍不合格者，必须清退，严禁使用。

7）外施队伍中的特种作业人员，如电工、起重工（塔式起重机、外用电梯、龙门吊、桥吊、履带吊、汽车吊、卷扬机司机和信号指挥）、锅炉压力容器工、电焊工、气焊工、场内机动车司机、架子工等，必须持有原所在地地（市）级以上劳动保护监察机关核发的特种作业证，(有的地方上会要求换领当地临时特种作业操作证，如北京）方准从事特种作业。

8）换岗作业必须进行安全生产教育，凡采用新技术、新工艺、新材料和从事非本工种的操作岗位作业前，必须认真进行面对面地、详细的新岗位安全技术教育。

9）在向外施队伍（班组）下达生产任务的时候，必须向全体作业人员进行详细的书面安全技术交底并讲解，凡没有安全技术交底或未向全体作业人员进行讲解的。外施队伍（班组）有权拒绝接受任务。

10）每日上班前，外施队伍（班组）负责人，必须召集所辖全体人员，针对当天任务，结合安全技术交底内容和作业环境、设施、设备状况及本队人员技术素质、安全意识、自 我保护意识以及思想状态，有针对性地进行班前安全活动，提出具体注意事项，跟踪落实，并做好活动纪录。

3. 按教育的时间分类

安全教育按教育的时间分类，可以分为经常性的安全教育、季节性施工的安全教育、节假日加班的安全教育等。

(1) 经常性的安全教育

经常性的安全教育是施工现场开展安全教育的主要形式，可以起到提醒、告诫职工遵章守纪，加强责任心，消除麻痹思想的作用。

经常性安全教育的形式多样，可以利用班前会进行教育，也可以采取大小会议进行教育，还可以用其他形式，如安全知识竞赛、演讲、展览、黑板报、广播、播放录像等进行。总之，要做到因地制宜，因材施教，不搞形式主义，注重实效，才能使教育切实收到效果。

经常性教育的主要内容有：

1) 安全生产法规、规范、标准、规定。

2) 企业及上级部门的安全管理新规定。

3) 各级安全生产责任制及管理制度。

4) 安全生产先进经验介绍，最近的典型事故教训。

5) 施工新技术、新工艺、新设备、新材料的使用及有关安全技术方面的要求。

6) 最近安全生产方面的动态情况，如新的法律、法规、标准、规章的出台，安全生产通报、批示等。

7) 本单位近期安全工作回顾、讲评等。

总之，经常性的安全教育必须做到经常化（规定一定的期限）、制度化（作为企业、项目安全管理的一项重要制度）。教育的内容要突出一个“新”字，即要结合当前工作的最新要求进行教育；要做到一个“实”字，即要使教育不流于形式，注重实际效果；要体现一个“活”字，即要把安全教育搞成活泼多样、内容丰富的一种安全活动。这样，才能使安全教育深入人心，才能为广大员工所接受，才能收到促进安全生产的效果。

(2) 季节性施工的安全教育

季节性施工主要是指夏季与冬季施工。季节变化后，施工环境不同，人对自然、环境的适应能力变得迟缓、不灵敏，易发生安全事故，因此，必须对安全管理工作进行重新调整和组合。季节性施工的安全教育，就是要对员工进行有针对性的安全教育，使之适合自然环境的变化，以确保安全生产。

1) 夏季施工安全教育

夏季高温、炎热、多雷雨，是触电、雷击、坍塌等事故的高发期。闷热的气候容易造成中暑，高温使得职工夜间休息不好，往往容易使人乏力、走神、瞌睡，较易引起伤害事故。南方沿海地区在夏季还经常受到台风暴雨和大潮汛的影响，也容易发生大型施工机械、设施、设备基础及施工区域（特别是基坑）等的坍塌。多雨潮湿的环境，人的衣着单薄、身体裸露部位多，使人的电阻值减小，导电电流增加，容易引发触电事故。因此，夏季施工安全教育的重点是：

①加强用电安全教育。讲解常见触电事故发生的原理，预防触电事故发生的措施，触电事故的一般解救方法，以加强员工的自我保护意识。

②讲解雷击事故发生的原因，避雷装置的避雷原理，预防雷击的方法。

③大型施工机械、设施常见事故案例，预防事故的措施。

④基础施工阶段的安全防护常识。基坑开挖的安全，支护安全。

⑤劳动保护工作的宣传教育。合理安排好作息时间，注意劳逸结合，白天上班避开中

午高温时间，“做两头、歇中间”，保证工人有充沛的精力。

2）冬期施工安全教育

冬季气候干燥、寒冷且常常伴有大风，受北方寒流影响，施工区域出现了霜冻，造成作业面及道路结冰打滑，既影响了生产的正常进行，又给安全带来隐患。同时，为了施工需要和取暖，使用明火、接触易燃易爆物品的机会增多，又容易发生火灾、爆炸和中毒事故。寒冷使人们衣着笨重、反应迟钝，动作不灵敏，也容易发生事故。因此，冬季施工安全教育应从以下几方面进行：

①针对冬期施工特点，避免冰雪结冻引发的事故。如施工作业面应采取必要的防雨雪结冰及防滑措施，个人要提高自身的安全防范意识，及时消除不安全因素。

②加强防火安全宣传。分析施工现场常见火灾事故发生的原因，讲解预防火灾事故的措施，扑救火灾的方法，必要时可采取现场演示，如消防灭火演习等，来教导员工正确使用消防器材。

③安全用电教育。冬季用电与夏季用电的安全教育要求的侧重点不同，夏季着重于防触电事故，冬季则着重于防电气火灾。因此，应教育工人懂得施工中电气火灾发生的原因，做到不擅自私拉乱接电线及用电设备，不超负荷使用电气设备，免得引起电气线路发热燃烧，不使用大功率的灯具，如碘钨灯之类照射易燃、易爆及可燃物品或取暖，生活区域也要注意用电安全。

④冬季气候寒冷，人们习惯于关闭门窗，而施工作业点也一样，在深基坑、地下管道、沉井、涵洞及地下室内作业时，应加强对作业人员的自我保护意识教育。既要预防在这种环境中，进行有毒有害物质（固体、液态及挥发性强的气体）作业，对人造成的伤害，也要防止施工作业点原先就存在的各种危险因素，如泄漏跑冒并积聚的有毒气体，易燃、易爆气体，有害的其他物质等。要教会工人识别一般中毒症状，学会解救中毒人员的安全基本常识。

(3) 节假日加班的安全教育

节假日期间，大部分单位及员工已经放假休息，因此也往往影响到加班员工的思想和工作情绪，造成思想不集中，注意力分散，这给安全生产带来不利因素。加强对这部分员工的安全教育，是非常必要的。教育的内容是：

1）重点做好安全思想教育，稳定职工工作情绪，使他们集中精力，轻装上阵。鼓励表扬员工节假日坚守工作岗位的优良作风，使其能全力以赴做好本职工作。

2）班组长要做好上岗前的安全教育，可以结合安全交底内容进行，工作过程中要互相督促、互相提醒，共同注意安全。

3）重点做好当天作业将遇到的各类设施、设备、危险作业点的安全防护工作。对较易发生事故的薄弱环节，应进行专门的安全教育。

五、安全教育的形式

开展安全教育应当结合建筑施工生产特点，采取多种形式，有针对性地进行。考虑到安全教育的对象大部分是文化水平不高的工人，就需要采用比较浅显、通俗、易懂、易记、印象深、趣味性强的教材及形式。目前安全教育的形式主要有：

1. 广告宣传式　包括安全广告、安全宣传横幅、标语、宣传画、标志、展览、黑板报等形式。

2. 演讲式　包括教学、讲座、讲演、经验介绍、现身说法、演讲比赛等形式。

3. 会议（讨论）式　包括安全知识讲座、座谈会、报告会、先进经验交流会、事故现场分析会、班前班后会、专题座谈会等。

4. 报刊式　包括订阅安全生产方面的书报杂志，企业自编自印的安全刊物及安全宣传小册子等。

5. 竞赛式　包括口头、笔头知识竞赛，安全、消防技能竞赛，其他各种安全教育活动评比等。

6. 声像式　用电影、录像等现代手段，主要是安全方面的广播、电影、电视、录像、影碟片、录音磁带等，使安全教育寓教于乐。

7. 现场观摩演示形式　如安全操作方法、消防演习、触电急救方法演示等。

8. 固定场所展示形式　如劳动保护教育室、安全生产展览室等。

9. 文艺演出式　以安全为题材编写和演出的相声、小品、话剧等文艺演出的教育形式。

六、安全教育计划

企业必须制定符合安全培训指导思想的培训计划。安全培训的指导思想，是企业开展安全培训的总的指导理念，也是能否主动开展企业职业健康安全教育的关键，只有确定了具体的指导思想才能有规划的开展安全教育的各项工作。企业的安全培训指导思想必须与与企业职业健康安全方针一致。

企业必须结合自身实际情况，编制企业年度安全教育计划。每个季度应有教育重点，每月要有教育内容。培训实施过程中，要有相对稳定的教育培训大纲、培训教材和培训师资，确保教育时间和质量。严格按制度进行教育对象的登记、培训、考核、发证、资料存档等工作。考试不合格者、不准上岗工作。

安全教育计划主要的内容应涉及以下几个方面：

1. 培训内容

（1）通用安全知识培训

1）法律法规的培训。

2）安全基础知识培训。

3）建筑施工主要安全法律、法规、规章和标准及企业安全生产规章制度和操作规程培训，同行业或本企业历史事故案例分析。

（2）专项安全知识培训

1）岗位安全培训。

2）分阶段的危险源专项培训。

2. 培训的对象和时间

（1）培训对象方面主要分为管理人员、特殊工种人员、一般性操作工人。

（2）培训的时间可分为定期（如管理人员和特殊工种人员的年度培训）和不定期培训（如一般性操作工人的安全基础知识培训、企业安全生产规章制度和操作规程培训、分阶段的危险源专项培训等）。

3. 经费测算

培训的内容、对象和时间确定后，安全教育和培训计划还应对培训的经费作出概算，这也是确保安全教育和培训计划实施的物质保障。

4. 培训师资

根据拟定的培训内容，充分利用各种信息手段，了解有关教师的自身条件、专业专长、授课特点、培训效果，甄选培训教师。建议对聘请的教师建立师资档案，便于日后建立长期稳定的合作关系。

5. 培训形式

根据不同培训对象和培训内容选择适当的培训形式。

6. 培训考核方式

考核是评价培训效果的重要环节，依据考核结果，可以评定员工接受培训后认知的程度和采用的教育与培训方式的适宜程度，也是改进安全与培训效果的重要反馈信息。

考核的形式一般主要有以下几种：

(1) 书面形式开卷　适宜普及性培训的考核，如针对一般性操作工人的安全教育培训。

(2) 书面形式闭卷　适宜专业性较强的培训，如管理人员和特殊工种人员的年度考核。

(3) 计算机联考　将试卷用计算机程序编制好，并放在企业局域网上，公司管理人员或特殊工种人员可以通过在本地网或通过远程登陆的方式在计算机上答题，这种模式一般适用于公司管理人员和特殊工种人员。

(4) 现场操作　适宜专业性较强的工种现场技能考核，然后参照相关标准对操作的结果进行考核。

7. 培训效果的评估方式

培训效果的评估是目前多数培训单位开展培训工作的薄弱环节。不重视培训效果的评估，使培训工作的开展“原地踏步”，停滞不前，管理水平与培训经验得不到真正意义上的提高。

开展安全培训效果的评估的目的在于：为改进安全教育与培训的诸多环节提供依据，评估主要从间接培训效果、直接培训效果和现场培训效果三个方面来进行。

间接培训效果的评价依据主要是通过培训后问卷的形式对培训采取的方式、培训的内容、培训的技巧方面进行评价的结果；

直接培训效果的评价依据主要为考核结果，即以参加培训的人员的考核分数来确定安全教育与培训的效果；

现场培训效果的评价依据主要是在生产过程中出现的违章情况和发生安全事故的频数。

七、安全教育档案管理

培训档案的管理是安全教育与培训的重要环节，通过建立培训档案，在整体上对培训的人员的安全素质作必要的跟踪和综合评估。培训档案可以使用计算机程序进行管理，并通过该程序完成以下功能：个人培训档案录入、个人培训档案查询、个人安全素质评价、企业安全教育与培训综合评价。经常监督检查。认真查处未经培训就上岗操作和特种作业人员无证操作的责任单位和责任人员。

1. 建立《职工安全教育卡》

职工的安全教育档案管理应由企业安全管理部门统一规范，为每位在职员工建立《职工安全教育卡》。

2. 教育卡的管理

（1）分级管理

《职工安全教育卡》由职工所属的安全管理部门负责保存和管理。班组人员的《职工安全教育卡》由所属项目负责保存和管理；机关人员的《职工安全教育卡》由企业安全管理部门负责保存和管理。

（2）跟踪管理

《职工安全教育卡》实行跟踪管理，职工调动单位或变换工种时，交由职工本人带到新单位，由新单位的安全管理人员保存和管理。

（3）职工日常安全教育

职工的日常安全教育由公司安全管理部门负责组织实施，日常安全教育结束后，安全管理部门负责在职工的《职工安全教育卡》中作出相应的记录。

3. 新入厂职工安全教育规定

新入厂职工必须按规定经公司、项目、班组三级安全教育，分别由公司安全部门、项目安全部门、班组安全员在《职工安全教育卡》中作出相应的记录，并签名。

4. 考核规定

（1）公司安全管理部门每月对《职工安全教育卡》抽查一次。

（2）对丢失《职工安全教育卡》的部门进行相应考核。

（3）对未按规定对本部门职工进行安全教育的进行相应考核。

（4）对未按规定对本部门职工的安全教育情况进行登记的部门进行相应考核。

经常监督检查。认真查处未经培训就上岗操作和特种作业人员无证操作的责任单位和责任人员。

第九节　安全生产资料管理

一、基本内容

1. 开工准备资料

（1）公司企业法人营业执照

（2）工程规划许可证

（3）工程开工许可证

（4）安全生产许可证

（5）现场建筑消防安全证

（6）施工平面图

2. 安全组织与安全生产责任制

（1）项目安全生产委员会名单
（2）公司安全生产责任制
（3）项目施工现场安全生产管理制度
（4）项目施工现场治安保卫工作制度
（5）项目部年度安全生产文明施工达标规划
（6）项目领导安全值班职责
（7）项目领导安全值班记录
（8）项目领导安全值班表
（9）各级安全生产责任制
（10）各级安全生产文明施工责任书
3. 安全教育
（1）安全教育制度
（2）安全教育记录
（3）安全教育考试成绩表
（4）安全教育考试答卷
4. 施工组织设计方案及审批和验收
（1）施工组织设计方案
（2）施工组织设计审批会签表
（3）各种防护设施和特殊、高大、异型脚手架的施工方案
（4）各种防护设施和高大异型脚手架的审批、验收表
（5）冬期、雨期施工方案
5. 分部分项工程安全技术交底
（1）总包对分包的安全技术交底
（2）分部工程安全技术交底
（3）分项工程安全技术交底
（4）大型机械装拆方案安全交底
6. 特种作业人员持证上岗
（1）特种作业人员管理办法
（2）特种作业人员登记表
（3）特种作业人员上岗证复印件
（4）特种作业人员岗前培训记录表
7. 安全检查
（1）公司安全检查制度
（2）安全检查隐患通知书及复查意见
（3）安全检查评分表
（4）每周工地安全检查记录
（5）工地安全日检表
8. 班组安全活动
（1）安全活动制度

(2) 班组安全活动记录
(3) 班前安全讲话记录
9. 遵章守纪
(1) 安全生产奖罚办法
(2) 安全生产奖罚登记表
(3) 施工现场违章教育记录表
(4) 安全生产奖罚通知单
10. 工伤事故处理
(1) 企业职工伤亡事故月（年）报表
(2) 企业职工死亡事故月（年）报表
11. 施工现场安全管理与安全色标
(1) 施工现场安全生产管理制度
(2) 施工现场安全检查评分现场管理部分
(3) 施工现场安全色标登记
(4) 施工现场安全色标平面布置图
12. 临时用电资料
(1) 电工安全操作规程
(2) 电工操作证复印件
(3) 临时用电方案
(4) 临时用电安全书面交底
(5) 临时用电检查验收表，施工现场临时用电检查评分表
(6) 电气绝缘电阻测试记录
(7) 接地电阻测定记录表
(8) 电工维修、交接班工作记录
(9) 配电箱及箱内电器、器件检验记录表
13. 机械安全管理
(1) 中小型机械使用的管理程序
(2) 各种中小型机械安装验收表
(3) 大型机械（塔吊）验收表
(4) 各种机械检查评分表
(5) 各种机械操作人员登记表及操作证复印件
(6) 施工现场机械平面布置图
14. 外施队劳务管理
(1) 外施队施工企业安全资格审查认可证
(2) 外施队企业法人营业执照
(3) 外施队负责人职责
(4) 外施队负责人安全生产责任状
(5) 公司与外施队劳务合作合同
(6) 外施队身份证、就业证、暂住证

(7) 外施队职工登记花名册

(8) 施工现场外施队管理制度

二、常用表格

1. 职工安全生产教育记录卡

职工安全生产教育记录卡样式见图 1-11。各种记录表见表 1-13 ~ 表 1-15。

教育日期		三级安全教育内容	教育者	受教育者
公司教育	年 年 月	1. 企业情况，本行业生产特点及安全生产的意义 2. 党和政府的安全生产方针、企业安全生产、劳动保护方面规章制度 3. 企业内外典型事故教训 4. 事故急救防护知识		
项目部教育	年 月 日	1. 本工程概况，生产特点 2. 本工程生产中的主要危险因素、安全消防方面注意事项 3. 具体讲解本单位有关安全生产的规章制度和当地政府的有关规定 4. 历年来本单位发生的重大事故和事故教训及防范措施		
班组教育	年 月 日	1. 根据岗位工作进行安全操作规程和正确使用劳动保护用品的教育 2. 现场讲解岗位施工，机械工具结构性能，操作要领 3. 可能出现的不正常情况的判断和处理发生事故的应急处理方法 4. 本岗位曾发生事故的教育和分析，本工地的安全生产制度教育		

照片

工程名称：______
姓　　名：______
出生年月：______
文化程度：______
班组工种：______

图 1-11　职工安全生产教育记录卡

安全考核成绩记录　　**表 1-13**

年度教育考核记录			转场、换岗教育考核记录		
日　期	考核成绩	补考成绩	日　期	考核成绩	补考成绩

安全生产奖罚记录 表1-14

日　期	主要是由	奖惩内容	证　人	日　期	主要是由	奖惩内容	证　人

事故及事故隐患记录 表1-15

日期	事故类别	事故主要原因	伤害部位	证人	日期	事故类别	事故主要原因	伤害部位	证人

2. 施工现场检查评分表

此处《建筑施工安全检查标准》中的各种检查评分表略（见第五节）。

第二章　劳动保护与事故防范处理

第一节　职　业　卫　生

职业卫生是劳动保护工作的重要内容之一，职业卫生学是一门研究预防职业病危害，提出改善劳动条件，从而保护劳动者的身心健康，提高劳动生产率的综合学科。它是从卫生学观点出发，重点研究各行各业的职业卫生特点，研究劳动条件及其对劳动者身心健康的影响，从而提出预防疲劳过早出现、诊断并治疗职业病的措施，避免和消除职业危害的影响。

党和政府一贯重视劳动保护（包括职业卫生）工作，建国后发布了一系列的法律、法规、规章和条例，把关心和保护劳动者的安全和健康定为我国的一项基本政策。经过几十年的实践，切实保护了劳动者的身心健康。

一、职业危害的因素与职业病

1. 职业危害因素

职业危害因素是指与生产有关的劳动条件包括生产过程、劳动过程和生产环境，对劳动者健康和劳动能力产生有害作用的职业因素。职业危害因素按其性质可分为以下几种：

(1) 物理性有害因素

1) 异常气候条件包括高温、高湿、低温、高气压、低气压等；

2) 电磁辐射，如红外线、紫外线、激光、微波、高频电磁场等；

3) 电离辐射，如X射线、γ射线；

4) 噪声和振动。

(2) 化学性有害因素

1) 毒物，如铅、汞、苯、一氧化碳等；

2) 生产性粉尘，如矽尘、石棉尘、煤尘等。

(3) 生物性有害因素

如皮毛上的碳疽杆菌及森林脑炎病毒、布氏杆菌等。

(4) 其他有害因素

1) 劳动组织和制度不合理；

2) 劳动强度过大或生产定额不当；

3) 个体个别器官或系统过度紧张；

4) 生产场所建筑设施不符合设计卫生标准要求；

5) 缺乏适当的机械通风、人工照明等安全技术措施；

6) 缺乏防尘、防毒、防暑降温、防寒保暖等设施，或设施不完善；

7）安全防护或防护器具有缺陷。

2. 职业病的范围

职业病通常是指由国家规定的在劳动过程中接触职业危害因素而引起的疾病。

职业病与生活中的常见病不同，一般认为应具备下列三个条件：

（1）致病的职业性，疾病与其工作场所的生产性有害因素密切相关；

（2）致病的程度性，接触有害因素的剂量，已足以导致疾病的发生；

（3）发病的普遍性，在受同样生产性有害因素作用的人群中有一定的发病率，一般不会只出现个别病人。

职业病具有一定的范围，即国家规定的法定职业病，病人在治疗和休息期间，均应按劳动保险条例有关规定给予劳保待遇。有的国家对患职业病的工人给予经济上的补偿，故也称为需补偿的疾病。

特别需要指出，职业性多发病（又称与工作有关的疾病）与职业病是有区别的。职业性多发病系指职业因素影响了健康，从而促使潜在的常见疾病暴露和加重，而职业危害因素仅是该病发生或发展的原因之一，但不是唯一的直接原因。例如：在潮湿的地下和坑道施工，工人易患消化性溃疡和风湿疾病。又如在炼铁炼钢高温车间工作的人员，当他们离开车间，由于室内和室外的温差较大，因此容易患上感或支气管炎。建筑工地的工人易患肌肉骨骼疾病（如腰酸背疼）等，这些都属于职业性多发病。还有一些职业危害较轻，仅产生某些体表的改变，如肿胀、皮肤色素增加等，这些改变尚在生理范围之内，称为职业特征尚不能构成职业病。

1987 年 11 月 5 日卫生部、劳动人事部、财政部和中华全国总工会联合发出（87）卫防字第 60 号文通知，（对 1957 年 2 月 28 日卫生部颁发的《职业病范围和职业病患者处理办法》进行了修订）并于 1988 年 1 月 1 日实行。其职业病规定为：

（1）职业中毒

1）铅及其化合物中毒（不包括四乙基铅）；2）汞及其化合物中毒；3）锰及其化合物中毒；4）镉及其化合物中毒；5）铍病；6）铊及其化合物中毒；7）钒及其化合物中毒；8）磷及其化合物中毒（不包括磷化氢、磷化锌、磷化铝）；9）砷及其化合物中毒（不包括砷化氢）；10）砷化氢中毒；11）氯气中毒；12）二氧化碳中毒；13）光气中毒；14）氨中毒；15）氮氧化合物中毒；16）一氧化碳中毒；17）二硫化碳中毒；18）硫化氢中毒；19）磷化氢、磷化锌、磷化铝中毒；20）工业性氟病；21）氰及腈类化合物中毒；22）四乙基铅中毒；23）有机锡中毒；24）碳基镍中毒；25）苯中毒；26）甲苯中毒；27）二甲苯中毒；28）正己烷中毒；29）汽油中毒；30）有机氟聚合物单体及其热裂解物中毒；31）二氯乙烷中毒；32）四氯化碳中毒；33）氯乙烯中毒；34）三氯乙烯中毒；35）氯丙烯中毒；36）氯丁二烯中毒；37）苯的氨基及硝基化合物中毒（不包括三硝基甲苯）；38）三硝基甲苯中毒（TNT）；39）甲醇中毒；40）酚中毒；41）五氯酚中毒；42）甲醛中毒；43）硫酸二甲酯中毒；44）丙烯酰胺中毒；45）有机磷农药中毒；46）氨基甲酸脂类农药中毒；47）杀虫脒中毒；48）溴甲烷中毒；49）拟除虫菊脂类农药中毒；50）根据《职业性中毒肝病诊断标准与处理原则》可以诊断的职业性中毒性肝病；51）《职业性急性中毒诊断标准及处理原则总则》可以诊断的其他职业性急性中毒。

(2) 尘肺

1) 矽肺；2) 石墨尘肺；3) 炭黑尘肺；4) 石棉肺；5) 滑石尘肺；6) 水泥尘肺；7) 云母尘肺；8) 陶工尘肺；9) 铝尘肺；10) 电焊工尘肺；11) 煤工矽肺；12) 铸工尘肺。

(3) 物理因素职业病

1) 中暑；2) 减压病；3) 高原病；4) 航空病；5) 局部振动病；6) 放射性疾病：①急性外照放射病②慢性外照放射病③内照放射病④放射性烧伤。

(4) 职业性传染病

1) 炭疽；2) 森林脑炎；3) 布氏杆菌病。

(5) 职业性皮肤病

1) 接触性皮炎；2) 光感性皮炎；3) 电光性皮炎；4) 黑变病；5) 痤疮；6) 溃疡；7) 根据《职业性皮肤病诊断标准与处理原则》可以诊断的其他职业性皮肤病。

(6) 职业性眼病

1) 化学性眼部烧伤；2) 电光性眼炎；3) 职业性白内障（放射性白内障）。

(7) 职业性耳鼻喉病

1) 噪声聋；2) 铬鼻病。

(8) 职业性肿瘤

1) 石棉所致肺癌、间皮瘤；2) 联苯胺所致膀胱癌；3) 苯所致白血病；4) 氯甲醚所致肺癌；5) 氯乙烯所致肝血管肉瘤；6) 焦炉工人肺癌；7) 铬酸盐制造业工人肺癌。

(9) 其他职业病

1) 化学灼伤；2) 金属烟雾热；3) 职业性哮喘；4) 职业性变态反应性肺泡炎；5) 棉尘病；6) 煤矿井下滑囊炎；7) 牙酸蚀病。

二、建筑业职业病

1. 预防医学的三级预防原则

(1) 一级预防

第一级预防旨在控制职业危害而采取的综合型措施。即从根本上使劳动者不接触职业危害因素，或控制它对人的安全水平。如厂址选择、厂区规划、厂房建筑、生产设备的合理设计和安排；采取必要的卫生技术（通风、照明等）、安全技术和个体防护措施；建立健全合理的劳动制度、安全操作规程；就业前查出人群中的易感染者，确定就业禁忌症等，这些都是根本性的预防措施。

(2) 二级预防

第二级预防旨在早期发现受害人群，及时采取补救措施。其主要工作为定期进行体格检查和环境监测，发现问题立即改进，防止职业危害进一步扩大。

(3) 三级预防

第三级预防旨在妥善处理常见病多发病以及与职业有关疾病和一般工伤等。应及时作出正确的诊断、处理，以防止病情恶化，或发生并发症，促使患者早日康复。

2. 建筑业职业病的种类

建筑业职业病的种类及产生危害的工作详见表 2-1。

建筑业职业病的种类　表 2-1

种类	序号	职业病名称	产生危害的工作
职业中毒	1	铅及其化合物中毒	蓄电池、油漆、喷漆等
	2	锰及其化合物中毒	电焊
	3	二氧化硫中毒	酸洗、硫酸除锈、电镀
	4	氨中毒	晒图
	5	氮氧化合物中毒	接触硝酸、放炮（TNT炸药）、锰烟
	6	一氧化碳中毒	煤气管道修理、冬季取暖
	7	二氧化碳中毒	接触煤烟
	8	硫化氢中毒	下水道作业工人
	9	四乙基铅中毒	含铅油库、驾驶、汽修
	10	苯中毒	油漆、喷漆、烤漆、浸漆
	11	甲苯中毒	油漆、喷漆、烤漆、浸漆
	12	二甲苯中毒	油漆、喷漆、烤漆、浸漆
	13	汽油中毒	驾驶、汽修、机修、油库工等
	14	氯乙烯中毒	粘接、塑料、制管、焊接、玻纤瓦、热补胎
	15	苯的氨基及化合物（不包括三硝基甲苯）中毒	
	16	三硝基甲苯中毒	放炮、装炸药
尘肺	1	矽肺	石工、风钻工、炮工、出碴工等
	2	石墨尘肺	铸造
	3	石棉肺	保温及石棉瓦拆除
	4	水泥尘肺	水泥库、装卸
	5	铝尘肺	铝制品加工
	6	电焊工尘肺	电焊、气焊
	7	铸工尘肺	浇铸工
物理因素职业病	1	中暑	露天作业、锅炉等
	2	减压病	潜涵作业，沉箱作业
	3	局部振动病	制管、振动棒、风铆、风钻、校平
职业性皮肤病	1	接触性皮炎	酸碱
	2	光敏性皮炎	沥青、煤焦油
	3	电光性皮炎	紫外线
	4	黑变病	沥青熬炒
	5	痤疮	沥青
	6	溃疡	铬、酸、碱
职业性眼病	1	化学性眼部烧伤	酸、碱、油漆
	2	电光性眼炎	紫外线、电焊
	3	职业性白内障（含放射性白内障）	激光

续表

种类	序号	职业病名称	产生危害的工作
职业性耳鼻喉病	1	噪声聋	铆工、校平、气锤
	2	铬鼻病	电镀作业
职业性肿瘤	1	石棉所致肺癌、间皮癌	保暖工及石棉瓦拆除
	2	苯所致白血病	接触苯及其化合物油漆、喷漆
	3	铬酸盐制造业工人肺癌	电镀作业
其他职业病	1	化学灼伤	沥青、强酸、强碱、煤焦油
	2	金属烟热	锰烟、电焊镀锌管、熔铅锌
	3	职业性哮喘	接触易过敏之土漆、樟木、苯及其化合物
	4	职业性病态反应性肺泡炎	接触漆树等
	5	牙酸蚀病	强酸

3. 建筑业受职业危害的主要工种

根据职业病的种类，建筑行业已列入的有关工种和尚未列入但确有职业病危害的工种相当广泛。主要工种见表2-2。

建筑业有职业危害的主要工种 **表2-2**

有害因素分类	主要危害	次要危害	危害的主要工作
粉尘	矽尘	岩石尘、黄泥沙尘、噪声、振动三硝基甲苯	石工、碎石机工、碎砖工、掘进工、风钻工、炮工、出碴工
		高温	筑炉工
		高温、锰、磷、铅、三氧化硫等	型砂工、喷砂工、清砂工、浇铸工、玻璃打磨等
	石棉尘	矿渣棉、玻纤尘	安装保温工、石棉瓦拆除工
	水泥尘	振动、噪声	混凝土搅拌机司机、砂浆搅拌司机、水泥上料工、搬运工、料库工
		苯、甲苯、二甲苯环氧树脂	建材、建筑科研所试验工、各公司材料试验工
	金属尘	噪声、金钢砂尘	砂轮磨锯工、金属打磨工、金属除锈工、钢窗校直工、钢模板校平工
	木屑尘	噪声及其他粉尘	制材工、平刨机工、压刨机工、平光机工、开榫机工、凿眼机工
	其他粉尘	噪声	生石灰过筛工、河沙运料，上料工
铅	铅尘、铅烟、铅蒸气	硫酸、环氧树脂、乙二胺甲苯	充电工、铅焊工、溶铅、制铅板、除铅锈、锅炉管端退火工、白铁工、通风工、电缆头制作工、印刷工、铸字工、管道灌铅工、油漆工、喷漆工
四乙铅	四乙铅	汽油	驾驶员、汽车修理工、油库工
一氧化碳	CO	CO_2	煤气管道修理工、冬季施工暖棚、冶炼、铸造
辐射	非电离辐射	紫外线、红外线、可见光、激光、射频辐射	电焊工、气焊工、不锈钢焊接工、电焊配合工、木材烘干工、医院同位素工作人员
	电离辐射	X射线、γ射线、α射线、超声波	金属和非金属探伤试验工，氩弧焊工、放射科工作人员

续表

有害因素分类	主要危害	次要危害	危害的主要工作
噪声		振动、粉尘	离心制管机、混凝土振动棒、混凝土平板振动器、电锤、气锤、铆枪、打桩机、打夯机、风钻、发电机、空压机、碎石机、砂轮机、推土机、剪板机、带锯、圆锯、平刨、压刨、模板校平工、钢窗校平工
振动	全身振动	噪声	电、气锻工、桩工、打桩机司机、推土机司机、汽车司机、小翻斗车司机、吊车司机、打夯机司机、挖掘机司机、铲运机司机、离心制管工
	局部振动	噪声	风钻工、风铲工、电钻工、混凝土振动棒、混凝土平板振动器、手提式砂轮机、钢模校平、钢窗校平工、铆枪

三、施工单位的管理责任

1. 劳动者的权利

劳动者享有下列职业卫生保护权利：

(1) 获得职业卫生教育、培训；

(2) 获得职业健康检查、职业病诊疗、康复等职业病防治服务；

(3) 了解工作场所产生或者可能产生的职业病危害因素、危害后果和应当采取的职业病防护措施；

(4) 要求用人单位提供符合防治职业病要求的职业病防护设施和个人使用的职业病防护用品，改善工作条件；

(5) 对违反职业病防治法律、法规以及危及生命健康的行为提出批评、检举和控告；

(6) 拒绝违章指挥和强令进行没有职业病防护措施的作业；

(7) 参与用人单位职业卫生工作的民主管理，对职业病防治工作提出意见和建议。

用人单位应当保障劳动者行使前款所列权利。因劳动者依法行使正当权利而降低其工资、福利等待遇或者解除、终止与其订立的劳动合同的，其行为无效。

2. 前期预防责任

(1) 用人单位应当为劳动者创造符合国家职业卫生标准和卫生要求的工作环境和条件，并采取措施保障劳动者获得职业卫生保护。

(2) 用人单位应当建立、健全职业病防治责任制，加强对职业病防治的管理，提高职业病防治水平，对本单位产生的职业病危害承担责任。

(3) 产生职业病危害的用人单位的设立除应当符合法律、行政法规规定的设立条件外，其工作场所还应当符合下列职业卫生要求：

1) 职业病危害因素的强度或者浓度符合国家职业卫生标准；

2) 有与职业病危害防护相适应的设施；

3) 生产布局合理，符合有害与无害作业分开的原则；

4) 有配套的更衣间、洗浴间、孕妇休息间等卫生设施；

5) 设备、工具、用具等设施符合保护劳动者生理、心理健康的要求；

6) 法律、行政法规和国务院卫生行政部门关于保护劳动者健康的其他要求。

(4) 在卫生行政部门中建立职业病危害项目的申报制度。

用人单位设有依法公布的职业病目录所列职业病的危害项目的，应当及时、如实向卫生行政部门申报，接受监督。

职业病危害项目申报的具体办法由国务院卫生行政部门制定。

(5) 新建、扩建、改建建设项目和技术改造、技术引进项目（以下统称建设项目）可能产生职业病危害的，建设单位在可行性论证阶段应当向卫生行政部门提交职业病危害预评价报告。卫生行政部门应当自收到职业病危害预评价报告之日起三十日内，作出审核决定并书面通知建设单位。未提交预评价报告或者预评价报告未经卫生行政部门审核同意的，有关部门不得批准该建设项目。

(6) 发现工作场所职业病危害因素不符合国家职业卫生标准和卫生要求时，用人单位应当立即采取相应治理措施，仍然达不到国家职业卫生标准和卫生要求的，必须停止存在职业病危害因素的作业；职业病危害因素经治理后，符合国家职业卫生标准和卫生要求的，方可重新作业。

(7) 建设项目的职业病防护设施所需费用应当纳入建设项目工程预算，并与主体工程同时设计，同时施工，同时投入生产和使用。

(8) 职业病危害严重的建设项目的防护设施设计，应当经卫生行政部门进行卫生审查，符合国家职业卫生标准和卫生要求的，方可施工。

(9) 建设项目在竣工验收前，建设单位应当进行职业病危害控制效果评价。建设项目竣工验收时，其职业病防护设施经卫生行政部门验收合格后，方可投入正式生产和使用。

3. 劳动过程中的防护与管理

(1) 用人单位应当采取下列职业病防治管理措施：

1) 设置或者指定职业卫生管理机构或者组织，配备专职或者兼职的职业卫生专业人员，负责本单位的职业病防治工作；

2) 制定职业病防治计划和实施方案；

3) 建立、健全职业卫生管理制度和操作规程；

4) 建立、健全职业卫生档案和劳动者健康监护档案；

5) 建立、健全工作场所职业病危害因素监测及评价制度；

6) 建立、健全职业病危害事故应急救援预案。

(2) 用人单位必须采用有效的职业病防护设施，并为劳动者提供个人使用的职业病防护用品。

用人单位为劳动者个人提供的职业病防护用品必须符合防治职业病的要求，不符合要求的，不得使用。

(3) 用人单位应当优先采用有利于防治职业病和保护劳动者健康的新技术、新工艺、新材料，逐步替代职业病危害严重的技术、工艺、材料。

(4) 产生职业病危害的用人单位，应当在醒目位置设置公告栏，公布有关职业病防治的规章制度、操作规程、职业病危害事故应急救援措施和工作场所职业病危害因素检测结果。

对产生严重职业病危害的作业岗位，应当在其醒目位置，设置警示标识和中文警示说明。警示说明应当载明产生职业病危害的种类、后果、预防以及应急救治措施等内容。

(5) 对可能发生急性职业损伤的有毒、有害工作场所，用人单位应当设置报警装置，配置现场急救用品、冲洗设备、应急撤离通道和必要的泄险区。

对放射工作场所和放射性同位素的运输、贮存，用人单位必须配置防护设备和报警装置。保证接触放射线的工作人员佩戴个人剂量计。

对职业病防护设备、应急救援设施和个人使用的职业病防护用品，用人单位应当进行经常性的维护、检修，定期检测其性能和效果，确保其处于正常状态，不得擅自拆除或者停止使用。

(6) 用人单位应当实施由专人负责的职业病危害因素日常监测，并确保监测系统处于正常运行状态。

用人单位应当按照国务院卫生行政部门的规定，定期对工作场所进行职业病危害因素检测、评价。检测、评价结果存入用人单位职业卫生档案，定期向所在地卫生行政部门报告并向劳动者公布。

(7) 任何单位和个人不得将产生职业病危害的作业转移给不具备职业病防护条件的单位和个人。不具备职业病防护条件的单位和个人不得接受产生职业病危害的作业。

(8) 用人单位对采用的技术、工艺、材料，应当知悉其产生的职业病危害，对有职业病危害的技术、工艺、材料隐瞒其危害而采用的，对所造成的职业病危害后果承担责任。

(9) 用人单位与劳动者订立劳动合同（含聘用合同，下同）时，应当将工作过程中可能产生的职业病危害及其后果、职业病防护措施和待遇等如实告知劳动者，并在劳动合同中写明，不得隐瞒或者欺骗。

(10) 发生或者可能发生急性职业病危害事故时，用人单位应当立即采取应急救援和控制措施，并及时报告所在地卫生行政部门和有关部门。卫生行政部门接到报告后，应当及时会同有关部门组织调查处理；必要时，可以采取临时控制措施。

对遭受或者可能遭受急性职业病危害的劳动者，用人单位应当及时组织救治、进行健康检查和医学观察，所需费用由用人单位承担。

(11) 用人单位不得安排未成年工从事接触职业病危害的作业、不得安排孕期、哺乳期的女职工从事对本人和胎儿、婴儿有危害的作业。

(12) 用人单位按照职业病防治要求，用于预防和治理职业病危害、工作场所卫生检测、健康监护和职业卫生培训等费用，按照国家有关规定。在生产成本中据实列支。

4. 职业病病人保障

(1) 用人单位应当及时安排对疑似职业病病人进行诊断。在疑似职业病病人诊断或者医学观察期间，不得解除或者终止与其订立的劳动合同。

疑似职业病病人在诊断、医学观察期间的费用，由用人单位承担。

(2) 职业病病人依法享受国家规定的职业病待遇。

1) 用人单位应当按照国家有关规定，安排职业病病人进行治疗、康复和定期检查。

2) 用人单位对不适宜继续从事原工作的职业病病人，应当调离原岗位，并妥善安置。

3) 用人单位对从事接触职业病危害的作业的劳动者，应当给予适当岗位津贴。

(3) 职业病病人的诊疗、康复费用，伤残以及丧失劳动能力的职业病病人的社会保障，按照国家有关工伤社会保险的规定执行。

(4) 职业病病人除依法享有工伤社会保险外，依照有关民事法律，尚有获得赔偿的权利，有权向用人单位提出赔偿要求。

(5) 劳动者被诊断患有职业病，但用人单位没有依法参加工伤社会保险的，其医疗和生活保障由最后的用人单位承担；最后的用人单位有证据证明该职业病是先前用人单位的职业病危害造成的，由先前的用人单位承担。

(6) 职业病病人变动工作单位，其依法享有的待遇不变。

用人单位发生分立、合并、解散、破产等情形的，应当对从事接触职业病危害的作业的劳动者进行健康检查，并按照国家有关规定妥善安置职业病病人。

四、劳动保护措施

1. 基本要求

(1) 从事有毒物危害作业的工人要定期进行体检；

(2) 对可能存在毒物危害的现场按规定采取防护措施；

(3) 患有皮肤病、眼结膜病、外伤及有过敏反应者，不得从事有毒物危害的作业；

(4) 按规定使用防护用品，加强个人防护；

(5) 不得在有毒物危害作业的场所内吸烟、吃食物、饭前班后必须洗手、漱口；

(6) 注意劳逸结合，应避免疲劳作业，带病作业以及其他因作业者的身体条件不行、可能危害其健康或受伤害的作业；

(7) 搞好工地卫生，防止食物中毒；

(8) 作业场所应通风良好，可采用自然通风和局部机械通风；

(9) 凡有职业性接触毒物的作业场所，必须采取措施限制毒物浓度符合国家规定标准；

(10) 有害作业场所，每天应搞好场内清洁卫生；

(11) 当作业场所有害毒物的浓度超过国家规定标准时，应立即停止工作并报告上级处理。

2. 油漆涂料作业卫生防护措施

(1) 油漆配料应在较好的自然通风条件下并减少连续工作时间；

(2) 喷漆应采用密闭喷漆间。在较小的喷漆室内进行小件喷漆，应采取隔离防护措施；

(3) 施工现场必须通风良好。在通风不良的车间、地下室、管道和容器内进行油漆、涂料作业时，应根据场地大小设置抽风机排除有害气体，防止急性中毒；

(4) 在地下室、池槽、管道和容器内进行有害或刺激性较大的涂料作业时，除应使用防护用品外，还应采取人员轮换间歇、通风换气等措施；

(5) 以无毒、低毒防锈漆代替含铅的红丹防锈漆，必须使用红丹防锈漆时，宜采用刷涂方式，并加强通风和防护措施。

3. 沥青作业卫生防护措施

(1) 装卸、搬运、使用沥青和含有沥青的制品均应使用机械和工具，有散漏粉末时，应洒水。防止粉末飞扬；

(2) 从事沥青或含沥青制品作业的工人应按规定使用防护用品，并根据季节、气候和作业条件安排适当的间歇时间；

(3) 熔化桶装沥青，应先将桶盖和气眼全部打开，用铁条串通后，方准烘烤，并经常疏通防油孔和气眼，严禁火焰与油直接接触；

（4）熬制沥青时，操作工人应站在上风方向。

4. 焊接作业卫生防护措施

（1）焊接作业场所应通风良好，可视情况在焊接作业点装设局部排烟装置、采取局部通风或全面通风换气措施；

（2）分散焊接点可设置移动式锰烟除尘器，集中焊接场所可采用机械抽风系统；

（3）流动频繁、每次作业时间较短的焊接作业，焊接应选择上风方向进行，以减少锰烟尘危害；

（4）在容器内施焊时，容器应有进、出风口，设通风设备，焊接时必须有人在场监护；

（5）在密闭容器内施焊时，容器必须可靠接地，设置良好通风和有人监护，且严禁向容器内输入氧气。

5. 施工现场粉尘防护措施

（1）混凝土搅拌站，木加工、金属切削加工、锅炉房等产生粉尘的场所，必须装置除尘器或吸尘罩，将尘粒捕捉后送到储仓内或经过净化后排放，以减少对大气的污染；

（2）施工和作业现场经常洒水、控制和减少灰尘飞扬；

（3）采取综合防尘措施或低尘的新技术、新工艺、新设备，使作业场所的粉尘浓度不超过国家的卫生标准。

6. 施工现场噪声防护措施

（1）施工现场的噪声应严格控制在85dB以内；

（2）改革工艺和选用低噪声设备，控制和减弱噪声源；

（3）采取消声措施，装设消声器；

（4）采取吸声措施，采用吸音材料和结构，吸收和降低噪声；

（5）采取隔声措施，把发声的物体和场所封闭起来；

（6）采用隔震措施，装设减振器或设置减振垫层、减轻震源声及其传播；

（7）采用阻尼措施，用一些内耗损、内摩擦大的材料涂在金属薄板上，减少其辐射噪声的能量；

（8）作好个人防护，戴耳塞、耳罩、头盔等防噪声用品；

（9）定期进行体检。

五、女工保护

建国以来党和政府十分重视女工保护工作，曾经制定和颁布了不少关于女工保护的规定。特别是劳动部1990年初颁布了《女职工禁忌劳动范围的规定》，针对女工不同时期的生理特点，减少职业危害对女工的不良影响，保护女工的特殊利益，作出了明确规定。

保护女职工在生产过程中的安全和健康，是劳动保护工作的一项重要内容。针对女工的生理特点进行特殊保护，不仅保护了女工的劳动积极性，充分发挥女工对社会主义建设的积极作用，而且也保护了女工的身心健康，使她们能够孕育聪明、健康的下一代。

1. 职业危害因素对女工的影响

职业危害因素对女性体格和生理功能方面的影响，可以分为下面几种类型：

(1) 对妇女某些生理功能的影响

1) 妇女负重作业　使女工腹压增高。一般负重 10 ~ 20kg，子宫位置无明显变动；超过 20kg 时，子宫颈下降，停止负重即可恢复；当负重 30 ~ 40kg 时，可出现暂时性子宫下垂，停止负重后不久可以复位；如长期负重过大造成子宫周围支持组织的松弛，可引起子宫脱垂。

2) 长时间定位作业　也能引起腹压增高、盆腔淤血而导致月经不调，以致痛经。长期坐位作业，由于下肢回流受阻，可致盆腔充血。

3) 毒物　有些毒物对妇女的造血系统及肝脏较为敏感，妇女的皮肤比较柔嫩，易遭受刺激性和脂溶性物质毒物的侵害。

(2) 对月经功能的影响

月经功能障碍是化学物质作用于女性生殖系统最常见的现象，如：

1) 接触苯、二甲苯、汽油、二硫化碳、三硝基甲苯的女工，易出现月经过多综合症。

2) 接触铅、无机汞、三氯乙烯等女工，易出现月经过少综合症（月经量少、周期延长，甚至闭经）。有的毒物可能引起妇女早期绝经。

以上作用，可由于毒物直接作用于内分泌系统，亦可能是慢性中毒的部分表现。

(3) 对生育功能的影响

1) 妇女生育过程中，由于母体易感染性增高，而受到影响。

2) 由于化学物的诱变、致畸、致癌作用而影响胚胎，有引发胎儿畸形或肿瘤的可能。

3) 对胚胎的直接毒性。在胚胎的器官生长期（即妊娠后）的三个月，特别是 18 至 28 周，是对化学毒性最为敏感的时期。某些毒物可使受精卵死亡或被吸收。到胎儿期，抵抗毒物作用的能力也较弱，导致胎儿生长缓慢。

(4) 对新生儿和哺乳儿的影响

1) 通过工作服、鞋或体表的污染，如铅、石棉等。

2) 通过母乳而进入乳儿体内，已获得证明的有铅、汞、砷、二氧化碳和其他有机溶剂。

2. 女工职业危害的预防措施

(1) 坚决贯彻执行党和国家关于妇女劳动保护政策，合理安排女工劳动和休息。切实维护妇女的合法权益。

(2) 做好妇女经期、已婚待孕期、孕期、哺乳期的保护。

1) 经期禁止安排冷水、低温作业，《体力劳动强度分级》标准中第Ⅲ级体力劳动强度的作业，《高处作业分级》标准中第Ⅱ级（含Ⅱ级）以上的作业。

2) 已婚待孕期禁止从事铅、汞、镉等作业场所属于《有毒作业分级》标准中第Ⅲ、Ⅳ级的作业。

3) 怀孕期禁止从事作业场所空气中含有铅及其化合物、汞及其化合物、苯、镉、铍、砷、氰化物、氮氧化物、一氧化碳、二硫化碳、氯、苯胺、甲醛等有毒物质浓度超过国家卫生标准的作业；人力进行的土方和石方作业；《体力劳动强度分级》标准中第Ⅲ级体力劳动强度的作业；伴有全身强烈振动的作业，如风钻、捣固机、锻造等作业以及拖拉机驾驶等；工作中需要频繁弯腰、攀高、下蹲的作业，如焊接作业；《高处作业分级》标准所规定的高处作业等等。

4）哺乳期禁止从事作业场所空气中含有铅及其化合物、汞及其化合物、苯、镉、铍、砷、氰化物、氮氧化物、一氧化碳、二硫化碳、氯、苯胺、甲醛等有毒物质浓度超过国家卫生标准的作业；《体力劳动强度分级》标准中第Ⅲ级体力劳动强度的作业；作业场所空气中锰、氟、溴、甲醇、有机磷化合物、有机氯化合物的浓度超过国家卫生标准的作业。

(3) 妇女劳动卫生应和妇幼卫生工作密切结合，如果对女工的生理特点注意不够，不加保护，不仅会影响女工的安全和健康，而且还会影响到下一代的健康。对此，我们必须引起高度重视。

第二节　劳动防护用品

一、劳动防护用品的使用规定

1. 基本要求

(1) 使用单位应建立健全劳动防护用品的购买、验收、保管、发放、使用、更换、报废等管理制度，并应按照劳动防护用品的使用要求，在使用前对其防护功能进行必要的检查。

(2) 使用单位应到定点经营单位或生产企业购买特种劳动防护用品。购买的劳动防护用品须经本单位的安全技术部门验收。

(3) 使用单位没有按国家规定为劳动者提供必要的劳动防护用品的，按劳动部《违反(中华人民共和国劳动法，行政处罚办法》(劳部发［1994］532号) 有关条款处罚；构成犯罪的，由司法部门依法追究有关人员的刑事责任。

(4) 使用劳动防护用品的单位(以下简称使用单位) 应为劳动者免费提供符合国家规定的劳动防护用品。

使用单位不得以货币或其他物品替代应当配备的劳动防护用品。

(5) 使用单位应教育本单位劳动者按照劳动防护用品使用规则和防护要求正确使用劳动防护用品。

2. 注意事项

(1) 特种劳动防护用品在配备中的注意事项

国家对特种劳动防护用品实施安全生产许可证制度。用人单位采购、配备和使用的特种劳动防护用品必须具有安全生产许可证、产品合格证和安全鉴定证。

用人单位应建立和健全劳动防护用品的采购、验收入保管、发放、使用、更换和报废等管理制度。安技部门应对劳动防护用品进行验收。

(2) 从事多种作业的作业人员劳动防护用品的配备

凡是从事多种作业或在多种劳动环境中作业的人员，应按其主要作业的工种和劳动环境配备劳动防护用品。如配备的劳动防护用品在从事其他工种作业时或在其他劳动环境中确实不能适用的，应另配或借用所需的其他劳动防护用品，但使用期限可适当延长。

(3) 安全带使用期限

安全带使用两年后，应按批量购入情况抽检一次。若合格，该批安全带可继续使用，对抽试过的样带，必须更换安全绳后才能继续使用。使用频繁的绳，要经常做外观检查。

发现异常时，应立即换成新绳。带子的使用期为3~5年。

(4) 防静电鞋和防静电工作服注意事项

1) GB 12014—89《防静电工作服》中规定：穿用防静电服时必须与GB4385中规定 的防静电鞋配套穿用。

2) 由于多次洗涤，防静电工作服的防静电性能会有所降低，所以环境温度高、劳动强度大、洗涤次数频繁的企业制定的使用期限应适当短一些。

3) 防静电鞋的穿用过程中，一般不超过200小时应进行电阻测试一次，如不合格，不可继续使用。

(5) 制定电绝缘鞋、绝缘手套的使用期限注意事项

电绝缘鞋包括：电绝缘皮鞋、布面胶鞋、胶面胶鞋、塑料鞋四大类。各个单位可根据劳动强度、作业环境不同，合理制定使用期限。但要注意以下几条：一是贮存，自出厂日超过18个月，须逐只进行电性能预防性检验；二是凡帮底有腐蚀破损之处，不能再作电绝缘鞋穿用；三是使用中每6个月至少进行一次电性能测试，如不合格不可继续使用。

绝缘手套的使用期限，各单位可根据使用频繁度作出规定，但必须要求每次使用之前进行吹气自检，每半年至少做一次电性能测试，如不合格不可继续使用。

(6) 护听器配备时注意事项

护听器包括防爆声耳塞、防爆声耳罩、防噪声头盔。一般来说，防噪声头盔防噪声效果最好，不但能隔阻气传导噪声，还能减轻骨传导噪声对耳内的损伤，应使用于强噪声环境，耳罩的防噪声性能次之，而耳塞的防噪声效果最差，在1000~2000Hz频段一般声衰减值只有10~20dB。

3. 劳动防护用品选用规定

劳动防护用品的选用见表2-3。

劳动防护用品选用一览表 **表2-3**

作业类别编号	作业类别名称	不可使用的品类	必须使用的护品	可考虑使用的护品
A01	易燃易爆场所作业	的确良、尼龙等着火焦结的衣物 聚氯乙烯塑料鞋 底面钉铁件的鞋	棉布工作服 防静电服 防静电鞋	
A02	可燃性粉尘场所作业	的确良，尼龙等着火焦结的衣物 底面钉铁件的鞋	棉布工作服 防毒口罩	防静电服 防静电鞋
A03	高温作业	的确良，尼龙等着火焦结的衣物 聚氯乙烯塑料鞋	白帆布类隔热服 耐高温鞋 防强光、紫外线、红外线护目镜或面罩	镀反射膜类隔热服 其他零星护品的披肩帽、鞋罩、围裙、袖套等
A04	低温作业	底面钉铁件的鞋	防寒服、防寒手套、防寒鞋	防寒帽、防寒工作鞋
A05	低压带电作业		绝缘手套、绝缘鞋	安全帽、防异物伤害护目镜
A06	高压带电作业		绝缘手套、绝缘鞋、安全帽	等电位工作服、防异物伤害护目镜

续表

作业类别编号	作业类别名称	不可使用的品类	必须使用的护品	可考虑使用的护品
A07	吸入性气相毒物作业		防毒口罩	有相应滤毒罐的防毒面罩，供应空气的呼吸保护器
A08	吸入性气溶胶毒物作业		防毒口罩或防尘口罩、护发帽	防化学液眼镜 有相应滤毒罐的防毒面罩 供应空气的呼吸保护器 防毒物渗透工作服
A09	沾染性毒物作业		防化学液眼镜、防毒口罩 防毒物渗透工作服、防毒物渗透手套 护发帽	有相应滤毒罐的防毒面罩 供应空气的呼吸保护器 相应的皮肤保护剂
A10	生物性毒物作业		防毒口罩、防毒物渗透工作服、护发帽、防毒物渗透手套、防异物伤害护目镜	有相应滤毒罐的防毒面罩 相应的皮肤保护剂
A11	腐蚀性作业		防化学液眼镜、防毒口罩、防酸（碱）工作服 耐酸（碱）手套、耐酸（碱）鞋、护发帽	供应空气的呼吸保护器
A12	易污作业		防尘口罩、护发帽、一般性工作服其他零星护品如披肩帽、鞋罩、围裙、袖套等	相应的皮肤保护剂
A13	恶味作业		一般性工作服	供应空气的呼吸保护器 相应的皮肤保护剂 护发帽
A14	密闭场所作业		供应空气的呼吸保护器	
A15	噪声作业			塞栓式耳塞 耳罩
A16	强光作业		防强光、紫外线、红外线护目镜或面罩	
A17	激光作业		防激光护目镜	
A18	荧光屏作业			荧光屏作业护目镜
A19	微波作业			防微波护目镜、屏蔽服
A20	射线作业		防射线护目镜、防射线服	
A21	高处作业	底面钉铁件的鞋	安全帽、安全带	防滑工作鞋
A22	存在物体坠落、撞击的作业		安全帽、防砸安全鞋	
A23	有碎屑飞溅的作业		防异物伤害护目镜 一般性工作服	
A24	操纵转动机械	手套	护发帽、防异物伤害护目镜 一般性的工作服	

续表

作业类别编号	作业类别名称	不可使用的品类	必须使用的护品	可考虑使用的护品
A25	人工搬运	底面钉铁件的鞋	防滑手套	安全帽、防滑工作鞋防砸安全鞋
A26	接触使用锋利器具		一般性的工作服	防割伤手套、防砸安全鞋、防刺穿鞋
A27	地面存在尖利器物的作业		防刺穿鞋	
A28	手持振动机械作业		防射线服	
A29	人承受全身震动的作业		减震鞋	
A30	野外作业		防水工作服（包括防水鞋）	防寒帽、防寒服、防寒手套、防寒鞋、防异物伤害护目镜、防滑工作鞋
A31	水上作业		防滑工作鞋、救生衣（服）	安全带、水上作业服
A32	涉水作业		防水工作服（包括防水鞋）	
A33	潜水作业		潜水服	
A34	地下挖掘建筑作业		安全帽	防尘口罩、塞栓式耳塞、减震手套、防砸安全鞋、防水工作服（包括防水鞋）
A35	车辆驾驶		一般性的工作服	防强光、紫外线、红外线护目镜或面罩防异物伤害护目镜、防冲击安全头盔
A36	铲、装、吊、推机械操纵		一般性的工作服	防尘口罩、防强光、紫外线、红外线护目镜或面罩、防异物伤害护目镜、防水工作服（包括防水鞋）
A37	一般性作业			一般性的工作服
A38	其他作业			一般性的工作服

二、“三宝”的安全使用要求

1. 安全网安全使用要求

(1) 网的检查内容包括：网内不得存留建筑垃圾，网下不能堆积物品，网身不能出现严重变形和磨损，以及是否会受化学品与酸、碱烟雾的污染及电焊火花的烧灼等。

(2) 支撑架不得出现严重变形和磨损。其连接部位不得有松脱现象。网与网之间及网与支撑架之间的连接点亦不允许出现松脱。所有绑拉的绳都不能使其受严重的磨损或有变形。

(3) 网内的坠落物要经常清理，保持网体洁净。还要避免大量焊接或其它火星落入网内，并避免高温或蒸汽环境。当网体受到化学品的污染或网绳嵌入粗砂粒或其它可能引起磨损的异物时，应须进行清洗，洗后使其自然干燥。

(4) 安全网在搬运中不可使用铁钩或带尖刺的工具，以防损伤网绳。网体要存放在仓库或专用场所，并将其分类、分批存放在架子上，不允许随意乱堆。对仓库要求具备通风、遮光、隔热、防潮、避免化学物品的侵蚀等条件。在存放过程中，亦要求对网体作定期检验，发现问题，立即处理，以确保安全。

2. 安全帽安全使用要求

(1) 凡进入施工现场的所有人员，都必须佩戴安全帽。作业中不得将安全帽脱下，搁置一旁，或当坐垫使用。

(2) 国家标准中规定佩戴安全帽的高度，为帽箍底边至人头顶端（以试验时木质人头模型作代表）的垂直距离为 80 ~ 90mm。国家标准对安全帽最主要的要求是能够承受 5000N 的冲击力。

(3) 要正确使用安全帽，要扣好帽带，调整好帽衬间距（一般约 40 ~ 50mm），不要使安全帽能轻易松脱或颠动摇晃。缺衬缺带或破损的安全帽不准使用。

3. 安全带安全使用要求

(1) 使用时要高挂低用，防止摆动碰撞，绳子不能打结，钩子要挂在连接环上。当发现有异常时要立即更换，换新绳时要加绳套。使用 3m 以上的长绳要加缓冲器。

(2) 在攀登和悬空等作业中，必须佩戴安全带并有牢靠的挂钩设施。严禁只在腰间佩戴安全带，而不在固定的设施上拴挂钩环。

(3) 安全带不使用时要妥善保管，不可接触高温、明火、强酸、强碱或尖锐物体。使用频繁的绳要经常做外观检查，使用两年后要做抽检，抽验过的样带要更换新绳。

第三节　安全事故应急救援预案的制定

一、国家有关法律法规的规定

1.《安全生产法》规定："生产经营单位的主要负责人员有组织制定并实施本单位的生产安全事故应急预案的职责。"

"生产经营单位对重大危险源应当登记建档，进行定期检测、评估、监控，并制定应急预案，告知从业人员和相关人员在紧急情况下应当采取的应急措施。"

"县级以上地方各级人民政府应当组织有关部门制定本行政区域内特大生产安全事故应急救援预案，建立应急救援体系。"

2.《职业病防治法》规定："用人单位应当建立、健全职业病危害事故应急救援预案。"

3.《消防法》规定："消防安全重点单位应当制定灭火和应急疏散预案，定期组织消防演练。"

4.《建设工程安全生产管理条例》规定：

第四十七条　县级以上地方人民政府建设行政主管部门应当根据本级人民政府的要求，制定本行政区域内建设工程特大生产安全事故应急救援预案。

第四十八条　施工单位应当制定本单位生产安全事故应急救援预案，建立应急救援组织或者配备应急救援人员，配备必要的应急救援器材、设备，并定期组织演练。

第四十九条　施工单位应当根据建设工程施工的特点、范围，对施工现场易发生重大事故的部位、环节进行监控，制定施工现场生产安全事故应急救援预案。实行施工总承包的，由总承包单位统一组织编制建设工程生产安全事故应急救援预案，工程总承包单位和分包单位按照应急救援预案，各自建立应急救援组织或者配备应急救援人员，配备救援器材、设备、并定期组织演练。

5. 国务院《关于特大安全事故行政责任追究的规定》中规定：“市（地、州）、县（市、区）人民政府必须制定本地区特大安全事故应急处理预案。本地区特大安全事故应急处理预案经政府主要领导人签署后，报上一级人民政府备案。”

6. 国务院《特种设备安全监察条例》规定：“特种设备使用单位应当制定特种设备的事故应急措施和救援预案。”

7. 国务院《使用有毒物品场所劳动保护条例》规定：“从事使用高毒物品作业的用人单位，应当配备应急救援预案人员和必要的应急救援器材、设备，制定事故应急救援预案，并根据实际情况变化对应急救援预案适时进行修订，定期组织演练。事故应急救援预案和演练记录应当报当地卫生行政部门、安全生产监督管理部门和公安部门备案。”

二、应急预案的制定

为了预防和控制重大事故的发生，并能在重大事故发生后有条不紊地开展救援工作，各施工单位都应该制定和完善应急预案措施。

1. 组织机构及职责

应急预案实施的组织机构和各小组的职责见图 2-1。

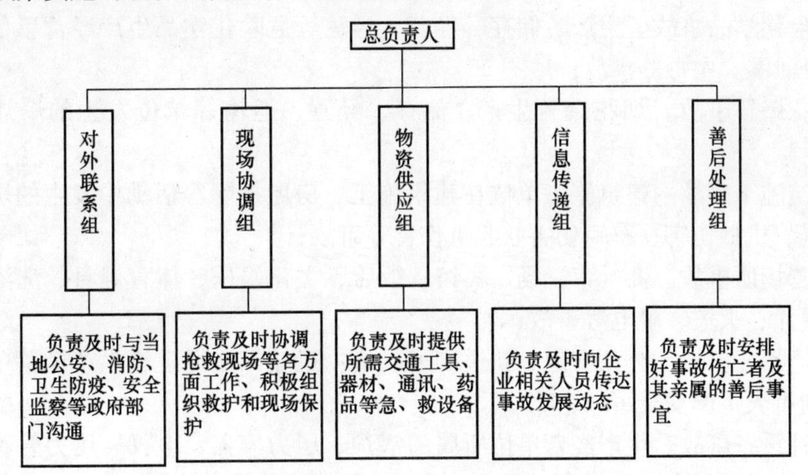

图 2-1　组织机构及职责

2. 应急预案的内容

（1）应急防范重点区域和单位；

（2）应急救援准备和快速反应详细方案；

（3）应急救援现场处置和善后工作安排计划；

（4）应急救援物资保障计划；

（5）应急救援请示报告制度；

3. 应急预案演习

（1）确定应急预案内容后让所有职工都知道；

(2) 对应急预案要定期检查，不断完善；

(3) 所有施工现场人员都应参加应急演习，以熟悉应急状态后的行动方案。

三、北京市特大生产安全事故应急救援预案（供参考）

为快速、及时、妥善地处理本市行政区域内生产经营单位发生的特大、特别重大生产安全事故，做好应急处置和抢险救援的组织工作，最大限度地减少事故造成的人员伤亡、财产损失和社会危害，根据《中华人民共和国安全生产法》、《国务院关于进一步加强安全生产工作的决定》以及国家有关部门和市政府的有关要求，制定本预案。

1. 特大、特别重大生产安全事故的分类

(1) 特大、特别重大生产安全事故的定义

特大、特别重大生产安全事故是指本市行政区域内的生产经营单位在生产经营活动中或与生产经营活动有关的活动中，由于人的不安全行为或物的不安全状态以及自然因素引起，突然发生的导致严重人员伤亡的事故。按照事故情况分为特大事故和特别重大事故。特大事故，是指造成死亡10~29人或死伤30人以上的事故。特别重大事故是指造成死亡30人以上的事故。

(2) 特大、特别重大生产安全事故的分类

1) 矿山事故。煤矿和非煤矿山生产经营单位发生的冒顶片帮、透水、瓦斯爆炸、触电、机械伤害等事故；

2) 危险化学品事故。生产、储存、经营、运输等危险化学品生产经营单位发生的爆炸、火灾、泄漏、中毒等事故；

3) 烟花爆竹事故。烟花爆竹生产、储存、经营、运输等单位发生的爆炸、火灾等事故；

4) 建筑施工事故。建筑施工单位在建筑施工、房屋拆除等活动中发生的坍塌、高处坠落、触电、机械伤害、车辆伤害、起重伤害等事故；

5) 经营场所事故。商（市）场、宾馆、饭店、文化娱乐、体育健身、洗浴等经营单位发生的爆炸、火灾、触电等事故；

6) 交通运输事故。公共交通、轨道交通、货物运输等交通运输生产经营单位发生的特大、特别重大生产安全事故；

7) 特种设备事故。生产经营单位所属的锅炉、压力容器、电梯、压力管道、大型游乐设施、起重机械等发生的燃爆、火灾、泄漏、高处坠落等事故。

2. 特大、特别重大生产安全事故应急救援处置的指挥

特大和特别重大生产安全事故由市生产安全事故应急救援指挥部（以下简称市应急救援指挥部）负责组织指挥和救援处置。

(1) 市应急救援指挥部的组成

市应急救援指挥部由市政府办公厅和市政府有关部门及有关单位组成。设总指挥、副总指挥，下设专业处置组。

总指挥：主管副市长

副总指挥：市政府副秘书长；市安全生产监督局、市公安局负责同志

成员单位：市政府办公厅、市发展改革委、市交通委、市建委、市市政管委、市公安

局、市商务局、市卫生局、市质量技术监督局、市劳动保障局、市安全生产监督局、市监察局、市委宣传部等部门。

指挥部设综合协调组、安全保卫组、新闻报道组、灾害救援组、医疗救护组、后勤保障组、事故调查组、专家技术组、善后处理组，具体承担事故救援和处置工作。

(2) 市应急救援指挥部和专业处置组的职责

1) 市应急救援指挥部

在发生特大、特别重大生产安全事故时，负责事故现场应急处置和抢险救援以及善后处理的组织指挥工作。总指挥是处置特大、特别重大生产安全事故的组织者和指挥者，负责组织、指挥事故应急救援处置工作。

2) 专业处置组的职责

综合协调组：由市政府办公厅负责，承接特大、特别重大生产安全事故的报告；通知指挥部成员单位立即赶赴事故现场；协调各专业处置组的抢险救援工作；及时向国务院和市委、市政府报告事故抢险救援进展情况；落实中央和市委、市政府领导同志关于事故抢险救援的指示和批示。

安全保卫组：由市公安局负责，组织警力对事故现场及周边地区和道路进行警戒、控制，组织人员有序疏散。

新闻报道组：由市委宣传部负责，市公安局、市卫生局、市安全生产监督局等部门配合，组织事故应急处置和抢险救援的新闻报道工作。

灾害救援组：由市公安局和市安全生产监督局负责，组织协调警力和消防、工程抢险、矿山救护等专业抢险队伍，进行抢险救援。

医疗救护组：由市卫生局负责，组织有关医疗单位对伤亡人员实施救治和处置。

后勤保障组：由市交通委、市商务局负责，组织协调有关部门，落实运输保障和物资保障工作。

事故调查组：由市安全生产监督局负责，会同有关部门进行现场勘察、取证，配合国务院调查组开展对特别重大事故的调查处理工作。

专家技术组：由市安全生产监督局负责，组织有关专家为抢险救援等工作提供技术支持。

善后处理组：指挥部责成有关部门负责，会同有关部门处理伤亡人员的善后工作。

3. 报告程序 发生特大、特别重大生产安全事故时，按照下列程序报告：

(1) 生产经营单位应立即拨打报警电话，报告事故发生的时间、地点和简要情况，并随时报告事故的后续情况；

(2) 接警单位立即报告市政府办公厅值班室；

(3) 市政府办公厅值班室立即按程序报告主管副市长；

(4) 市政府办公厅值班室按照主管副市长指示，及时报告国务院及其有关部门。

4. 特大、特别重大生产安全事故应急救援处置

特大、特别重大生产安全事故发生后，有关部门、单位按照快速反应、统一指挥、协同配合的原则，迅速开展救援处置工作。

(1) 启动本预案。

市政府办公厅值班室接到事故报告后，按照有关程序立即报请主管副市长启动本预

案，迅速通知市应急救援指挥部成员单位。

（2）赴事故现场。

市应急救援指挥部总指挥、副总指挥接到报告后，立即赶赴事故现场，成立事故现场指挥部，组织指挥救援处置工作。

市应急救援指挥部成员单位主要负责同志接到通知后，立即赶赴现场并启动相关应急救援预案，组织专业救援队伍赶赴现场，实施救援处置。

（3）现场救援处置。

1）市应急救援指挥部：迅速了解、掌握事故发生的时间、地点、原因、人员伤亡和财产损失情况，涉及或影响范围，已采取的措施和事故发展趋势等；迅速制定事故处置方案并组织指挥实施；及时将现场情况向市政府报告，必要时提请市政府调集北京武警总队和协调北京卫戍区参加抢险救援；妥善处理现场新闻报道事宜；组织、配合开展事故调查，组织善后处理工作。

2）综合协调组：落实中央和市委、市政府领导同志关于抢险救援的指示和批示，协调其他专业处置组的抢险救援工作，保障抢险救援工作通讯畅通。

3）安全保卫组：迅速组织警力对事故现场及周边地区和道路进行警戒、控制，保障抢险救援工作正常开展，组织人员有序疏散。

4）新闻报道组：统一组织有关新闻单位及时报道事故应急处置和抢险救援工作。

5）灾害救援组：立即组织调集警力和消防、工程抢险、矿山救护等专业抢险队伍，迅速开展灭火、防毒、防爆、反恐等抢险救援工作。

6）医疗救护组：立即组织有关医疗单位及时对伤亡人员实施救治和处置。

7）后勤保障组：协调有关部门调集运输车辆和物资投入抢险救援。

8）事故调查组：实施现场勘察和调查取证，初步开展事故调查处理工作。

9）专家技术组：迅速组织有关专家为抢险救援等工作提供技术支持。

10）善后处理组：迅速组织有关部门和人员妥善做好伤亡人员的善后处理事宜。

5. 附则

（1）特大、特别重大生产安全事故发生后，按事故类别，本预案与其他专项预案同时启动。

（2）市应急救援指挥部各成员单位根据本预案制定实施方案。

（3）本预案管理单位为市安全生产监督局，每两年修订一次，必要时及时修订。

第四节　事故的调查与处理

一、事故定义

所谓事故，是指人们在进行有目的的活动过程中，发生了违背人们意愿的不幸事件，使其有目的的行动暂时或永久地停止。

二、伤亡事故分类

企业员工伤亡，大体可分两类：一是因工伤亡，即在生产工作中发生的；二是非因工伤亡，即与生产工作无关造成的伤亡。国务院 1991 年 3 月 1 日起颁布实施的《企业职工伤亡事故报告和处理规定》所称伤亡事故，是指职工在劳动过程中发生的人身伤害、急性中毒事故。具体来说，就是在企业生产活动中所涉及到的区域内，在生产过程中，在生产时间内，在生产岗位上，与生产直接有关的伤亡事故、中毒事故；或虽不在本岗位劳动，但由于企业的设备和设施不安全、劳动条件和作业环境不良、管理不善，以及企业领导指派到企业外从事本企业活动，所发生的人身伤害（即轻伤、重伤、死亡）和急性中毒事故（指生产性毒物一次或短期内通过人的呼吸道、皮肤或消化道大量进入人体内，使人体在短时间内发生病变，导致职工立即中断工作，并需要进行急救的事故）。

国务院颁布的上述规定适用于中华人民共和国境内的一切企业、国家机关、事业单位、人民团体发生的伤亡事故参照执行。

企业员工是指由本企业支付工资的各种用工形式的职工，包括固定工职工、合同制职工、临时工（包括企业招用的临时农民工）等。

非本企业人员，是指代训工、实习生、民工、参加本企业生产的学生、现役军人、到企业进行参观、其他公务人员，劳动、劳教中的人员，外来救护人员以及由于事故而造成伤亡的军人、行人等。

1. 按伤害程度，伤亡事故分为

（1）轻伤：指损失工作日低于 105 日的失能伤害。

（2）重伤：指相当于表定损失工作日等于和超过 105 日的失能伤害。

（3）死亡：损失工作日定为 6000 日。

轻伤，指造成劳动者肢体伤残，或某些器官功能性或器质性轻度损伤，表现为劳动能力轻度或暂时丧失的伤害。

重伤，指造成劳动者肢体残缺或视觉、听觉等器官受到严重损伤，一般能引起人体长期存在功能障碍，或劳动能力有重大损失的伤害。

中华人民共和国原劳动部颁发《重伤事故范围》中规定凡有下列情况之一的，均作为重伤事故处理：

1）经医师诊断已成为残废或可能成为残废的。

2）伤势严重，需要进行较大的手术才能挽救的。

3）人体要害部位严重灼伤、烫伤，或虽非要害部位，但灼伤、烫伤，占全身面积 1/3 以上的。

4）严重骨折（胸骨、肋骨、脊椎骨、锁骨、肩胛骨、腕骨、腿骨和脚骨等受伤引起骨折）、严重脑震荡等。

5）眼部受伤较剧，有失明可能的。

6）手部伤害。包括大拇指轧断一节的；食指、中指、无名指、小指任何一只轧断两节或任何两只各轧断一节的；局部肌腱受伤甚剧，引起机能障碍，有不能自由伸屈的残废可能的。

7）脚部伤害。包括脚趾轧断三只以上的；局部肌腱受伤甚剧，引起机能障碍，有不能行走自如的残废可能的。

8）内部伤害。如内脏损伤，内出血或伤及腹膜等。

9）凡不在上述范围以内的伤害，经医师诊察后，认为受伤较重，可根据实际情况参考上述各点，由企业行政会同基层工会做个别研究，提出初步意见，由当地劳动部门审查确定。

“损失工作日”，指被伤害者失能的工作时间。这个概念的目的是估价事故在劳动力方面造成的直接损失，因此，某种伤害的损失工作日数一经确定，即为标准值，与伤害者的实际休息日无关。

2. 按事故严重程度，伤亡事故分为

（1）轻伤事故：指只有轻伤的事故。

（2）重伤事故：指有重伤无死亡的事故。

（3）死亡事故：分重大伤亡事故和特大伤亡事故

1）重大伤亡事故：指一次事故死亡1~2人的事故。

2）特大伤亡事故：指一次事故死亡3人以上的事故（含3人）。

3. 按产生原因，伤亡事故的种类可分为如下20类：

（1）物体打击，指落物、滚石、锤击、碎裂崩块、碰伤等伤害，包括因爆炸而引起的物体打击；

（2）车辆伤害，包括挤、压、撞、倾覆等；

（3）机具伤害，包括绞、碾、碰、割、戳等；

（4）起重伤害，指起重设备或操作过程中所引起的伤害；

（5）触电，包括雷击伤害；

（6）淹溺；

（7）灼烫；

（8）火灾；

（9）高处坠落，包括从架子、屋顶上坠落以及从平地坠入坑内等；

（10）坍塌，包括建筑物、堆置物倒塌和土石方塌方等；

（11）冒顶片帮；

（12）透水；

（13）放炮；

（14）火药爆炸，指生产、运输、储藏过程中发生的爆炸；

（15）瓦斯爆炸，包括煤粉爆炸；

（16）锅炉爆炸；

（17）容器爆炸；

（18）其他爆炸，包括化学爆炸，炉膛、钢水包爆炸等；

（19）中毒和窒息，指煤气、油气、沥青、化学、一氧化碳中毒等；

（20）其他伤害，如扭伤、跌伤、冻伤、野兽咬伤等。

三、伤亡事故的范围

1. 企业发生火灾事故及在扑救火灾过程中造成本企业职工伤亡；

2. 企业内部食堂、医务室、俱乐部等部门职工或企业职工在企业的浴室、休息室、更衣室以及企业的倒班宿舍、临时休息室等场所发生的伤亡事故；

3. 职工乘坐本企业交通工具在企业外执行本企业的任务或乘坐本企业通勤机车、船只上下班途中，发生的交通事故，造成人员伤亡；

4. 职工乘坐本企业车辆参加企业安排的集体活动，如旅游、文娱体育活动等，因车辆失火、爆炸造成职工的伤亡；

5. 企业租赁及借用的各种运输车辆，包括司机或招聘司机，执行该企业的生产任务，发生的伤亡；

6. 职工利用业余时间，采取承包形式，完成本企业临时任务发生的伤亡事故（也包括雇佣的外单位人员）；

7. 由于职工违反劳动纪律而发生的伤亡事故，其中属于在劳动过程中发生的，或者不在劳动过程中，但与企业设备有关的。

四、伤亡事故等级

建设部按程度不同把重大事故分为四个等级。建设部 1989 年 3 号令《工程建设重大事故报告和调查程序规定》第三条规定：

1. 具备下列条件之一者为一级重大事故：

（1）死亡 30 人以上；

（2）直接经济损失 300 万元以上。

2. 具备下列条件之一者为二级重大事故：

（1）死亡 10 人以上，29 人以下；

（2）直接经济损失 100 万元以上，不满 300 万元。

3. 具备下列条件之一者为三级重大事故：

（1）死亡 3 人以上，9 人以下。

（2）重伤 20 人以上。

（3）直接经济损失 30 万元以上，不满 100 万元。

4. 具备下列条件之一者为四级重大事故：

（1）死亡 2 人以下。

（2）重伤 3 人以上，19 人以下。

（3）直接经济损失 10 万元以上，不满 30 万元。

五、伤亡事故的上报

发生伤亡事故后，负伤者或事故现场有关人员，应立即直接或逐级报告企业负责人。企业负责人在接到重伤、死亡、重大死亡事故报告后，应填写伤亡事故登记表并按规定用快速方法，立即向企业主管部门和企业所在地劳动部门、公安部门、人民检察院、工会等相关部门报告。企业主管部门和劳动部门接到死亡、重大死亡事故报告后，应当立即按系统逐级上报。死亡事故报至省、自治区、直辖市企业主管部门和劳动部门；重大死亡事故报至国务院有关主管部门、劳动部门。

发生死亡、重大死亡事故的企业应当保护事故现场，并迅速采取必要措施抢救人员和财产，防止事故扩大。

对于造成特别重大人身伤亡或者巨大经济损失以及性质特别严重、产生重大影响的特别重大事故，必须立即将所发生事故的情况报告上级归口管理部门和所在地地方人民政府，并报告所在地的省、自治区、直辖市人民政府和国务院归口管理部门。

一般伤亡事故在24h以内，重大和特大伤亡事故在2h以内报到主管部门，并且事故发生单位应根据建设部3号令的要求，在24h内写出事故报告报上述所列部门。

重大事故书面报告（初报表）应当包括以下内容：

（1）事故发生的时间、地点、工程项目、企业名称；

（2）事故发生的简要经过、伤亡人数和直接经济损失的初步统计；

（3）事故发生原因的初步判断；

（4）事故发生后采取的措施及事故控制情况；

（5）事故报告单位。

按照建设部监理司［1995］14号文件要求，凡发生一次死亡5人以上的事故，由建设部主管处长到现场；10人以上的事故，由建设部主管司局的司局长到现场；15人以上的事故，由建设部主管部长亲自到现场。发生三级以上的重大事故，建设部按事故所属类别，分别派安全监督员代表建设部到事故现场了解情况，然后向建设部汇报。

在发生事故后一周内，事故发生地区要派人到建设部报告事故情况。其中7人以上的死亡事故，厅长、主任要亲自去。对于漏报、隐瞒和拖延不报或大事化小，小事化了的单位和个人，一经查出要严肃处理。

六、事故的调查处理

对于事故的调查处理，必须坚持“事故原因分析不清不放过，事故责任者和群众没有受到教育不放过，没有防范措施不放过，事故的责任者没受到处罚不放过”的“四不放过”原则，按照下列步骤进行：

1. 迅速抢救伤员并保护好事故现场

事故发生后，事故发生单位应当立即采取有效措施，首先抢救伤员和排除险情，制止事故蔓延扩大，稳定施工人员情绪。现场人员也不要惊慌失措，要有组织、听指挥。同时，为了事故调查分析需要，要严格保护好事故现场，确因抢救伤员、疏导交通、排除险情等原因，而需要移动现场物件时，应当做出标志，绘制现场简图并做出书面记录，妥善保存现场重要痕迹、物证，有条件的可以拍照或录像。

一次死亡3人以上的事故，要按建设部有关规定，立即组织录像和召开现场会，教育全体职工。

事故现场是提供有关物证的主要场所，是调查事故原因不可缺少的客观条件。因此，要求现场各种物件的位置、颜色、形状及其物理化学性质等尽可能地保持事故结束时的原来状态，必须采取一切必要的和可能的措施严加保护，防止人为或自然因素的破坏。

清理事故现场，应在调查组确认无可取证，并充分记录后，再经有关部门同意，方能进行。任何人不得借口恢复生产，擅自清理现场，掩盖事故真相。

2. 组织事故调查组

接到事故报告后，事故发生单位领导应立即赶赴现场组织抢救，并迅速组织调查组开展调查。

轻伤、重伤事故，由企业负责人或由其指定人员组织生产、技术、安全等部门及工会组成事故调查组，进行调查。

伤亡事故，由企业主管部门会同现场所在地区的劳动部门、安全部门、公安部门、工会组成事故调查组，进行调查。

重大死亡事故，按照企业的隶属关系，由省、自治区、直辖市企业主管部门或者国务院有关主管部门会同公安、监察、检查部门、工会组成事故调查组，进行调查，也可邀请有关专家和技术人员参加。

特大事故发生后，按照事故发生单位的隶属关系，由省、自治区、直辖市人民政府或者国务院归口管理部门组织特大事故调查组，负责事故的调查工作。涉及军民两个方面的特大事故，组织事故调查的单位应当邀请军队派员参加事故的调查工作。

国务院认为应当由国务院调查的特大事故，由国务院或者国务院授权的部门组织成立事故调查组；特大事故调查组应当根据研发生事故的具体情况，由事故发生单位的归口管理部门、公安部门、监察部门、计划综合部门、劳动部门等单位派员组成，并应当邀请检察机关和工会派员参加；特大事故调查组根据调查工作的需要，可以选聘其他部门或者单位的人员参加，也可以聘请有关方面的专家进行技术鉴定、事故分析和财产损失的评估工作。

事故调查组成员应符合下列条件：

(1) 具有事故调查所需的某一方面的专长；

(2) 与所发生的事故没有直接利害关系。

重大事故调查组的职责：

(1) 组织技术鉴定；

(2) 查明事故发生的原因、过程、人员伤亡及财产损失情况；

(3) 查明事故的性质、责任单位和主要责任者；

(4) 提出事故处理意见及防止类似事故再次发生所应采取措施的建议；

(5) 提出对事故责任者的处理建议；

(6) 写出事故调查报告。

调查组有权向事故发生单位、各有关单位和个人了解事故的有关情况，索取有关资料，任何单位和个人不得拒绝和隐瞒。有关县（市、区）、市（地、州）和省、自治区、直辖市人民政府及政府有关部门应当配合、协助事故调查，任何单位和个人不得以任何方式阻碍、干扰调查组的正常工作。

《工程建设重大事故报告和调查程序的规定》对重大事故的调查作了规定：一、二级重大事故由省、自治区、直辖市建设行政主管部门提出调查组组成意见，报请人民政府批准；三、四级重大事故由发生的市、县级建设行政主管部门提出调查组组成意见，报请人民政府批准；事故发生单位属于国务院部委的，按上述规定，由国务院有关主管部门或其授权部门会同当地建设行政主管部门提出调查组组成意见。

3. 现场勘查

事故发生后，调查组必须迅速到现场进行勘查。现场勘查是技术性很强的工作，涉及广泛的科技知识和实践经验，对事故现场的勘查必须做到及时、全面、细致、客观。现场勘察的主要内容有：

(1) 现场笔录

1) 发生事故的时间、地点、气象信息等；

2）现场勘查人员姓名、单位、职务、联系电话等；
3）现场勘查起止时间、勘察过程；
4）能量逸散所造成的破坏情况、状态、程度等；
5）设备、设施损坏或异常情况及事故前后的位置；
6）事故发生前的劳动组合、现场人员的位置和行动；
7）散落情况；
8）重要物证的特征、位置及检验情况等。

（2）现场拍照或录像

1）方位拍摄，要能反映事故现场在周围环境中的位置；
2）全面拍摄，要能反映事故现场各部分之间的联系；
3）中心拍摄，要能反映事故现场中心情况；
4）细目拍摄，揭示事故直接原因的痕迹物、致害物等。

（3）绘制事故图

根据事故类别和规模以及调查工作的需要应绘制出下列示意图：
1）建筑物平面图、剖面图；
2）事故时人员位置及疏散（活动）图；
3）破坏物立体图或展开图；
4）涉及范围图；
5）设备或工、器具构造图等。

（4）事故事实材料和证人材料搜集

1）受害人和肇事者姓名、年龄、文化程度、工龄等；
2）出事当天受害人和肇事者的工作情况，过去的事故记录；
3）个人防护措施、健康状况及与事故致因有关的细节或因素；
4）对证人的口述材料应经本人签字认可，并应认真考证其真实程度。

4. 分析事故原因，明确责任者

通过全面充分的调查，查明事故经过，弄清造成事故的各种因素，包括人、物、生产管理和技术管理等方面的问题，经过认真、客观、全面、细致、准确地分析，确定事故的性质和责任。

事故调查分析的目的，是通过认真分析事故原因，从中接受教训，采取相应措施，防止类似事故重复发生，这也是事故调查分析的宗旨。

事故分析步骤，首先整理和仔细阅读调查材料，然后按《企业职工伤亡事故分类标准》（GB 6441—86）附录A，对受伤部位、受伤性质、起因物、致害物、伤害方法、不安全状态和不安全行为等七项内容进行分析，最后依次确定事故的直接原因、间接原因和事故责任者（见图2-2事故分析流程图）。

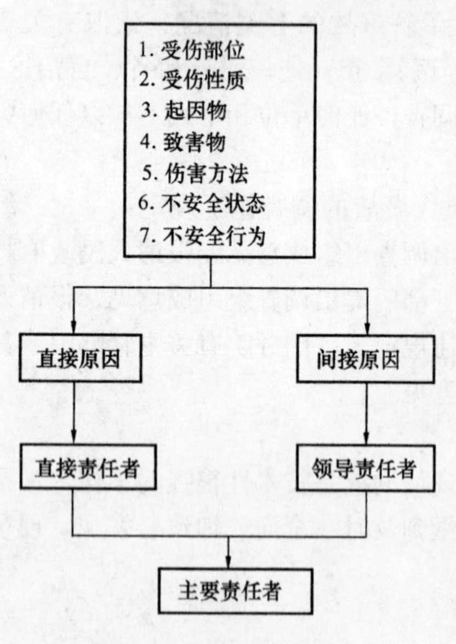

图2-2　事故分析流程图

（1）事故原因分析

分析事故原因时，应根据调查所确认的事实，从直接原因入手，逐步深入到间接原因，从而掌握事故的全部原因，再分清主次，进行责任分析。

通过对直接原因和间接原因的分析，确定事故的直接责任者和领导责任者，再根据其在事故发生过程中的作用，确定主要责任者。

1）属于下列情况者为直接原因：

①机械、物质或环境的不安全状态

见《企业职工伤亡事故分类标准》（GB 6441—86）附录 A-A6“不安全状态”。

②人的不安全行为

见《企业职工伤亡事故分类标准》（GB 6441—86）附录 A-A7“不安全行为”。

2）属下列情况者为间接原因：

①技术和设计上有缺陷——工业构件、建筑物、机械设备、仪器仪表、工艺过程、操作方法、维修检验等的设计、施工和材料使用存在问题；

②教育培训不够，未经培训，缺乏或不懂安全操作技术知识；

③劳动组织不合理；

④对现场工作缺乏检查或指导错误；

⑤没有安全操作规程或不健全；

⑥没有或不认真实施事故防范措施；对事故隐患整改不力；

⑦其他。

(2) 确定事故责任

根据事故调查所确认的事实，通过对直接原因和间接原因的分析，确定事故中的直接责任者和领导责任者；

在直接责任和领导责任者中，根据其在事故发生过程中的作用，确定主要责任者；

事故的性质通常分为三类：

1）责任事故，就是由于人的过失造成的事故。

2）非责任事故，即由于人们不能预见或不可抗拒的自然条件变化所造成的事故，或是在技术改造、发明创造、科学试验活动中，由于科学技术条件的限制而发生的无法预料的事故。但是，对于能够预见并可采取措施加以避免的伤亡事故，或没有经过认真研究解决技术问题而造成的事故，不能包括在内。

3）破坏性事故，即为达到既定的目的而故意造成的事故。对已确定为破坏性事故的，应由公安机关和企业保卫部门认真追查破案，依法处理。

(3) 责任认定

1）因下列情况造成事故者为直接责任者：

①违章操作，违章指挥，违反劳动纪律；

②发现事故危险征兆，不立即报告，不采取措施；

③私自拆除、毁坏、挪用安全设施；

④设计、施工、安装、检修、检验、试验错误等。

2）因下列情况造成事故者为领导责任者：

①指令错误；

②规章制度错误，没有或不健全；

③承包、租赁合同中无安全卫生内容和措施；

④不进行安全教育、安全资格认证；

⑤机械设备超负荷、带病运转；

⑥劳动条件、作业环境不良；

⑦新、改、扩建项目不执行“三同时”制度；

⑧发现隐患不治理；

⑨发生事故不积极抢救；

⑩发生事故后不及时报告或故意隐瞒；

⑪发生事故后不采取防范措施，致使一年内重复发生同类事故；

⑫违章指挥。

5. 提出处理意见，制定预防措施

根据对事故原因的分析，对已确定的事故直接责任者和领导责任者，根据事故后果和事故责任人应负的责任提出处理意见。同时，应制定防止类似事故再次发生的预防措施并加以落实。对于重大未遂事故不可掉以轻心，也应严肃认真按上述要求查找原因，分清责任，严肃处理。

6. 写出调查报告

调查组应着重把事故的经过、原因、责任分析和处理意见以及本次事故教训和改进工作的建议等写成文字报告，经调查组全体人员签字后报批。如调查组内部意见有分歧，应在弄清事实的基础上，对照政策法规反复研究，统一认识。对于个别成员仍持有不同意见的，允许保留，并在签字时写明自己的意见。对此可上报上级有关部门处理直至报请同级人民政府裁决，但不得超过事故处理工作的时限。

7. 事故的处理结案

调查组在调查工作结束后10日内，应当将调查报告送批准组成调查组的人民政府和建设行政主管部门以及调查组其他成员部门。经组成调查组的部门同意，调查组调查工作即告结束。事故调查组提出的事故处理意见和防范措施建议，由发生事故的企业及其主管部门负责处理。

如果是一次死亡3人以上的事故，待事故调查结束后，应按建设部原监理司1995年14号文规定，事故发生地区要派人员在规定的时间内到建设部汇报。

建设部安全监督员按规定参与3级以上重大事故的调查处理工作，并负责对事故结案和整改措施等落实工作进行监督。

事故处理完毕后，事故发生单位应当尽快写出详细的处理报告，并按规定逐级上报。

因忽视安全生产、违章指挥、违章作业、玩忽职守或者发现事故隐患、危害情况而不采取有效措施以致造成伤亡事故的，由企业主管部门或者企业按照国家有关规定，对企业负责人和直接责任人员给予行政处分；构成犯罪的，由司法机关依法追究刑事责任。

在伤亡事故发生后隐瞒不报、谎报、故意迟延不报、故意破坏事故现场，或者无正当理由，拒绝接受调查以及拒绝提供有关情况和资料的，由有关部门按照国家有关规定，对有关单位负责人和直接责任人员给予行政处分；构成犯罪的，由司法机关依法追究刑事责任。

在调查处理伤亡事故中玩忽职守、徇私舞弊或者打击报复的，由其所在单位按照国家有关规定给予行政处分；构成犯罪的，由司法机关依法追究刑事责任。

对造成重大伤亡事故承担直接责任的有关单位，由其上级主管部门或当地建设行政主管部门，根据调查组的建议，责令其限期改善工程建设技术安全措施，并依据有关法规予以处罚。

对于连续二年发生死亡三人以下的事故，或发生一次死亡3人以上的重大死亡事故，万人死亡率超过平均水平一倍以上的单位，要按照建设部监理司14号文规定，追究有关领导和事故直接责任者的责任，给予必要的行政、经济处罚，并对企业处以通报批评、停产整顿、停止投标、降低资质、吊销营业执照等处罚。

伤亡事故处理工作应当在90日内结案，特殊情况不得超过180日。伤亡事故处理结案后，应当公开宣布处理结果。

事故处理结案后，应将事故资料归档保存，其中有：

（1）职工伤亡事故登记表；

（2）职工死亡、重伤事故调查报告书及批复；

（3）现场调查记录、图纸、照片；

（4）技术鉴定和试验报告；

（5）物证、人证材料；

（6）直接和间接经济损失材料；

（7）事故责任者的自述资料；

（8）医疗部门对伤亡人员的诊断书；

（9）发生事故时的工艺条件、操作情况和设计资料；

（10）处分决定和受处分人员的检查材料；

（11）有关事故的通报、简报及文件；

（12）注明参加调查组的人员、姓名、职务、单位。

七、伤亡事故统计报告

1.职工伤亡事故统计的目的

（1）及时反映企业安全生产状态，掌握事故情况，查明事故原因，分清责任，吸取教训，拟定改进措施，防止事故重复发生。

（2）分析比较各单位、各地区之间的安全工作情况，分析安全工作形势，为制定安全管理法规提供依据。

（3）事故资料是进行安全教育的宝贵资料，对生产、设计、科研工作也都有指导作用，为研究事故规律，消除隐患，保障安全，提供基础资料。

2.关于工伤事故统计报告中的几个具体问题

（1）“工人职员在生产区域中所发生的和生产有关的伤亡事故”，是指企业在册职工在企业生产活动所涉及的区域内（不包括托儿所、食堂、诊疗所、俱乐部、球场等生活区域），由于生产过程中存在的危险因素的影响，突然使人体组织受到损伤或某些器官失去正常机能，以致负伤人员立即中断工作的一切事故。

（2）员工负伤后一个月内死亡，应作为死亡事故填报或补报。超过一个月死亡的，不作死亡事故统计。

(3) 员工在生产工作岗位干私活或打闹造成伤亡事故，不作工伤事故统计。

(4) 企业车辆执行生产运输任务（包括本企业职工乘坐企业车辆）行驶在场外公路上发生的伤亡事故，一律由交通部门统计。

(5) 企业发生火灾、爆炸、翻车、沉船、倒塌、中毒等事故造成旅客、居民、行人伤亡，均不作职工伤亡事故统计。

(6) 停薪留职的职工到外单位工作发生伤亡事故由外单位负责统计报告。

第五节　工伤认定及赔偿

一、工伤认定

1. 认定条件

(1) 职工有下列情形之一的，应当认定为工伤：

1）在工作时间和工作场所内，因工作原因受到事故伤害的。

2）工作时间前后在工作场所内，从事与工作有关的预备性或者收尾性工作受到事故伤害的。

3）在工作时间和工作场所内，因履行工作职责受到暴力等意外伤害的。

4）患职业病的。

5）因工外出期间，由于工作原因受到伤害或者发生事故下落不明的。

6）在上下班途中，受到机动车事故伤害的。

7）法律、行政法规规定应当认定为工伤的其他情形。

(2) 职工有下列情形之一的，视同工伤。

1）在工作时间和工作岗位，突发疾病死亡或者在48h之内经抢救无效死亡的。

2）在抢险救灾等维护国家利益、公共利益活动中受到伤害的。

3）职工原在军队服役，因战、因公负伤致残，已取得革命伤残军人证，到用人单位后旧伤复发的。

职工有（1）中第1项、第2项情形的，按照《工伤保险条例》的有关规定享受工伤保险待遇；职工有（1）中第3项情形的，按照《工伤保险条例》的有关规定享受除一次性伤残补助金以外的工伤保险待遇。

2. 不得认定为工伤或者视同工伤的条件

(1) 因犯罪或者违反治安管理伤亡的；

(2) 醉酒导致伤亡的；

(3) 自残或者自杀的。

3. 工伤认定申请

(1) 职工发生事故伤害或者按照职业病防治法规定被诊断、鉴定为职业病，所在单位应当自事故伤害发生之日或者被诊断、鉴定为职业病之日起30日内，向统筹地区劳动保障行政部门提出工伤认定申请。遇有特殊情况，经报劳动保障行政部门同意，申请时限可以适当延长。

(2) 用人单位未按前款规定提出工伤认定申请的。工伤职工或者其直系亲属、工会组织在事故伤害发生之日或者被诊断、鉴定为职业病之日起 1 年内，可以直接向用人单位所在地统筹地区劳动保障行政部门提出工伤认定申请。

(3) 按照规定应当由省级劳动保障行政部门进行工作认定的事项，根据所属地原则由用人单位所在地的设区的市级劳动保障行政部门办理。

(4) 用人单位未在规定的时限内提交工伤认定申请，在此期间发生符合本条例规定的工伤待遇等有关费用由该用人单位负担。

4. 工伤认定申请材料

提出工伤认定申请应当提交下列材料：

(1) 工伤认定申请表；

(2) 与用人单位存在劳动关系（包括事实劳动关系）的证明材料；

(3) 医疗诊断证明或者职业病诊断证明书（或者职业病诊断鉴定书）。

工伤认定申请表应当包括事故发生的时间、地点、原因以及职工伤害程度等基本情况。

工伤认定申请人提供材料不完整的，劳动保障行政部门应当一次性书面告知工伤认定申请人需要补正的全部材料。申请人按照书面告知要求补正材料后，劳动保障行政部门应当受理。

5. 工伤认定的受理

(1) 劳动保障行政部门受理工伤认定申请后，根据审核需要可以对事故伤害进行调查核实，用人单位、职工、工会组织、医疗机构以及有关部门应当予以协助。职业病诊断和诊断争议的鉴定，依照职业病防治法的有关规定执行。对依法取得职业病诊断证明书或者职业病诊断鉴定书的，劳动保障行政部门不再进行调查核实。

(2) 职工或者其直系亲属认为是工伤，用人单位不认为是工伤的，由用人单位承担举证责任。

(3) 劳动保障行政部门应当自受理工伤认定申请之日起 60 日内作出工伤认定的决定，并书面通知申请工伤认定的职工或者其直系亲属和该职工所在单位。

二、工伤保险待遇

1. 工伤医疗待遇

(1) 职工因工作遭受事故伤害或者患职业病进行治疗，享受工伤医疗待遇。

职工治疗工伤应当在签订服务协议的医疗机构就医，情况紧急时可以先到就近的医疗机构急救。

(2) 治疗工伤所需费用符合工伤保险诊疗项目目录、工伤保险药品目录、工伤保险住院服务标准的，从工伤保险基金支付。工伤保险诊疗项目目录、工伤保险药品目录、工伤保险住院服务标准，由国务院劳动保障行政部门会同国务院卫生行政部门、药品监督管理部门等部门规定。

(3) 职工住院治疗工伤的，由所在单位按照本单位因公出差伙食补助标准的 70% 发给住院伙食补助费；经医疗机构出具证明，报经办机构同意，工伤职工到统筹地区以外就医的所需交通、食宿费用由所在单位按照本单位职工因公出差标准报销。

(4) 工伤职工治疗非工伤引发的疾病，不享受工伤医疗待遇，按照基本医疗保险办法处理。

(5) 工伤职工到签订服务协议的医疗机构进行康复性治疗的费用，符合工伤医疗待遇第（3）条规定的从工伤保险基金支付。

(6) 工伤职工因日常生活或者就业需要，经劳动能力鉴定委员会确认，可以安装假肢、矫形器、假眼、假牙和配置轮椅等辅助器具，所需费用按照国家规定的标准从工伤保险基金支付。

2. 停工留薪期待遇

(1) 职工因工作遭受事故伤害或者患职业病需要暂停工作接受工伤医疗的，在停工留薪期内，原工资福利待遇不变，由所在单位按月支付。

(2) 停工留薪期一般不超过12个月。伤情严重或者情况特殊，经设区的市级劳动能力鉴定委员会确认，可以适当延长，但延长不得超过12个月。工伤职工评定伤残等级后，停发原待遇，按照本章的有关规定享受伤残待遇。工伤职工在停工留薪期满后仍需治疗的继续享受工伤医疗待遇。

(3) 生活不能自理的工伤职工在停工留薪期需要护理的，由所在单位负责。

3. 工伤致残待遇

(1) 工伤职工已经评定伤残等级并经劳动能力鉴定委员会确认需要生活护理的，从工伤保险基金中按月支付生活护理费。

(2) 生活护理费按照生活完全不能自理、生活大部分不能自理或者生活部分不能自理3个不同等级支付，其标准分别为统筹地区上年度职工月平均工资的50%、40%或者30%。

(3) 职工因工致残被鉴定为一级至四级伤残的，保留劳动关系，退出工作岗位，享受以下待遇：

1) 从工伤保险基金按伤残等级支付一次性伤残补助金，标准为：一级伤残为24个月的本人工资，二级伤残为22个月的本人工资，三级伤残为20个月的本人工资，四级伤残为18个月的本人工资。

2) 从工伤保险基金按月支付伤残津贴，标准为：一级伤残为本人工资的90%，二级伤残为本人工资的85%，三级伤残为本人工资的80%，四级伤残为本人工资的75%。伤残津贴实际金额低于当地最低工资标准的，由工伤保险基金补足差额。

3) 工伤职工达到退休年龄并办理退休手续后，停发伤残津贴，享受基本养老保险待遇。基本养老保险待遇低于伤残津贴的，由工伤保险基金补足差额。

4) 职工因工致残被鉴定为一级至四级伤残的，由用人单位和职工个人以伤残津贴为基数，缴纳基本医疗保险费。

(4) 职工因工致残被鉴定为五级、六级伤残的，享受以下待遇：

1) 从工伤保险基金按伤残等级支付一次性伤残补助金，标准为：五级伤残为16个月的本人工资，六级伤残为14个月的本人工资。

2) 保留与用人单位的劳动关系，由用人单位安排适当工作。难以安排工作的，由用人单位按月发给伤残津贴，标准为：五级伤残为本人工资的70%，六级伤残为本人工资的60%，并由用人单位按照规定为其缴纳应缴纳的各项社会保险费。伤残津贴实际金额低于当地最低工资标准的，由用人单位补足差额。

3）经工伤职工本人提出，该职工可以与用人单位解除或者终止劳动关系，由用人单位支付一次性工伤医疗补助金和伤残就业补助金。具体标准由省、自治区、直辖市人民政府规定。

(5) 职工因工致残被鉴定为七级至十级伤残的，享受以下待遇：

1）从工伤保险基金按伤残等级支付一次性伤残补助金，标准为：七级伤残为12个月的本人工资，八级伤残为10个月的本人工资，九级伤残为8个月的本人工资，十级伤残为6个月的本人工资。

2）劳动合同期满终止，或者职工本人提出解除劳动合同的，由用人单位支付一次性工伤医疗补助金和伤残就业补助金。具体标准由省、自治区、直辖市人民政府规定。

4. 因工死亡处理

职工因工死亡，其直系亲属按照下列规定从工伤保险基金领取丧葬补助金、供养亲属抚恤金和一次性工亡补助金：

(1) 丧葬补助金为6个月的统筹地区上年度职工月平均工资；

(2) 供养亲属抚恤金按照职工本人工资的一定比例发给由因工死亡职工生前提供主要生活来源、无劳动能力的亲属。标准为：配偶每月40%，其他亲属每人每月30%，孤寡老人或者孤儿每人每月在上述标准的基础上增加10%。核定的各种供养亲属的抚恤金之和不应高于因工死亡职工生前的工资。供养亲属的具体范围由国务院劳动保障行政部门规定。

(3) 一次性工亡补助金标准为48个月至60个月的统筹地区上年度职工月平均工资。具体标准由统筹地区的人民政府根据当地经济、社会发展状况规定，报省、自治区、直辖市人民政府备案。

(4) 伤残职工在停工留薪期内因工伤导致死亡的，其直系亲属享受因工死亡处理第(1)条规定的待遇。

(5) 一级至四级伤残职工在停工留薪期满后死亡的，其直系亲属可以享受因工死亡处理第(1)条、第(2)条规定的待遇。

(6) 职工因工外出期间发生事故或者在抢险救灾中下落不明的，从事故发生当月起3个月内照发工资，从第4个月起停发工资，由工伤保险基金向其供养亲属按月支付供养亲属抚恤金。生活有困难的，可以预支一次性工亡补助金的50%。职工被人民法院宣告死亡的，按照上述规定处理。

5. 停止享受工伤保险待遇条件

(1) 丧失享受待遇条件的；

(2) 拒不接受劳动能力鉴定的；

(3) 拒绝治疗的；

(4) 被判刑正在收监执行的。

6. 特殊条件下的工伤保险待遇

(1) 用人单位分立、合并、转让的，承继单位应当承担原用人单位的工伤保险责任；原用人单位已经参加工伤保险的，承继单位应当到当地经办机构办理工伤保险变更登记。

(2) 用人单位实行承包经营的，工伤保险责任由职工劳动关系所在单位承担。

(3) 职工被借调期间受到工伤事故伤害的，由原用人单位承担工伤保险责任，但原用人单位与借调单位可以约定补偿办法。

(4) 在破产清算时优先拨付依法应由单位支付的工伤保险待遇费用。

(5) 职工被派遣出境工作，依据前往国家或者地区的法律应当参加当地工伤保险的，参加当地工伤保险，其国内工伤保险关系中止；不能参加当地工伤保险的，其国内工伤保险关系不中止。

(6) 职工再次发生工伤，根据规定应当享受伤残津贴的，按照新认定的伤残等级享受伤残津贴待遇。

第六节 事故的预防

事故是不安全行为和不安全状态的直接后果，而这两者都是可以用管理来控制的。严格的管理和严厉的法治是必需也是必要的，但并不是我们安全生产的目的和工作的全部。安全生产的目的是减少以至消除人身伤害和财产损失事故，提高效益。因此，安全管理和技术人员还应该学习事故预防知识，掌握事故预防对策。

一、施工现场的不安全因素

1. 事故潜在的不安全因素

著名的海因里希法则（1:29:300 法则）显示，通过大量的事故调查，海因里希发现，每 330 起事故中，死亡或重伤仅为 1 起，占 0.3%，轻伤事故 29 起，占 8.8%；无伤害 300 起，占 90.9%。在生产过程的事故中，未遂事故的数量远远大于人身伤亡和财产损失事故的数量！可见仅仅关注伤害事故是不够的，要对所有的险肇事故给予足够的重视。

伤亡事故的发生不是一个孤立的事件，而是一系列原因事件相继发生的结果，事故潜在的不安全因素是造成人的伤害，物的损失事故的先决条件，各种人身伤害事故均离不开物与人这二个因素。人身伤害事故就是人与物之间产生的一种意外现象。在人与物这二个因素中，人的因素是最根本的，因为物的不安全因素的背后，实质上还是隐含着人的因素。即人和物两大系列往往是相互关联，互为因果相互转化的：有时人的不安全行为促进了物的不安全状态的发展，或导致新的不安全状态的出现；而物的不安全状态可以诱发人的不安全行为。因此，人的不安全行为和物的不安全状态，是造成绝大部分事故的二个潜在的不安全因素，通常也可称作事故隐患。

分析大量事故的原因可以得知，只有少量的事故仅仅由人的不安全行为或物的不安全状态引起，绝大多数的事故是与二者同时相关的。当人的不安全行为和物的不安全状态在各自发展过程中，在一定时间、空间发生了接触，伤害事故就会发生。而人的不安全行为和物的不安全状态之所以产生和发展，又是受多种因素作用的结果。

2. 人的不安全行为

人既是管理的对象，又是管理的动力，人的行为是安全控制的关键。人与人不同，即便是同一个人，在不同地点，不同时期，不同环境，他的劳动状态、注意力、情绪、效率也会有变化，这就决定了管理好人是难度很大的问题。由于受到政治、经济、文化技术条件的制约和人际关系的影响，以及受企业管理形式、制度、手段、生产组织、分工、条件等的支配，所以，要管好人，避免产生人的不安全行为，应从人的生理和心理特点来分析人的行为，必须结合社会因素和环境条件对人的行为影响进行研究。

人的不安全行为是指能造成事故的人为错误，是人为地使系统发生故障或发生性能不良事件，是违背设计和操作规程的错误行为。

人的不安全行为，通俗地用一句话讲，就是指能造成事故的人的失误。

(1) 不安全行为在施工现场的类型

按国标 GB 6441—86 标准，可分为十三个大类：

1）操作失误、忽视安全、忽视警告

①未经许可开动、关停、移动机器

②开动、关停机器时未给信号

③开关未锁紧，造成意外转动、通电或泄漏等

④忘记关闭设备

⑤忽视警告标志、警告信号

⑥操作错误（指按钮、阀门、搬手、把柄等的操作）

⑦奔跑作业

⑧供料或送料速度过快

⑨机器超速运转

⑩违章驾驶机动车

⑪酒后作业

⑫客货混载

⑬冲压机作业时，手伸进冲压模

⑭工件坚固不牢

⑮用压缩空气吹铁屑

⑯其他

2）造成安全装置失效

①拆除了安全装置

②安全装置堵塞失掉了作用

③调整的错误造成安全装置失效

④其他

3）使用不安全设备

①临时使用不牢固的设施

②使用无安全装置的设备

③其他

4）手代替工具操作

①用手代替手动工具

②用手清除切屑使用无安全装置的设备

③不用夹具固定、用手拿工件进行机加工

5）物体（指成、半成品、材料、工具、切屑和生产用品等）存放不当

6）冒险进入危险场所

①冒险进入涵洞

②接近漏料处（无安全设施）

③采伐、集材、运材、装车时，未离危险区

④未经安全监察人员允许进入油罐或井中

⑤未“敲帮问顶”开始作业

⑥冒进信号

⑦调车场超速上下车

⑧易燃易爆场合明火

⑨私自搭乘矿车

⑩在绞车道行走

⑪未及时瞭望

7）攀、坐不安全位置（如平台护栏、汽车挡板、吊车吊钩）

8）在起吊物下作业

9）机器运转时加油、修理、检查、调整、焊扫等工作

10）分散注意力的行为

11）在必须使用个人防护用品用具的作业或场合中，忽视其使用

①未戴护目镜或面罩

②未戴防护手套

③未穿安全鞋

④未戴安全帽

⑤未佩戴呼吸护具

⑥未佩戴安全带

⑦未戴工作帽

⑧其他

12）不安全装束

①在有旋转零部件的设备旁作业穿过肥大服装

②操纵带有旋转零部件的设备时戴手套

③其他

13）对易燃易爆等危险物品处理错误

（2）人的行为与事故

据统计资料分析，88%的事故是由人的不安全行为所造成。而人的生理和心理特点又直接影响人的不安全行为。因为整个劳动过程是依靠人的骨骼肌肉的运动和人的感觉、知觉、思维、意识，最终表现为人的外在行为过程。但由于人存在着某些生理和心理缺陷，就有可能发生人的不安全行为，从而导致事故。

1）人的生理疲劳与安全　人的生理疲劳，表现出动作紊乱而不稳定，不能正常支配状况下所能承受的体力，易产生重物失手、手脚发软、致使人和物从高处坠落等事故。

2）人的心理疲劳与安全　人的心理疲劳是指劳动者由于动机和态度改变引起工作能力的波动；或从事单调、重复劳动时的厌倦；或遭受挫折后的身心乏力等。这就会使劳动者感到心情不安、身心不支、注意力转移而产生操作失误。

3）人的视觉、听觉与安全　人的视觉是接受外部信息的主要通道，80%以上的信息

是由视觉获得，但人的视觉存在视错觉，而外界的亮度、色彩、对比度，物体的大小，形态、距离等又支配视觉效果。当视器官将外界环境转化为信号输人时，有可能产生错视、漏视的失误而导致安全事故。同样，人的听觉亦是接受外部信息的通道。但常由于机械轰鸣，噪声干扰，不仅使注意力分散，听力减弱，听不清信号，还会使人产生头晕、头痛、乏力失眠，引起神经紊乱而至心率加快等病症，若不治理和预防都会有害于安全。

4）人的性格、气质、情绪与安全　人的气质、性格不同，产生的行为各异。意志坚定，善于控制自己，注意力稳定性好，行动准确，不受干扰，安全度就高；感情激昂，喜怒无常，易动摇，对外界信息的反应变化多端，常易引起不安全行为。自作聪明，自以为是，将常常会发生违章操作；遇事优柔寡断，行动迟缓，则对突发事件应变能力差。此类不安全行为，均与发生事故密切相关。

5）人际关系与安全　群体的人际关系直接影响着个体的行为。当彼此遵守劳动纪律，重视安全生产的行为规范，相互友爱和信任时，无论做什么事都充满信心和决心，安全就有保障；若群体成员把工作中的冒险视为勇敢予以鼓励、喝彩，无视安全措施和操作规程，在这种群体动力作用下，不可能形成正确的安全观念。个人某种需要未得到满足，带着愤怒和怨气的不稳定情绪工作，或上下级关系紧张，产生疑虑、畏惧、抑郁的心理，注意力发生转移，也极容易发生事故。

产生不安全行为的主要原因，既有系统组织上的原因，也有思想上责任心的原因，还有工作上的原因。而主要的工作上的原因有：工作知识的不足或工作方法不适当；技能不熟练或经验不充分；作业的速度不适当；工作不当，但又不听或不注意管理提示。

综上所述，在施工项目安全控制中，一定要抓住人的不安全行为这一关键因素；而在制定纠正和预防措施时，又必须针对人的生理和心理特点对不安全的影响因素。培养提高劳动者自我保护能力，能结合自身生理、心理特点来预防不安全行为发生，增强安全意识，乃是搞好安全管理的重要环节。

(3）必须重视和防止产生人的不安全行为

1999年建设部颁发的JGJ 59—99《建筑施工安全检查标准》条文说明中指出：“分析的事故中有89%都不是因技术解决不了造成的，而是因违章所致。由于没有安全技术措施，缺乏安全技术知识，不作安全技术交底，安全生产责任制不落实，违章指挥，违章作业造成的。”《中国劳动统计年鉴》对近年来的企业伤亡事故原因（主要原因）比例排序为：违反操作规程或劳动纪律原因列居首位，占十一项原因总统计量的45%以上，如果加上教育培训不够，缺乏安全操作知识，对现场工作缺乏检查和指挥错误等不安全行为原因的事故，则占了全部事故统计量的60%以上。而值得引起注意和重视的是国有大企业不安全行为原因和伤亡比例均值，大于城镇企业和其他企业。另有资料反映：美国有人曾分析了75000起伤亡事故，其中天灾仅占2%，即98%的伤亡事故在人的能力范围内，是可以预防的。在可防止的全部事故中，由于人的不安全行为造成的事故占88%。

以上资料表明，各种各样的伤亡事故，绝大多数是由人的不安全因素造成的，是在人的能力范围内，可以预防的。

随着科学技术的发展，施工现场劳动条件的改善，机械设备的进一步完善，在造成事故的原因比例中，由于人的不安全因素造成的事故比例还会有所增加。因此，我们就更应该重视人的因素，预防和杜绝出现人的不安全行为。

3. 施工现场物的不安全状态

物的不安全状态是指能导致事故发生的物质条件，包括机械设备等物质或环境所存在的不安全因素，通常人们将其称为物的不安全状态或物的不安全条件，也有直接称其为不安全状态的。人的生理、心理状态能适应物质、环境条件，而物质、环境条件又能满足劳动者生理、心理需要时，则不会产生不安全行为；反之，就可能导致伤害事故的发生。

（1）物的不安全状态大致包括七个方面：

1）物（包括机器、设备、工具、其他物质等）本身存在的缺陷；

2）防护保险方面的缺陷；

3）物的放置方法的缺陷；

4）作业环境场所的缺陷；

5）外部的和自然界的不安全状态；

6）作业方法导致的物的不安全状态；

7）保护器具信号、标志和个体防护用品的缺陷。

（2）按国标 GB 6441—86 标准，物的不安全状态的类型可分四大类：

1）防护、保险、信号等装置缺乏或有缺陷

①无防护

a. 无防护罩

b. 无安全保险装置

c. 无报警装置

d. 无安全标志

e. 无护栏或护栏损坏

f. 电气未接地

g. 绝缘不良

h. 风扇无消音系统、噪声大

i. 危房内作业

j. 未安装防止“跑车”的档车器或档车栏

k. 其他

②防护不当

a. 防护罩未在适应位置

b. 防护装置调整不当

c. 坑道掘进、隧道开凿支撑不当

d. 防爆装置不当

e. 采伐，集体作业安全距离不够

f. 放炮作业隐蔽所有缺陷

g. 电气装置带电部分裸露

h. 其他

2）设备、设施、工具、附件有缺陷

①设计不当，结构不合安全要求

a. 通道门遮挡视线

b. 制动装置有缺欠
c. 安全间距不够
d. 拦车网有缺欠
e. 工件有锋利毛刺、毛边
f. 设施上有锋利倒棱
g. 其他
②强度不够
a. 机械强度不够
b. 绝缘强度不够
c. 起吊重物的绳索不合安全要求
d. 其他
③设备在非正常状态下运行
a. 设备带“病”运转
b. 超负荷运转
c. 其他
④维修、调整不良
a. 设备失修
b. 地面不平
c. 保养不当、设备失灵
d. 其他

3）个人防护用品用具——防护服、手套、护目镜及面罩、呼吸器官护具、听力护具、安全带、安全帽、安全鞋等缺少或有缺陷

①无个人防护用品、用具
②所用防护用品、用具不符合安全要求

4）生产（施工）场地环境不良

①照明光线不良
a. 照度不足
b. 作业场地烟雾尘弥漫，视物不清
c. 光线过强
②通风不良
a. 无通风
b. 通风系统效率低
c. 风流短路
d. 停电停风时放炮作业
e. 瓦斯排放未达到安全浓度放炮作业
f. 瓦斯超限
g. 其他
③作业场所狭窄
④作业场地杂乱

a. 工具、制品、材料堆放不安全

b. 采伐时，未开“安全道”

c. 迎门树、坐殿树、搭挂树未作处理

d. 其他

⑤交通线路的配置不安全

⑥操作工序设计或配置不安全

⑦地面滑

a. 地面有油或其他液体

b. 冰雪覆盖

c. 地面有其他易滑物

⑧贮存方法不安全

⑨环境温度、湿度不当

(3) 物质、环境与安全

从上所述，施工现场物质和环境均具有危险源，也是产生安全事故的主要因素。因此，在施工项目安全控制中，应根据工程项目施工的具体情况，采取有效的措施减少或断绝危险源。

例如：发生起重伤害事故的主要原因有两类，一是起重设备的安全装置不全或失灵；二是起重机司机违章作业或指挥失误所致，因此，预防起重伤害事故也要从这两方面入手，即：第一、保证安全装置（行程、高度、变幅、超负荷限制装置，其他保险装置等）齐全可靠，并经常检查、维修，使转动灵敏，严禁使用带“病”的起重设备。第二、起重机指挥人员和司机必须经过操作技术培训和安全技术考核，持证上岗，不得违章作业。要坚持十个“不准吊”，此外，还有一些安全措施，如起吊容易脱钩的大型构件时，必须用卡环；严禁吊物在高压线上方旋转；严禁在高压线下面从事起重作业等。

同时，在分析物质、环境因素对安全的影响时，也不能忽视劳动者本身生理和心理的特点。如一个生理和心理素质好，应变能力强的司机，他们注意范围较大，几乎可以在同一时间，既注意到吊物和它周围的建筑物、构筑物的距离，又顾及到起升、旋转、下降、对中、就位等一系列差异较大的操作。这样，就不会发生安全事故。所以在创造和改善物质、环境的安全条件时，也应从劳动者生理和心理状态出发，使其能相互适应。实践证明，采光照明、色彩标志、环境温度和现场环境对施工安全的影响都不可低估。

1) 采光照明问题　施工现场的采光照明，既要保证生产正常进行，又要减少人的疲劳和不舒适感，还应适应视觉暗、明的生理反应。这是因为当光照条件改变时，眼睛需要通过一定的生理过程对光的强度进行适应，方能获得清晰的视觉。所以，当由强光下进入暗环境，或由暗环境进入强光现场时，均需经过一定时间，使眼睛逐渐适应光照强度的改变，然后才能正常工作。因此，让劳动者懂得这一生理现象，当光照强度产生极大变化时作短暂停留，在黑暗场所加强人工照明，在耀眼强光下操作戴上墨镜，则可减少事故的发生。

2) 色彩的标志问题　色彩标志可提高人的辨别能力，控制人的心理，减少工作差错和人的疲劳。红色，在人的心理定势中标志危险、警告或停止；绿色，使人感到凉爽、舒适、轻松、宁静，能调剂人的视力，消除炎热、高温时烦躁不安的心理；白色，给人整洁清新的感觉，有利于观察检查缺陷，消除隐患；红白相间，则对比强烈，分外醒目。所以，根据不同的环境采用不同的色彩标志，如用红色警告牌，绿色安全网，白色安全带，红白相间的栏杆等，都能有效地预防事故。

3）环境温度问题　环境温度接近体温时，人体热量难以散发就感到不适、头昏、气喘，活动稳定性差，手脑配合失调，对突发情况缺乏应变能力，在高温环境、高处作业时，就可能导致安全事故；反之，低温环境，人体散热量大，手脚冻僵，动作灵活性、稳定性差，也易导致事故发生。

4）现场环境问题　现场布置杂乱无序、视线不畅、沟渠纵横、交通阻塞，机械无防护装置，电器无漏电保护，粉尘飞扬、噪声刺耳等，使劳动者生理、心理难以承受，或不能满足操作要求时，则必然诱发事故。

以上所述，在施工项目安全控制中，必须将人的不安全行为，物的不安全状态与人的生理和心理特点结合起来综合考虑，制定安全技术措施，才能确保安全的目标。

4. 管理上的不安全因素

管理上的不安全因素，通常也可称为管理上的缺陷，它也是事故潜在的不安全因素，作为间接的原因共有以下因素。

1）技术上的缺陷；

2）教育上的缺陷；

3）生理上的缺陷；

4）心理上的缺陷；

5）管理工作上的缺陷；

6）学校教育和社会、历史上的原因造成的缺陷。

二、建筑施工现场伤亡事故的预防

1. 构成事故的主要原因

（1）事故发生的结构

事故的直接原因是物的不安全状态和人的不安全行为，事故的间接原因是管理上的缺陷。事故发生的背景就是因为客观上存在着发生事故的条件，若能消除这些条件，事故是可以避免的。如已知的事故条件继续存在就会发生同类同种事故，尚且未知的事故条件也有存在的可能性，这是伤亡事故的一大特点。

（2）潜在危害性的存在

人类的任何活动都具有潜在的危害，所谓危险性，并非他一定会发展成为事故，但由于某些意外情况，它会使发生事故的可能性增加，在这种危害性中既存在着人的不安全行为，也存在着物质条件的缺陷。

事实上，重要的不仅是要知道潜在的危害，而且应了解存在危害性的劳动对象、生产工具、劳动产品、生产环境、工作过程、自然条件、人的劳动和行为，以此为基础、及时高效率地解决任何潜在危害的预测。在特定的生产条件下，消除不安全因素构成的危害和可能性具有重要意义。

2. 安全生产的五条规律

（1）在一定的社会条件下生产的安全规律

这种规律的实质是，承认生产中的潜在危险，这为制订安全法规、制度、措施及其实施创造了原则上的可能性，这一规律的作用受到社会的基本经济规律的制约。在我国安全生产和劳动保护是有组织、有系统的，应当在有目的的活动中付诸实现。

(2) 劳动条件适应人的特点的规律

人适应环境的可能性具有一定限度，这则规律要求策划、计划、组织劳动生产、构思新技术或设计新工艺、工序，以及解决其他任务时，必须树立以人为中心（即以人为本）的观点，必须以保证操作者能安全作业活动为出发点。要重点研究以人为主体的危险及其消除措施方法。

(3) 不断地有计划地改善劳动条件的规律

随着我国社会主义现代化建设和生产方式的完善，应努力消除和降低生产中的不安全、不卫生因素。这一规律是我国在社会主义条件下有计划、按比例发展国民经济的具体体现。从国家、地方、行业乃至一个企业、一个工地，劳动条件理所当然地应有所改善、好转，而不能有所恶化、倒退。劳动条件得不到改善而恶化、倒退，尤其是产生恶果的，则是我们国家的安全法规所不能允许的。

(4) 物质技术基础与劳动条件适应的规律

科学技术的进步从根本上改善着劳动条件，但不能排除新的重要的危险因素出现，或者有扩大其有害影响的可能性，如不重视这一规律将导致新技术效果的下降。这一规律的实质是劳动条件的改善，在时间上要与物质技术基础的发展阶段相适应。

(5) 安全管理科学化的规律

事故预防科学是一门以经验为基础而建立起来的管理科学，经验是掌握客观事物所必须的，将个别的已经证明行之有效的经验加以科学总结，而形成的一门知识体系。安全的科学管理，其目的是以个人或集体作为一个系统，科学地探讨人的行为，排除妨碍完成安全生产任务的不安全因素，使之按计划实现安全生产的目标。

安全生产的实现，必须是建立在安全管理是科学的有计划的、目标明确的、措施方法正确的基础之上，这一规律揭示形成劳动安全计划指标是可能的，指标（目标）必须满足：现实对象明确，定量清楚，与客观条件相符，经济而有效，可以整体检查，并能显示以确保安全为目的作用的整体性。

3. 各类事故预防原则

为了实现安全生产，预防各类事故的发生必须要有全面的综合性措施，实现系统安全，预防事故和控制受害程度的具体原则大致如下：

(1) 消除潜在危险的原则；

(2) 降低、控制潜在危险数值的原则；

(3) 提高安全系数、增加安全余量的坚固原则；

(4) 闭锁原则（自动防止故障的互锁原则）；

(5) 代替作业者的原则；

(6) 屏障原则；

(7) 距离防护的原则；

(8) 时间防护原则；

(9) 薄弱环节原则（损失最小化原则）；

（10）警告和禁止信息原则；

（11）个人防护原则；

（12）不予接近原则；

（13）避难、生存和救护原则。

4. 伤害事故预防措施

伤害事故预防，就是要消除人和物的不安全因素，弥补管理上的缺陷，实现作业行为和作业条件安全化。

（1）消除人的不安全行为，实现作业行为安全化的主要措施

1）开展安全思想教育和安全规章制度教育；

2）进行安全知识岗位培训，提高职工的安全技术素质；

3）推广安全标准化管理操作和安全确认制度活动，严格按安全操作规程和程序进行各项作业；

4）重点加强要害设备、人员作业的安全管理和监控，搞好均衡生产；

5）注意劳逸结合，使作业人员保持充沛的精力，从而避免产生不安全行为。

（2）消除物的不安全状态，实现作业条件安全化的主要措施

1）采取新工艺、新技术、新设备，改善劳动条件；

2）加强安全技术研究，采用安全防护装置，隔离危险部位；

3）采用安全适用的个人防护用具；

4）开展安全检查，及时发现和整改不安全隐患；

5）定期对作业条件（环境）进行安全评价，以便采取安全措施，保证符合作业的安全要求。

（3）实现安全措施必须加强安全管理

加强安全管理是实现安全生产的重要保证。建立、完善和严格执行安全生产规章制度，开展经常性的安全教育、岗位培训和安全竞赛活动，通过安全检查制定和落实防范措施等安全管理工作，是消除事故隐患，搞好事故预防的基础工作。因此，应当采取有力措施，加强安全施工管理，保障安全生产。

第七节　施工现场安全急救、应急处理和应急设施

一、现场急救概念和急救步骤

1. 现场急救概念

现场急救，就是应用急救知识和最简单的急救技术进行现场初级救生，最大程度上稳定伤病员的伤、病情，减少并发症，维持伤病员的最基本的生命体征，例如：呼吸、脉搏、血压等。现场急救是否及时和正确，关系到伤病员生命和伤害的结果。

现场急救工作，还为下一步全面医疗救治作了必要的处理和准备。不少严重工伤和疾病，只有现场先进行正确的急救，及时做好伤病员转送医院的工作，途中给予必须的监护，并将伤、病情，以及现场救治的经过，反映给接诊医生，保持急救的连续性，才可望提高一些危重伤病员的生存率，伤病员才有生命的希望。如果坐等救护车或直接把伤病员

送入医院，可能会由于浪费了最关键的抢救时间，而使伤病员的生命丧失。

2. 急救步骤

急救是对伤病员提供紧急的监护和救治，给伤病员以最大的生存机会，急救一定要遵循下述四个急救步骤：

(1) 调查事故现场。调查时要确保对救护者、伤病员或其他人无任何危险，迅速使伤病员脱离危险场所，尤其在工地、工厂大型事故现场，更是如此。

(2) 初步检查伤病员，判断其神志、气管、呼吸循环是否有问题。必要时立即进行现场急救和监护，使伤病员保持呼吸道通畅，视情况采取有效的止血、防止休克、包扎伤口、固定、保存好断离的器官或组织、预防感染、止痛等措施。

(3) 呼救。应请人去呼叫救护车，救护者可继续施救，一直要坚持到救护人员或其他施救者到达现场接替为止。并应向其反映伤病员的伤病情况和简单的救治过程。

(4) 如果没有发现危及伤病员的体征，可作第二次检查，以免遗漏其他的损伤、骨折和病变。这样有利于现场施行必要的急救和稳定病情，降低并发症和伤残率。

二、紧急救护常识

1. 应急电话

信息时代，通讯设施的作用不言自明。电话是最为普通的通讯保障。在安全生产方面，通过拨打现场事故的应急处理电话，保持通讯的畅通和正确应用，对事故的及时急救，对控制事故的蔓延和发展都具有很大的作用。工伤事故现场重病人抢救应拨打 120 救护电话，请医疗单位急救；火警、火灾事故应拨打 119 火警电话，请消防部门急救；发生抢劫、偷盗、斗殴等情况应拨打 110 报警电话，向公安部门报警；煤气管道设备急修、自来水报修、供电报修，以及向上级单位汇报情况争取支持，都可以通过电话通信达到方便快捷的目的。因此在施工过程中保证通信的畅通，以及正确利用好电话通信工具，可以为现场事故应急处理发挥很大的作用。

工地应安装固定电话，并保证电话在事故发生时能应用和畅通。没有条件安装固定电话的工地应配置移动电话。电话可安装于办公室、值班室、警卫室内。在室外附近张贴 119 电话的安全提示标志，以使现场人员都了解，在应急时能快捷地找到电话拨打报警电话求救。电话一般应放在室内临现场通道的窗扇附近，电话机旁应张贴常用紧急急用查询电话和工地主要负责人和上级单位的联络电话，以便在节假日、夜间等情况下使用。房间无人上锁，有紧急情况无法开锁时，可击碎窗玻璃，便可以向有关部门、单位、人员拨打电话报警求救。

在拨打紧急电话时，要尽量说清楚以下内容：

(1) 讲清楚伤者（事故）发生的具体位置。什么路多少号，靠近什么路口，提供附近有特征的建筑物的信息。

(2) 说明报救者单位、姓名（或事故地）的电话或移动电话号码以便救护车（消防车、警车）找不到所报地点时，随时通过电话通信联系。

(3) 说明伤情（病情、火情、案情）和已经采取了些什么措施，以便让救护人员事先做好急救的准备。

(4) 基本打完报救电话后，应问接报人员还有什么问题不清楚，如无问题才能挂断电话。通完电话后，应派人在现场外等候接应救护车（消防车、警车），同时把救护车（消防车、警车）进工地现场的路上障碍及时予以清除，以利救护到达后，能及时进行抢救。

2. 施工现场常备的急救物品和应急设备

施工现场按要求一般应配备急救箱。以简单、适用为原则，保证现场急救的基本需要，并可根据不同情况予以增减，定期检查、更换超过消毒期的敷料和过潮药品，每次急救后要及时补充。确保随时可供急救使用。急救箱应有专人保管，但不要上锁。放置在合适的位置，使现场人员都知道。

（1）救护常用物品

血压计、体温计、氧气瓶（便携式）及流量计、纱布、胶布、外用绷带（弹性绷带）、止血带、消毒棉球或棉棒、无菌敷料、三角巾、创可贴、（大、小）剪刀、镊子、手电筒、热水袋（可做冰袋用）、缝衣针或针灸针、火柴、一次性塑料袋、夹板、别针、病史记录、处方。

（2）消毒和保护用品

口罩、无菌橡皮手套、一次性导气管、肥皂或洗手液、消毒纸巾、外用酒精。

（3）常用药品

云南白药、好得快、红花油、烫伤膏、氨茶碱、10%葡萄糖、25%葡萄糖、10%葡萄糖酸钙、维生素、生理盐水、氨水、乙醚、酒精、碘酒、高锰酸钾等。

（4）其他应急设备和设施

由于在现场经常会出现一些不安全情况，甚至发生事故，或因采光和照明情况不好，在应急处理时需配备应急照明，如可充电工作灯。

由于现场有危险情况，在应急处理时就需有用于危险区域隔离的警戒带、各类安全禁止、警告、指令、提示标志牌。

有时为了安全逃生、救生需要，还必须配置安全带、安全绳、担架等专用应急设备和设施工具。

3. 应了解的基本急救方法

施工现场易发生创伤性出血和心跳呼吸骤停，了解有关的基本急救方法非常必要。

（1）创伤性出血现场急救

创伤性出血现场急救是根据现场实际条件及时地、正确地采取暂时性地止血、清洁包扎、固定和搬运等方面措施。

1）常用的止血方法

①加压包扎止血　是最常用的止血方法，在外伤出血时应首先采用。

适用范围：小静脉出血、毛细血管出血，动脉出血应与止血带配合使用；头部、躯体、四肢以及身体各处的伤口均可使用。

先抬高伤肢，然后用干净、消毒的较厚的纱布或棉垫覆盖在伤口表面。如无纱布，可用干净的毛巾、手帕或其他棉织品等替代。在纱布上方用绷带、三角巾紧紧缠绕住，加压包扎，即可达止血目的。尽量初步地清洁伤口，选用干净的替代品，减少伤口感染的机会。

②指压动脉出血近心端止血法　按出血部位分别采用指压面动脉、颈总动脉、锁骨下动脉、颞动脉、股动脉、腔前后动脉止血法。该方法简便、迅速有效，但不持久。

③止血带止血法　用加压包扎止血法不能奏效的四肢大血管出血，应及时采用止血带止血。

适用范围：受伤肢体有大而深的伤口，血流速度快；多处受伤，出血量大；受伤同时伴有开放性骨折；肢体已完全离断或部分离断；受伤部位可见到喷泉样出血；不能用于头部和躯干部出血的止血。

止血用品：最合适的止血带是有弹性的空心皮管或橡皮条。紧急情况下，可就地取材用宽布条、三角巾、毛巾、衣襟、领带、腰带等用做止血带的的替代品。

不合适的替代品：电线、铁丝、绳索。

上止血带的位置：扎止血带的位置应在伤口的上方，医学上叫做“近心端”。应距离伤口越近越好，以减少缺血的区域。

上肢出血：上臂的上部和下部。

下肢出血：大腿的上部。

救治时，先抬高肢体，使静脉血充分回流，然后在创伤部位的近心端放上弹性止血带，在止血带与皮肤间垫上消毒纱布或棉垫，以免扎紧止血带时损伤局部皮肤。将有弹性的止血带缠绕肢体2周，然后在外侧打结（注意：别在伤口上打结）。止血带必须扎紧，要加压扎紧到切实将该处动脉压闭。同时记录上止血带的具体时间，争取在上止血带后2h以内尽快将伤员转送到医院救治。若途中时间过长，则应暂时松开止血带数分钟，同时观察伤口出血情况。若伤口出血已停止，可暂勿再扎止血带；若伤口仍继续出血，则再重新扎紧止血带加压止血，但要注意过长时间地使用止血带，肢体可能会因严重缺血而坏死。

2）包扎、固定

创伤处用消毒的敷料或清洁的医用纱布覆盖，再用绷带或布条包扎，既可以保护创口，预防感染，又可减少出血帮助止血。在肢体骨折时，又可借助绷带包扎夹板来固定受伤部位上下二个关节，减少损伤，减少疼痛，预防休克。

3）搬运

经现场止血、包扎、固定后的伤员，应尽快正确地搬运转送医院抢救。不正确的搬运，可导致继发性的创伤，加重病痛，甚至威胁生命。搬运伤员要点：

①在肢体受伤后局部出现疼痛、肿胀、功能障碍，畸形变化，表明可能发生骨折。宜在止血包扎固定后再搬运，防止骨折断端可能因搬运振动而移位，加重疼痛，再继发损伤附近的血管神经，使创伤加重。

②在搬运严重创伤伴有大出血或已休克的伤员时，要平卧运送伤员，头部可放置冰袋或戴冰帽，路途中要尽量避免震荡。

③在搬运高处坠落伤员时，若疑有脊椎受伤可能的，一定要使伤员平卧在硬板上搬运，切忌只抬伤员的两肩与两腿或单肩背运伤员。因为这样会使伤员的躯干过分屈曲或过分伸展，致使已受伤了的脊椎移位，甚至断裂将造成截瘫，导致死亡。

4）创伤救护的注意事项

①护送伤员的人员，应向医生详细介绍受伤经过。如受伤时间、地点，受伤时所受暴力的大小，现场场地情况。凡属高处坠落致伤时还要介绍坠落高度，伤员最先着落地部位或间接击伤的部位，坠落过程中是否有其他阻挡或转折。

②高处坠落的伤员，在已确诊有颅骨骨折时，即便当时神志清楚，但若伴有头痛、头晕、恶心、呕吐等症状，仍应劝其留院观察。因为，从以往事故看，有相当一部分伤者往往忽视这些症状，有的伤者自我感觉较好，但不久就因抢救不及时导致死亡。

③在房屋倒塌、土方陷落、交通事故中，在肢体受到严重挤压后，局部软组织因缺血而呈苍白，皮肤温度降低，感觉麻木，肌肉无力。一般在解除肢体压迫后，应马上用弹性绷带缠绕伤肢，以免发生组织肿胀，还要给以固定，令其少动，以减少和延缓毒性分解产物的释放和吸收。这种情况下的伤肢就不应该抬高，不应该局部按摩，不应该施行热敷，不应该继续活动。

④胸部受损的伤员，实际损伤常比胸壁表面所显示的更为严重，有时甚至完全表里分离。例如伤员胸壁皮肤完好无伤痕，但可能已经肋骨骨折，甚至还伴有外伤性气胸和血胸，要高度提高警惕，以免误诊，影响救治。在下胸部受伤时，要想到腹腔内脏受击伤引起内出血的可能。例如左侧常可招致脾脏破裂出血，右侧又可能招致肝脏破裂出血，后背力量致伤可能引起肾脏损伤出血。

⑤人体创伤时，尤其在严重创伤时，常常是多种性质外伤复合存在。例如软组织外伤出血时，可伴有神经、肌腱或骨的损伤。肋骨骨折同时可伴有内脏损伤以致休克等，应提醒医院全面考虑，综合分析诊断。否则，往往会误诊、漏诊而错失抢救时机，断送伤员生命，造成终生内疚和遗憾。如有的伤员因年轻力壮，耐受性强，即使遭受严重创伤休克时，也很安静或低声呻吟，并且能正确回答问题，甚至在血压已降到零时，还一直神志清楚而被断送生命。

⑥引起创伤性休克的主要原因是创伤后的剧烈疼痛，失血引起的休克以及软组织坏死后的分解产物被吸收而中毒。处于休克状态的伤员要让其安静、保暖、平卧、少动，并将下肢抬高约20°左右，及时止血、包扎、固定伤肢以减少创伤疼痛，尽快送医院进行抢救治疗。

(2) 心跳骤停的急救

在施工现场的伤病员心跳呼吸骤停，即突然意识丧失、脉搏消失、呼吸停止的，在颈部、喉头两侧摸不到大动脉搏动时的急救方法。

1) 口对口（口对鼻）人工呼吸法

人工呼吸就是用人工的方法帮助病人呼吸。一旦确定病人呼吸停止，应立即进行人工呼吸，最常见、最方便的人工呼吸手法是口对口人工呼吸。

①伤员取平卧位，冬季要保暖，解开衣领，松开围巾或紧身衣着，解松裤带，以利呼吸时胸廓的自然扩张。可以在伤员的肩背下方垫以软物，使伤员的头部充分后仰，呼吸道尽量畅通，减少气流时的阻力，确保有效通气量，同时也可以防止因舌根陷落而堵塞气流通道。然后将病人嘴巴掰开，用手指清除口腔内的异物。如假牙、分泌物、血块、呕吐物等，使呼吸道畅通。

②抢救者跪卧在伤员的一侧，以近其头部的一手紧捏伤员的鼻子（避免漏气），并将手掌外缘压住额部，另一只手托在伤员颈后，将颈部上抬，头部充分后仰，呈鼻孔朝天位，使嘴巴张开准备接受吹气。

③急救者先深吸一口气，然后用嘴紧贴伤员的嘴巴大口将气吹入病人的口腔，经由呼吸道到肺部。一般先连续、快速向伤病员口内吹气四次，同时观察其胸部是否膨胀隆起，以确定吹气是否有效和吹气适度是否恰当。这时吹入病人口腔的气体，含氧气为18%，

这种氧气浓度可以维持病人最低限度的需氧量。

④吹气停止后，口唇离开，急救者头稍侧转，并立即放松捏紧鼻孔的手，让气体从伤员肺部排出。此时应注意病人的胸部有无起伏，如果吹气时胸部抬起，说明气道畅通，口对口吹气的操作是正确的。同时还要倾听呼气声，观察有无呼吸道梗阻现象。

⑤如此反复而有节律地人工呼吸，不可中断。每次吹气量平均900mL，吹气的频率为12~16次/min。

采用口对口人工呼吸法要注意：

①口对口吹气时的压力需掌握好，刚开始时可略大些，频率也可稍快一些，经10~20次人工吹气后逐步减小吹气压力，只要维持胸部轻度升起即可。对幼儿吹气时，不必捏紧鼻孔，应让其自然漏气，为防止压力过高，急救者仅用颊部力量即可。

②如遇到口腔严重外伤、牙关紧闭时不宜做口对口人工呼吸，可采用口对鼻人工呼吸。吹气时可改为捏紧伤员嘴唇，急救者用嘴紧贴伤员鼻孔吹气，吹气时压力应稍大，时间也应稍长，效果相仿。

③整个动作要正确，力量要恰当，节律要均匀，不可中断。当伤员出现自主呼吸时方可停止人工呼吸，但仍需严密观察伤员，以防呼吸再次停止。

2）体外心脏挤压法

体外心脏挤压是指通过人工方法，有节律地对心脏挤压，来代替心脏的自然收缩，从而达到维持血液循环的目的，进而求得恢复心脏的自主节律，挽救伤员生命。

体外心脏挤压法简单易学，效果好，不需设备，也不增加创伤，便于推广普及。

体外心脏挤压通常适用于因电击引起的心跳骤停抢救。在日常生活中很多情况都可引起心跳骤停，都可以使用体外心脏挤压法来进行心脏复苏抢救，如雷击、溺水、呼吸窘迫、窒息、自缢、休克、过敏反应、煤气中毒、麻醉意外，某些药物使用不当，胸腔手术或导管等特殊检查的意外，以及心脏本身的疾病如心肌梗塞、病毒性心肌炎等引起心跳骤停等。但对高处坠落和交通事故等损伤性挤压伤，因伤员伤势复杂，往往同时伴有多种外伤存在，如肢体骨折，颅脑外伤，胸腹部外伤伴有内脏损伤，内出血，肋骨骨折等。这种情况下心跳停止的伤员就忌用体外心脏挤压。此外，对于触电同时发生内伤的，应分情况酌情处理，如不危及生命的外伤，可放在急救之后处理，而若伴创伤性出血者，还应进行伤口清理预防感染并止血，然后将伤口包扎好。

体外心脏挤压法操作方法如下：

①使伤员就近仰卧于硬板上或地上，以保证挤压效果。注意保暖，解开伤员衣领，使头部后仰侧偏。

②抢救者站在伤员左侧或跪跨在病人的腰部。

③抢救者以一手掌根部置于伤员胸骨下1/3段，即中指对准其颈部凹陷的下缘，另一手掌交叉重叠于该手背上，肘关节伸直，依靠体重和臂、肩部肌肉的力量，垂直用力，向脊柱方向冲击性地用力施压胸骨下段，使胸骨下段与其相连的肋骨下陷3~4cm，间接压迫心脏，使心脏内血液搏出。

④挤压后突然放松（要注意掌根不能离开胸壁）依靠胸廓的弹性使胸骨复位。此时心脏舒张，大静脉的血液就会回流到心脏。

采用体外心脏挤压法要注意：

①操作时定位要准确，用力要垂直适当，要有节奏地反复进行，要注意防止因用力过猛而造成继发性组织器官的损伤或肋骨骨折。

②挤压频率一般控制在 60 ~ 80 次/min 左右，但有时为了提高效果可增加挤压频率到 100 次/min。

③抢救时必须同时兼顾心跳和呼吸，即使只有一个人，也必须同时进行口对口人工呼吸和体外心脏挤压，此时可以先吸二口气，再挤压，如此反复交替进行。

④抢救工作一般需要很长时间，必须耐心地持续进行，任何时刻都不能中止，即使在送往医院途中，也一定要继续进行抢救，边救边送。

⑤如果发现伤员嘴唇稍有启合、眼皮活动或有吞咽动作时，应注意伤员是否已有自动心跳和呼吸。

⑥如果伤员经抢救后，出现面色好转、口唇转红、瞳孔缩小、大动脉搏动触及、血压上升、自主心跳和呼吸恢复时，才可暂停数秒进行观察。如果停止抢救后，伤员仍不能维持正常的心跳和呼吸，则必须继续进行体外心脏挤压，直到伤员身上出现尸斑或身体僵冷等生物死亡征象时，或接到医生通知伤员已死亡时，方可停止抢救。一般在心肺同时复苏抢救 30min 后，若心脏自主跳动不恢复，瞳孔仍散大且光反射仍消失，说明伤员已进入组织死亡，可以停止抢救。

4. 急救车的使用

遇有紧急情况，必须及时拨打 120 急救电话，并简要地说明待救人的基本症状，以及报救点的准确方位。

（1）必须使用急救车的几种情况

1）受严重撞击、高处坠落、重物挤压等各种意外情况造成的严重损伤和大出血。

2）各种原因引起的呕血、咳血、便血等大出血。

3）意外灾害事故造成人员发病、伤亡的现场，尤其是成批伤员和群体伤害。

（2）救护车到达前的急救常规

1）必须保持病人的正确体位，切勿随便推动或搬运病人，以免病情加重。

2）昏迷、呕吐病人头侧向一边。

3）脑外伤、昏迷病人不要抱着头乱晃。

4）高空坠落伤者，不要随便搬头抱脚移动。

5）将病人移到安全、易于救护的地方。如煤气中毒病人移到通风处。

6）选择病人适宜的体位，安静卧床休息。

7）保持呼吸道通畅，已昏迷的病人，应将呕吐物、分泌物掏取出来或头侧向一边顺位引流出来。

8）外伤病人给予初步止血、包扎、固定。

9）待救护车到达后，应向急救人员详细地讲述病人的病情、伤情以及发展过程、采取的初步急救措施。

三、施工现场应急处理措施

1. 塌方伤害

塌方伤害是由塌方、垮塌而造成的病人被土石方、瓦砾等压埋，发生掩埋窒息，土方石块埋压肢体或身体导致的人体损伤。

急救要点：

(1) 迅速挖掘抢救出压埋者。尽早将伤员的头部露出来，即刻清除其口腔、鼻腔内的泥土、砂石，保持呼吸道的通畅。

(2) 救出伤员后，先迅速检查心跳和呼吸。如果心跳呼吸已停止，立即先连续进行2次人工呼吸。

(3) 在搬运伤员中，防止肢体活动，不论有无骨折，都要用夹板固定，并将肢体暴露在凉爽的空气中。

(4) 发生塌方意外事故后，必须打120急救电话报警。

(5) 切忌对压埋受伤部位进行热敷或按摩。

(6) 必须注意以下事项：

1) 肢体出血禁止使用止血带止血，因为可加重挤压综合症。

2) 脊椎骨折或损伤固定和搬运原则，应使脊椎保持平行，不要弯曲扭动，以防止损伤脊髓神经。

2. 高处坠落摔伤

高处坠落摔伤是指从高处坠落而导致受伤。

急救要点：

(1) 坠落在地的伤员，应初步检查伤情，不乱搬动摇晃，应立即呼叫120急救医生前来救治。

(2) 采取初步救护措施：止血、包扎、固定。

(3) 怀疑脊柱骨折，按脊柱骨折的搬运原则急救。切忌一人抱胸，一人扶腿搬运。伤员上 下担架应由3~4人分别抱住头、胸、臀、腿，保持动作一致平稳，避免脊柱弯曲扭动，加重伤情。

3. 触电

急救要点：

(1) 迅速关闭开关，切断电源，使触电者尽快脱离电源。确认自己无触电危险再进行救护。

(2) 用绝缘物品挑开或切断触电者身上的电线、灯、插座等带电物品。

绝缘物品有干燥的竹竿、木棍、扁担、擀面杖、塑料棒等，带木柄的铲子、电工用绝缘钳子。抢救者可站在绝缘物体上，如胶垫、木板，穿着绝缘的鞋，如塑料鞋、胶底鞋等进行抢救。

(3) 触电者脱离电源后，立即将其抬至通风较好的地方，解开病人衣扣、裤带。轻型触电者在脱离电源后，应就地休息1~2h再活动。

(4) 如果呼吸、心跳停止，必须争分夺秒进行口对口人工呼吸和胸外心脏按压。

触电者必须坚持长时间的人工呼吸和心脏按压。

(5) 立即呼叫120急救医生到现场救护。并在不间断抢救的情况下护送医院进一步急救。

4. 挤压伤害

挤压伤害是指因暴力、重力的挤压或土块、石头等的压埋引起的身体伤害，可造成肾脏功能衰竭的严重情况。

急救要点：

(1) 尽快解除挤压的因素，如被压埋，应先从废墟下扒救出来。

(2) 手和足趾的挤压伤。指（趾）甲下血肿呈黑紫色，可立即用冷水冷敷，减少出血和减轻疼痛。

(3) 怀疑已经有内脏损伤，应密切观察有无休克先兆。

(4) 严重的挤压伤，应呼叫 120 急救医生前来处理，并护送到医院进行外科手术治疗。

(5) 千万不要因为受伤者当时无伤口，而忽视治疗。

(6) 在转运中，应减少肢体活动，不管有无骨折都要用夹板固定，并让肢体暴露在凉爽的空气中，切忌按摩和热敷，以免加重病情。

5. 硬器刺伤

硬器刺伤是指刀具、碎玻璃、铁丝、铁钉、铁棍、钢筋、木刺造成的刺伤。

急救要点：

(1) 较轻的、浅的刺伤，只需消毒清洗后，用干净的纱布等包扎止血，或就地取材使用替代品初步包扎后，到医院去进一步治疗。

(2) 刺伤的硬器如钢筋等仍插在胸背部、腹部、头部时，切不可立即拨出来，以免造成大出血而无法止血。应将刃器固定好，并将病人尽快送到医院，在手术准备后，妥当地取出来。

(3) 刃器固定方法：刃器四周用衣物或其他物品围好，再用绷带等固定住。路途中注意保护，使其不得脱出。

(4) 刃器已被拔出，胸背部有刺伤伤口，伤员出现呼吸困难，气急、口唇紫绀，这时伤口与胸腔相通，空气直接进出，称为开放性气胸，非常紧急，处理不当，呼吸很快会停止。

(5) 迅速按住伤口，可用消毒纱布或清洁毛巾覆盖伤口后送医院急救。纱布的最外层最好用不透气的塑料膜覆盖，以密闭伤口，减少漏气。

(6) 刺中腹部后导致肠管等内脏脱出来，千万不要将脱出的肠管送回腹腔内，因为会使感染机会加大，可先包扎好。

(7) 包扎方法：在脱出的肠管上覆盖消毒纱布或消毒布类，再用干净的盆或碗倒扣在伤口上，用绷带或布带固定，迅速送医院抢救。

(8) 双腿弯曲，严禁喝水、进食。

(9) 刺伤应注意预防破伤风。轻的、细小的刺伤，伤口深、尤其是铁钉、铁丝、木刺等刺伤，如不彻底清洗，容易引起破伤风。

6. 铁钉扎脚

急救要点：

(1) 将铁钉拔除后，马上用双手拇指用力挤压伤口，使伤口内的污染物随血液流出。如果当时不挤，伤口很快封上，污染物留在伤口内形成感染源。

(2) 洗净伤脚，有条件者用酒精消毒后包扎。伤后 12h 内到医院注射破伤风抗毒素，预防破伤风。

7．火警火灾急救

（1）急救要点：

1）施工现场发生火警、火灾事故时，应立即了解起火部位，燃烧的物质等基本情况，拨打“119”向消防部门报警，同时组织撤离和扑救。

2）在消防部门到达前，对易燃易爆的物质采取正确有效的隔离。如切断电源，撤离火场内的人员和周围易燃易爆物及一切贵重物品，根据火场情况，机动灵活地选择灭火器具。

3）在扑救现场，应行动统一，如火势扩大，一般扑救不可能时，应及时组织扑救人员撤退，避免不必要的伤亡。

4）扑灭火情可单独采用、也可同时采用几种灭火方法（冷却法、窒息法、隔离法、化学中断法）进行扑救。灭火的基本原理是破坏燃烧三条件（即可燃物、助燃物、火源）中的任一条件。

5）在扑救的同时要注意周围情况，防止中毒、坍塌、坠落、触电、物体打击等二次事故的发生。

6）灭火后，应保护火灾现场，以便事后调查起火原因。

（2）火灾现场自救要点：

1）救火者应注意自我保护，使用灭火器材救火时应站在上风位置，以防因烈火、浓烟熏烤而受到伤害。

2）火灾袭来时要迅速疏散逃生，不要贪恋财物。

3）必须穿越浓烟逃走时，应尽量用浸湿的衣物披裹身体，用湿毛巾或湿布捂住口鼻，并贴近地面爬行。

4）身上着火时，可就地打滚，或用厚重衣物覆盖压灭火苗。

5）大火封门无法逃生时，可用浸湿的被褥衣物等堵塞门缝，泼水降温，呼救待援。

8．烧伤

发生烧伤事故应立即在出事现场采取急救措施，使伤员尽快与致伤因素脱离接触，以免继续伤害深层组织

急救要点：

（1）防止烧伤。身体已经着火，应尽快脱去燃烧衣物。若一时难以脱下，可就地打滚或用浸湿的厚重衣物覆盖以压灭火苗，切勿奔跑或用手拍打，以免助长火势，要注意防止烧伤手。如附近有河沟或水池，可让伤员跳入水中。如果衣物与皮肤粘连在一起，应用冷水浇湿或浸湿后，轻轻脱去或剪去。

（2）冷却烧伤部位。如为肢体烧伤则可用冷水冲洗、冷敷或浸泡肢体，降低皮肤温度，以保护身体组织免受灼烧的伤害。

（3）用干净纱布或被单覆盖和包裹烧伤创面做简单包扎，避免创面污染。切忌自己不要随便把水泡弄破更不要在烧伤处涂各种药水和药膏，如紫药水、红药水等，以免掩盖病情。

（4）为防止烧伤休克，烧伤伤员可口服自制烧伤饮料糖盐水。如：在500mL开水中放入白糖50g左右、食盐1.5g左右制成。但是，切忌给烧伤伤员喝白开水。

（5）搬运烧伤伤员，动作要轻柔、平稳，尽量不要拖拉、滚动，以免加重皮肤损伤。

（6）经现场处理后的伤员要迅速转送医院救治，转送过程中要注意观察呼吸、脉搏、血压等的变化。

9．化学烧伤

（1）强酸烧伤

急救要点：

1）立即用大量温水或大量清水反复冲洗皮肤上的强酸，冲洗得越早越干净越彻底越好，一点儿残留也会使烧伤越来越重。

2）切忌不经冲洗，急急忙忙地将病人送往医院。

3）用水冲洗干净后，用清洁纱布轻轻覆盖创面，送往医院处理。

（2）强碱烧伤

急救要点：

1）立即用大量清水反复冲洗，至少20min。碱性化学烧伤也可用食醋来清洗，以中和皮肤上的碱液。

2）用水冲洗干净后，用清洁纱布轻轻覆盖创面，送往医院处理。

（3）生石灰烧伤

急救要点：

1）应先用手绢、毛巾揩净皮肤上的生石灰颗粒，再用大量清水冲洗。

2）切忌先用水洗，因为生石灰遇水会发生化学反应，产生大量热量灼伤皮肤。

3）冲洗彻底后快速送医院救治。

10．急性中毒

急性中毒是指在短时间内，人体接触、吸入、食用大量毒物，进入人体后，突然发生的病变，是威胁生命的主要原因。在施工现场如一旦发生中毒事故，应争取尽快确诊，并迅速给予紧急处理。采取积极措施因地制宜、分秒必争地给予妥善的现场处理和及时转送医院，这对提高中毒人员的抢救有效率，尤为重要。

急性中毒现场救治，不论是轻度还是严重中毒人员，不论是自救还是互救、外来救护工作，均应设法尽快使中毒人员脱离中毒现场、中毒物源，排除吸收的和未吸收的毒物。

根据中毒的途径不同，采取以下相应措施：

（1）皮肤污染、体表接触毒物

包括在施工现场因接触油漆、涂料、沥青、外加剂、添加剂、化学制品等有毒物品中毒。

急救要点：

1）应立刻脱去污染的衣物并用大量的微温水清洗污染的皮肤、头发以及指甲等。

2）对不溶于水的毒物用适宜的溶剂进行清洗。

（2）吸入毒物（有毒的气体）

此种情况包括进入下水道、地下管道、地下的或密封的仓库、化粪池等密闭不通风的地方施工，或环境中有有毒、有害气体以及焊割作业、乙炔（电石）气中的磷化氢、硫化氢、煤气（一氧化碳）泄漏，二氧化碳过量，油漆、涂料、保温、粘合等施工时，苯气体、铅蒸气等作业产生的有毒有害气体吸入人体造成中毒。

急救要点：

1）应立即使中毒人员脱离现场，在抢救和救治时应加强通风及吸氧。

2）及早向附近的人求助或打120电话呼救。

3）神志不清的中毒病人必须尽快抬出中毒环境。平放在地上，将其头转向一侧。

4）轻度中毒患者应安静休息，避免活动后加重心肺负担及增加氧的消耗量。

5）病情稳定后，将病人护送到医院进一步检查治疗。

（3）食入毒物

包括误食腐蚀性毒物，河豚鱼、发芽土豆、未熟扁豆等动植物毒素，变质食物、混凝土添加剂中的亚硝酸钠、硫酸钠等和酒精中毒。

急救要点：

1）立即停止食用可疑中毒物。

2）强酸、强碱物质引起的食入毒物中毒，应先饮蛋清、牛奶、豆浆或植物油200mL保护胃黏膜。

3）封存可疑食物，留取呕吐物、尿液、粪便标本，以备化验。

4）对一般神志清楚者应设法催吐，尽快排出毒物。一次饮600mL清水或稀盐水（一杯水中加一匙食盐），然后用压舌板、筷子等物刺激咽后壁或舌根部，造成呕吐的动作，将胃内食物吐出来，反复进行多次，直到吐出物呈清亮为止。已经发生呕吐的病人不要再催吐。

5）对催吐无效或神智不清者，则可给予洗胃，但由于洗胃有不少适应条件，故一般宜在送医院后进行。大量喝温开水

6）将病人送医院进一步检查。

急性中毒急救时要注意：

（1）救护人员在将中毒人员脱离中毒现场的急救时，应注意自身的保护，在有毒有害气体发生场所，应视情况，采用加强通风或用湿毛巾等捂着口、鼻，腰系安全绳，并有场外人控制、应急，如有条件的要使用防毒面具。

（2）常见食物中毒的解救，一般应在医院进行，吸入毒物中毒人员尽可能送往有高压氧舱的医院救治。

（3）在施工现场如已发现心跳、呼吸不规则或停止呼吸、心跳的时间不长，则应把中毒人员移到空气新鲜处，立即施行口对口（口对鼻）呼吸法和体外心脏挤压法进行抢救。

第三章　施工过程安全技术管理

第一节　施工现场平面布置

施工现场运输道路、临时供电供水线路、各种管道、工地仓库、构件加工车间、主要机械设备位置及办公、生活设施、防火设施等平面布置，均应符合安全要求。

城镇施工的工地四周应设置与外界隔离的围护栏，并在入口处设置施工现场平面布置图及施工现场安全管理规定。

一、塔式起重机的布置

1. 塔轨路基必须坚实可靠，两旁应设排水沟。

2. 采用两台塔吊或一台塔吊另配一台井架施工时，每台塔吊的回转半径及服务范围应能保证交叉作业的安全。

3. 塔吊临近高压线，应搭设防护架，并限制旋转角度。

4. 塔吊一侧必须按规定挂安全网。

二、运输道路的布置

1. 道路的最小宽度和转弯半径见表 3-1 及表 3-2。架空线及管道下面的道路，其通行空间宽度应比道路宽度大 0.5m，空间高度应大于 4.5m。

施工现场道路最小宽度　　　　**表 3-1**

序　号	车辆类别及要求	道 路 宽 度（m）
1	汽车单行道	≥3.0（考虑防火，应≥3.5m）
2	汽车双行道	≥6.0
3	平板拖车单行道	≥4.0
4	平板拖车双行道	≥8.0

施工现场道路最小转弯半径　　　　**表 3-2**

车 辆 类 型	路面内侧的最小曲线半径（m）		
	无 拖 车	有一辆拖车	有二辆拖车
小客车、三轮汽车	6		
一般二轴载重汽车	单车道 9	12	15
	双车道 7	12	15
三轴载重汽车	12	15	18
重型载重汽车	12	15	18
起重型载重汽车	15	18	21

2. 路面应压实平整，并高出自然地面0.1~0.2m。雨季雨量较大的，一般沟深和底宽应不小于0.4m。

3. 道路应靠近建筑物、木料场等易发生火灾的地方，以便车辆能直接开到消火栓处。消防车道宽度不小于3.5m。

4. 尽量将道路布置成环路。否则应设置倒车场地。

三、施工供电设施的布置

1. 在建工程不得在外电架空线路正下方施工、搭设作业棚、建造生活设施或堆放构件、架具、材料及其他杂物等。

2. 在建工程（含脚手架）的周边与外电架空线路的边线，最小安全操作距离应不小于表3-3所列数值。

在建工程（含脚手架具）的外侧边缘与外电架空线路的边线之间最小安全操作距离　　表3-3

外电线路电压（kV）	1以下	1~10	35~110	220	330~500
最小安全操作距离（m）	4.0	6.0	8.0	10	15

注：上、下脚手架的斜道严禁搭设在有外电线路的一侧。

3. 架空线路与路面的垂直距离应不小于表3-4所列数值。

施工现场内机动车道与外电架空线路交叉时的最小安全垂直距离　　表3-4

外电线路电压（kV）	1以下	1~10	35
最小垂直距离（m）	6.0	7.0	7.0

4. 施工现场开挖非热管道沟槽的边缘与埋地外电缆沟槽边缘的距离不得小于0.5m。

5. 变压器应布置在现场边缘高压线接入处，四周设有高度大于1.7m的铁丝网防护栏，并设有明显的标志。不应把变压器布置在交通道口处。

6. 线路应架设在道路一侧，距建筑物应大于1.5m，垂直距离应在2m以上，木杆间距一般为25~40m，分支线及引入线均应由杆上横担处连接。

7. 线路应布置在起重机械的回转半径之外。否则必须搭设防护栏，其高度要超过线路2m，机械运转时还应采取相应的措施，以确保安全。

8. 供电线路跨过材料、构件堆场时，应有足够的安全架空距离。

四、临时设施的布置

1. 施工现场要明确划分用火作业区，易燃易爆、可燃材料堆放场，易燃废品集中点和生活区等。各区域之间间距要符合表3-5的防火规定。

各类建筑设施、材料的防火间距表　　表3-5

防火间距（m）　类别 / 类别	建筑物	临建设施	非易燃库站	易燃库站	固定明火处	木料堆	废料易燃杂料
建筑物	—	20	15	20	25	20	30

续表

防火间距(m) 类别 / 类别	建筑物	临建设施	非易燃库站	易燃库站	固定明火处	木料堆	废料易燃杂料
临建设施	20	5	6	20	15	15	30
非易燃库站	15	6	6	15	15	10	20
易燃库站	20	20	15	20	25	20	30
固定明火处	25	15	15	25	—	25	30
木料堆	20	15	10	20	25	—	30
废料、易燃杂料	30	30	20	30	30	30	—

2. 临时宿舍尽可能建在离建筑物 20m 以外，并不得建在高压架空线路下方，应和高压架空线路保持安全距离。工棚净高不低于 2.5m。

五、消防设施的布置

1. 施工现场要有足够的消防水源，消防干管管径不小于 100mm，高层建筑应安装高压水泵，竖管随施工层延伸。

2. 消火栓应布置在明显并便于使用的位置，间距大于 100m，距拟建房屋不大于 5m，距路边不大于 2m。周围 3m 之内，禁止堆物。

3. 临时设施，应配置足够的灭火器，总面积超过 1200m 的，应备有专供消防用的器材设施，设施周围不得堆放物品。临时木工间、油漆间等，每 $25m^2$ 应配置一个种类合适的灭火器，油库、危险品仓库应配备足够数量、种类的灭火器。仓库或堆料场内，应分组布置不同种类的灭火器，每组灭火器不应少于 4 个，每组灭火器之间的距离不大于 30m。

4. 应注意消防水源设备的防冻工作。

六、现场料具存放安全要求

1. 严格按有关安全规程进行操作，所有材料码放都要整齐稳固。

2. 大模板存放应将地脚螺栓提上去。下部碰垫通长木方，使自稳角成 70°～80°对脸堆放。长期存放的大模板应用拉杆连续绑牢。没有支撑或自稳角不足的大模板，存放在专用的堆放架内。

3. 外墙板、内墙板应堆放在型钢制作或钢管搭设的专用堆放架内。

4. 小钢模码放高度不超过 1m，加气块码放高度不超过 1.8m。脚手架上放砖的高度不准超过三层侧砖。

5. 存放水泥、砂石料等严禁靠墙堆放，易燃、易爆材料，必须存放在专用库房内，不得与其他材料混存。

6. 化学危险物品必须储存在专用仓库、专用场地或专用储存室（柜）内，并由专人管理。

7. 各种气瓶在存放和使用时，应距离明火 10m 以上，并避免曝晒和碰撞。

第二节　基础工程施工安全技术

基础工程是工程项目的重要组成部分。随着我国城市建设的规模越来越大，为了解决城市建设用地和人口密集的矛盾，同时为满足规划和建筑物本身的功能和结构要求，在高层和超高层建筑物日益增加的同时，开发地下空间（如地下室、停车库、地下商业及娱乐设施等）已成为一种趋势。高层或超高层建筑的基础设计越来越深，基础施工的难度也越来越大，与此同时，深基础施工技术也得到不断发展。

在高层建筑施工中，基础工程已成为影响建筑施工总工期和总造价的重要因素。在软土地区，高层建筑基础工程的造价往往要占到工程总造价的25%~40%，工期要占1/3左右。在深基础施工时，如果结构设计与施工、土方开挖及降低地下水位等处理不当，或者未采取适当的措施，很容易造成对周围建（构）筑物、道路、地下管线以及已完工的工程桩的有害影响，严重的其后果不堪设想。尤其是在软土地区，高层建筑施工的难点相当部分已转向基础工程施工。近年来，设计和施工中已将很大的注意力集中在解决深基础的施工技术上，从而促进了深基础施工技术的迅速发展。

随着基础工程施工难度的增大，基础工程施工的安全技术也不断发展，其内容涉及到打桩、基坑支护、降低地下水位、土方开挖、爆破拆除支护结构等。历年来，由于对基础工程施工安全技术的认识不足，引发了多起伤亡事故，并对周围道路、建筑和地下管线形成破坏，造成不必要的经济损失，并影响了工期。因此，有必要了解基础工程安全施工技术的基本知识

一、桩基工程的施工安全技术

软弱地基或高层建筑设计中，多采用桩基，它既能克服地基承载能力的不足，又可减小建（构）筑物的沉降量。

桩按施工方法可分为预制桩和灌注桩。预制桩按材料不同可分为钢筋混凝土桩、钢桩、木桩；按形状有方桩、圆桩、管桩；按施工方法又可分为锤击桩、静力压桩、钻孔沉桩、振动沉桩、水冲沉桩等。灌注桩按材料的不同有砂桩、碎石桩、树根桩和钢筋混凝土灌注桩等；按成孔方法可分为泥浆护壁成孔灌注桩、干作业成孔灌注桩、套管成孔灌注桩和爆扩成孔灌注桩等。

下面介绍几种常用的桩基施工安全技术。

1. 锤击沉桩施工安全

(1) 锤击沉桩的安全技术措施

1) 开工前必须摸清基地附近的建（构）筑物和地下各种管线的情况，并绘制相应的平、剖面图。

2) 与各种管线的主管单位取得联系，核对管线情况，并成立监护领导小组，确定监测方案和防护方案，加强施工全过程的监测。

3) 设置排水系统，使孔隙水顺利排出地面，减少对打桩的影响。

打桩时挤土也挤水，如果打桩时孔隙水能自由涌向地面排出，土体挤动就小，所以设置排水系统，使孔隙水顺利排出地面，是减少打桩影响的一种有效措施。排水一般有两种

做法：一是在打桩之前向基地内打入塑料排水板；另一种是向基坑内打入袋装砂井。这些塑料排水板或袋装砂井上都要有相通的排水沟，并保证通过这些排水沟将排放出地面的孔隙水排到基地外。

4）设置防振沟以减轻对周围环境的破坏，即在被保护目标与打桩工作面之间，挖一定深度和宽度的沟，沟的做法按保护程度不同而不同。

打桩对环境的破坏作用除了挤压还有振动，设置防振沟是一种有效办法。具体做法有：打二排钢板桩，桩间土体挖空一定深度；或打一排钢板桩，挖沟填砂；不打钢板桩，只挖沟填砂；只挖沟，不填砂等。防振沟还可减少局部土体的挤动。

5）控制打桩速度，即打入一根桩后，待孔隙水压消失一点再打入一根桩，可减少孔隙水压的提高，使土体的挤动减少。

6）沉桩后基地中形成的孔洞，必须加以封盖。

(2) 塔式桩机施工安全

1）基本要求：

①进入施工现场必须戴好安全帽，扣好帽带。

②2m以上高处作业时，必须戴好安全带，不得随意向下抛物。

③电机和机械设备的操作人员，须持证上岗。

④各种电动机械设备必须有安全接地和防护装置，方可开动使用。

⑤桩机、吊机所行驶的道路应平整，倾斜度应小于1%，并要求地面承载力大于150kN/m，否则，须经铺石碾压加固处理。

⑥桩架等施工机械与现场输电线路之间的距离，应满足施工现场临时用电的规范要求。

2）桩机安装及拆卸要求

①桩机的安装及拆卸时，应有专人负责，统一指挥，角钢等部件均应编号。

②角钢和其他部件堆放时要用楞木垫起，抬运时要同时起放。

③吊卸部件时，围绳不能太紧或太松，防止同拔杆或笼门底座相撞。

④安装桩架接点螺栓时，用“尖头板”对准螺栓孔，不能用手指探摸。操作时，应将“尖头板”插进中间孔内，先安装上、下两只螺栓，然后取出“尖头板”，再装中间的螺栓。

⑤安装作业时，高处操作应有一人负责高处作业指挥，地面指挥同高处作业密切联系，并听从高处指挥的信号，司机应听从地面的信号。

⑥桩架底盘及第一节塔架安装完，应将司机操作座位上的第一节塔架脚手棚板盖好，防止高处作业时有物件坠落砸伤司机。

⑦桩架安装完毕，应把所有螺栓拧紧，棚板钉牢。

⑧工具式材料等不准放在高空架子式脚手板上，随身携带的工具必须放工具袋中。

3）桩机施工作业时的要求

①吊桩作业时，龙门前（即下风）严禁站人。

②在吊桩、套“送桩”、跑架子时，桩锤要保险好。

③严禁升桩锤与拔“送桩”及跑架子同时进行。

④桩锤吊在桩架上端时，严禁用桩架的钢丝绳去拉、提、吊远离“龙门”的桩。

⑤34m 以上桩架要常备 2 根三股钢丝绳，每逢节假日及台风季节，应妥善拉扣好。

⑥桩架安装完毕，桩锤进档后，应先试跳，以检查锤的各部件工作是否正常。

⑦插桩时，应注意桩头的下沉情况，1 号与 2 号钢丝绳要同时松，防止桩帽与桩脱离。

⑧桩帽大小应同桩截面尺寸配套，不许以大规格桩帽镶以铁板改为小规格桩帽，以防锤击沉桩作业时，焊缝开裂，导致铁板突然坠落伤人。

⑨吊桩过程中，发现某节距内有 10 丝以上已拉断时，应及时调换，不得继续使用。“卸铲”须保持结构完整方可继续使用。

⑩施工时要注意清除粘贴在桩身上的砂浆块或混凝土块，并清除桩帽和送桩杆内嵌夹的混凝土块，以防沉桩时坠落伤人。

⑪使用撬棒工具校正桩身时，必须统一指挥，步调一致，防止橇棒等回弹伤人。

⑫在桩锤上升和下降时，操作人员手脚严禁放在“龙门”档内，防止轧伤。

⑬高处作业人员严禁搭乘桩锤上下。

⑭高处作业人员应穿软底鞋登高操作，并在登高前将鞋底淤泥铲刮干净。

⑮当使用蒸汽桩锤时，蒸汽管道应用草绳包扎好，防止烫伤。

⑯当多机施工或一台运桩设备供应两台桩机用桩时，指挥联络信号必须清楚且统一，并力求联络视线不受阻碍，避免失误造成施工混乱。

⑰冬季施工时，应注意将高处脚手架、扶梯、角铁上的霜、雪、冰清除，方可作业。

⑱6 级以上大风时，必须停止打桩作业，并将桩锤下降到最低位置。

⑲夜间施工时，要配备足够的照明。

⑳步履式行走装置的塔式桩机，应用专门接地线，该线路终端的入土深度不小于 1.5m，并有专人负责移位和检查。

4）运桩作业时的要求

①运桩道路应平直、少弯曲，坡度应在 1%以内。

②吊机起吊受荷时，避免吊臂升降。

③用吊车吊桩时，吊臂的旋转范围内应无人也无障碍；起吊时应平稳进行，放置桩身时，应低速轻放。

④用铁轨小平车运桩时，不得搭车乘人，跟车人员应远离小车 2m 之外，以防桩身翻落伤人。小车到位后，应用木楔将车轮嵌住，以防小车滑移。

(3) 履带式桩机施工安全

1）基本要求

同塔式桩机施工作业要求。

2）桩机安装及拆卸的要求

①安装连接各杆件应在支架上进行；竖立导杆时，须将履带锁住；当导杆搬起 75°时，必须拴紧留缆，待导杆竖直并装好撑杆后，留缆方可拆除。

②桩机留缆的锚碇重量应不小于 5t。

3）桩机施工作业时的要求

①施工作业时，必须铺垫厚钢板，钢板铺设的间距应不大于 30m。沉桩作业位置移动时，由桩机自身动力将钢板吊移铺设，操作人员同驾驶员应密切配合，严防手脚被压。

②沉桩作业时，导杆必须垂直，严防导杆前倾而失稳。

③桩机吊桩的距离不可大于2m，否则应将桩移到导杆前再起吊，吊点位置应遵照规定设置，并严禁操作人员进入桩身里档。

④应经常对桩锤的紧固件、锤体、桩帽、千斤、提升装置（起落架）进行检查与保养。

⑤吊出“送桩”时，严防偏心受力。

4）运桩作业时的要求

同塔式桩机施工中的运桩作业要求。

2. 静力压桩施工安全

(1) 基本要求

同塔式桩机施工中的基本要求。

(2) 桩机安装及拆卸的要求

1）桩机安装及拆卸时，均应有专人负责，统一指挥，并按顺序进行。

2）安装或拆卸桩架各部件时，应拉围绳，并注意下风不能站人。

3）桩架杆架拼装时，用“尖头板”来对螺栓孔，不能用手指探摸，避免轧伤，安装螺栓时，宜先装对角部位。

(3) 压桩施工作业时的要求

1）吊桩时应有留缆配合，避免碰撞。

2）吊桩中如发现钢丝绳三股中有10丝以上拉断，应及时调换。

3）高空作业人员严禁搭乘压梁上下，须穿软底鞋登高操作，鞋底淤泥应清除干净。

4）桩帽大小应同混凝土预制桩截面尺寸配套，不得以大规格桩帽镶嵌入钢板改成小规格桩帽，防止焊缝开裂导致钢板坠落伤人。

5）绕鼍头或围绳的操作人员须戴帆布手套，严禁用纱手套，并且手应离开鼍头或围绳桩60cm以上，防止轧伤。

6）钢丝绳如有绞绕，必须将钢丝绳放直后，才可进行工作。

7）绕鼍头或围绳时，如发现克索，应立即通知停车，解开克索后才能继续作业，严禁停车前用手直接去拉钢丝绳。

8）冬季施工时，应先将高处脚手架上的霜、雪、冰清除干净，然后才能进行施工。

9）6级以上大风天气时，应停止压桩施工。

10）夜间施工应配备足够的照明设备。

3. 灌注桩施工安全

(1) 一般安全要求

1）现场场地应平整、坚实，松软地段应铺垫碾压。

2）进入施工现场应戴好安全帽，登高作业时应系好安全带。

3）成孔机电设备应有专人负责管理，凡上岗者均应持操作合格证。

4）电器设备要设漏电开关，并保证接地有效可靠，机械传动部位防护罩应齐全完好。

5）登高检修与保养的操作人员，必须穿软底鞋，并将鞋底淤泥清除干净。

(2) 灌注桩施工安全

1）电器设备应设置漏电开关，并保证接地有效可靠。

2）登高检修与保养的操作人员，必须穿软底鞋，并将鞋底淤泥清除干净。

3）冲击成孔作业的落锤区应严加管理，任何人不准进入。

4）主钢丝绳应经常检查，三股中发现断丝数大于10丝时，应立即更换。

5）使用伸缩钻杆作业时，应经常检查限位结构，严防脱落伤人或落入孔洞中；检查时避免用手指伸入探摸，严防轧伤。

6）钻杆与钻头的连接应经常检查，防止松动脱落伤人。

7）采用泥浆护壁时，应使泥浆循环系统保持正常状态，及时清扫场地上的浆液，做好现场防滑工作。

8）使用取土筒钻孔作业时，应注意卸土作业方向，操作人员应站在上风，防止卸土时底盖伤人。

9）钻孔后，应在孔口加盖板封挡，以免人或工具掉入孔中。

10）吊置钢笼时，要合理选择捆绑吊点，并应拉好尾绳，保证平稳起吊，准确入孔，严防伤人。

二、基坑支护的安全技术

基础开挖是基础工程或地下工程施工中的一个关键环节。近年来，由于高层建筑和超高层建筑的大量涌现，深基坑工程也随之增多、增深。尤其在软土地区的旧城改造中，为了节约占地，在工程建设中，业主总是要求充分利用基础面积，使得地下建筑物往往要占基地面积的90%左右，基坑边常常紧靠邻近建筑，而周围环境要求深基础施工对其影响要减小到最低程度。因此，深基础施工的难度越来越大，其中支护结构设计与施工更为突出。经过多年来的实践，在不断解决这些难题的过程中，支护结构的设计与施工技术也得到不断发展。

1. 基础工程施工中的教训

随着国民经济的不断发展，城市建设中的高层建筑像雨后春笋般不断涌现，但是由于人们对深基础施工技术尚未引起足够重视而引发的重大事故也屡见不鲜。基础工程施工中发生事故，不但影响了工期，而且也增加了工程的造价，还有的对周围环境造成了很大影响，损失较大。如有的工程桩被挤压严重位移，处理这些工程桩花费了巨大的财力和物力，并延误了工期；有的使周围建筑物沉降开裂，影响居民正常生活；有的使周围道路塌陷，地下管线裂断，影响正常的供水、供电、供气，造成严重的经济损失和社会危害；有的造成大面积基坑坍塌，多人伤亡。这些事故有以下几种类型。

（1）重力式挡墙结构失稳。

（2）围护体整体失稳。

（3）挡土结构强度不足，产生严重裂缝，工程出现险情。

（4）挡土结构严重位移，造成坑外地表严重下陷，影响周围建筑物、道路及管线安全。

（5）因设计不合理，施工时卸载太快而没有及时支撑，造成围护结构整体失稳。

（6）由于隔水帏幕选用不当，或围护结构施工质量不能得到保证，造成围护体系漏水，出现严重流砂现象，使周围建筑物、道路产生裂缝，管线裂断。

2. 支护结构破坏的主要形式

(1) 整体失稳　由于作为支护结构的挡土结构插入深度不够，或支撑位置不当，或支撑与围檩系统的结合不牢等原因，造成挡土结构位移过大的前倾或后仰，甚至挡土结构倒塌，导致坑外土体大滑坡，支护结构系统整体失稳破坏。

(2) 基坑隆起　在软弱的黏性土层中开挖基坑，当基坑内的土体不断开挖，挡土结构内外土面的高差等于结构外在基坑开挖水平面上作用下附加荷载。挖深增大，荷载亦增加。当挡土结构入土深度不足时，则会使基坑内土体大量隆起，基坑外土体过量沉陷，支撑系统应力陡增，导致支护结构整体失稳破坏。

(3) 管涌及流砂　含水砂质粉土层或粉质砂土层中的基坑支护结构，在基坑开挖过程中，挡土墙内外形成水头差。当动水压力的渗流速度超过临界流速或水力坡度超过临界坡度时，就会引起管涌及流砂现象。基坑底部和墙体外面大量的泥砂随地下水涌入基坑，导致坑外地面坍陷，严重时使墙体产生过大位移，引起整个支护体系崩坍。

(4) 支撑折断或压屈　支撑设计时，由于计算受力不准确，或套用的规范不对，考虑的安全系数有误，或者施工时质量低劣，未能满足设计要求，一旦基坑土方开挖，在较大的侧向土压力作用下，发生支撑折断破坏，或严重压屈，引起墙体变形过大或破坏，导致整个支护结构破坏。

(5) 墙体破坏　墙体强度不够，或连接构造不合理，在土压力、水压力作用下，产生的最大弯矩超过墙体抗弯强度，引起强度破坏。

3. 基坑支护结构设计的要求

结构设计属深基础施工技术措施范畴，它不是建（构）筑物设计。其目的是为深基础施工设计一个安全、良好的作业环境，它是施工项目施工组织设计中的重要内容之一。一个好的合理的支护结构设计，应该是在调查基地周围环境，研究采用的施工工艺及辅助措施后，应用土力学及其他结构计算理论与方法进行综合设计的结果。

(1) 支持结构的作用

1) 为深基础施工创造一个安全的、良好的作业环境，保证基础工程能按期保质施工。

2) 保证基坑开挖时，最大限度地减少对周围建（构）筑物、道路及管线的影响，确保其安全。

3) 同时还应控制支护结构的变形区域位移对本工程桩的影响。

(2) 基坑支护结构设计应具备的资料

1) 岩土工程勘察报告。

2) 邻近建筑物和地下设施的类型、分布情况和结构质量的检测资料。

3) 用地退界线及红线范围图、场地周围地下管线图、建筑总平面图、地下结构平面相剖面图。

(3) 基坑支护结构设计的基本原则

1) 安全可靠　支护结构设计必须在强度、变形、整体稳定和其他需要验算的项目方面符合有关规范的要求，确保基坑自身安全及周围建（构）筑物、道路和管线的安全。

2) 方便施工　支护结构设计的目的是为基础工程施工作业创造良好的作业环境，因此应在满足安全的前提下，尽量方便施工。

3) 经济合理　当前深基础工程支护结构及其辅助措施费占工程总造价的比例较大，但是毕竟是临时性的技术措施，因此只要能够满足施工阶段的安全，就没有必要设计得过分的可靠，应尽量考虑性价比。

(4) 基坑支护结构设计的主要内容

1）支护结构的方案比较和选型。

2）支护结构的强度计算

3）支护结构的变形计算。

4）支护结构的整体稳定性验算。

5）围护墙的抗渗验算。

6）基坑抗隆起验算。

7）提出降水要求，进行降水方案设计。

8）确定挖土工况，进行土方施工方案设计。

9）提出监测要求，进行监测方案设计。

基坑工程支护结构的计算可按《建筑基坑支护技术规程》（JGJ 120—99）有关章节进行。

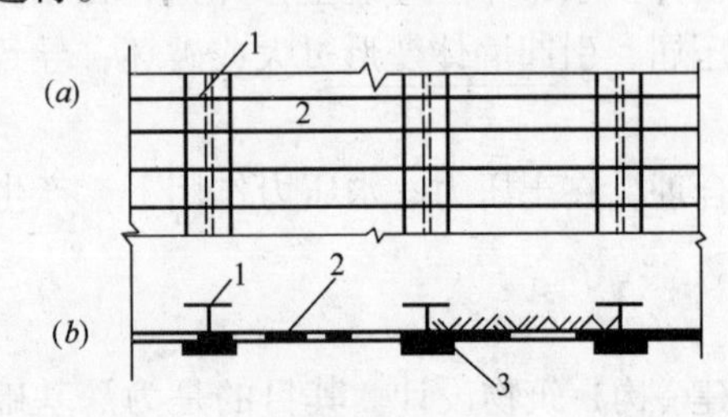

图 3-1　H 型钢桩加横插板式挡土墙

（a）立面；（b）平面

1—H 型钢桩；2—横挡板；3—楔子

4. 基坑工程支护体系的几种形式

（1）H 型钢（工字钢）桩加横挡板

也称桩板式支护结构，适用于土质较好，不需要抗渗止水或地下水位低的基坑。当在含水地层中使用时，应采用人工降低地下水位或配合集水井排水使水位低于其坑底标高，保证施工作业面的干燥环境。其构造形式如图 3-1 所示。

锤击 H 型（工字钢）钢桩达到设计深度；开挖土方时，边挖边在 H 型（工字）钢间加挡土板，直至基坑设计深度；结构施工完毕，自下而上按回填土顺序逐层拆除挡土板，随拆随填；填土完毕，用振动拔桩机拔出型钢桩

当 H 型（工字钢）钢桩为悬壁式时，位移较大，一般均设置支撑或拉锚，当用于较深的基坑时，支撑或拉锚工作量会较大，否则变形较大。为了取得更好的支护效果，可将坑外拉锚和坑内支撑结合起来使用。另外，打桩和拔桩噪声较大，在市区施工受到限制。

(2) 挡土灌注桩支护

1）间隔式（疏排）混凝土灌注桩加钢丝网水泥砂浆抹面护壁

适用于各种黏土、砂土、地下水位低的地质情况。当地下水位高于基坑底标高时，应采取降水措施以防止地下水冲压钢丝网水泥。其构造形式如图 3-2 所示。

钢筋混凝土灌注桩，按一定间隔疏排，每桩间隔净距不大于 1m。每根桩按承担范围内的土压力计算插入深度及弯矩等，一般桩间净距以 0.6～0.8m 为宜。桩顶必须做压顶圈梁，将灌注桩彼此连成一个整体，最终连同钢丝网片共同发挥护壁作用。圈梁做完后方能挖土。在土方开挖面做钢丝网水泥砂浆抹面护壁，防止边坡土体剥落。

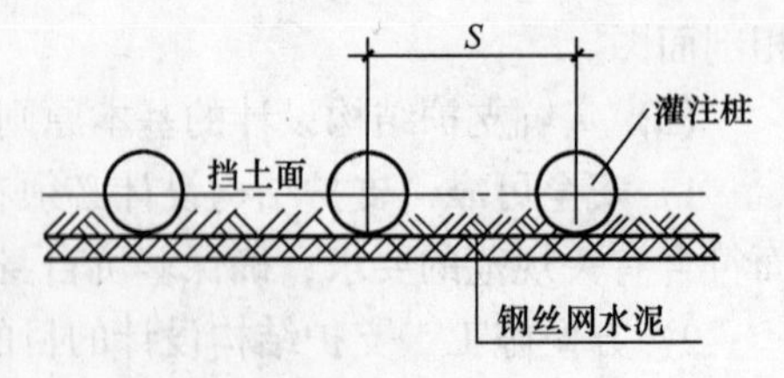

图 3-2　间隔式灌注桩示意图

灌注桩施工较为简便，无振动、无噪音、无挤土、不扰民，刚度大，抗弯能力强，变

形较小。但水泥用量大，水下浇筑混凝土时，质量不易保证。基坑深度超过 10m，应在支护结构上采取其他措施。

2）密排式混凝土灌注桩（或预制桩）

适用于黏土、砂土、软土、淤泥质土等土质。密排桩可以采用灌注桩或预制桩。先间隔成孔，随后浇筑混凝土成桩，然后再间隔成孔浇筑混凝土后成为密排式混凝土灌注桩，可以成一字型排列，如图 3-3（*a*）所示，也可以交错排列如图 3-3（*b*）所示。桩间筑水泥砂、水泥土桩，如图 3-3（*c*）所示。桩顶做连接圈梁。

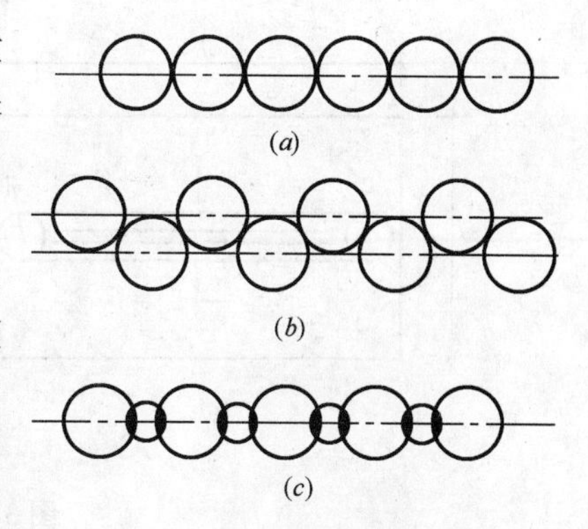

图 3-3　密排桩
（*a*）一字排；（*b*）交错排；
（*c*）筑水泥砂、水泥土桩

密排桩较疏排桩受力性能好，若无防水抗渗措施，则不能止水。密排桩比地下连续墙施工简便，但整体性不如地下连续墙。如做好防渗措施（加水泥压力注浆等），其防水、挡土功能与地下连续墙相似。

3）双排灌注桩

有的工程为不用支撑简化施工，采用间隔一定距离的双排钻孔灌注桩与桩顶横（冒）梁组成空间结构围护墙，适用于黏土、砂土土质，地下水位较低的地区。

采用中等直径（如 ϕ400～600mm）的灌注桩，做成双排梅花式或前后排式的桩，如图 3-4 所示。桩顶用横（冒）梁连接，该梁宽大，与嵌固的灌注桩形成门式刚架。挖土一般只将前桩露出，而桩间土不动，使前后排桩同时受力。

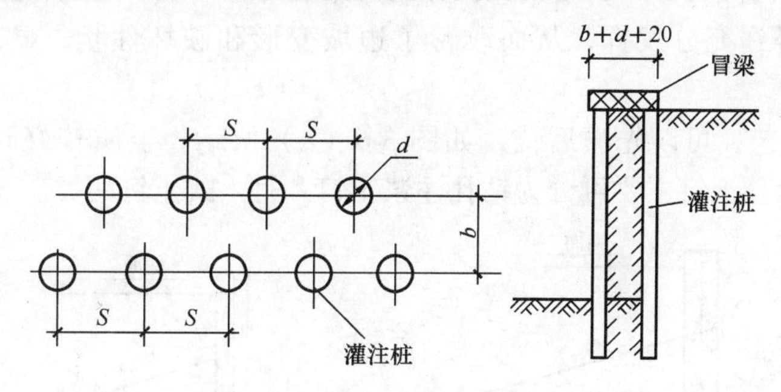

图 3-4　双排桩挡土示意图

双排灌注桩刚度大，位移小，施工简便，便于节约材料，缩短施工工期。单排悬臂桩不能满足变形要求时，可以采用双排悬臂桩支护。

（3）桩墙合一地下室逆作法

适用于土质为黏土、砂土，地下水位低且以桩做基础的深基坑。特别适合场地狭小的工程施工。

基坑护坡桩与地下结构外围承重结构合二为一，即为桩墙合一。结构四周边桩，既受垂直荷载也受水平荷载作用。作为护坡桩要有足够埋深，作为承重桩要达持力层。地下结构外墙的构筑应与挡土支护桩、承重桩连成整体，还须防水抗渗。以地下室各层楼板做挡土桩水平支撑，即可用地下室逆作法。地下室逆作法，从上往下施工，每层楼板施工完毕，向下挖土、运土。如图 3-5 所示。

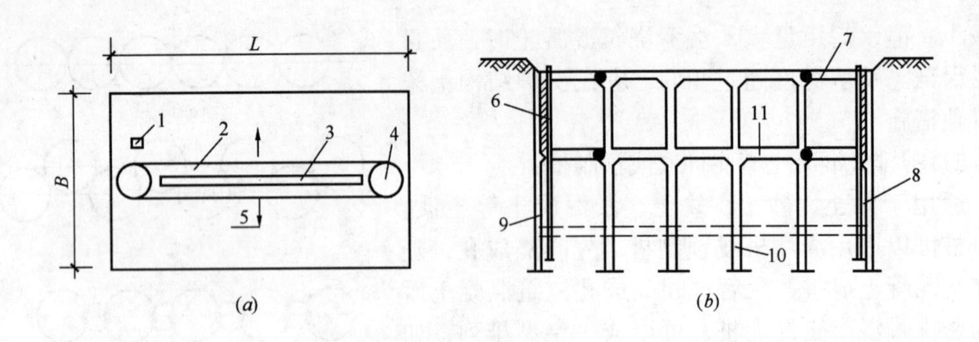

图 3-5　逆作法施工示意图

(a) 平面；(b) 剖面

1—提升设备；2—通道；3—输送带；4—施工竖井；5—开挖方向；6—降水井；7—施工缝；8—护坡墙；9—护坡桩；10—承重柱桩；11—梁板

(4) 土钉墙支护结构

土钉墙适用于地下水位低或经过降水措施使地下水位低于开挖层的具有一定黏结性的黏土、粉土、黄土类土及含有30%以上黏土颗粒的砂土边坡。土钉墙目前一般用于深度或高度在15m以下的基坑，常用深度或高度为6~12m。

土钉加固技术是在土体内放置一定长度和分布密度的土钉体，主动支护土体，并与土共同作用，不仅提高了土体整体刚度，而且弥补了土体抗拉强度和抗剪强度低的弱点。喷射混凝土在高压空气作用下，高速喷向钢筋网面，在喷层与土层间产生嵌固效应，钢筋网能调整喷层与土钉内应力分布，增大支护体系的柔性与整体性。通过相互作用，土体自身结构强度的潜力得到充分发挥，从而改善了边坡变形和破坏性状，显著提高了整体稳定性。

土钉墙支护工艺，可以先喷后锚，如图 3-6 (a) 所示；土质较好时可以先锚后喷，如图 3-6 (b) 所示。土钉主要可分为钻孔注浆土钉和打入式土钉两类。

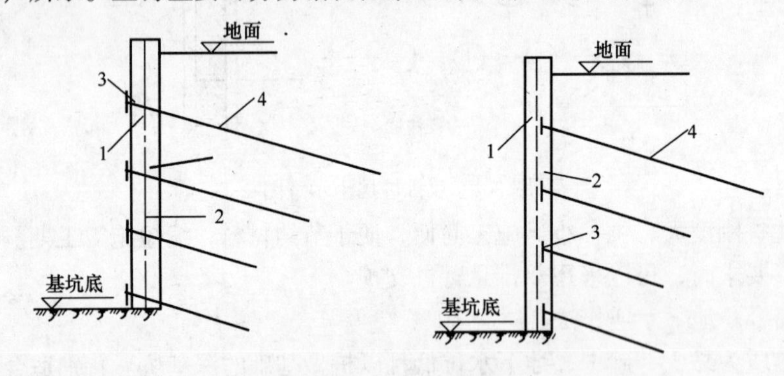

图 3-6　土钉支护

(a) 先喷后锚支护工艺；(b) 先锚后喷支护工艺

1—喷射混凝土；2—钢筋网；3—土钉锚头；4—土钉

施工设备较简单。施工时不需单独占用场地，施工快速，节省工期。与其他支护桩形式相比费用较低。土钉一般为低强度等级的钢材制作，与永久性锚杆相比，大大减少了防腐的麻烦。施工噪声和振动小。形成的土钉墙复合体，显著提高了边坡整体稳定性和承受坡顶超载的能力。并且土钉墙本身变形小，对临近建筑物和地下管线影响不大。

(5) 钢板桩支护

板桩作为一种支护结构，既挡土又防水。它可以使地下水在土中渗流的路线延长，降低水力坡度，阻止地下水渗入基坑内。板桩有木板桩、钢筋混凝土板桩、钢筋混凝土护坡桩、钢板桩和钢木混合桩式支护结构等数种。钢板桩除用钢量多之外，其他性能比别的板桩都优越，在临时工程中可多次重复使用，钢筋混凝土板桩一般不重复使用。

钢板桩是一种较传统的基坑支护方式。适用于软土、淤泥质土及地下水多地区，易于施工。钢板桩的型式有U形、Z形及直腹形等，常用的是U形咬口式（拉森式）结构。锤击打入带锁口的钢板桩，使之在基坑四周闭合，并保证水平、垂直和抗渗质量。钢板桩做成悬臂式、坑内支撑、上部拉锚等支护方式，在土方开挖和基础施工时抵抗板桩背后的水、土压力，达到基坑坑壁稳定。但钢板桩间啮合不好（必须保证啮合）就易渗水、涌砂。

(6) 重力式挡墙结构

用各种方法（水泥土搅拌桩、高压喷射注浆桩、化学注浆桩等）加固基坑周边土形成一定厚度和深度的重力式墙，达到挡土的目的。目前最常用的是水泥土搅拌桩以格构形式组织的挡墙。如图 3-7 所示。深层搅拌水泥土墙常用于软土地区加固地基，其加固深度一般为基坑开挖深度的 1.8～2.0 倍。适用于 4～8m 深的基坑、基槽。既可靠自重和刚度进行挡土，又具有良好的抗渗透性能，起挡土防渗双重作用。施工方便，无振动无噪声。

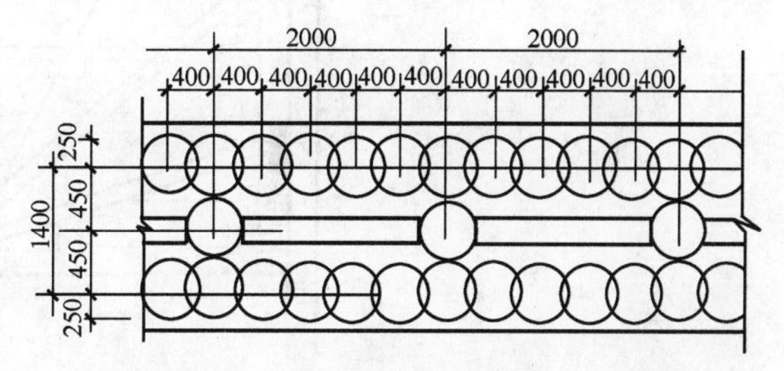

图 3-7　深层搅拌水泥土墙平面示意图

高压喷射水泥注浆桩（化学注浆桩）适用于砂类土、黏性土、黄土和淤泥土，效果较好。密排桩可以紧密排列，也可中间离开 50～100mm，其间筑高压喷射水泥桩，如图 3-8 所示。高压喷射桩的直径应以与密排桩的圆相切设计。高压喷射桩的目的是起止水作用，以不让水渗入基坑内为原则。

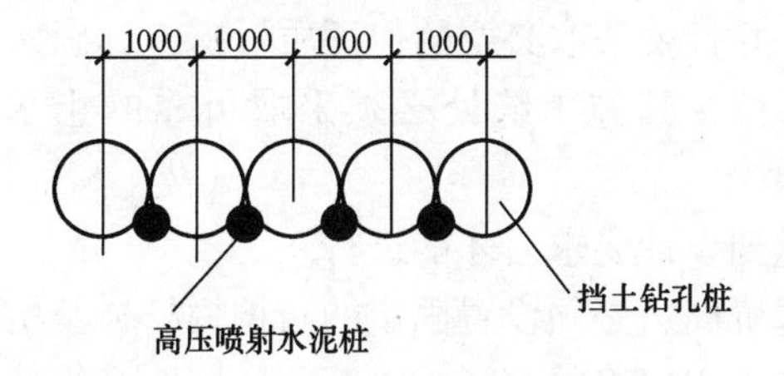

图 3-8　密排桩与高压喷射水泥桩示意图

(7) 地下连续墙支护结构

地下连续墙做围护墙，内设支撑体系所形成的支护结构是常见的一种支护形式。适用于黏性土、砂砾石土等多种土质条件，深度可达 50m。

地下连续墙是在地面上采用专门的挖槽机械，沿着深开挖工程的周边轴线，在泥浆护壁条件下，开挖一条狭长的深槽，清槽后在槽内吊放钢筋笼，然后用导管法浇筑水下混凝土，筑成一个单元槽段，如此逐段进行，在地下筑成一道连续的钢筋混凝土墙壁，作为截水、防渗、承重和挡土结构。因此是深基坑支护的多功能结构。地下连续墙按成槽方式分为壁板式和组合式。可以施工成任意形状。单元槽段一般长 4～8m。

地下连续墙止水性好，能承受垂直荷载，刚度大，能承受土压力、水压力引起的水平荷载。用于密集建筑群中建造深基础，对相邻建筑物、构筑物影响甚小。但是使用机械设备较多，造价较高。施工工艺技术较为复杂，泥浆配置要求高，质量要求严格，施工需具备一定的技术水平。

(8) 结构中心筑岛法基坑支护

开挖较大、较深的基坑，板桩刚度不够，又不允许设置过多支撑时，可等支护结构完成后，在护坡桩内侧放坡开挖中央部分土方至坑底，先浇筑好中央部分基础，再从这个基础向支护结构上方支斜撑，如图 3-9 所示。然后把放坡的土方逐层挖除运出，直至设计深度。最后浇筑靠近支护结构部分的建筑物基础和地下结构，逐步取代斜撑，这种施工方法通常称为中心筑岛开挖法。可以与水平支撑方法合用，使用灵活方便。

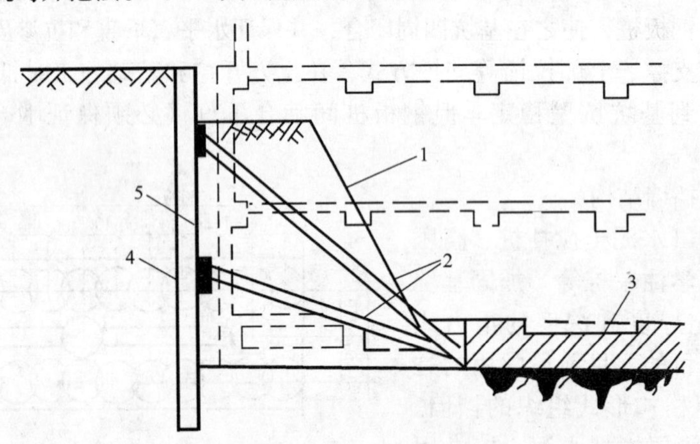

图 3-9 中心筑岛法基坑支护

1—坡面；2—斜撑；3—基础；4—托座；5—挡土墙

充分利用预留坡面土的作用，节省支撑材料，施工简便。有地下构筑物时最适宜，否则可用工程基础，如桩底板垫层等，但须分段施工。

中心岛结构是主体地下结构中的一部分。先行施工完毕的这部分结构必须能临时独立存在，又不影响它在原主体地下结构设计中的受力状态。并必须保证反压土边坡有足够的范围。

留设的施工缝必须符合规范要求和设计要求，并且要采取必要的保证质量措施，确保以后地下主体结构的整体性。对有防水要求的部位，其施工缝处必须采取可靠的止水措施。

中心岛部分的土方开挖必须待围护墙的强度达到设计要求后才能进行。

中心岛法施工时必须采取必要的安全措施。基坑周边必须设置固定的防护栏杆；基坑内必须合理设置上下行人扶梯，扶梯结构宜尽可能采用平稳的踏步式；基坑内照明必须使用 36V 以下安全电压，线路必须有组织架设，否则影响施工；中心岛结构与坑外地面间须设置可靠的过人栈桥。

三、降低地下水位

在地下水位较高的地区进行基础施工，降低地下水位是一项非常重要的技术措施。当基坑无支护结构防护时，通过降低地下水位，以保证基坑边坡稳定，防止地下水涌入坑内，阻止流砂现象发生。但此时的降水会将坑内外的局部水位同时降低，对基坑外周围建

（构）筑物、道路及管线会造成不利影响，设计时应充分考虑。

当基坑有支护结构围护时，一般仅在基坑内降低地下水位。有支护结构围护的基坑，由于围护体的隔水效果较好，且隔水帷幕伸入透水性差的土层一定深度，在这种情况下的降水类似盆中抽水。实践表明，封闭式的基坑内降水到一定的时间后，在降水深度范围内的土体中，几乎无水可抽。此时降水的目的也已达到，既疏干了坑内的土体，改善了土方施工条件，又固结了基坑底的土体，有利于提高支护结构的安全度。根据施工及测试结果表明，降水效果好的基坑，其土的黏聚力和内摩擦角值可提高25%～30%左右。

1. 基坑降水的一般原则

（1）黏性土地基中，基坑开挖深度小于3m时，可采用集水井降水法（明排水法），开挖深度超过3m时，宜采用井点降水。

（2）砂性土地基中，基坑开挖深度超过2.5m，宜采用井点降水。

（3）降水深度超过6m时，宜采用多层轻型井点或喷射井点降水，也可采用深井井点降水，或在深井井点中加设真空泵的综合降水方法。

（4）放坡开挖或无隔水帷幕围护的基坑，降水井点宜设置在基坑外，有隔水帷幕围护的基坑，降水井点宜设置在基坑内。降水深度应不大于隔水帷幕的设置深度。

（5）基坑内降水，其降水深度应在基坑底以下0.5～1.0m之间，且宜设置在透水性较好的土层中。

（6）井点降水应确保砂滤层施工质量，以保证抽水效果，且做到出水常清。

2. 主要降水方法

（1）集水井（坑）降水

在基坑或沟槽开挖时，在坑底设置集水井（坑），并沿坑底四周或中央开挖排水沟，使水经排水沟流入集水井（坑）内，然后用水泵抽出坑外。抽出的水应予引开，以防倒流。它适用于基坑开挖深度不大的粗粒土层及渗水量小的黏性土层的施工。

（2）井点降水

井点降水就是在基坑开挖前，预先在基坑四周埋设一定数量的滤水管（井），利用抽水设备，在基坑开挖前和开挖过程中不断地抽出地下水，使地下水位降低到坑底以下，直至基础工程施工完毕为止。

井点降水的方法有：轻型井点、喷射井点、电渗井点、管井井点及深井井点等。施工时应根据含水层土的类别及其渗透系数、要求降水深度、工程特点、施工设备条件和施工期限等因素进行技术经济比较，选择适当的井点装置。

1）轻型井点降水

轻型井点降低地下水位，是沿基坑周围以一定间距埋入井点管（下端为滤管）至蓄水层内，井点管上端通过弯连管与地面上水平铺设的集水总管相连接，利用真空原理，通过抽水设备将地下水从井点管内不断抽出，使原有地下水位降至坑底以下。轻型井点降水深度一般可达7m。轻型井点目前应用最广泛。

2）喷射井点降水

喷射井点设备主要由喷射井管、高压水泵（或空气压缩机）和管路系统组成。其降水深度一般为8～20m。喷射井点用作深层降水，应用在粉土、极细砂和粉砂中较为适用。

3）电渗井点降水

电渗井点一般与轻型井点或喷射井点结合使用，是利用轻型井点或喷射井点管本身作为阴极，一金属棒（钢筋、钢管、铝棒等）作为阳极。通入直流电（采用直流发电机或直流电焊机）后，带有负电荷的土粒即向阳极移动（即电泳作用），而带有正电荷的水则向阴极方向集中，产生电渗现象。在电渗与井点管内的真空双重用下，强制黏土中的水由井点管快速排出，井点管连续抽水，从而地下水位渐渐降低。其降水深度要据选用的井点确定。

对于渗透系数较小（小于 0.1m/d）的饱和黏土，特别是淤泥和淤泥质黏土，单纯利用井点系统的真空产生的抽吸作用可能较难将水从土体中抽出排走，利用黏土的电渗现象和电泳作用特性，一方面加速土体固结，增加土体强度，另一方面也可以达到较好的降水效果。

4）管井井点降水

管井井点就是沿基坑每隔一定距离设置一个管井，或在坑内降水时每一定距离设置一个管井，每个管井单独用一台水泵不断抽取管井内的水来降低地下水位。管井井点具有排水量大、排水效果好、设备简单、易于维护等特点，降水深度 3~5m，可代替多层轻型井点作用。

5）深井井点降水

深井井点降水是在深基坑的周围埋置深于基底的井管，通过设置在井管内的潜水电泵将地下水抽出，使地下水位低于坑底。适用于抽水量大、较深的砂类土层，降水深可达 50m 以内。由深井、井管和潜水水泵等组成。

这种方法具有不受吸程限制，排水效果好；井距大，对平面布置的干扰小；可用于各种情况，不受土层限制；成孔（打井）用人工或机械均可，较易于解决；井点制作、降水设备及操作工艺、维护均较简单，施工速度快；如果井点管采用钢管、塑料管，可以整根拔出重复使用等优点；但一次性投资大，成孔质量要求严格；降水完毕，井管拔出较困难。适用于渗透系数较大（10~250m/d），土质为砂类土，地下水丰富，降水深，面积大，时间长的情况，对在有流砂和重复挖填土方区使用，效果尤佳。

3. 降低地下水位的安全要求

（1）开挖低于地下水位的基坑（槽）、管沟和其他挖方时，应根据施工区域内的工程地质、水文地质资料、开挖范围和深度，以及防塌防陷防流砂的要求，分别选用集水坑降水、井点降水或两者结合降水等措施降低地下水位，施工期间应保证地下水位经常低于开挖底面 0.5m 以上。

（2）基坑顶四周地面应设置截水沟。坑壁（边坡）处如有阴沟或局部渗漏水时，应设法堵截或引出坡外，防止边坡受冲刷而坍塌。

（3）采用集水井（坑）降水时，应符合下列要求：

1）根据现场地质条件，应能保持开挖边坡的稳定；

2）集水井（坑）和排水沟一般应设在基础范围以外，防止地基土结构遭受破坏，大型基坑可在中间加设小支沟与边沟连通；

3）集水井（坑）应比排水沟、基坑底面深一些，以利于集排水；

4）集水井（坑）深度以便于水泵抽水为宜，坑壁可用竹筐、钢筋网外加碎石过滤层等方法加以围护，防止堵塞抽水泵；

5）排泄从集水井（坑）抽出的泥水时，应符合环境保护要求；

6）边坡坡面上如有局部渗出地下水时，应在渗水处设置过滤层，防止土粒流失，并应设置排水沟，将水引出坡面；

7）土层中如有局部流砂现象，应采取防止措施。

(4）降水前，应考虑在降水影响范围内的已有建筑物和构筑物可能产生的附加沉降、位移或供水井水位下降，以及在岩溶土洞发育地区可能引起的地面塌陷，必要时应采取防护措施。在降水期间，应定期进行沉降和水位观测并作出记录。

(5）土方开挖前，必须保证一定的预抽水时间，一般真空井点不少于 7 ~ 10h，喷射井点或真空深井井点不少于 20h。

(6）井点降水设备的排水口应与坑边保持一定距离，防止排出的水回渗入坑内。

(7）在第一个管井井点或第一组轻型井点安装完毕后，应立即进行抽水试验，如不符合要求时，应根据试验结果对设计参数作适当调整。

(8）采用真空泵抽水时，管路系统应严密，确保无漏水或漏气现象，经试运转后，方可正式使用。

(9）降水深度必须考虑隔水帷幕的深度，防止产生管涌现象。

(10）降水过程必须与坑外观测井的监测密切配合，用观测数据来指导降水施工，避免隔水帷幕渗漏在降水过程中影响周围环境。

(11）坑外降水，为减少井点降水对周围环境的影响，应采取在降水管与受保护对象之间设置回灌井点或回灌砂井、砂沟等措施。

(12）井点降水工作结束后所留的井孔，应立即用砂土（或其他代用材料）填实。对于穿过不透水层进入承压含水层的井管，拔除后应用黏土球填衬封死，杜绝井管位置发生管涌。如井孔位于建筑物或构筑物基础以下，且设计对地基有特殊要求时，应按设计要求回填。

(13）在地下水位高而采用板桩作支护结构的基坑内抽水时，应注意因板桩的变形、接缝不密或桩端处透水等原因而造成渗水量大的情况，必要时应采取有效措施堵截板桩的渗漏水，防止因抽水过多使板桩外的土随水流入板桩内，从而淘空板桩外原有建（构）筑物的地基，危及建（构）筑物的安全。

四、基坑土方开挖

基坑开挖是基础工程施工一项重要的分项工程。当基坑有支护结构时，其开挖方案是支护结构设计必须考虑的一项重要措施。在某些情况下，开挖方案会决定设计的要求，是支护结构设计赖以计算的条件。也有支护结构设计先行完成，而对开挖方案提出一些限制条件。无论如何，一旦支护结构设计确定并已施工，基坑开挖必须符合支护结构设计的工况要求。

1. 挖土前根据安全技术交底了解地下管线、人防及其他构筑物情况和具体位置。地下构筑物外露时，必须进行加固保护。作业过程中应避开管线和构筑物。在现场电力、通信电缆 2m 范围内和现场燃气、热力、给排水等管道 1m 范围内挖土时，必须在主管单位人员监护下采取人工开挖。

2. 在施工组织设计中，要有单项土方工程施工方案，对施工准备、开挖方法、放坡、排水、边坡支护应根据有关规范要求进行设计，边坡支护要有设计计算书。

3. 开挖槽、坑、沟深度超过1.5m，必须根据土质和深度情况按安全技术交底放坡或加可靠支撑。遇边坡不稳、有坍塌危险征兆时，必须立即撤离现场，并及时报告施工负责人采取安全可靠排险措施后，方可继续挖土。

4. 开挖深度不超过4.0m的基坑，当场地条件允许，并经验算能保证土坡稳定性时，可采用放坡开挖；开挖深度超过4.0m的基坑，有条件采用放坡开挖时，宜设置多级平台分层开挖，每级平台的宽度不宜小于1.5m。

5. 基坑开挖应严格按要求放坡，操作时应随时注意边坡的稳定情况，如发现有裂纹或部分塌落现象。要及时进行支撑或改缓放坡，并注意支撑的稳固和边坡的变化。

6. 放坡开挖的基坑，尚应符合下列要求：

(1) 坡顶或坑边不宜堆土或堆载，遇有不可避免的附加荷载时，稳定性验算应计入附加荷载的影响。

(2) 基坑边坡必须经过验算，保证边坡稳定。

(3) 土方开挖应在降水达到要求后，采用分层开挖的方法施工，分层厚度不宜超过2.5m。

(4) 土质较差且施工期较长的基坑，边坡宜采用钢丝网水泥抹面或其他材料进行护坡。

(5) 放坡开挖应采取有效措施降低坑内水位和排除地表水，严禁地表水或基坑排出的水倒流回渗入基坑。

7. 土方开挖的顺序、方法必须与设计工况相一致，并遵循："开槽支撑、先撑后挖、分层开挖、严禁超挖"的原则。

8. 槽、坑、沟必须设置人员上下坡道或安全梯。严禁攀登固壁支撑上下，或直接从沟、坑边壁上挖洞攀登爬上或跳下。间歇时，不得在槽、坑坡脚下休息。

9. 人工开挖土方，操作人员之间要保持安全距离，一般两人横向间距不得小于2m，纵向间距不得小于3m。严禁掏洞挖土、搜底挖槽。

10. 挖土方前对周围环境要认真检查，不能在危险岩石或建筑物下面进行作业。

11. 槽、坑、沟边1m以内不得堆土、堆料、停置机具。堆土高度不得超过1.5m。槽、坑、沟与建筑物、构筑物的距离不得小于1.5m。开挖深度超过2m时。必须在周边设两道牢固护身栏杆，并立挂密目安全网。

12. 用挖土机施工时，挖土机的工作范围内，不得有人进行其他工作；多台机械开挖，挖土机间距应大于10m。挖土要自上而下，逐层进行，严禁先挖坡脚的危险作业。司机必须持证作业。

13. 机械挖土，应严格控制开挖面坡度和分层厚度，每层厚度宜控制在2~3m左右，防止边坡和挖土机下的土体滑动或工程桩被挤压位移。

14. 施工机械进场前必须经过验收，合格后方能使用。

15. 除设计允许外，挖土机械和车辆不得直接在支撑上行走操作。

16. 采用机械挖土方式时，严禁挖土机械碰撞支撑、立柱、井点管、围护墙和工程桩。

17. 挖土过程中遇有古墓、地下管道、电缆或其他不能辨认的异物和液体、气体时，应立即停止作业，并报告施工负责人，待查明处理后，再继续挖土。

18. 钢钎破冻土、坚硬土时，扶钎人应站在打锤人侧面用长把夹具扶钎，打锤范围内不得有其他人停留。锤顶应平整，锤头应安装牢固。钎子应直且不得有飞刺。打锤人不得戴手套。

19. 从槽、坑、沟中吊运送土至地面时，绳索、滑轮、钩子、箩筐等垂直运输设备、工具应完好牢固，起吊、垂直运送时，下方不得站人。

20. 采用机械挖土，坑底应保留200~300mm厚基土，用人工挖除整平，并防止坑底土体扰动。土方挖至设计标高后，立即浇筑垫层。

21. 配合机械挖土清理槽底作业时，严禁进入铲斗回转半径范围。必须待挖掘机停止作业后，方准进入铲斗回转半径范围内清土。

22. 为防止基坑底的土被扰动，基坑挖好后要尽量减少暴露时间，及时进行下一道工序的施工。如不能立即进行下一道工序，要预留150~300mm厚覆盖土层，待基础施工时再挖去。

23. 基坑中有局部加深的电梯井、水池等，土方开挖前应对其边坡作必要的加固处理。

24. 夜间施工时，应合理安排施工项目，防止挖方超挖或铺填超厚。施工现场应根据需要安设照明设施，在危险地段应设置红灯警示。

25. 运土道路的坡度、转弯半径要符合有关安全规定。

26. 须设置支撑的基坑，土方开挖作业面及工作路线的设计应尽量考虑创造条件使某些系统的支撑结构能尽快形成受力体系，使其很快处于工作状态。

27. 土方开挖时，临近挡土结构处的土方不应卸载太快，防止挡墙一侧土压力释放太快使挡墙产生过大的变形。

28. 挖土机械在作业过程中，严格保护支护结构或监测点等其他技术措施的设施。

29. 弃土应及时运出，如需要临时堆土，或留作回填土，堆土坡脚至坑边距离应按挖坑深度、边坡坡度和土的类别确定，在边坡支护设计时应考虑堆土附加的侧压力。

五、施工监测

深基础施工实行过程监测是十分重要的，实践证明，深基坑支护结构的设计与施工实际情况是有差异的。由于工程地质土层的复杂性和离散性，勘察所得数据往往难以代表土层的总体情况；设计人员在设计计算时选用有关参数或计算方法上也有差异；施工时的实际情况与计算时的要求也不尽相符，因此，造成设计与施工实际有差异，及时反馈施工信息就显得十分重要。一方面通过信息反馈能随时掌握施工过程中的情况，为及时采取相应措施提供依据。另一方面，实际施工能积累大量的资料，为提高施工技术水平和设计起重要作用。

1. 监测项目

(1) 挡土结构顶部的水平位移和沉降观测；

(2) 挡土结构墙体变形的观测；

(3) 支撑立柱的沉降观测；

(4) 周围建（构）筑物的沉降观测；

（5）周围道路的沉陷观测；
（6）周围地下管线的变形观测；
（7）坑外地下水位变化的观测。
2. 监测要求
（1）观测项目应合理设计布点；
（2）观测项目应明确观测使用的仪器设备的精确度及观测方法；
（3）各个项目按提供信息的需要确定其观测的频率；
（4）根据施工进度，明确各项目观测点的起止日期，或按形象进度确定起止点，注意收取初始数据；
（5）及时整理观测资料，按合同约定，传递相关方。

第三节　建筑脚手架搭拆安全技术

一、建筑脚手架的作用

脚手架是建筑工程施工中必不可少的空中作业工具，无论结构施工还是室外装修施工，以及设备安装都需要根据操作要求搭设脚手架。

脚手架的主要作用：
（1）能堆放及运输一定数量的建筑材料；
（2）可以使施工作业人员在不同部位进行操作；
（3）保证施工作业人员在高空操作时的安全。

二、建筑脚手架的分类

随着建筑施工技术的进步，脚手架的种类也愈来愈多。

1. 按用途划分

（1）操作脚手架：为施工操作提供高处作业条件的脚手架，包括“结构脚手架”、“装修脚手架”。
（2）防护用脚手架：只用作安全防护的脚手架，包括各种护栏架和棚架。
（3）承重、支撑用脚手架：用于材料的运转、存放、支撑以及其他承载用途的脚手架，如受料平台、模板支撑架和安装支撑架等。

2. 按设置形式划分

（1）单排脚手架：只有一排立杆的脚手架，其横向水平杆的另一端搁置在墙体结构上。
（2）双排脚手架：具有两排立杆的脚手架。
（3）多排脚手架：具有3排以上立杆的脚手架。
（4）满堂脚手架：按施工作业范围满设的、两个方向各有3排以上立杆的脚手架。
（5）满高脚手架：按墙体或施工作业最大高度，由地面起满高度设置的脚手架。
（6）交圈（周边）脚手架：沿建筑物或作业范围周边设置并相互交圈连接的脚手架。
（7）特形脚手架：具有特殊平面和空间造型的脚手架，如用于烟囱、水塔、冷却塔以及其他平面为圆形、环形、"外方内圆"形、多边形和上扩、上缩等特殊形式的建筑施工脚手架。

3. 按脚手架的支固方式划分

(1) 落地式脚手架：搭设（支座）在地面、楼面、屋面或其他平台结构之上的脚手架。

(2) 悬挑脚手架（简称"挑脚手架"）：采用悬挑方式支固的脚手架。

(3) 附墙悬挂脚手架（简称"挂脚手架"）：在上部或（和）中部挂设于墙体挑挂件上的定型脚手架。

(4) 悬吊脚手架（简称"吊脚手架"）：悬吊于悬挑梁或工程结构之下的脚手架。当采用篮式作业架时，称为"吊篮"。

(5) 附着升降脚手架（简称"爬架"）：附着于工程结构、依靠自身提升设备实现升降的悬空脚手架。

(6) 水平移动脚手架：带行走装置的脚手架（段）或操作平台架。

4. 按构架方式划分

(1) 杆件组合式脚手架：俗称"多立杆式脚手架"，简称"杆组式脚手架"。

(2) 框架组合式脚手架：简称"框组式脚手架"，即由简单的平面框架（如门架）与连接、撑拉杆件组合而成的脚手架，如门式钢管脚手架、梯式钢管脚手架等。

(3) 格构件组合式脚手架，即由桁架梁和格构柱组合而成的脚手架，如桥式脚手架：有提升（降）式和沿齿条爬升（降）式两种。

(4) 台架：具有一定高度和操作平面的平台架，多为定型产品，其本身具有稳定的空间结构。可单独使用或立拼增高与水平连接扩大，并常带有移动装置。

5. 按脚手架平、立杆的连接方式分类

(1) 承插式脚手架：在平杆与立杆之间采用承插连接的脚手架。常见的承插连接方式有插片和楔槽、插片和碗扣、套管和插头以及U形托挂等。

(2) 扣件式脚手架：使用扣件箍紧连接的脚手架，即靠拧紧扣件螺栓所产生的摩擦力承担连接作用的脚手架。

此外，还可按脚手架杆件所用材料不同划分为木脚手架、竹脚手架、钢管或金属脚手架；按搭设位置划分为外脚手架和里脚手架；按使用对象或场合划分为高层建筑脚手架、烟囱脚手架、水塔脚手架。还有定型与非定型、多功能与单功能之分。

三、脚手架材质的要求

1. 钢管

钢管脚手架采用外径48~51mm，壁厚2~3.5m，无严重锈蚀、弯曲、压扁或裂纹的钢管。应有产品质量合格证，必须涂有防锈漆并严禁打孔。脚手杆件不得钢木混搭。

2. 扣件

采用可锻造铸铁制作的扣件，其材质应符合现行国家标准《钢管脚手架扣件》（GB 15831—1995）的规定。新扣件必须有产品合格证。旧扣件使用前应进行质量检查，有裂缝、变形的严禁使用，出现滑丝的螺栓必须更换。不得使用铅丝和其他材料绑扎。

3. 脚手板

脚手板可采用钢、木两种材料，每块重量不宜大于30kg。

冲压新钢脚手板，必须有产品质量合格证。板长度为1.5~3.6m，厚2~3mm，肋高50mm，宽230~250mm，其表面锈蚀斑点直径不大于5mm，并沿横截面方向不得多于3处。脚手板一端应压连接卡口，以便铺设时扣住另一块的端部，板面应冲有防滑圆孔。

木脚手板应采用杉木或松木制作，其长度为2~6m，厚度不小于50mm，宽230~250mm，不得使用有腐朽、裂缝、斜纹及大横透节的板材。两端应设直径为4mm的镀锌钢丝箍两道。

4. 安全网

平网宽度不得小于3m，立网宽（高）度不得小于1.2m，长度不得大于6m，菱形或方形网目的安全网，其网目边长不得大于8cm，必须使用锦纶、维纶、涤纶等材料，严禁使用损坏或腐朽的安全网和丙纶网。密目安全网只准做立网使用。

四、脚手架安全作业的基本要求

1. 脚手架搭设或拆除人员必须由符合劳动部《特种作业人员安全技术培训考核管理规定》，经培训考核合格，领取《特种作业人员操作证》的专业架子工担任。上岗人员应定期进行体检，凡不适合高处作业者不得上脚手架操作。

2. 搭拆脚手架时，操作人员必须戴安全帽、系安全带，穿防滑鞋。脚下应铺设必要数量的脚手板，并应铺设平稳，且不得有探头板。

3. 脚手架搭设前，必须制定施工方案和搭设的安全技术措施，进行安全技术交底。对于高大异形的脚手架，应报上级审批后才能搭设。

4. 脚手架搭设安装前应由施工负责人及技术、安全等有关人员先对基础等架体承重部位共同进行验收；搭设安装后应进行分段验收，特殊脚手架须由企业技术部门会同安全、施工管理部门验收合格后方可使用。验收要定量与定性相结合，验收合格后应在脚手架上悬挂合格牌，且在脚手架上明示使用单位、监护管理单位和责任人。施工阶段转换时，对脚手架重新实施验收手续。

未搭设完的脚手架，非架子工一律不准上架。

5. 作业层上的施工荷载应符合设计要求，不得超载。不得在脚手架上集中堆放模板、钢筋等物件，不得放置较重的施工设备（如电焊机等），严禁在脚手架上拉缆风绳和固定、架设模板支架及混凝土泵送管等，严禁悬挂起重设备。

6. 脚手架搭设作业时，应按形成基本构架单元的要求逐排、逐跨和逐步地进行搭设。矩形周边脚手架宜从其中的一个角部开始向两个方向延伸搭设，确保已搭部分稳定。

7. 操作层必须设置1.5m高的两道护身栏杆和180mm高的挡脚板，挡脚板应与立杆固定，并有一定的机械强度。

8. 临街搭设的脚手架外侧应有防护措施，以防坠物伤人。

9. 不得在脚手架基础及邻近处进行挖掘作业。

10. 架上作业人员应作好分工和配合，不要用力过猛，以免引起人身或杆件失衡。

11. 作业人员应佩戴工具袋，工具用后装于袋中，不要放在架子上，以免掉落伤人。

12. 架设材料要随上随用，以免放置不当时掉落，可能发生伤人事故。

13. 在搭设作业进行中，地面上的配合人员应避开可能落物的区域。

14. 除搭设过程中必要的 1～2 步架的上下外，作业人员不得攀缘脚手架上下，应走房屋楼梯或另设安全人梯。

15. 在脚手架上进行电气焊作业时，应有防火措施和专人看守。

16. 在脚手架使用过程中，应定期对脚手架及其地基基础进行检查和维护。特别是下列情况下，必须进行检查：

（1）作业层上施工加荷载前；

（2）遇大雨和 6 级以上大风后；

（3）寒冷地区开冻后；

（4）停用时间超过一个月；

（5）如发现倾斜、下沉、松扣、崩扣等现象要及时修理。

17. 大雾及雨、雪天气和 6 级以上大风时，不得进行脚手架上的高处作业。雨、雪天后作业，必须采取安全防滑措施。

18. 搭拆脚手架时，地面应设围栏和警戒标志，并派专人看守，严禁非操作人员入内。

19. 工地临时用电线路架设及脚手架的接地、避雷措施，脚手架与架空输电线路的水平与垂直安全距离等应按现行行业标准《施工现场临时用电安全技术规范》（JGJ 46—2005）的有关规定执行。钢管脚手架上安装照明灯时，电线不得接触脚手架，并要做绝缘处理。

五、扣件式钢管脚手架安全要求

1. 脚手架应由立杆（冲天），纵向水平杆（大横杆、顺水杆），横向水平杆（小横杆），剪刀撑（十字盖），抛撑（压栏子），纵、横扫地杆和拉接点等组成。脚手架必须有足够的强度、刚度和稳定性，在允许施工荷载作用下，确保不变形、不倾斜、不摇晃。

2. 脚手架搭设前应清除障碍物、平整场地、夯实基土、做好排水。根据脚手架专项安全施工组织设计（施工方案）和安全技术措施交底的要求，基础验收合格后，放线定位。

3. 垫板宜采用长度不少于 2 跨，厚度不小于 5cm 的木板，也可采用槽钢，底座应准确放在定位位置上。

4. 结构承重的单、双排脚手架搭设高度不超过 20m，构造主要参数见表 3-6。

扣件式钢管脚手架构造参数 表 3-6

结构形式	用　途	宽度（m）	立杆间距（m）	步距（m）	横向水平杆间距
单排架	承　重	1～1.2	1.5	1.2	1m，一端伸入墙体不少于 240mm
	装　修	1～1.2	1.5	1.2	1m，同上
双排架	承　重	2～2.5	1.5	1.2	1m
	装　修	2～2.5	1.5	1.2	1m

5. 立杆应纵成线、横成方，垂直偏差不得大于架高的 1/200。立杆接长除顶层顶步外，其余各层各步接头必须采用对接扣件连接。两根相邻立杆的接头不宜设置在同步内，

竖直方向错开的距离不应小于500mm；各接头中心至最近主节点的距离不宜大于步距的1/3。每根立杆底部应设置底座或垫板，下脚应设纵、横向扫地杆。

6. 纵向水平杆宜设置在立杆内侧，其长度不宜小于3跨。在同一步架内纵向水平高差不得超过全长的1/300，局部高差不得超过50mm。纵向水平杆应使用对接扣件连接，两根相邻纵向水平杆的接头不宜设置在同跨内，水平方向错开的距离不应小于500mm；各接头中心至最近主节点的距离不宜大于纵距的1/3。

7. 主节点（纵向水平杆与立杆的交点处）处必须设置一根横向水平杆，用直角扣件扣接，且严禁拆除。主节点处两个直角扣件的中心距不应大于150mm。作业层上非主节点处的横向水平杆，宜根据支承脚手板的需要等间距设置，最大间距不应大于纵距的1/2。横向水平杆伸出外立杆的端头应大于100mm，伸出里立杆不大于500mm。单排脚手架的横向水平杆的一端，应用直角扣件固定在纵向水平杆上，另一端应插入墙内，插入长度不应小于180mm。

8. 对高度在24m以下的单、双排脚手架，脚手架与在建建筑物拉结点宜采用刚性连墙件与建筑物可靠连接。严禁使用仅有拉筋的柔性连墙件，可采用双股8号钢丝或$\phi 6$钢筋与结构拉结牢固，并与顶撑配合使用的附墙连接方式。连墙件采用两步三跨或三步两跨布置，拉结点之间水平距离不大于6m，垂直距离不大于4m。高度超过24m的脚手架不得使用柔性材料进行拉结。

9. 双排脚手架应设剪刀撑与横向斜撑，单排脚手架应设剪刀撑。

每道剪刀撑跨越立杆的根数宜按表3-7的规定确定。每道剪刀撑宽度不应小于4跨，且不应小于6m，斜杆与地面的倾角宜在45°~60°之间。高度在24m以下的单、双排脚手架，均必须在外侧立面的两端各设置一道剪刀撑，并应由底至顶连续设置；中间各道剪刀撑之间的净距不应大于15m。高度在24m以上的双排脚手架应在外侧立面整个长度和高度上连续设置剪刀撑。剪刀撑斜杆的接长宜采用搭接，搭接要求同立杆搭接要求。剪刀撑斜杆应用旋转扣件固定在与之相交的横向水平杆的伸出端或立杆上，旋转扣件中心线至主节点的距离不宜大于150mm。

剪刀撑跨越立杆的最多根数 **表3-7**

剪刀撑斜杆与地面的倾角	45°	50°	60°
剪刀撑跨越立杆的最多根数	7	6	5

横向斜撑应在同一节间，由底至顶层呈之字型连续布置。一字型、开口型双排脚手架的两端均必须设置横向斜撑。高度在24m以下的封闭型双排脚手架可不设横向斜撑；高度在24m以上的封闭型脚手架，除拐角应设置横向斜撑外，中间应每隔6跨设置一道。

剪刀撑、横向斜撑搭设应随立杆、纵向和横向水平杆等同步搭设，以保证架子的稳定性。

10. 高层施工脚手架（高24m以上）在搭设过程中，必须以15~18m为一段，根据实际情况，采取撑、挑、吊等分阶段将荷载卸到建筑物的技术措施。

11. 铺、翻脚手板

脚手板铺设于架子的作业层上。施工层应连续三步铺设脚手板，脚手板有木、钢两种，不得使用竹编脚手板。脚手板必须满铺、铺严、铺稳，不得有探头板和飞跳板。铺脚手板可对头或搭接铺设，对头铺脚手板，搭接处必须是双横向水平杆，且两根间隙200～250mm，有门窗口的地方应设吊杆和支柱，吊杆间距超过1.5m时，必须增加支柱。

搭接铺脚手板时，两块板端头的搭接长度应不小于200mm，如有不平之处要用木块垫在纵、横水平杆相交处，不得用碎砖块塞垫。

翻脚手板应二人操作，配合要协调，要按每档由里逐块向外翻，到最外一块时，站到邻近的脚手板把外边一块翻上去。翻、铺脚手板时必须系好安全带。脚手板翻板后，下层必须留一层脚手板或兜一层水平安全网，作为防护层。不铺板时，横向水平杆间距不得大于3m。

12. 脚手架操作面外侧应设两道护身栏杆和一道180mm高挡脚板或设一道护身栏，立挂安全网，下口封严。防护高度为1.5m，严禁用竹笆作脚手架。

13. 脚手架各杆件相交伸出的端头均应大于10cm，以防止杆件滑脱。

六、落地碗扣式钢管脚手架安全要求

1. 脚手架基础应平整夯实，并有排水措施，以保证地基具有足够的承载能力，避免脚手架整体或局部沉降失稳。

2. 落地碗扣式钢管脚手架应从中间向两边搭设，或两层同时按同一方向进行搭设，不得采用两边向中间合拢的方法搭设。

3. 在树立杆时应及时设置扫地杆，将所树立杆连成一整体，以保证立杆的整体稳定性。

4. 碗扣式钢管脚手架的步距为600mm的倍数，一般采用1.8m，只有在荷载较大或较小的情况下，才采用1.2m或2.4m。

5. 碗扣式钢管脚手架的底层组架最为关键，其组装的质量直接影响到整架的质量，因此，要严格控制搭设质量。当组装完两层横杆（即安装完第一步横杆）后，应进行下列检查：

（1）检查并调整水平框架（同一水平面上的四根横杆）的直角度和纵向直线度（对曲线布置的脚手架应保证立杆的正确位置）。

（2）检查横杆的水平度，并通过调整立杆可调座使横杆间的水平偏差小于$1/400L$。

（3）逐个检查立杆底脚，并确保所有立杆不能有浮地松动现象。

（4）当底层架子符合搭设要求后，检查所有碗扣接头，并予以锁紧。

在搭设过程中，应随时注意检查上述内容，并调整。

6. 对于一字形及开口形脚手架，应在两端横向框架内沿全高连续设置节点斜杆；高度30m以下的脚手架，中间可不设横向斜杆；30m以上的脚手架，中间应每隔5～6跨设一道沿全高连续设置的横向斜杆；高层建筑脚手架和重载脚手架，除按上述构造要求设置横向斜杆外，荷载≥25kN的横向平面框架应增设横向斜杆。

在脚手架的拐角边缘及端部，必须设置纵向斜杆，中间部分则可均匀地间隔分布，纵向斜杆必须两侧对称布置。

7. 高度在30m以下的脚手架，可每隔4～6跨设一道沿全高连续设置的剪刀撑，每道剪刀撑跨越5～7根立杆，设剪刀撑的跨内可不再设碗扣式斜杆。

30m以上的高层建筑脚手架，应沿脚手架外侧及全高方向连续布置剪刀撑，在两道剪刀撑之间设碗扣式纵向斜杆。

纵向水平剪刀撑可增强水平框架的整体性和均匀传递连墙撑的作用。30m 以上的高层建筑脚手架应每隔 3～5 步架设置一层连续、闭合的纵向水平剪刀撑。

8. 连墙件设置要求

(1) 连墙件必须随脚手架的升高，在规定的位置上及时设置，不得在脚手架搭设完后补安装，也不得任意拆除。

(2) 一般情况下，对于高度在 30m 以下的脚手架，连墙件可按四跨三步设置一个（约 $40m^2$）。对于高层及重载脚手架，则要适当加密，50m 以下的脚手架至少应三跨三步布置一个（约 $25m^2$）；50m 以上的脚手架至少应三跨二步布置一个（约 $20m^2$）。单排脚手架要求在二跨三步范围内设置一个。

(3) 在建筑物的每一楼层都必须设置连墙件。凡设置宽挑梁、提升滑轮、高层卸荷拉结杆及物料提升架的地方均应增设连墙件。凡在脚手架设置安全网支架的框架层处，必须在该层的上、下节点各设置一个连墙件，水平每隔两跨设置一个连墙件。

(4) 连墙件的布置尽量采用梅花形布置，相邻两点的垂直间距小于或等于 4.0m，水平距离小于或等于 4.5m。

(5) 连墙件安装时要注意调整脚手架与墙体间的距离，使脚手架保持垂直，严禁向外倾斜。应尽量连接在横杆层碗扣接头内，同脚手架、墙体保持垂直。偏角范围小于或等于 15°。

9. 当脚手板采用碗扣式脚手架配套设计的钢脚手板时，脚手板两端的挂钩必须完全落入横杆上，才能牢固地挂在横杆上，不允许浮动。

除在作业层及其下面一层要满铺脚手板外，还必须沿高度每 10m 设置一层，以防止高空坠物伤人和砸碰脚手架框架。

10. 一般沿脚手架外侧要满挂封闭式安全网（立网），并应与脚手架立杆、横杆绑扎牢固，绑扎间距应不大于 0.3m。根据规定在脚手架底部和层间设置水平安全网。碗扣式脚手架配备有安全网支架，可直接用碗扣接头固定在脚手架上。

七、门式钢管脚手架（门型脚手架）安全要求

1. 脚手架搭设前必须对门架、配件、加固件按规范进行检查验收，不合格的严禁使用。

2. 脚手架搭设场地应进行清理、平整夯实，并做好排水。

3. 地基基础施工应按门架专项安全施工组织设计（施工方案）和安全技术措施交底进行。基础上应先弹出门架立杆位置线，垫板、底座安放位置应准确。

4. 不配套的门架与配件不得混合使用于同一脚手架。门架安装应自一端向另一端延伸，不得相对进行。搭完一步后，应检查、调整其水平度与垂直度。

5. 上交叉支撑、水平架和脚手板应紧随门架的安装及时设置。连接门架与配件的锁臂、搭钩必须锁住、锁牢。水平架和脚手板应在同一步内连续设置，脚手板必须铺满、铺严，不准有空隙。

6. 底层钢梯的底部应加设钢管并用扣件扣紧在门架的立杆上，钢梯的两侧均应设置扶手，每段梯可跨越两步或三步门架再行转折。

7. 护身栏杆、立挂密目安全网应设置在脚手架作业层外侧，门架立杆的内侧。

8. 加固杆、剪刀撑必须与脚手架同步搭设。水平加固杆应设于门架立杆内侧，剪刀撑应设于门架立杆外侧，并扣接牢固。

9. 连墙件的搭设必须随脚手架搭设同步进行，严禁滞后设置或搭设完毕后补做。当脚手架作业层高出相邻连墙件已两步的，应采取确保稳定的临时拉接措施，直到连墙件搭设完毕后，方可拆除。

10. 加固件、连墙件等与门架采用扣件连接，扣件规格必须与所连钢管外径相匹配，扣件螺栓拧紧，扭力矩宜为 50～60N·m，并不得小于 40N·m。

11. 脚手架搭设完毕或分段搭设完毕必须进行验收检查，合格签字后，交付使用。

12. 脚手架拆除必须按拆除方案和拆除安全技术措施交底规定进行。拆除前应清除架子上材料、工具和杂物，拆除时应设置警戒区和挂警戒标志，并派专人负责监护。

13. 拆除的顺序，应从一端向另一端，自上而下逐层地进行，同一层的构配件和加固件应按先上后下，先外后里的顺序进行，最后拆除连墙件。连墙件、通长水平杆和剪刀撑等必须在脚手架拆除到相关门架时，方可拆除。

14. 拆除的工人必须站在临时设置的脚手板上进行拆卸作业。拆除工作中，严禁使用榔头等硬物击打、撬挖。拆卸连接部件时，应先将锁座上的锁板与卡钩上的锁片旋转至开启位置，然后拆除、不得硬拉、敲击。

15. 拆下的门架、钢管与配件，应成捆用机械吊运或由井架传送至地面，防止碰撞，严禁抛掷。

八、吊篮式脚手架安全要求

1. 吊篮搭设构造必须遵照专项安全施工组织设计规定，组装或拆除时，应 3 人配合操作，严格按搭设程序作业，任何人不允许改变方案。

2. 吊篮的负载不得超过 1176N/m^2（120kg/m^2），吊篮上的作业人员和材料要对称分布，不得集中在一头，保持吊篮两端负载平衡。篮内人员必须系好安全带。

3. 吊篮两端应设保险绳，其直径与承重钢丝绳相同。绳卡不得少于 3 个，严禁使用有接头钢丝绳。

4. 承重钢丝绳与挑梁连接必须牢靠，并应有预防钢丝绳受剪的保护措施。

5. 以手扳葫芦为吊具的吊篮，钢丝绳穿好后，必须将保险搬把卸掉，系牢保险绳或安全销，并将吊篮与建筑物拉牢。

6. 吊篮的位置和挑梁的设置应根据建筑物实际情况而定。挑梁挑出的长度与吊篮的吊点必须保持垂直，安装挑梁时，应使挑梁探出建筑物一端稍高于另一端。挑梁在建筑物内外的两端应用杉篙或钢管连接牢固，成为整体，挑梁采用不小于 14 号工字钢强度的材料。阳台部位的挑梁在挑出部分的顶端要加斜撑抱桩，斜撑下要加垫板，并且将受力的阳台板和以下的两层阳台板设立柱加固。

7. 承重受力的预埋吊环，应用直径不小于 16m 的圆钢。吊环埋入混凝土内的长度大于 36cm，并与墙体主筋焊接牢固。预埋吊环距支点的距离不小于 3m。

8. 吊篮可根据工程的需要组装单层或双层吊篮，双层吊篮要设爬梯，留出活动盖板，以便人员上下。

9. 吊篮长度一般不得超过 8m，宽度以 0.8～1m 为宜。单层吊篮高度以 2m，双层吊篮高度以 3.8m 为宜。用钢管为立杆的吊篮，立杆间距不得超过 2.5m，单层吊篮至少设三道横杆，双层吊篮至少设五道横杆。

10. 以钢管组装的吊篮大、小面均需设戗，以焊接预制框架组装的吊篮，长度超过 3m 的大面要设戗。

11. 吊篮的脚手板必须铺平、铺严，并与横向水平杆固定牢，横向水平杆的间距可根据脚手板厚度而定，一般以 0.5～1m 为宜。吊篮作业层外排和两端小面均应设两道护身栏，并挂密目安全网封严，索死下角，里侧应设护身栏。

12. 吊篮长度在 3～8m 的设 3 个吊点，长度在 3m 以下的可设两个吊点。

13. 吊篮里侧距建筑物 100mm 为宜，两吊篮之间间距不得大于 200mm。不得将两个或几个吊篮连在一起同时升降，两个吊篮接头处应与窗口、阳台作业面错开。

14. 严禁在吊篮的防护以外和护头棚上作业，任何人不准擅自拆改吊篮。

15. 升降吊篮的手扳葫芦应采用 3t 以上的专用配套的钢丝绳，使用捯链应用 2t 以上的承重的钢丝绳，直径不小于 12.5mm。

16. 升降吊篮时，必须同时摇动所有手扳葫芦或拉动捯链，各吊点必须同时升降，保持吊篮平衡。吊篮升降时不要碰撞建筑物，特别是阳台、窗户等部位，应有专人负责推动吊篮，防止吊篮挂碰建筑物。

17. 吊篮使用期间，应经常检查吊篮防护、保险、挑梁、手扳葫芦、捯链和吊索等，发现隐患，立即解决。

18. 吊篮组装、升降、拆除、维修必须由专业架子工进行。

九、坡道安全要求

1. 脚手架运料坡道宽度不得小于 1.5m，坡度以 1:6（高:长）为宜。人行坡道，宽度不得小于 1m，坡度不得大于 1:3.5。

2. 立杆、纵向水平杆间距应与结构脚手架相适应。单独坡道的立杆、纵向水平杆间距不得超过 1.5m，横向水平杆间距不得大于 1m。坡道宽度大于 2m 时，横向水平杆中间应加吊杆，并每隔 1 根立杆在吊杆下加绑托杆和八字戗。

3. 脚手板应铺严、铺牢。对头搭接时板端部分应用双横向水平杆。搭接板的板端应搭过横向水平杆 200mm，并用三角木填顺板头凸棱。斜坡坡道的脚手板应钉防滑条，防滑条厚度 30mm，间距不得大于 300mm。

4. 之字坡道的转弯处应搭设平台，平台面积应根据施工需要，但宽度不得小于 1.5m。平台应绑剪刀撑或八字戗。

5. 坡道及平台必须绑两道护身栏杆和 180mm 高度的挡脚板。

十、满堂红架子搭设要求

1. 装修用满堂红架子，立杆间距不大于 1.5m，大横杆间距不大于 1.4m，小横杆间距不大于 1.0m。

2. 满堂红架子高度在 6m 以下时，可铺花板，间隙不大于 200mm，板头要绑牢；高度在 6m 以上时，必须铺严脚手板。

3. 当基础为土质时，立杆的底部应平整夯实垫通板。

4. 四角设抱角斜撑，四边设剪刀撑，中间每隔4根立杆沿纵长方向搭设一道剪刀撑，所有斜撑和剪刀撑均应由底到顶连续设置。

5. 上料井口四角设安全护栏，上下架子设爬梯。

6. 满堂红架子临边处设两道护栏和一道挡脚板。

十一、安全网

1. 安全网选择

根据负载高度选择平网的架设宽度。立网不能代替平网使用。新网必须有产品检验合格证；旧网应在外观检查合格的情况下，进行抽样检验，符合要求时方准使用。

平网宽度不得小于3m，立网宽（高）度不得小于1.2m，密目式安全立网宽（高）度不得小于1.2m。每张安全网重量一般不宜超过15kg。

2. 支撑杆应有足够的强度和刚度，间距不得大于4m，同时系网处无尖锐边缘。系绳沿网边要均匀分布，相邻两根系绳间距，平网和立网都不得大于0.75m，密目式安全立网不得大于0.45m。系绳长度不小于0.8m。平网上两根相邻筋绳距离不小于30cm。当筋绳、系绳合一使用时，系绳部分必须加长，要求与边绳系紧后，再折回边绳系紧，至少形成双根。

3. 平网架设

架设平网应外高里低与平面成15°角，网片不要绷紧（便于能量吸收），网片系绳连接牢固不留空隙。《建筑施工安全检查标准》（JGJ 59—99）规定，取消了平网在落地式脚手架外围的使用，改为立网全封闭。立网应该使用密目式安全网。

（1）首层网　当砌墙高度达3.2m时应架首层网。首层网架设的宽度，视建筑的防护高度和脚手架型式而定。首层网在建筑工程主体及装修和整修施工期间不能拆除。

无外脚手架或采用单排外脚手架、悬挑式脚手架和工具式脚手架时，凡高度在4m以上的建筑物，首层四周必须支固定3m宽的水平安全网（20m以上的建筑物搭设6m宽双层安全网），网底距下方物体表面不得小于3m（20m以上的建筑物不得小于5m）。安全网下方不得堆物品。

（2）随层网　随施工作业层逐层上升搭设的安全网称为随层网，外脚手架施工的作业层脚手板下必须再搭设一层脚手板作为防护层。当大型工具不足时，也可在脚手板下架设一道随层平网，作为防护层。立网全封闭时，可不搭设随层网，但作业层脚手板要满铺，加强防护。

（3）层间网　在首层网与随层网之间搭设的固定安全网称为层间网。自首层开始，每隔10m架设一道3m宽的水平安全网。安全网的外边沿要明显高于内边沿50~60cm。立网全封闭时，可不搭设层间网。

4. 立网架设

立网应架设在防护栏杆上，上部高出作业面不小于1m。立网距作业面边缘处，最大间隙不得超过10cm。立网的下部应封闭牢靠。小眼立网和密目安全网都属于立网，视不同要求采用。

5.20m以上建筑施工的安全网一律用组合钢管角架挑支，用钢丝绳绷拉，其外沿要高于内口，并尽量绷直，内口要与建筑物锁牢。

6. 搭设好的水平安全网在承受重100kg、表面积2800cm^{2}的砂袋假人，从10m高处的冲击后，网绳、系绳、边绳不断。

7. 扣件式钢管外脚手架，必须立挂密目安全网，沿外架子内侧进行封闭，安全网之间必须连接牢固，并与架体固定。

8. 悬挑式脚手架和工具式脚手架必须立挂密目安全网，沿外排架子内侧进行封闭，并按标准搭设水平安全网防护。

9. 在施工程的电梯井、采光井、螺旋式楼梯口，除必须设金属可开启式安全防护门外。还应在井口内首层并最多每隔10m固定一道水平安全网。

10. 施工过程中，对安全网及支撑系统，应定期进行检查、整理、维修。检查支撑系统杆件、间距、结点以及封挂安全网用的钢丝绳的松紧度，检查安全网片之间的连接、网内杂物、网绳磨损以及电焊作业等损伤情况。

11. 对施工期较长的工程，安全网应每隔3个月按批号对其试验绳进行强力试验一次；每年抽样安全网，做一次冲击试验。

12. 拆除安全网时，必须待所防护区域内无坠落可能的作业时，方可进行。

13. 拆除安全网应自上而下依次进行。拆除过程中要由专人监护。作业人员系好安全带，同时应注意网内杂物的清理。

14. 拆除下来的安全网，由专人作全面检查，确认合格的产品，签发合格使用证书方准入库。

15. 安全网要存放在干燥通风无化学物品腐蚀的仓库中，存放应分类编号，定期检验。

十二、脚手架拆除安全要求

1. 脚手架拆除作业的危险性大于搭设作业，在进行拆除工作之前，必须作好准备工作：

(1) 当工程施工完成后，必须经单位工程负责人检查验证，确认脚手架不再需要后，方可拆除。脚手架拆除必须由施工现场技术负责人下达正式通知。

(2) 脚手架拆除应制订拆除方案，并向操作人员进行技术交底。

(3) 全面检查脚手架是否安全。

(4) 拆除前应清除脚手架上的材料、工具和杂物，清理地面障碍物。

(5) 制定详细的拆除程序。

2. 安全防护措施

脚手架拆除作业的安全防护要求与搭设作业时的安全防护要求相同。

(1) 拆除脚手架现场应设置安全警戒区域和警告牌，并由专职人员负责警戒，严禁非施工作业人员进入拆除作业区内。拆除大片架子应加临时围栏。作业区内电线及其他设备有妨碍时，应事先与有关部门联系拆除、转移或加防护。

(2) 作业人员戴安全帽、系安全带、穿软底鞋才允许上架作业。

(3) 脚手架拆除程序，应由上而下按层按步的拆除。拆除顺序与搭设顺序相反，后搭的先拆，先搭的后拆，严禁上下同时进行拆除作业。先拆护身栏、脚手板和横向水平杆，再依次拆剪刀撑的上部扣件和接杆。最后是纵向水平杆和立杆。拆除全部剪刀撑以前，必须搭设临时加固斜支撑，预防架子倾倒。连墙杆应随拆除进度逐层拆除，

（4）拆除时要统一指挥、上下呼应、动作协调。当解开与另一人有关的结扣时，应先通知对方，以防坠落。

（5）拆脚手架杆件，必须由2~3人协同操作，严禁单人拆除如脚手板、长杆件等较重、较大的杆部件。拆纵向水平杆时，应由站在中间的人向下传递，严禁向下抛掷。

（6）拆除立杆时，先把稳上部，再拆开后两个扣，然后取下；拆除大横杆、斜撑、剪刀撑时，应先拆中间扣，然后托住中间，再解端头扣，松开联结后，水平托举取下。

（7）拆下的材料应用绳索拴住，利用滑轮放下，严禁抛掷。

（8）脚手架分段拆除高差不应大于2步，如高差大于2步，应增设连墙件加固。

（9）当脚手架拆至下部最后一根立杆高度（约6.5m）时，应在适当位置先搭设临时抛撑加固后，再拆除连墙件。

（10）大片架子拆除后所预留的斜道、上料平台、通道等，应在大片架子拆除前先进行加固，以便拆除后确保其完整、安全和稳定。

（11）拆除时严禁撞碰附近电源线，以防事故发生。

（12）拆除时不能撞碰门窗、玻璃、水落管、房檐瓦片、地下明沟等。

（13）在拆架过程中，不能中途换人，如必须换人时，应将拆除情况交待清楚后方可离开。

第四节　模板安装拆除安全技术

近年来，建筑施工的伤亡事故中，坍塌事故比例增大，现浇混凝土模板支撑架的坍塌事故占到了一定的比例。没有经过设计计算，支撑系统强度不足、稳定性差，模板上堆物不均匀或超出设计荷载，混凝上浇筑过程中局部荷载过大等原因都是造成模板坍塌事故的原因。因此，必须加强对模板工程的安全管理，

一、模板工程的施工方案

（1）模板工程的施工方案必须经上一级技术部门批准。

（2）模板设计的主要内容：

1）绘制模板设计图，包括细部构造大样图和节点大样，注明所选材料的规格、尺寸和连接方法。

2）绘制支撑系统的平面图和立面图，并注明间距及剪刀撑的设置。

3）根据施工条件确定荷载，并按所有可能产生的荷载中最不利组合验算模板整体结构和支撑系统的强度、刚度和稳定性，并有相应的计算书。

4）制定模板的制作、安装和拆除等施工程序、方法和安全措施。

二、模板施工前的准备工作

（1）模板施工前，现场施工负责人应认真向有关工作人员进行安全交底。

（2）模板构件进场后，应认真检查构件和材料是否符合设计要求。

（3）做好模板垂直运输的安全施工准备工作，排除模板施工中现场的不安全因素。

三、模板施工的安全技术

1. 一般规定

（1）模板运到现场后，应认真检查模板、支撑等构件和材料是否符合设计要求，钢模板有无严重锈蚀或变形，木模板及支撑材质是否合格。

（2）现场防护设施齐全。支模场地夯实平整，电源线绝缘、漏电保护装置齐全，切实做好模板垂直运输的安全施工准备工作。

（3）模板工程作业高度在2m和2m以上时，应根据高处作业安全技术规范的要求进行操作和防护，要有安全可靠的操作架子；在4m及2层以上操作时周围应设安全网、防护栏杆。在临街及交通要道地区施工应设警示牌，避免伤及行人。

（4）操作人员上下通行，应通过马道、乘施工电梯或上人扶梯等，不准攀登模板或脚手架上下，不准在墙顶、独立梁及其他狭窄而又无防护栏的模板面上行走。

（5）基础及地下工程模板安装，必须检查基坑土壁边坡的稳定状况，基坑上口边沿1m以内不得堆放模板及材料。向槽（坑）内运送模板构件时，严禁抛掷。使用溜槽或起重机械运送，下方操作人员必须远离危险区域。

（6）在高处作业架子和平台上一般不宜堆放模板料。若短时间堆放时，一定码放平稳，控制在架子或平台的允许荷载范围内。

（7）高处支模所用工具不用时要放在工具袋内，不能随意将工具、模板零件放在脚手架上，以免坠落伤人。

（8）雨季施工时，高耸结构的模板作业要安装避雷设施。冬季时，对操作地点和人行道的冰雪要事先清除掉，避免人员滑倒摔伤。5级以上大风天气，不宜进行大模板拼装和吊装作业。

（9）在架空输电线路下进行模板施工，如果不能停电作业，应采取隔离防护措施，其安全操作距离应符合《施工现场临时用电安全技术规范》（JGJ 46—2005）的要求。

（10）夜间施工，照明电源电压不得超过36V，在潮湿地点或易触及带电体场所，照明电源不得超过24V。各种电源线应用绝缘线，且不允许直接固定在钢模板上。

（11）模板支撑不能固定在脚手架或门窗等不牢靠的临时物件上，避免发生倒塌或模板位移。

（12）模板安装过程中，不得间歇，柱头、搭头、立柱顶撑、拉杆等必须安装牢固成整体后，作业人员才允许离开。

（13）支设悬挑形式的模板时，应有稳定的立足点。支设临空构筑物模板时，应搭设支架。模板上有预留洞时，应在安装后将洞盖没。混凝土板上拆模后形成的临边或洞口，应按规定进行防护。

（14）在模板上施工时，堆物不宜过多，不宜集中一处，大模板的堆放应有防倾措施。

2. 模板的安装

（1）大模板工程

1）大模板放置时，下面不得有电线和气焊管线。

2）平模叠放运输时，垫木上下对齐，绑扎牢固，车上严禁坐人。

3）大模板组装或拆除时，指挥、拆除和挂钩人员，应站在安全可靠的地方才可操作，严禁任何人员随大模板起吊，安装外模板的操作人员应系安全带。

4）大模板应设操作平台、上下梯道、防护栏杆等设施。大模板安装就位后，为方便浇筑混凝土，两道墙模板平台间应搭设临时走道，严禁再外墙板上行走。

5）模板安装就位后，应采取防止触电的保护措施，由专人将大模板串联起来，并同避雷网接通，防止漏电伤人。

6）当风力5级时，仅允许吊装1~2层模板和构件。风力超过5级，应停止吊装。

(2) 现浇整体式模板工程

1）支模应严格按工序进行，模板没有固定前，不得进行下道工序的施工。模板及其支撑系统在安装过程中必须设置临时固定设施，而且牢固可靠，严防倾覆。

2）小钢模在运输传递过程中，要放稳接牢，防止倒塌或掉落伤人。

3）使用吊装机械吊装单片柱模时，应采用卡环和柱模连接，严禁用钢筋钩代替，以避免柱模翻转时脱钩造成事故，待模板立后并拉好支撑，方可摘取卡环。

4）严禁在模板的连接件和支撑件上攀登上下，严禁在同一垂直面上安装模板。

5）支设高度在3m以上的柱模板和梁模板时，四周必须设牢固支撑，并应搭设操作平台，不足3m的，可使用马凳作业，不准站在柱模板上操作和在主梁底模上行走及立侧模，不准利用拉杆、支撑攀登上下。模板在6m以上不宜单独支模，应将几个柱子模板拉成整体。主柱超过4m时，不宜用工具式钢支柱，宜采用钢管式脚手架立柱或门式脚手架。若采用多层支架支模时，各层支架本身应成为整体空间结构，支架的层间垫块要平整，各层支架的立柱应垂直，上下层立柱应在同一条垂直线上。

6）用钢管和扣件搭设双排立柱支架支承梁模时，扣件应拧紧，横杆步距按设计规定，严禁随意增大。

7）墙模板在未安装对拉螺栓前，板面向后倾斜一定角度并撑牢，以防倒塌。安装过程中随时拆换支撑或增加支撑，以保持墙模处于稳定状态。模板未支撑稳固前不得松开卡环。

8）平板模板安装就位时，在支架搭设稳固，板下横楞与支架连接牢固后进行。U形卡按设计规定安装，以增强整体性，确保模板结构安全，防止整体倒塌。

9）上下层楼盖模板的支柱应在同一条垂直线上。底层支模地面应夯实平整，立柱下面垫通长垫板。冬季不能在冻土或潮湿地面上支立柱。

四、拆模的安全技术要求

1. 拆模必须满足拆模时所需混凝土强度，经工程技术领导同意，不得因拆模而影响工程质量。

2. 各类模板拆除的顺序和方法，应根据模板设计的规定进行，如无具体规定，应按照先支的后拆，后支的先拆，先拆非承重的模板，后拆承重的模板和支架的顺序进行拆除。

3. 拆模作业时，必须设置警戒区域，并派人监护，严禁下方有人进入。拆模必须拆除干净彻底，不得留有悬空模板。

4. 拆模高处作业，应配置登高用具或搭设支架，必要时应系安全带。模板拆除前，作业人员要事先检查所使用的工具是否完好牢固。

5. 拆模作业人员必须站在平稳牢固可靠的地方，保持自身平衡，不得猛撬，以防失稳坠落。

6. 作业人员在拆除模板过程中，如发现已灌注混凝土有影响结构安全的质量问题时，应暂停拆除，报告施工员经过处理后方可继续拆除。

7. 拆除模板一般应采用长撬杠，严禁作业人员站在正在拆除的模板上或在同一垂直面上拆除模板。

8. 严禁用吊车直接吊除没有撬松动的模板，吊运大型整体模板时必须拴结牢固，且吊点平衡，吊装、运大钢模时必须用卡环连接，就位后必须拉接牢固方可卸除吊环。

9. 拆除电梯井及大型孔洞模板时，下层必须支搭安全网等可靠防坠落措施。

10. 拆除高度在3m以上的模板时，应搭设脚手架或操作平台，并设防护栏杆。拆除时应逐块拆卸，不得成片松动、撬落和拉倒。严禁作业人员站在悬臂结构上面敲拆底模。

11. 在拆除用小钢模板支撑的顶板模板时，严禁将支柱全部拆除后，一次性拉拽拆除。已拆活动的模板，必须一次连续拆除完，方可停歇，严禁留下不安全隐患。

12. 楼层高处拆下的材料，严禁向下抛掷。拆下的模板、拉杆、支撑等材料，必须边拆、边清、边运、边码垛。模板拆除后其临时堆放处离楼层边沿不应小于1m，堆放高度不得超过1m，楼层边口、通道口、脚手架边缘严禁堆放任何拆下物件。

13. 模板拆除间隙应将已活动的模板、拉杆、支撑等固定牢固，严防突然掉落、倒塌等意外伤人。

第五节　钢筋工程安全要求

一、钢筋运输与堆放安全要求

1. 人工搬运钢筋时，步伐要一致。当上下坡（桥）或转弯时，要前后呼应，步伐稳慢。注意钢筋头尾摆动，防止碰撞物体或打击人身，特别防止碰挂周围和上下的电线。上肩或卸料时要互相打招呼，注意安全。

2. 人工垂直传递钢筋时，送料人应站立在牢固平整的地面或临时构筑物上，接料人应有护身栏杆或防止前倾的牢固物体，必要时挂好安全带。

3. 机械垂直吊运钢筋时，应捆扎牢固，吊点应设在钢筋束的两端。有困难时，才在该束钢筋的重心处设吊点，钢筋要平稳上升，不得超重起吊。

4. 临时堆放钢筋，不得过分集中，应考虑模板或桥道的承载能力。在新浇筑楼板混凝土未达到1.2MPa强度前，严禁堆放钢筋。

5. 钢筋在运输和储存时，必须保留标牌，并按批分别堆放整齐，避免锈蚀和污染。

6. 注意钢筋切勿碰触电源，严禁钢筋靠近高压线路，钢筋与电源线路应保持安全距离。

二、钢筋加工安全要求

1. 作业前必须检查加工机械设备、作业环境、照明设施等，并且试运行保证安全装置齐全有效。

2. 钢筋加工场地应由专人看管，非钢筋加工制作人员不得擅自进入钢筋加工场地。

3. 操作人员必须熟悉钢筋机械的构造性能和用途。并应按照清洁、调整、紧固，防腐、润滑的要求，维修保养机械。

4. 操作人员作业时必须扎紧袖口，整好衣角，扣好衣扣，严禁戴手套。女工应戴工作帽，将发挽入帽内不得外露。

5. 冷拉钢筋时，卷扬机前应设置防护挡板，或将卷扬机与冷拉方向成90°，且应用封闭式的导向滑轮，冷拉场地禁止人员通行或停留，以防被伤。

6. 机械运行中停电时，应立即切断电源。下班后应按顺序停机、拉闸断电，锁好闸箱门，清理作业场所。电路故障必须由专业电工排除，严禁非电工接、拆、修电气设备。

7. 机械明齿轮、皮带轮等高速运转部分，必须安装防护罩或防护板。

8. 电动机械的电闸箱必须按规定安装漏电保护器，并应灵敏有效。

9. 工作完毕后，应用工具将铁屑、钢筋头清除，严禁用手擦抹或嘴吹。切好的钢材、半成品必须按规格码放整齐。脚手架上不得集中码放钢筋，应随使用随运送。

三、钢筋绑扎与安装安全要求

1. 在高处（2m以上）、深坑绑扎钢筋和安装钢筋骨架，必须搭设脚手架或操作平台，临边应搭设防护栏杆。

2. 绑扎和安装钢筋，不得将工具、箍筋或短钢筋随意放在脚手架或模板上。

3. 在高空、深坑绑扎钢筋和安装骨架，应搭设脚手架和马道。

4. 绑扎立柱和墙体钢筋时，不得站在钢筋骨架上或攀登骨架上下。

5. 绑扎3m以上的柱钢筋应搭设操作平台，已绑扎的柱骨架采用临时支撑拉牢，以防倾倒。绑扎圈梁、外墙、边柱钢筋时，应搭设外脚手架或悬挑架，并按规定挂好安全网。悬空大梁钢筋的绑扎，必须站在满铺脚手板的脚手架上或操作平台上操作。

6. 起吊钢筋或钢筋骨架时，下方禁止站人，待钢筋骨架降落至离楼地面或安装标高1m以内人员方准靠近操作，待就位放稳或支撑好后，方可摘钩。

7. 在高处楼层上拉钢筋或钢筋调向时，必须事先观察运行上方或周围附近是否有高压线，严防碰触。

8. 深基础或夜间施工应使用低压照明灯具。

第六节　混凝土工程安全技术

一、材料运输安全要求

1. 搬运袋装水泥时，必须逐层从上往下阶梯式搬运，严禁从下抽拿。存放水泥时，必须压槎码放，并不得码放过高（一般不超过10袋为宜）。水泥袋码放不得靠近墙壁。

2. 使用手推车运料，向搅拌机料斗内倒砂石时，应设挡掩，不得撒把倒料；运送混凝土时，装运混凝土量应低于车厢5~10cm，不得抢跑，空车应让重车；及时清扫遗撒落地的材料，保持现场环境整洁。

3. 垂直运输使用井架、龙门架、外用电梯运送混凝土时，车把不得超出吊盘（笼）以外，车轮挡掩，稳起稳落；用塔吊运送混凝土时，小车必须焊有牢固吊环，吊点不得少于4个，并保持车身平衡；使用专用吊斗时吊环应牢固可靠，吊索具应符合起重机械安全规程要求。

二、混凝土浇筑安全要求

1. 施工人员应严格遵守混凝土作业安全操作规程，振捣设备安全可靠，以防发生触电事故。

2. 浇筑混凝土若使用溜槽时，溜槽必须固定牢固，若使用串筒时，串筒节间应连接牢靠。在操作部位应设护身栏杆，严禁直接站在溜槽帮上操作。

3. 浇筑高度2m以上的框架梁、柱、雨篷、阳台的混凝土时，应搭设操作平台，并有安全防护措施，严禁站在模板或支撑上操作。更不得直接在钢筋上踩踏、行走。

4. 浇筑拱形结构，应自两边拱脚对称同时进行。

5. 采用泵送混凝土进行浇筑时，应由2人以上人员牵引布料杆。输送管道的接头应紧密不漏浆，安全阀完好，管架等必须安装牢固，输送前应进行试送，检修时必须卸压。

6. 混凝土振捣器使用前必须经电工检验确认合格后方可使用。开关箱内必须装设漏电保护器，插座插头应完好无损，电源线不得破皮漏电。操作者必须穿绝缘鞋（胶鞋），戴绝缘手套。

7. 预应力灌浆应严格按照规定压力进行，输浆管应畅通，阀门接头应严密牢固。

三、混凝土养护安全要求

1. 使用覆盖物养护混凝土时，预留孔洞必须按规定设牢固盖板或围栏，并设安全标志。

2. 使用电热法养护应设警示牌、围栏。无关人员不得进入养护区域。

3. 用软管浇水养护时，应将水管接头连接牢固，移动皮管不得猛拽，不得倒行拉移软管。

4. 蒸汽养护时操作和冬施测温人员，不得在混凝土养护坑（池）边沿站立和行走。应注意脚下孔洞与磕绊物等。

5. 覆盖养护材料使用完毕后，必须及时清理并存放到指定地点，码放整齐。

第七节　砌筑工程安全技术

一、基本安全要求

1. 在深度超过1.5m砌筑基础时，应检查槽帮有无裂缝、水浸或坍塌的危险隐患。送料、砂浆要设有溜槽，严禁向下猛倒和抛掷物料工具等。

2. 距槽帮上口1m以内，严禁堆积土方和材料。砌筑2m以上深基础时，应设有梯或坡道，不得攀跳槽、沟、坑上下，不得站在墙上操作。

3. 砌筑使用的脚手架，未经交接验收不得使用。验收使用后不准随便拆改或移动。

4. 在架子上用刨锛斩砖，操作人员必须面向里，把砖头斩在架子上。挂线用的坠物必须绑扎牢固。作业环境中的碎料、落地灰、杂物、工具集中下运，做到日产日清、自产自清、活完料净场地清。

5. 脚手架上堆放料量不得超过规定荷载（均布荷载每平方米不得超过3kN，集中荷载不超过1.5kN)。并应分散堆置，不得过分集中。

6. 每块脚手板上的操作人员不应超过两人，堆放砖块时不应超过单行3皮。宜一块板站人，一块板堆料。

7. 采用里脚手架砌墙时，不准站在墙上清扫墙面和检查大角垂直等作业。不准在刚砌好的墙上行走。

8. 在同一垂直面上上下交叉作业时，必须设置安全隔离层。

9. 用起重机配合砖笼吊运砖时，要均匀分布，并必须预先在楼板上加设支柱及横木承载。砖笼严禁直接吊放在脚手架上。吊运砂浆的料斗不能装得过满。吊钩要扣稳，而且要待吊物下降至离楼地面1m以内时，人员才可靠近，扶住就位。人员不得站在建筑物的边缘。吊运物料时，吊臂回转范围内的下面不得有人员行走或停留。

10. 用手推车运输砖、石、砂浆等材料时应注意稳定，不得猛跑，前后车距离应不少于2m；坡度行车，两车距离应不少于10m。禁止并行或超车。所载材料不许超出车厢之外。

11. 上、下脚手架时不应猛烈跳上、跳下。

12. 在地坑、地沟砌砖时，严防塌方并注意地下管线、电缆等。

13. 在屋面坡度大于25°时，挂瓦必须使用移动板梯，板梯必须有牢固挂钩。檐口应搭设防护栏杆，并挂密目安全网。

14. 屋面上瓦应两坡同时进行，保持屋面受力均衡，瓦要放稳。屋面无望板时，应铺设通道，不准在桁条、瓦条上行走。

15. 在石棉瓦等不能承重的轻型屋面上作业时，必须搭设临时走道板，并应在屋架下弦搭设水平安全网。严禁在石棉瓦上作业和行走。

16. 雨期施工不得使用过湿的砖或砌块，以避免砂浆流淌，影响砌体质量。雨后继续施工时，应复核砌体垂直度。并要做好防雨措施，严防雨水冲走砂浆，造成砌体倒塌。

17. 冬期施工有霜、雪时，必须将脚手架等作业环境的霜、雪清除后方可作业。

18. 不准用不稳定的工具或物体在脚手板面垫高操作，更不应在未经设计和加固的情况下，在一层脚手架上再叠加一层（桥上桥）。

二、砌砖施工安全要求

1. 基础砌砖时，应经常注意和检查基坑土质变化情况，有无崩裂和塌陷现象。当深基坑装设挡板支顶时，操作人员应设梯子上、下脚手架，不应攀爬支顶和踩踏砌体上、下脚手架，运料下基坑不得碰撞支顶。

2. 基坑边堆放材料距离坑边不得少于1m。尚应按土质的坚实程度确定。当发现土壤出现水平或垂直裂缝时，应即将材料搬离并进行基坑装顶加固处理。

3. 深基坑装顶的拆除，应随砌筑的高度，自下而上将支顶逐层拆除并每拆一层，随即回填一层泥土，防止该层基土发生变化。当在坑内工作时，操作人员必须戴好安全帽。操作地段上面要有明显标志，警示基坑内有人操作。

4. 脚手架站脚处的高度，应低于已砌砖的高度。

5. 在砌筑前一天或半天（视天气情况而定）应将砖垛浇水湿润，不应将砖运到脚手架上才进行，以免造成场地湿滑。

6. 砖垛上取砖时，应先取高处后取低处，防止垛倒砸人。

7. 不准站在墙上做画线、称角、清扫墙面等工作。上下脚手架应走斜道，严禁踏上窗台出入平桥。

8. 砍砖时应面向内打，注意碎砖弹出伤人。

9. 砌砖在一层以上或高度超过 2m 时，若建筑物外边没有架设脚手架平桥，则应架设安全网或护身栏杆。

10. 沿海地区，在台风到来之前，已砌好的山墙应临时用连系杆（例如桁条）放置各跨山墙间，以保证其稳定。否则，应另行采取支撑措施。

11. 砌砖使用的工具、材料应放在稳妥的地方，工作完毕应将脚手板和砖墙上的碎砖、灰浆等清扫干净，防止掉落伤人。

三、中、小型砌块施工安全要求

1. 砌块施工宜组织专业小组进行。施工人员必须认真执行有关安全技术规程和本工种的操作规程。

2. 吊装砌块和构件时应注意其重心位置，禁止用起重拔杆拖运砌块，不得起吊有破裂脱落危险的砌块。起重拔杆回转时，严禁将砌块停留在操作人员的上空或在空中整修、加工砌块。吊装较长构件时应加稳绳。吊装时不得在其下一层楼内进行任何工作。

3. 堆放在楼板上的砌块不得超过楼板的允许承载力。采用内脚手架施工时，在二层楼面以上必须沿建筑物四周设置安全网，并随施工高度逐层提升，屋面工程未完工前不得拆除。

4. 安装砌块时，不准站在墙上操作和在墙上设置支撑、缆绳等。在施工过程中，对稳定性较差的窗间墙、独立柱应加稳定支撑。

5. 当遇到下列情况时，应停止吊装工作：

(1) 因刮风，使砌块和构件在空中摆动不能停稳时；

(2) 噪声过大，不能听清指挥信号时；

(3) 起吊设备、索具、夹具有不安全因素且没有排除时；

(4) 大雾或照明不足时。

第八节　防水工程安全技术

一、基本安全要求

1. 材料存放于专人负责的库房，严禁烟火并应挂有醒目的警告标志。

2. 施工现场和配料场地应通风良好，操作人员应穿软底鞋、工作服、扎紧袖口，并应配戴手套及鞋盖。涂刷处理剂和胶粘剂时，必须戴防毒口罩和防护眼镜。外露皮肤应涂擦防护膏。操作时严禁用手直接揉擦皮肤。

3. 患有皮肤病、眼病、刺激过敏者，不得参加防水作业。施工过程中发生恶心、头晕、过敏等现象时，应停止作业。

4. 用热玛瑞脂粘铺卷材时，浇油和铺毡人员，应保持一定距离，浇油时，檐口下方不得有人行走或停留。

5. 使用液化气喷枪及汽油喷灯点火时，火嘴不准对人。汽油喷灯加油不得过满，打气不能过足。

6. 装卸溶剂的容器，必须配软垫，不准猛推猛撞。使用容器后，其容器盖必须及时盖严。

7. 高处作业屋面周围边沿和预留孔洞，必须按“洞口、临边”防护规定进行安全防护。

8. 防水卷材采用热熔粘结，使用明火（如喷灯）操作时，应申请办理用火证，并设专人看火。配有灭火器材，周围30m以内不准有易燃物。

9. 雨、雪、霜天应待屋面干燥后施工。6级以上大风应停止室外作业。

10. 下班清洗工具。未用完的溶剂，必须装入容器，并将盖盖严。

11. 加热熔化沥青材料的地点必须在建筑物的下风方向距离建筑物10m以上，上方不得有电线，地下5m内不得有电缆。

12. 炉灶附近严禁放置易燃、易爆物品，并应配备锅盖或铁板、灭火器、砂袋等消防器材。

二、熬油施工安全要求

1. 加入锅内的沥青不得超过锅容量的3/4。

2. 熬油的作业人员应严守岗位，注意沥青温度变化，随着沥青温度变化，应慢火升温。沥青熬制到由白烟转黄烟到红烟时，应立即停火。如着火，应用锅盖或铁板覆盖。地面着火，应用灭火器、干砂等扑灭，严禁浇水。

3. 配制、贮存、涂刷冷底子油的地点严禁烟火，并不得在30m以内进行电焊、气焊等明火作业。

4. 装运油的桶壶，应用铁皮咬口制成，严禁用锡焊桶壶，并应设桶壶盖。

5. 运输设备及工具，必须牢固可靠，竖直提升，平台的周边应有防护栏杆，提升时应拉牵引绳，防止油桶摇晃，吊运时油桶下方10m半径范围内严禁站人。

6. 不允许两人抬送沥青，桶内装油不得超过桶高的2/3。

7. 在坡度较大的屋面运油，应穿防滑鞋，设置防滑梯，清扫屋面上的砂粒等。油桶下设桶垫，必须放置平稳。

三、卷材铺贴施工安全要求

1. 盛装热沥青的铁勺、铁壶、铁桶要用咬口接头，严禁用锡进行焊接，桶宜加盖，装油量不得超过上述容器的2/3。

2. 油桶要平放，不得两人抬运。在运输途中，注意平稳，精神要集中，防止不慎跌倒造成伤害。

3. 垂直运输热沥青，应采用运输机具，运输机具应牢固可靠。如用滑轮吊运时，上面的操作平台应设置防护栏杆，提升时要系拉牵绳，防止油桶摆动，油桶下方10m半径范围内禁止站人。

4. 禁止直接用手传递，也不准工人沿楼梯挑上，接料人员应用钩子将油桶钩放在平台上放稳，不得过于探身用手接触油桶。

5. 在坡度较大的屋面运热沥青时，应采取专门的安全措施（如穿防滑鞋、设防滑梯等），油桶下面应加垫，保证油桶放置平稳。

6. 屋面四周没有女儿墙和未搭设外脚手架时，施工前必须搭设好防护栏杆，其高度应高出沿周边1.2m。防护栏杆应牢固可靠。

7. 浇倒热沥青时，必须注意屋面的缝隙和小洞，防止沥青漏落。浇到屋面四周边沿时，要随时拦扫下淌的沥青，以免流落下方，并应通知下方人员注意避开。檐口下方不得有人行走或停留，以防沥青流落伤人。

8. 浇倒热沥青与铺贴卷材的操作人员应保持一定距离，并根据风向错位，壶嘴要向下，不准对人，浇至四周边沿时，要侧身操作，以避免热沥青飞溅烫伤。

9. 避免在高温烈日下施工。

10. 运上屋面的材料，如卷材、鱼眼砂等，应平均分散堆放，随用随运，不得集中堆料。在坡度较大的屋面上堆放卷材时，应采取措施，防止滑落。

11. 在地下室、基础、池壁、管道、容器内等地方进行有毒、有害的涂料和涂抹沥青防水等作业时，应有通风设备和防护措施，并应定时轮换操作。

12. 地下室防水施工的照明用电，其电源电压应不大于36V；在特别潮湿的场所，其电源电压不得大于12V。

13. 配制速凝剂时，操作人员必须戴口罩和手套。

14. 处理漏水部位，须用手接触掺促凝剂的砂浆时，要戴胶皮手套或胶皮手指套。

15. 使用喷灯时，应清除周围的易燃物品；必须远离冷底子油，严禁在涂刷冷底子油区域内使用喷灯。喷灯煤油不得过满，打气不应过足，并必须在用火地点备有防火器材。

16. 铺贴垂直墙面卷材，其高度超过1.5m时，应搭设牢固的脚手架。

第九节　装饰装修工程安全技术

一、基本安全要求

1. 操作前应先检查脚手架是否稳固，脚手板是否有空隙、探头板，护身栏、挡脚板确认合格，方可使用。操作中也应随时检查脚手架。吊篮架的升降由架子工负责，非架子工不得擅自拆改或升降。

2. 外饰面工序上、下层同时操作时，脚手架与墙身的空隙部位应设遮隔措施。

3. 脚手架上的工具、材料要分散放稳，不得超过允许荷载。作业人员应戴安全帽。

4. 采用井字架、龙门架、外用电梯垂直运送材料时，预先检查卸料平台通道的两侧边安全防护是否齐全、牢固，吊盘（笼）内小推车必须加挡车掩，不得向井内探头张望。

5. 外装饰必须设置可靠的安全防护隔离层。粘贴板、砖使用的预制件、大理石、瓷砖等，应堆放整齐、平稳，边用边运。安装时要稳拿稳放，待灌浆凝固稳定后，方可拆除临时支撑。废料、边角料严禁随意抛掷。

6. 脚手板不得搭设在门窗、暖气片、洗脸池等非承重的物器上。阳台通廊部位抹灰，外侧必须挂设安全网。严禁踩踏脚手架的护身栏杆和在阳台栏板上进行操作。

7. 室内抹灰使用的木凳、金属支架应搭设平稳牢固，宽度不得少于两块脚手板，跨度不得大于2m，架上堆放材料不得过于集中，移动高凳时上面不得站人，同一跨度内作业人员最多不得超过两人。高度超过2m时，应由架子工搭设脚手架。

8. 在高大门、窗旁作业时，必须将门窗扇关好，并插上插销。

9. 机械喷涂应戴防护用品，压力表安全阀应灵敏可靠，输浆管各部接口应拧紧卡牢。管路摆放顺直，避免折弯。

10. 输浆应按照规定压力进行，超压或管道堵塞，应卸压检修。

11. 调制和使用稀盐酸溶液时，应戴风镜和胶皮手套。调拌氯化钙砂浆时，应戴口罩和胶皮手套。

12. 使用磨石机，应戴绝缘手套穿胶靴，电源线不得破皮漏电，金刚砂块安装牢固，经试运转正常，方可操作。

13. 夜间或阴暗处作业，应用36V以下安全电压照明。

14. 瓷砖墙面作业时，瓷砖碎片不得向窗外抛扔。剔凿瓷砖应戴防护镜。

15. 使用电钻、砂轮等手持电动机具，必须装有漏电保护器，作业前应试机检查，作业时应戴绝缘手套。

16. 遇有6级以上强风、大雨、大雾，应停止室外高处作业。

二、干挂饰面板安全要求

1. 严格剔除有开裂、隐伤的块材。

2. 金属挂件所采用的构造方式、数量，要同块材外形规格的大小及其重量相适应。

3. 所有块材、挂件及其零件均应按常规方法进行材质定量检验。

4. 应配备专职检测人员及专用测力扳手，随时检测挂件安装的操作质量，务必排除结构基层上有松动的螺栓和紧固螺母的旋紧力未达到设计要求的情况，其抽检数量按1/3进行。

5. 室内外运输道路应平整，石块材料放在手推车上运输时应垫以松软材料，两侧宜有人扶持，以免碰花碰损和砸脚伤人。

6. 现场平台或脚手架，必须安全牢固，脚手板上只准堆放单层石材，不得堆放与干挂施工无关的物品；需要上下交叉作业时，应互相错开，禁止上下同一工作面操作，并应戴好安全帽。

7. 块材钻孔、切割应在固定的机架上，并应用经过专业岗位培训的人员操作，操作时应戴防护眼镜。

8. 一切用电设备必须遵守《施工现场临时用电安全技术规范》（JGJ 46—2005）的规定。

三、饰面工程安全要求

1. 操作前必须按照操作规程搭设脚手架，注意脚手架工程要求的安全措施。

2. 在脚手架上操作的人不能集中，材料堆放要分散，使用工具要放平稳，脚手架严禁有探头板。

3. 操作中严禁向下甩物件和砂浆，防止坠物伤人。

4. 施工现场一切机电设备没有上岗证者一律禁止乱动。

5. 多工种立体交叉作业应有防护设施，所有工作人员必须戴安全帽。

6. 射钉机或风动工具应由经过专门培训的工人负责操作。

7. 电动工具应安装漏电保护器。

8. 剔凿瓷砖或手折断瓷砖，应戴防护眼镜和手套。

四、涂料工程安全要求

1. 各类涂料和其他易燃、有毒材料，应存放在专用库房内，不得与其他材料混放。挥发性油料应装在密闭容器内，妥善保管。

2. 库房应通风良好，不准住人，并设置消防器材和“严禁烟火”标识。库房与其他建筑物应保持一定的安全距离。

3. 用喷砂除锈，喷嘴接头要牢固，不准对人。喷嘴堵塞，应停机消除压力后，方可进行修理或更换。

4. 使用煤油、汽油、松香水、丙酮等调配油料，应戴好防护用品，严禁吸烟。熬胶、熬油必须远离建筑物，在空旷地方进行，严防发生火灾。

5. 沾染油漆的棉纱、破布、油纸等废物，应收集存放在有盖的金属容器内，并及时处理。

6. 在室内或容器内喷涂时，应戴防护镜。喷涂含有挥发性溶液和快干油漆时，严禁吸烟，作业周围不准有火种，并戴防毒口罩和保持良好的通风。

7. 采用静电喷漆，为避免静电聚集，喷漆室(棚)应有接地保护装置。

8. 刷涂外开窗扇，将安全带挂在牢固的地方。刷涂封檐板、水落管等应搭设脚手架或吊架。在大于25°的铁皮屋面上刷油，应设置活动板梯、防护栏杆和安全网。

9. 使用合页梯作业时，梯子坡度不宜过限或过直，梯子下档用绳子拴好，梯子脚应绑扎防滑物。在合页梯上搭设架板作业时，两人不得挤在一处操作，应分段顺向进行，以防人员集中发生危险。使用单梯坡度宜为60°。

10. 使用喷灯，加油不得过满，打气不应过足，使用的时间不宜过长，点火时灯嘴不准对人，加油应待喷灯冷却后进行，离开工作岗位时，必须将火熄灭。

11. 使用喷浆机，电动机接地必须可靠，电线绝缘良好。手上沾有浆水时，不准开关电闸，以防触电。通气管或喷嘴发生故障时，应关闭阀门后再进行修理。喷嘴堵塞，疏通时不准对人。

五、油漆工程安全要求

1. 各种油漆材料(汽油、漆料、稀料)应单独存放在专用库房内，不得与其他材料混放。库房应通风良好。易挥发的汽油、稀料应装入密闭容器中，严禁在库内吸烟和使用任何明火。

2. 油漆涂料的配制应遵守以下规定

(1) 调制油漆应在通风良好的房间内进行。调制有害油漆涂料时，应戴好防毒口罩、护目镜，穿好与之相适应的个人防护用品。工作完毕应冲洗干净。

(2) 工作完毕，各种油漆涂料的溶剂桶(箱)要加盖封严。

(3) 操作人员应进行体检，患有眼病、皮肤病、气管炎、结核病者不宜从事此项作业。

3. 使用人字梯应遵守以下规定

(1) 高度2m以下作业(超过2m按规定搭设脚手架)使用的人字梯应四脚落地，摆放平稳，梯脚应设防滑橡皮垫和保险拉链。

(2) 人字梯上搭铺脚手板，脚手板两端搭接长度不得少于20cm。脚手板中间不得同时两人操作，梯子挪动时，作业人员必须下来，严禁站在梯子上踩高跷式挪动。人字梯顶部铰轴不准站人、不准铺设脚手板。

(3) 人字梯应经常检查，发现开裂、腐朽、榫头松动、缺挡等不得使用。

4. 使用喷灯应遵守以下规定：

(1) 使用喷灯前应首先检查开关及零部件是否完好，喷嘴要畅通。

(2) 喷灯加油不得超过容量的4/5。

(3) 每次打气不能过足。点火应选择在空旷处，喷嘴不得对人。气筒部分出现故障，应先熄灭喷灯，再行修理。

5. 外墙、外窗、外楼梯等高处作业时，应系好安全带。安全带应高挂低用，挂在牢靠处。油漆窗户时，严禁站在或骑在窗栏上操作，刷封檐板或水落管时，应使用脚手架或在专用操作平台架上进行。

6. 刷坡度大于25°的铁皮层面时，应设置活动跳板、防护栏杆和安全网。

7. 刷耐酸、耐腐蚀的过氧乙烯涂料时，应戴防毒口罩。打磨砂纸时必须戴口罩。

8. 在室内或容器内喷涂，必须保持良好的通风。喷涂时严禁对着喷嘴察看。

9. 空气压缩机压力表和安全阀必须灵敏有效。高压气管各种接头应牢固，修理料斗气管时应关闭气门，试喷时不准对人。

10. 喷涂人员作业时，如出现头痛、恶心、心闷和心悸等现象时，应停止作业，到户外通风处换气。

六、玻璃工程安全要求

1. 切割玻璃，应在指定场所进行。切下的边角余料应集中堆放，及时处理，不得随地乱丢。搬运玻璃应戴手套。

2. 搬运玻璃应戴手套或用布、纸垫着玻璃，将手及身体裸露部分隔开。散装玻璃运输必须采用专门夹具(架)。玻璃应直立堆放，不得水平堆放。

3. 在高处安装玻璃，必须系安全带、穿软底鞋，应将玻璃放置平稳，垂直下方禁止通行。安装屋顶采光玻璃，应铺设脚手板。

4. 安装玻璃不得将梯子靠在门窗扇上或玻璃上。安装玻璃所用工具应放入工具袋内，严禁口含铁钉。

5. 悬空高处作业必须系好安全带，严禁腋下挟住玻璃，同时另一手扶梯攀登上下。

6. 安装窗扇玻璃时，严禁上下两层垂直交叉同时作业。安装天窗及高层房屋玻璃时，作业下方严禁走人或停留。碎玻璃不得向下抛掷。

7. 玻璃未钉牢固前，不得中途停工，以防掉落伤人。

8. 玻璃幕墙安装应利用外脚手架或吊篮架子从上往下逐层安装，抓拿玻璃时应用橡皮吸盘。

9. 门窗等安装好的玻璃应平整、牢固、不得有松动。安装完毕必须立即将风钩挂好或插上插销。

10. 安装完毕，所剩残余玻璃，必须及时清扫，集中堆放到指定地点。

七、门窗安装工程安全要求

(1) 经常检查所用工具是否牢固，防止脱柄伤人。

(2) 搬运钢门窗时应轻放，不得使用木料穿入框内吊运至操作位置。

(3) 安装上层窗扇，不要向下乱扔东西，工作时注意脚踩稳，不要向下看。

(4) 钢门窗不得平放，应竖立，其坡度不大于20°，且不准人字形堆放。

(5) 不准脚踩窗扇芯子，或在冒扇芯子放置脚手板和悬吊重物。

(6) 使用木工机械，禁止戴手套，操作时应集中思想，锯刨推进速度不宜太快，木节应放在推进方向的前面，不能刨过短过薄小条子等材料。

(7) 木工机械的基座应稳固，部件齐全，机械的转动和危险部位应按规定安装防护装置。不准任意换粗保险丝，特别对机械的刀盒部分要严格检查，刀盘螺丝应旋紧，以防刀片飞出伤人。

(8) 木工机械由专人负责管理，操作人员应熟悉该机械性能，熟悉操作技术，严禁机械随便动用，用完时应切断电源，并将开关箱关门上锁。

(9) 木工车间、木料堆场严禁吸烟或随便动用明火，废料应及时清理归堆，工完料清。

八、外墙装饰抹灰工程安全要求

(1) 高处作业时，应检查脚手架是否牢固，特别是在大风及雨后作业。

(2) 在架子上工作，工具和材料要放置稳当，不许随便乱扔。

(3) 对脚手板不牢和跷头板等及时处理，要铺有足够的宽度，以保证手推车运砂浆时的安全。

(4) 严格控制脚手架施工荷载。

(5) 用塔吊上料时，要有专人指挥，遇6级以上大风时暂停作业。

(6) 砂浆机应有专人操作维修、保养，电器设备碰绝缘良好并接地。

(7) 不准随意拆除、斩断脚手架软硬拉结，不准随意拆除脚手架上的安全设施，如妨碍施工应经施工负责人批准后，方能拆除妨碍部位。

九、室内抹灰工程要求

（1）室内抹灰使用的木凳、金属支架应搭设牢固，脚手板高度不大于2m，架子上堆放材料不得过于集中，存放砂浆的灰斗、灰桶等要放稳。

（2）搭设脚手不得有跷头板，严禁脚手板支搭在门窗、暖气管道上。

（3）操作前应检查架子、高凳等是否牢固，不准用2×4、2×8木料（2m以上跨度）、钢模板等作为立人板。

（4）搅拌与抹灰时，防止灰浆溅入眼内。

（5）在室内推运输小车时，特别是在过道中拐弯时要注意小车挤手。

（6）严禁从窗口向外抛掷物品。

第四章　高处作业安全防护

第一节　高处作业的概述

一、高处作业的含义及分级

1. 何谓高处作业

国家标准《高处作业分级》（GB 3608—1993）规定：凡在坠落高度基准面 2m 以上（含 2m）有可能坠落的高处进行的作业，都称为高处作业。

所谓基准面，指坠落到的底面，如地面、楼面、楼梯平台、相邻较低建筑物的屋面、基坑的底面、脚手架的通道板等等，坠落高度基准面则是通过可能坠落范围最低处的水平面。可能坠落范围是以作业位置为中心，可能坠落范围半径为半径划成的与水平面垂直的柱形空间。可能坠落范围半径则是为确定可能坠落范围而规定的相对于作业位置的一段水平距离。其大小取决于作业现场的地形、地势或建筑物分布等有关的基础高度。基础高度是这样规定的，以作业位置为中心，6m 为半径，所划出的一个垂直水平面的柱形空间内的最低处与作业位置间的高度差称为基础高度。因此，高处作业高度（简称作业高度）的衡量，以从作业区各作业位置至相应的坠落基准面之间的垂直距离中的最大值为准。

2. 高处作业的分级

（1）高处作业分为四个作业区域，即 2～5m、大于 5～15m、大于 15～30m、30m 以上。

（2）直接引起坠落的客观因素分为九类：

1）阵风风力 6 级（风速 10.8m/s）以上；

2）GB 4200 规定的Ⅱ级以上的高温条件；

3）气温低于 10℃的室外环境；

4）场地有冰、雪、霜、水、油等易滑物；

5）自然光线不足，能见度差；

6）接近或接触危险电压带电体；

7）摆动，立足处不是平面或只有很小的平面，致使作业者无法维持正常姿势；

8）抢救突然发生的各种灾害事故；

9）超过 GB 12330 规定的搬运。

（3）高处作业分级

坠落高度越高，危险性也就越大，所以按不同的坠落高度，当不存在以上任何一种客观危险因素时，高处作业可分为：

Ⅰ级高处作业　作业高度在 2～5m；

Ⅱ级高处作业　作业高度超过 5～15m；

Ⅲ级高处作业　作业高度超过 15～30m；

Ⅳ级高处作业　作业高度在 30m 以上。

当存在以上一种或一种以上客观危险因素时，高处作业可分为：

Ⅱ级高处作业　作业高度在 2～5m；

Ⅲ级高处作业　作业高度超过 5～15m；

Ⅳ级高处作业　作业高度在 15m 以上。

即等级提高了一级。

二、高处作业安全工作的重要性

随着社会经济的不断发展，我国的建筑市场在近几十年来一直呈现着欣欣向荣的景象，其最大的特点是高层或高耸建筑越来越多。目前世界最高的 10 幢建筑物，中国就占了 6 个，其中大陆的上海金茂大厦（421m），广州中信广场大楼（391m），深圳顺兴广场大楼（384m）分别位列第五、第七和第八。上海东方明珠电视塔更以 468m 的高度成为亚洲第一、世界第三的高塔。建筑物在不断向空间升高的同时，也在不断向地下拓展。凡深度达 5m 以上的基础称为深基础，目前最深的基础深达 20 多米，因此深基础施工同高层建筑一样均存在高处作业的安全生产问题。

超高建筑和深基础的出现使得施工难度增大，安全生产问题也越来越突出，稍不注意就容易发生安全事故，尤其是高处坠落事故，近年来一直居于"五大伤害"之首，主要原因有：

（1）临边洞口处作业无防护设施或防护不严密、不牢固。

（2）脚手架搭设不规范、作业层防护不严、脚手架跳板不满铺、架体与墙体的拉结点少且不牢固或被随意拆除造成的脚手架倒塌和人员坠落等。

（3）在塔吊、龙门架（井字架）的安装、拆除过程中，违反操作规程，造成坠落事故。

（4）违章乘坐吊篮，钢丝绳断裂、吊盘停靠装置失效。

（5）模板支撑系统钢竹混用，无剪刀撑，缺少水平杆和斜撑，楼层模板立杆排列混乱，造成整体失稳坍塌坠落。

（6）工人未经培训违章作业，缺乏必要的自我保护意识和安全知识，是导致事故发生的最主要原因。

（7）施工单位重生产、轻安全，只讲进度和效益，安全生产责任制不落实，安全管理措施不到位，也是事故发生的重要原因。

分析上述高处坠落事故发生的原因，我们不难看出，高处作业存在于脚手架的搭设、使用、拆除，模板的搭、设，大型机械的搭、拆和使用等多个环节中，因此对高处作业的安全管理工作也就更显示出其重要性，加强高处作业的安全管理措施和对工人的安全教育，更是控制事故发生的重要方面。

第二节　高处作业的安全要求

1992 年 8 月 1 日《建筑施工高处作业安全技术规范》（JGJ 80—91）正式施行，对建筑施工高处作业提出了明确的防护要求，规范了高处作业的安全技术措施，使其技术合理、经济适用，对预防各种伤害事故的发生发挥了积极的作用。现将该标准及高处作业的安全防护作如下介绍。

一、建筑施工高处作业的基本安全要求

1. 每个工程项目中涉及到的所有高处作业的安全技术措施必须列入工程的施工组织设计，并经公司上级主管部门审批后方可施工。

2. 施工前，应逐级进行安全技术教育及交底，落实所有安全技术措施和人身防护用品，未经落实时不得进行施工。

3. 高处作业中的安全标志、工具、仪表、电气设施和各种设备，必须在施工前加以检查，确认其完好，方能投入使用。

4. 攀登和悬空高处作业人员以及搭设高处作业安全设施的人员，必须经过专业技术培训及专业考试合格，持证上岗，并必须定期进行体格检查。

5. 高处作业人员的衣着要灵便，必须正确穿戴好个人防护用品。

6. 高处作业中所用的物料，均应堆放平稳，不妨碍通行和装卸。对有坠落可能的物件，应一律先行撤除或加以固定。

工具应随手放入工具袋；作业中的走道、通道板和登高用具，应随时清扫干净；拆卸下的物件及余料和废料均应及时清理运走，不得任意乱置或向下丢弃。传递物件禁止抛掷。

7. 雨天和雪天进行高处作业时，必须采取可靠的防滑、防寒和防冻措施。凡水、冰、霜、雪均应及时清除。

对进行高处作业的高耸建筑物，应事先设置避雷设施。遇有6级以上强风、浓雾等恶劣气候，不得进行露天攀登与悬空高处作业。暴风雪及台风暴雨后，应对高处作业安全设施逐一加以检查，发现有松动、变形、损坏或脱落等现象，应立即修理完善。

8. 用于高处作业的防护设施，不得擅自拆除。确因作业需要，临时拆除或变动安全防护设施时，必须经施工负责人同意，并采取相应的可靠措施，作业后应立即恢复。

9. 建筑物出入口应搭设长6m，且宽于出入通道两侧各1m的防护棚，棚顶满铺不小于5cm厚的脚手板，防护棚两侧必须封严。

10. 对人或物构成威胁的地方，必须支搭防护棚，保证人、物安全。

11. 高处作业的防护棚搭设与拆除时，应设置警戒区并应派专人监护。严禁上下同时拆除。

12. 施工中如果发现高处作业的安全设施有缺陷和隐患，必须及时解决；危及人身安全时，必须停止作业。

13. 高处作业安全设施的主要受力杆件，力学计算按一般结构力学公式，强度及挠度计算按现行有关规范进行，但钢受弯构件的强度计算不考虑塑性影响，构造上应符合现行的相应规范的要求。

14. 高处作业应建立和落实各级安全生产责任制，对高处作业安全设施，应做到防护要求明确，技术合理，经济适用。

二、临边作业安全防护

1. 临边作业的含义

施工现场中，工作面边沿无围护设施或围护设施高度低于80cm时的高处作业。

2. 临边作业的范围

基坑周边，尚未安装栏杆或栏板的阳台、料台与挑平台周边，雨篷与挑檐边，无外架防护的屋面与楼层周边，水箱与水塔周边，斜道两侧边，卸料平台外侧边，分层施工的楼梯口和梯段边以及井架与施工用电梯和脚手架等与建筑物通道的两侧边等处，通称“五临边”。

3. 临边作业防护措施

对临边高处作业，必须设置防护措施，并符合下列规定：

(1) 基坑周边，尚未安装栏杆或栏板的阳台、料台与挑平台周边，雨篷与挑檐边，无外脚手的屋面与楼层周边及水箱与水塔周边等处，都必须设置防护栏杆。

(2) 头层墙高度超过3.2m的二层楼面周边，以及无外脚手的高度超过3.2m的楼层周边，必须在外围架设安全平网一道。如图4-1所示。

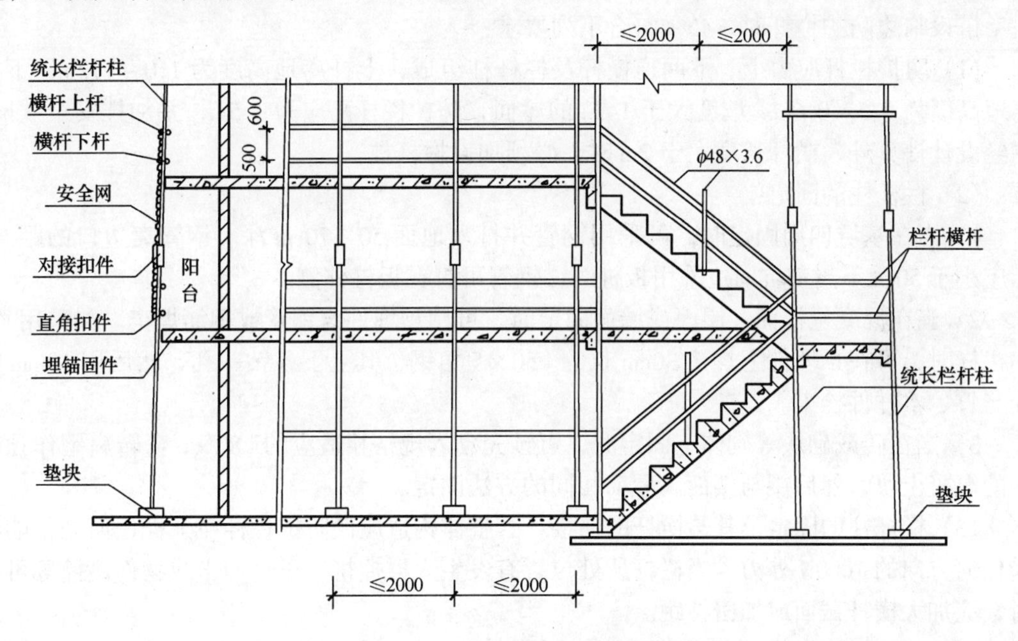

图4-1 楼梯、楼层和阳台临边防护栏杆

根据建设部颁发的《建筑施工安全检查标准》(JGJ 59—99)的规定，取消了平网在落地式脚手架外围的使用，改为立网全封闭。立网应该使用密目式安全网，其标准是：密目密度不低于2000个/cm^2；做耐贯穿试验（将网与地面成30°夹角，在其中心上方3m处，用5kg重的钢管（管径48~51mm）垂直自由落下），不穿透。

(3) 分层施工的楼梯口和梯段边，必须安装临时护栏。对于主体工程上升阶段的顶层楼梯口应随工程结构进度安装正式防护栏杆。回转式楼梯间应支设首层水平安全网，每隔4层设一道水平安全网。

（4）井架与施工用电梯和脚手架等与建筑物通道的两侧边，必须设防护栏杆。地面通道上部应装设安全防护棚。双笼井架通道中间，应予分隔封闭。

（5）各种垂直运输接料平台，除两侧设防护栏杆外，平台口还应设置安全门或活动防护栏杆。

（6）阳台栏板应随工程结构进度及时进行安装。

4. 防护栏杆规格与连接要求

临边防护栏杆杆件的规格及连接要求，应符合下列规定：

（1）原木横杆上干梢径不应小于70mm，下杆梢径不应小于60mm，栏杆柱梢径不应小于75mm。并须用相应长度的圆钉钉紧，或用不小于12号的镀锌钢丝绑扎，要求表面平顺和稳固无动摇。

（2）钢筋横杆上杆直径不应小于16mm，下杆直径不应小于14mm，栏杆柱直径不应小于18mm，采用电焊或镀锌钢丝绑扎固定。

（3）钢管横杆及栏杆柱均采用$\phi 48\times$（2.75～3.5）mm的管材，以扣件或电焊固定。

（4）以其他钢材如角钢等作防护栏杆杆件时，应选用强度相当的规格，以电焊固定。

5. 防护栏杆搭设要求

搭设临边防护栏杆时，必须符合下列要求：

（1）防护栏杆应由上、下两道横杆及栏杆柱组成，上杆离地高度为1.0～1.2m，下杆离地高度为0.5～0.6m。坡度大于1:22的屋面，防护栏杆高应为1.5m，并加挂安全立网。除经设计计算外，横杆长度大于2m时，必须加设栏杆柱。

（2）栏杆柱的固定：

1）当在基坑四周固定时，可采用钢管并打入地面50～70cm深。钢管离边口的距离，不应小于50cm。当基坑周边采用板桩时，钢管可打在板桩外侧。

2）当在混凝土楼面、屋面或墙面固定时，可用预埋件与钢管或钢筋焊牢。如采用竹、木栏杆时，可在预埋件上焊接30cm长的L50×5角钢，其上下各钻一孔，然后用10mm螺栓与竹、木杆件拴牢。

3）当在砖或砌块等砌体上固定时，可预先砌入规格相适应的L80×6弯转扁钢作预埋铁的混凝土块，然后用与楼面、屋面相同的方法固定。

（3）栏杆柱的固定及其与横杆的连接，其整体构造应使防护栏杆在上杆任何处，能经受任何方向的1000N外力。当栏杆所处位置有发生人群拥挤、车辆冲击或物件碰撞等可能时，应加大横杆截面或加密柱距。

（4）防护栏杆必须自上而下用安全立网封闭，或在栏杆下边设置严密固定的高度不低于180mm的挡脚板或400mm的挡脚笆。挡脚板与档脚笆上如有孔眼，不应大于25mm。板与笆下边距离底面的空隙不应大于10mm。

但接料平台两侧的栏杆必须自上而下加挂安全立网。

（5）当临边的外侧面临街道时，除防护栏杆外，敞口立面必须采取挂满安全网或其他可靠措施作全封闭处理。

三、洞口作业安全防护

1. 洞口作业的含义

孔与洞边口旁的高处作业，包括施工现场及通道旁深度在2m及2m以上的桩孔、人孔、沟槽与管道、孔洞等边沿上的作业称为洞口作业。

楼板、屋面、平台等面上，短边尺寸小于25cm的；墙上高度小于75cm的孔洞，即为“孔”；楼板、屋面、平台等面上，短边尺寸等于或大于25cm的孔洞；墙上，高度等于或大于75cm，宽度大于45cm的孔洞，即为“洞”。

施工现场常常会因工程和工序需要而产生洞口，常见的有楼梯口、电梯井口、预留洞口（坑、井）、井架通道口，这就是通常所说的“四口”。

2. 洞口防护措施

进行洞口作业以及在因工程和工序需要而产生的，使人与物有坠落危险或危及人身安全的其他洞口进行高处作业时，必须按下列规定设置防护设施。

(1) 板与墙的洞口必须设置牢固的盖板、防护栏杆、安全网或其他防坠落的防护设施。

(2) 电梯井口必须设防护栏杆或固定栅门。

(3) 钢管桩、钻孔桩等桩孔上口，杯形、条形基础上口，未填土的坑槽，以及人孔、天窗、地板门等处，均应按洞口防护设置稳固的盖件。

(4) 施工现场通道附近的各类洞口与坑槽等处，除设置防护设施与安全标志外，夜间还应设红灯示警。

3. 洞口防护要求

洞口根据具体情况采取设防护栏杆、加盖件、张挂安全网与装栅门等措施时，必须符合下列要求：

(1) 楼板、屋面和平台等面上短边尺寸2.5~25cm的孔口，应设坚实盖板并能防止挪动移位。

(2) 楼板面等处边长为25~50cm的洞口、安装预制构件时的洞口以及缺件临时形成的洞口，应设置固定盖板（如木盖板）。盖板须能保持周围搁置均衡，并有固定其位置的措施。

(3) 边长为50~150cm的洞口，必须设置以扣件扣接钢管而成的网格，并在其上满铺脚手板，脚手板应绑扎固定，未经许可不得随意移动。也可采用预埋通长钢筋网片，纵横钢筋间距不得大于20cm。

(4) 边长在150cm以上的洞口，四周必须搭设围护架，并设双道防护栏杆，洞口下张设水平安全网，网的四周拴挂牢固、严密。

(5) 垃圾井道和烟道，应随楼层的砌筑或安装而消除洞口，或参照预留洞口作防护。管道井施工时，除按上款办理外，还应加设明显的标志。如有临时性拆移，需经施工负责人核准，工作完毕后必须恢复防护设施。

(6) 位于车辆行驶道旁的洞口、深沟与管道坑、槽，所加盖板应能承受不小于当地额定卡车后轮有效承载力2倍的荷载。

(7) 墙面等处的竖向洞口，凡落地的洞口应设置开关式、工具式或固定式的防护门，门栅网格的间距不应大于15cm，也可采用防护栏杆，下设挡脚板。

(8) 下边沿至楼板或底面低于80cm的窗台等竖向洞口，如侧边落差大于2m时，应加设1.2m高的临时护栏。

(9) 对邻近的人与物有坠落危险性的其他竖向的孔、洞口。均应予以盖设或加以防护，并有固定其位置的措施。

(10) 电梯井口必须设不低于 1.2m 的金属防护门，安装时离楼地面 5cm，上下必须固定。电梯井内应每隔两层并最多隔 10m 设一道水平安全网，安全网应封闭严密。如图4-2所示。未经上级主管技术部门批准，电梯井内不得做垂直运输通道和垃圾通道。

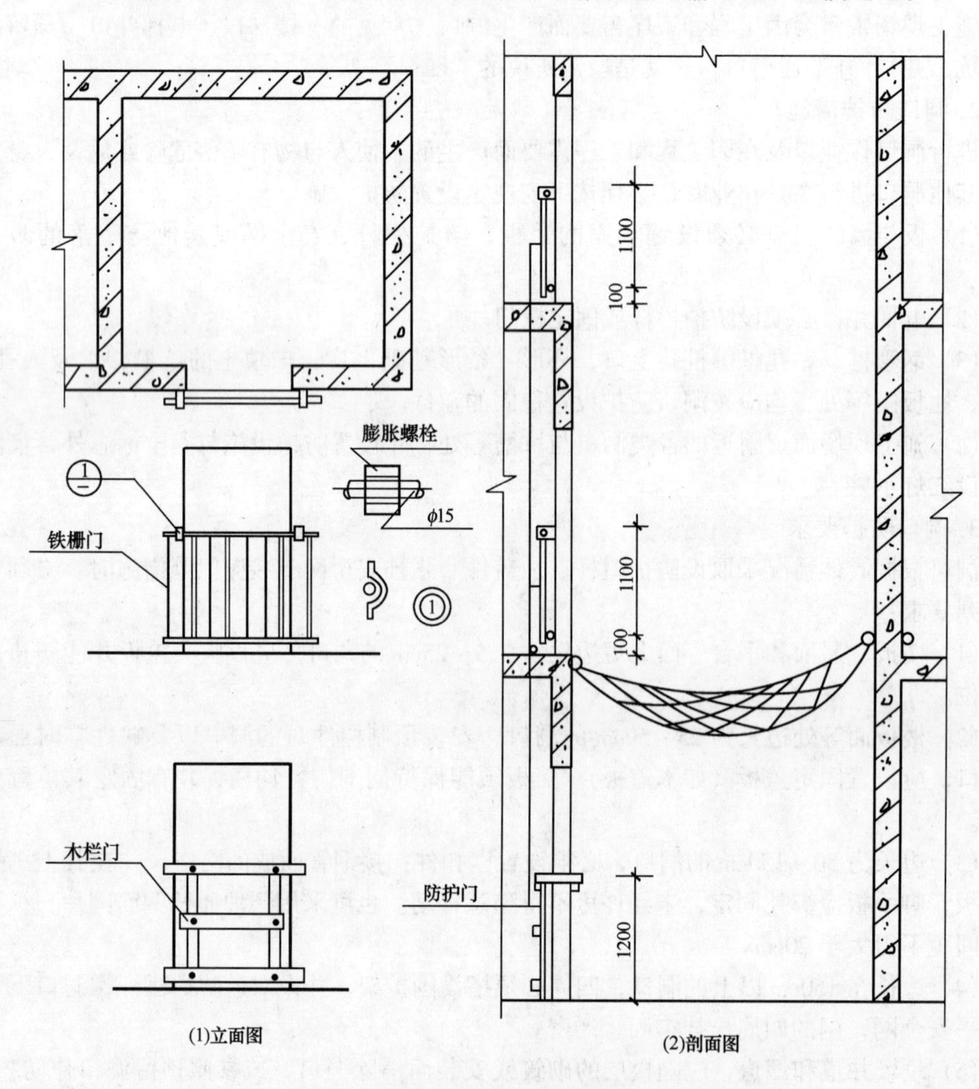

图 4-2 电梯井口防护门

(11) 洞口防护栏杆的杆件及其搭设应符合规范。

(12) 洞口应按规定设置照明装置的安全标识。

洞口防护设施的构造型式如图 4-3 所示。

四、攀登作业安全防护

1. 攀登作业的含义

借助登高用具或登高设施，在攀登条件下进行的高处作业。

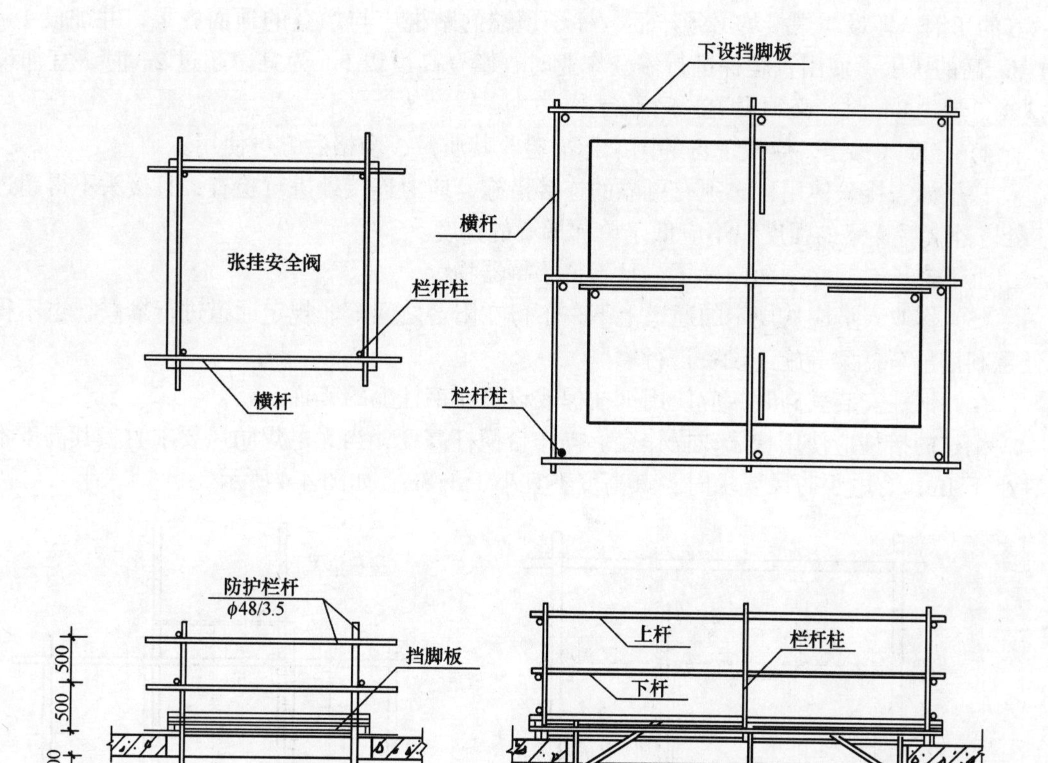

图 4-3 洞口防护栏杆
（*a*）边长 1500 ~ 2000 的洞口；（*b*）边长 2000 ~ 4000 的洞口

2. 攀登作业的防护要求

（1）攀登作业可以利用梯子攀登或者借助建筑结构或脚手架上的登高设施以及载人垂直运输设备，因此在施工组织设计中应确定用于现场施工的登高和攀登设施。

（2）柱、梁和行车梁等构件吊装所需的直爬梯及其他登高用拉攀件，应在构件施工图或说明内作出规定。

（3）攀登的用具，结构构造上必须牢固可靠。供人上下的踏板其使用荷载不应大于1100N。当梯面上有特殊作业，重量超过上述荷载时，应按实际情况加以验算。

（4）使用梯子攀登作业时，梯脚底部应坚定，不得垫高使用，并采取加包扎、钉胶皮、锚固或夹牢等防滑措施。

梯子的种类和形式不同，其安全防护措施也不同。

1）立梯：工作角度以 75° ± 5°为宜，梯子的上端应用有固定措施，踏板上下间距以 30cm 为宜，不得有缺档。

2）折梯：使用时上部夹角以 35° ~ 45°为宜，上部铰链必须牢固，下部两单梯之间应有可靠的拉撑措施。

3）固定式直爬梯：应用金属材料制成。梯宽不应大于 50cm，支撑应采用不小于 L70

×6的角钢，埋设与焊接均必须牢固。梯子顶端的踏棍应与攀登的顶面齐平，并加设1～1.5m高的扶手。使用直爬梯进行攀登作业时，攀登高度以5m为宜。超过2m时，宜加设护笼，超过8m时，必须设置梯间平台。

4）移动式梯子，应按现行的国家标准验收其质量，合格后方可使用。

梯子如需接长使用，必须有可靠的连接措施，应对连接处进行检查，且接头不得超过1处。连接后梯梁的强度，不应低于单梯梯梁的强度。

上下梯子时，必须面向梯子，且不得手持器物。

(5) 作业人员应从规定的通道上下，不得在阳台之间等非规定通道进行攀登，也不得任意利用吊车臂架等施工设备进行攀登。

(6) 钢柱安装登高时，应使用钢挂梯或设置在钢柱上的爬梯。

钢柱的接柱应使用梯子或操作台。操作台横杆高度，当无电焊防风要求时，其高度不宜小于1m；有电焊防风要求时，其高度不宜小于1.8m。如图4-4所示。

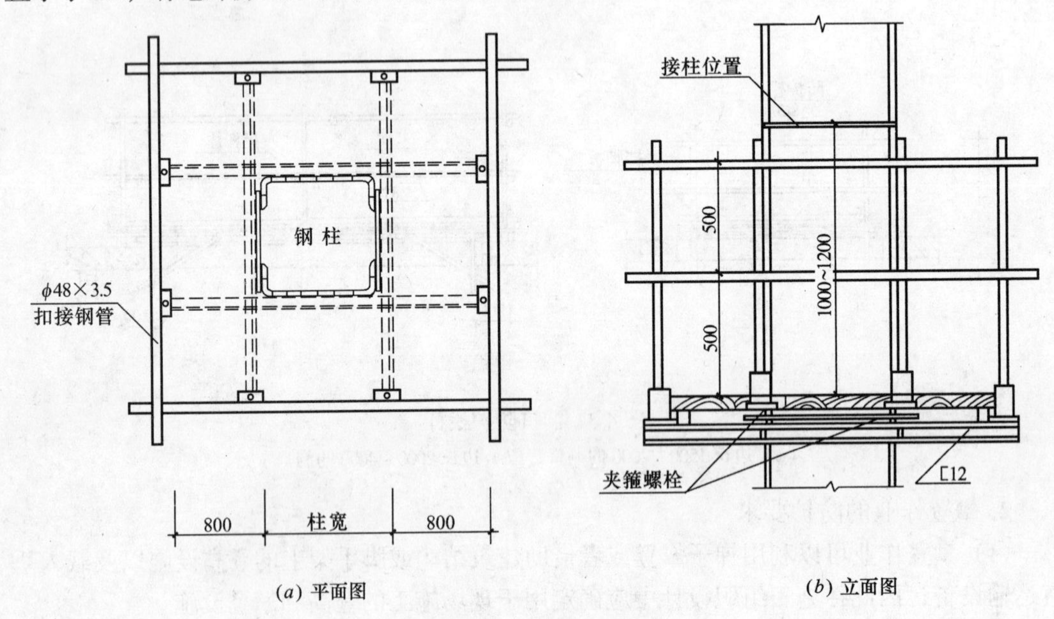

图4-4 钢柱接柱用操作台

(7) 登高安装钢梁时，应视钢梁高度，在两端设置挂梯或搭设钢管脚手架。梁面上需行走时，其一侧的临时护栏横杆可采用钢索；当改用扶手绳时，绳的自然下垂度不应大于1/20，并应控制在100mm以内。

(8) 钢屋架的安装，应遵守下列规定：

1）在屋架上下弦登高操作时，对于三角形屋架应在屋脊处，梯形屋架应在两端，设置攀登时上下的梯架。材料可选用原木，踏步间距不应大于40cm。

2）屋架吊装以前，应在上弦设置防护栏杆。

3）屋架吊装以前，应预先在下弦挂设安全网；吊装完毕后，即将安全网铺设固定。

五、悬空作业安全防护

1. 悬空作业的含义

在周边临空状态下进行的高处作业。

2. 悬空作业的防护要求

(1) 悬空作业处应有牢靠的立足处并必须视具体情况，配置防护栏网、栏杆或其他安全设施。

(2) 悬空作业所用的索具、脚手板、吊篮、吊笼、平台等设备，均需经过技术鉴定或验证方可使用。

(3) 构件吊装和管道安装时的悬空作业，必须遵守下列规定：

1) 钢结构的吊装，构件应尽可能在地面组装，并应搭设进行临时固定、电焊、高强螺栓连接等工序的高空安全设施，随构件同时上吊就位。拆卸时的安全措施，也应一并考虑和落实。高空吊装预应力钢筋混凝土屋架、桁架等大型构件前，也应搭设悬空作业中所需的安全设施。

2) 悬空安装大模板、吊装第一块预制构件、吊装单独的大中型预制构件时，必须站在操作平台上操作。吊装中的大模板和预制构件以及石棉水泥板等屋面板上，严禁站人和行走。

3) 安装管道时必须有已完结构或操作平台为立足点，严禁在安装的管道上站立和行走。

(4) 模板支撑和拆卸时的悬空作业，必须遵守下列规定：

1) 支撑应按规定的作业程序进行，模板未固定前不得进行下一道工序。严禁在连接件和支撑件上攀登上下，并严禁在上下同一垂直面上装、拆模板。结构复杂的模板，装、拆应严格按照施工组织设计的措施进行。

2) 支设高度在3m以上的柱模板，四周应设斜撑，并应设立操作平台。低于3m的可使用马凳操作。

3) 支设悬挑形式的模板时，应有稳固的立足点。支设临空构筑物模板时，应搭设支架或脚手架。模板上有预留洞时，应在安装后将洞盖没。混凝土板上拆模后形成的临边或洞口，应按规范规定进行防护。

拆模高处作业，应配置登高用具或搭设支架。

(5) 钢筋绑扎时的悬空作业，必须遵守下列规定：

1) 绑扎钢筋和安装钢筋骨架时，必须搭设脚手架和马道。

2) 绑扎圈梁、挑梁、挑檐、外墙和边柱等钢筋时，应搭设操作台和张挂安全网。

悬空大梁钢筋的绑扎，必须在满铺脚手板的支架或操作平台上操作。

3) 绑扎立柱和墙体钢筋时，不得站在钢筋骨架上或攀登骨架上下。3m以内的柱钢筋，可在地面或楼面上绑扎，整体竖立。绑扎3m以上的柱钢筋，必须搭设操作平台。

(6) 混凝土浇筑时的悬空作业，必须遵守下列规定：

1) 浇筑离地2m以上框架、过梁、雨篷和小平台混凝土时，应设操作平台，不得直接站在模板或支撑件上操作。

2) 浇筑拱形结构，应自两边拱脚对称地相向进行。浇筑储仓，下口应先行封闭，并搭设脚手架以防人员坠落。

3) 特殊情况下如无可靠的安全设施，必须系好安全带并扣好保险钩，或架设安全网。

(7) 进行预应力张拉的悬空作业时，必须遵守下列规定：

1）进行预应力张拉时，应搭设站立操作人员和设置张拉设备用的牢固可靠的脚手架或操作平台。雨天张拉时，还应架设防雨篷。

2）预应力张拉区域应标示明显的安全标志，禁止非操作人员进入。张拉钢筋的两端必须设置挡板，挡板应距所张拉钢筋的端部1.5～2m，且应高出最上一组张拉钢筋0.5m，其宽度应距张拉钢筋两外侧各不小于1m。

3）孔道灌浆应按预应力张拉安全设施的有关规定进行。

（8）悬空进行门窗作业时，必须遵守下列规定：

1）安装门、窗、油漆及安装玻璃时，严禁操作人员站在樘子、阳台栏板上操作。门、窗临时固定，封填材料未达到强度，以及电焊时，严禁手拉门、窗进行攀登。

2）在高处外墙安装门、窗，无脚手时，应张挂安全网。无安全网时。操作人员应系好安全带，其保险钩应挂在操作人员上方的可靠物件上。

3）进行各项窗口作业时，操作人员的重心应位于室内，不得在窗台上站立，必要时应系好安全带进行操作。

六、操作平台安全

1. 操作平台的含义

操作平台是指现场施工中用以站人、载料并可进行操作的平台。

2. 操作平台的防护要求

（1）移动式操作平台

移动式操作平台是指可以搬移的用于结构施工、室内装饰和水电安装等的操作平台。使用时必须符合下列规定：

1）操作平台应由专业技术人员按现行的相应规范进行设计，计算书及图纸应编入施工组织设计。

2）操作平台的面积不应超过10m²，高度不应超过5m。同时还应进行稳定验算，并采取措施减少立柱的长细比。

3）装设轮子的移动式操作平台，轮子与平台的接合处应牢固可靠，立柱底端离地面不得超过80mm。

4）操作平台可采用ϕ（48～51）×3.5mm钢管以扣件连接，亦可采用门架式或承插式钢管脚手架部件，按产品使用要求进行组装。平台的次梁，间距不应大于40cm。

5）操作平台台面应满铺脚手板。四周必须按临边作业要求设置防护栏杆，并应布置登高扶梯。

移动式操作平台构造形式如图4-5所示。

（2）悬挑式钢平台

悬挑式钢平台是指可以吊运和搁支于楼层边的用于接送物料和转运模板等的悬挑型式的操作平台，通常采用钢构件制作。必须符合下列规定：

1）悬挑式钢平台应按现行规范进行设计及安装，其结构构造应能防止左右晃动，计算书及图纸应编入施工组织设计。

2）悬挑式钢平台的搁支点与上部拉结点必须位于建筑物上，不得设置在脚手架等施工设备上。

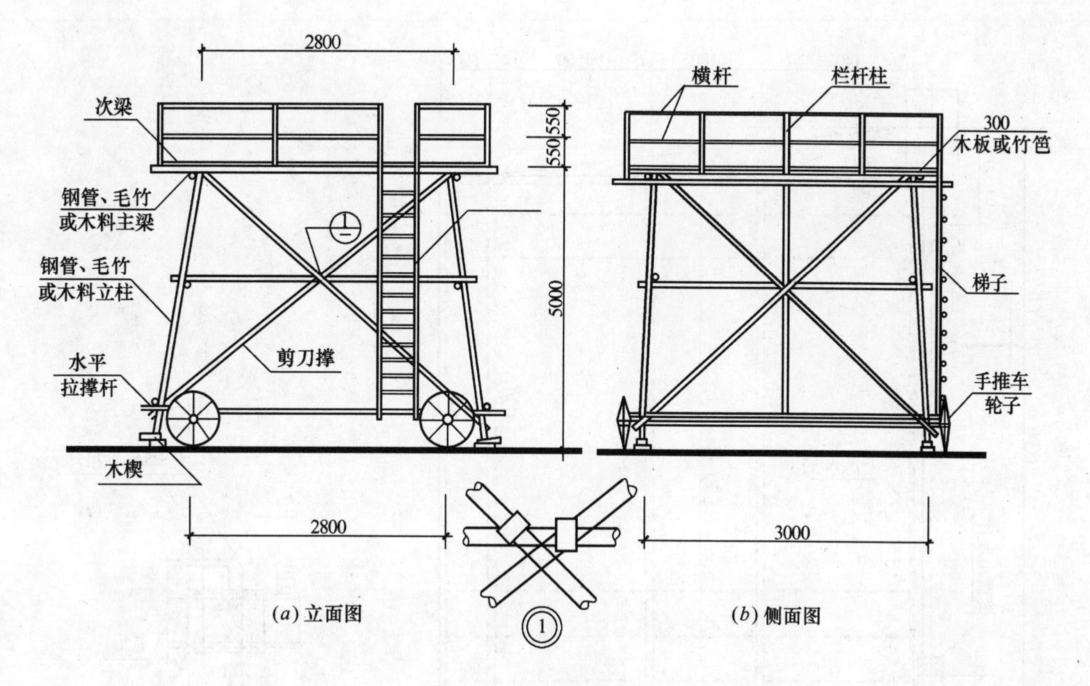

图 4-5　移动式操作平台

3）斜拉杆或钢丝绳，构造上宜两边各设前后两道，两道中的每一道均应作单道受力计算。

4）应设置 4 个经过验算的吊环。吊运平台时应使用卡环，不得使吊钩直接钩挂吊环。吊环应用甲类 3 号沸腾钢（不得使用螺纹钢）制作。

5）钢平台安装时，钢丝绳应采用专用的挂钩挂牢，采取其他方式时卡头的卡子不得少于 3 个。钢丝绳与建筑物（柱、梁）锐角利口处应加衬软垫物。

6）钢平台外口应略高于内口，左右两侧必须装置固定的防护栏杆。

7）钢平台吊装，需待横梁支撑点电焊固定，接好钢丝绳调整完毕，经过检查验收后，方可松卸起重吊钩，上下操作。

8）钢平台使用时，应有专人进行检查，发现钢丝绳有锈蚀损坏应及时调换，焊缝脱焊应及时修复。

(3) 操作平台上应显著地标明容许荷载值。操作平台上人员和物料的总重量，严禁超过设计的容许荷载。并配备专人加以监督。

悬挑式钢平台的构造型式如图 4-6 所示。

七、交叉作业安全防护

1. 交叉作业的含义

在施工现场的上下不同层次，于空间贯通状态下同时进行的高处作业。

2. 交叉作业的防护要求

(1) 支模、粉刷、砌墙等各工种进行上下立体交叉作业时，不得在同一垂直方向上操作。下层作业的位置，必须处于依上层高度确定的可能坠落范围半径之外。不符合以上条件时，必须采取隔离封闭措施后，方可施工。

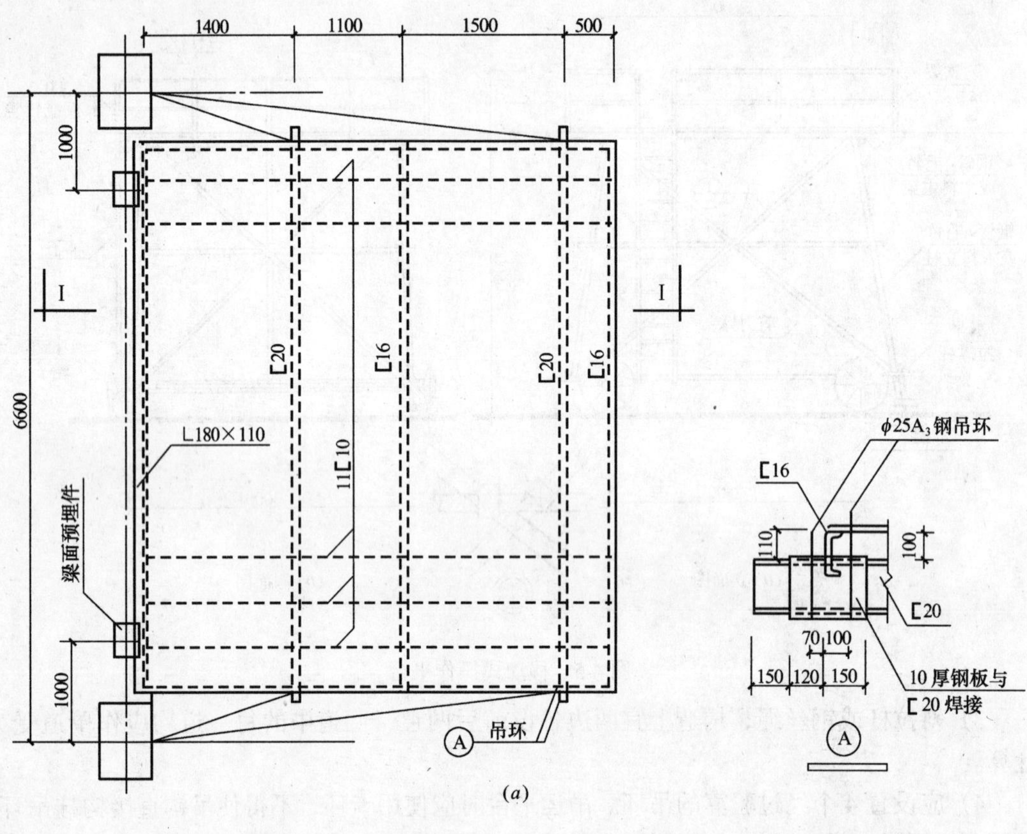

(*a*)

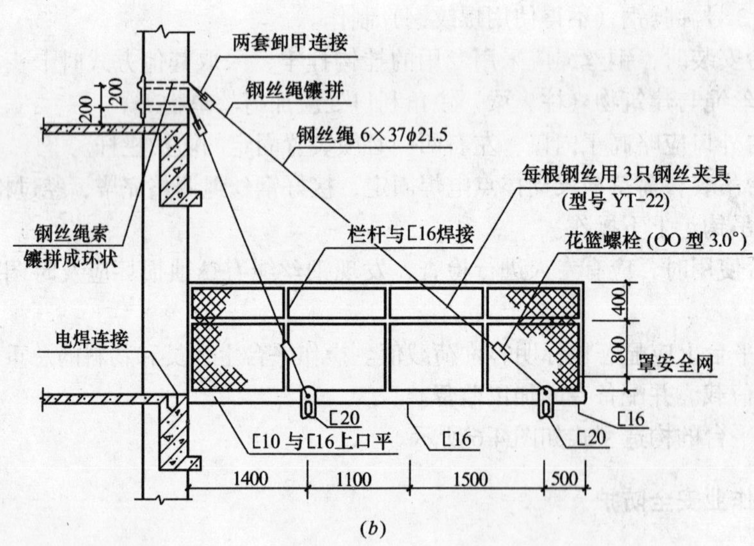

(*b*)

图 4-6 悬挑式钢平台

(*a*) 平面图；(*b*) Ⅰ-Ⅰ剖面图

(2) 钢模板、脚手架等拆除时，下方不得有其他操作人员。

(3) 钢模板部件拆除后，临时堆放处离楼层边沿不得超过 1m，堆放高度不得超过 1m。楼层边口、通道口、脚手架边缘严禁堆放任何拆下物件。

(4) 结构施工自二层起，凡人员进出的通道口（包括井架、施工用电梯的进出通道口）均应搭设安全防护棚。高度超过24m的层次上的交叉作业，应设双层防护棚。

(5) 由于上方施工可能坠落物件或处于起重机把杆回转范围之内的通道，在其受影响的范围内，必须搭设顶部能防止穿透的双层防护棚。防护棚的宽度，根据建筑物与围墙的距离而定，如果超过6m的搭设宽度减为6m，不满6m的应搭满。

八、高处作业安全防护设施的验收

建筑施工进行高处作业之前，应进行安全防护设施的逐项检查和验收。验收合格后，方可进行高处作业。验收也可分层进行或分阶段进行。

安全防护设施，应由单位工程负责人验收，并组织有关人员参加。

安全防护设施的验收，应具备下列资料：

(1) 施工组织设计及有关验算数据；

(2) 安全防护设施验收记录；

(3) 安全防护设施变更记录及签证。

安全防护设施的验收，主要包括以下内容：

(1) 所有临边、洞口等各类技术措施的设置状况；

(2) 技术措施所用的配件、材料和工具的规格和材质；

(3) 技术措施的节点构造及其与建筑物的固定情况；

(4) 扣件和连接件的紧固程度；

(5) 安全防护设施的用品及设备的性能与质量是否合格的验证。

安全防护设施的验收应按类别逐项查验，并作出验收记录。凡不符合规定者，必须整改合格后再行查验。施工工期内还应定期进行抽查。

第五章 拆除工程安全技术

随着社会主义市场经济的不断发展，城市面貌日新月异。旧城区改造任务的扩大使每年拆除各类建筑物和构筑物的面积也逐年递增，拆除物的结构也从砖木结构物发展到混合结构、框架结构、板式结构等，从房屋拆除发展到烟囱、水塔、桥梁、码头等建（构）筑物的拆除，因而建（构）筑物的拆除施工近年来已形成一个社会的行业。

第一节 拆除工程施工准备

一、建（构）筑物拆除施工的特点

建（构）筑物的拆除施工程序从某种角度来说是建筑施工、安装的逆程序，然而从拆除物的对象、拆除工期、人员的素质等方面来看，却有它自己的特点。

1. 作业流动性大

由于拆除施工作业面不是很大，拆除的速度要比新建快得多，使用的机械也要比施工建筑机械少得多，如果采用爆破拆除，一幢大楼可在顷刻之间化为平地，因而对一个拆除施工企业来说，只要有任务，拆除作业可以在短期内从一个工地转移到第二、第三个工地。这样给拆除施工管理，尤其是拆除施工的现场安全管理带来了困难。

2. 拆除作业人员的素质较差

一般的拆除施工企业的工人通常是由一批刚放下锄头的农民工组成，他们不懂得房屋的基本结构，不懂得拆除的规范顺序，只是一心求快、多挣钱，采用自下而上的拆除楼板，大片拉倒墙体等违章拆除，不顾周围建筑物和人员的安全，更忘记了自身的生命价值。由于盲目拆除、野蛮施工，因而近年来死亡事故不断发生，给社会、企业、家庭带来了不安定因素。

3. 拆除过程中的潜在危险

(1) 由于拆除物往往是年代已久的旧建（构）筑物，拆除委托方（甲方），往往很难交出原建（构）筑物结构图纸和设备安装图纸，给拆除施工企业在制定拆除施工方案时带来很多困难，有时不得不作局部破坏性检查。即使这样，有时也难免由于判断错误而造成事故。

(2) 由于多次加层改建，改变了原承载系统的受力状态，因而在拆除中往往因拆除了某一构件造成原建（构）筑物的力学平衡体系受到破坏而造成部分构件产生倾覆压伤施工人员。

二、拆除施工准备

施工单位在进行拆除施工前，应做好下列准备工作。

1. 技术准备

(1) 熟悉被拆除建筑物（或构筑物）的竣工图纸，弄清建筑物的结构设计、建筑施工、水电及设备管线情况。因在施工过程中可能有变更，重点是了解竣工图。

(2) 学习有关规范和安全技术文件。

(3) 调查拆除工程涉及区域的地上、地下建筑、周围环境、场地、道路、水电设备管路、危房等情况。

(4) 编制拆除工程安全施工组织设计或方案。

(5) 对进场施工人员进行安全技术教育和交底。

2. 现场准备

(1) 清除拆除倒塌范围内的材料和设备。

(2) 疏通运输道路，备好拆除施工使用的临时水、电源。

(3) 切断被拆建筑物的水、电、燃气、暖气、管线等。

(4) 检查周围危旧房，必要时进行临时加固。

(5) 发出安民告示，在拆除危险区设置警戒区标识。

3. 物资准备

拆除工程所需的机器工具、起重运输机械和爆破器材，以及爆破材料危险品临时库房。

4. 组织准备

拆除工程必须制定生产安全事故应急救援预案，成立组织领导机构，组织满足拆除施工要求的劳动力，并应配备抢险救援器材。

三、拆除施工组织设计

拆除工程开工前，应根据工程特点、构造情况、工程量编制安全施工组织设计或方案。爆破拆除和被拆除建筑面积大于 $1000m^2$ 的拆除工程，应编制安全施工组织设计；被拆除建筑面积小于等于 $1000m^2$ 的拆除工程，应编制安全技术方案。

施工组织设计是指导拆除工程施工准备和施工全过程的技术文件。应由负责该项拆除工程的项目总工程师组织有关技术、生产、安全、材料、机械、保卫等部门人员进行编制，报上级主管部门审批后执行。

1. 编制原则

从实际出发，在确保人身和财产安全的前提下，选择经济、合理、扰民小的拆除方案，进行科学的组织，以实现安全、经济、进度快、扰民小的目标。

2. 编制依据

(1) 被拆除建（构）筑物的竣工图（包括结构、水、电、设备及外管线），施工现场勘察得来的资料和信息。

(2) 拆除工程有关的施工验收规范、安全技术规范、安全操作规程和国家、地方有关安全技术规定。

(3) 与甲方签订的承包合同。

(4) 本单位的技术装备条件。

3. 编制内容

（1）被拆除建筑和周围环境的简介。着重介绍被拆除建筑的结构类型，结构各部分构件受力情况，填充墙、隔断墙、装修做法，水、电、暖气、燃气设备情况，周围房屋、道路、管线有关情况。所提供的信息应是现场的实际情况，并用平面图表示。

（2）施工准备工作计划。包括组织技术、现场、设备器材、劳动力等，全部列出，计划落实到人。同时把组织领导机构名单和分工情况列出。

（3）拆除方法。根据现场实际和业主的要求，比较各种拆除方法，选择安全、经济、快速、扰民少的方法。详细叙述拆除方法的全面内容，采用控制爆破拆除的，还要详细说明爆破与起爆方法、安全距离、警戒范围、保护方法、破坏情况、倒塌方向与范围，以及安全技术措施。

（4）施工部署和进度计划。

（5）各工种人员的分工及组织进行周密的安排。

（6）机械、设备、工具、材料、计划列出清单。

（7）施工平面图应包括下列内容：

1）被拆除建筑物和周围建筑及地上、地下的各种管线、障碍物、道路的平面布置和尺寸。

2）起重吊装设备的开行路线和运输道路。

3）爆破材料及其他危险品临时库房位置、尺寸和做法。

4）各种机械、设备、材料以及被拆除的建筑材料堆放场地布置。

5）被拆除建筑物倾倒方向和范围、警戒区的范围应标明位置及尺寸。

6）标明施工中用的水、电、办公、安全设施、消火栓平面位置及尺寸。

（8）针对所选用的拆除方法和现场情况，编制全面的安全技术措施。

第二节　拆除工程作业的安全管理

由于不少地区和单位对拆除工程不重视，缺乏必要的拆除方案和技术安全措施，90年代早期发生了多起严重的因拆除施工造成的倒塌、伤亡事故。给国家和人民群众的生命财产造成了很大损失，给社会带来了不良影响。

为防止此类事故的发生，建设部原建筑业司于1994年发文“关于防止拆除工程中发生伤亡事故的通知”中对拆除工程的安全问题作了相应规定。2005年3月1日起颁布实施的《建筑拆除工程安全技术规范》（JGJ 147—2004），为确保建筑拆除工程的施工安全，以及从业人员在拆除作业中的健康和安全提供了法律保障。

一、基本安全要求

1. 各地区建设行政主管部门对所辖区域内的拆除工程（指建筑物和构筑物）要建立健全制度，实行统一管理，明确职责，强化监督检查工作，确保拆除施工安全。

2. 建设单位应将拆除工程发包给具有爆破与拆除资质的施工单位承担，不得转包。需要变更施工队伍时，应到原发证部门重新办理拆除许可证手续，并经同意后才能施工。

建设单位应在动工前向工程所在地县级以上的地方人民政府建设行政主管部门办

理备案手续，取得拆除许可证明。未取得拆除许可证明的任何单位，不得擅自组织拆除施工。

申请拆除许可证明，应具有下列资料：

（1）施工单位资质登记证明；

（2）拟拆除建筑物、构筑物的结构、体积及现状说明书或竣工图以及可能危机毗邻建筑的说明；

（3）拆除施工组织设计或安全专项施工方案；

（4）堆放、清除废弃物的措施。

3. 拆除工程（建设）单位与施工单位在签订施工合同时，应签订安全生产管理协议，明确双方的安全管理责任。拆除工程单位、监理单位应对拆除工程施工安全负检查督促责任；施工单位应对拆除工程的安全技术管理负直接责任。

4. 拆除工程（建设）单位应向施工单位提供下列资料：

（1）拆除工程的有关图纸和资料；

（2）拆除工程涉及区域的地上、地下建筑及设施分布情况资料。

5. 拆除工程必须制定安全生产事故应急救援预案，成立组织机构并应配备抢险救援器材。

6. 施工单位应对从事拆除作业的人员依法办理意外伤害保险。

7. 项目经理必须对拆除工程的安全生产负全面领导责任。项目经理部应设专职或兼职安全员，检查落实各项安全技术措施。

8. 拆除工程的安全施工组织设计或安全专项施工方案，应由技术负责人和总监理工程师签字批准后实施。施工过程中，确需变更的，须报请原审批人批准，方可实施。严格按照安全施工组织设计或拆除方案和安全技术措施计划进行。

9. 拆除工程在施工前，应组织技术人员和作业人员学习安全操作规程和拆除工程施工组织设计，并进行详细的书面安全技术交底。特种作业人员须持证上岗。

10. 拆除施工严禁立体交叉作业。

11. 从事拆除作业的人员应穿戴好个人防护用品并应正确使用。施工中必须遵守有关规章制度，不得违章冒险作业。

12. 施工前，应将被拆除工程的电线、天然气或煤气管道、上下水管道、供热管道等干线与通往该建筑物的支线切断或迁移。拆除过程中，需用照明和电动机械时，不得使用被拆除建筑物中的配电线，必须另外设置专用配电线路。

13. 作业人员使用手持电动工具时，严禁超负荷或带故障运转。

14. 拆除建（构）筑物，通常应该自上而下对称顺序进行，先拆非承重部分，后拆承重部分，禁止数层同时拆除。

拆除建筑物的栏杆、楼梯和楼板等，应有整体程度相配合，不能先行拆除。建筑物的承重支柱和横梁，要待它所承担的全部结构和荷重拆掉后才可拆除。

拆除管道和容器时，必须在查清残留物的性质，并采取相应措施确保安全后，方可进行拆除施工。

工人从事拆除工作的时候，应该站在专门搭设并经验收的脚手架上或者其他稳固的结构部分上操作。

15. 拆除施工中不但要确保人员的安全，还应确保未拆除部分的稳定。当拆除一部分时，先应采取加固或稳定措施，防止另一部分倒塌。当用控制爆破拆除工程时，必须严格按《爆破安全规程》(GB 6722—2003) 进行，并经过爆破设计，对起爆点、引爆物、用药量和爆破程序进行严格计算，以确保周围建筑和人员的绝对安全。

16. 在高处进行拆除工作时应设置溜放槽，以便散碎废料顺槽溜下。拆下的较大的或沉重材料，应用吊绳或起重机械及时吊下或运走。楼板上不许有多人聚集或堆放材料，以免楼盖结构超载发生倒塌。拆卸下的施工垃圾及时清理，应采用封闭的垃圾道或垃圾带运下，分别堆放在指定的位置，禁止向下抛掷。

17. 拆除工程应划定危险区域，在周围设置围栏，做好警戒和警示标志，并派专人监护，严禁无关人员逗留，夜间应红灯示警。

18. 施工中必须由专人负责监测被拆除建筑的结构状态，并应做好记录。当发现有不稳定状态的趋势时，必须停止作业，采取有效措施，消除隐患。

19. 当拆除工程对周围相邻建筑安全可能产生危险时，必须采取相应保护措施，并应对建筑内的人员，进行撤离安置。

20. 在拆除工程作业中，发现不明物体，应停止施工，采取相应的应急措施，保护现场并应及时向有关部门报告。

21. 拆除时临时停止作业前，应拆除至结构的稳定部位，必要时采取临时加固措施。

22. 在居民密集点，交通要道进行拆除工程的施工脚手架须采用全封闭形式，并搭设防护隔离棚。脚手架应与被拆除物的主体结构同步拆下。

23. 遇有 6 级以上大风或大雾天、雷暴雨、冰雪天等恶劣气候影响施工安全时，禁止进行露天拆除作业。

24. 拆除工程施工必须建立安全技术档案，并应包括下列内容：

(1) 拆除工程施工合同及安全管理协议书。

(2) 拆除工程安全施工组织设计或安全专项施工方案；

(3) 安全技术交底；

(4) 脚手架及安全防护设施检查验收记录；

(5) 劳务用工合同及安全管理协议书；

(6) 机械租赁合同及安全管理协议书。

二、用推倒法拆除墙时的注意事项

拆除建筑物一般不得采用推倒方法，遇到特殊情况墙体需要推倒时，必须遵守以下规定：

1. 人员应避至安全地带。

2. 砍切墙根的深度不能超过墙厚的 1/3，墙的厚度小于两块半砖的时候，不得进行掏掘。

3. 为防止墙壁向掏掘方向倾倒，在掏掘前，要用支撑撑牢。

4. 建筑物推倒前，应发出信号，待所有人员远离建筑物高度 2 倍以上的距离后，方可进行。

5. 在建筑物推倒倒塌范围内，有其他建筑物时，严禁采用推倒方法。

三、拆除工程文明施工管理

1. 清运渣土的车辆应在指定地点停放。清运渣土的车辆应封闭或采用苫布覆盖，出入现场时应有专人指挥。清运渣土的作业时间应遵守工程所在地的有关规定。

2. 对地下的各类管线，施工单位应在地面上设置明显标志。对水、电、气检查井、污水井应采取相应的保护措施。

3. 拆除工程施工时，设专人向被拆除的部位洒水降尘，并采取降低噪声的措施；拆除工程完工后，应及时将施工渣土清运出场。

4. 施工单位必须落实防火安全责任制，建立义务消防组织，明确责任人，负责施工现场的日常防火安全管理工作。

5. 根据拆除工程施工现场作业环境，应制定相应的消防安全措施；并应保证充足的消防水源，配备足够的灭火器材。

6. 施工现场应建立健全用火管理制度。施工作业用火时，必须履行用火审批手续，经现场防火负责人审查批准，领取用火证后，方可在指定时间、地点作业。作业时应配备专人监护，作业后必须确认无火源危险后方可离开作业地点。

7. 拆除建筑时，当遇有易燃、可燃物及保温材料时，严禁明火作业。

8. 施工现场应设置消防车道，并应保持畅通。

第三节　建（构）筑物拆除施工技术要求

建（构）筑物的拆除方法一般有人工拆除、机械拆除和爆破拆除等方法，这些拆除施工的技术要求各不相同。

一、人工拆除方法

1. 定义

依靠手工加上一些非动力性工具如风镐、钢钎、榔头、手动葫芦、钢丝绳等，对建（构）筑物实施解体和破碎的作业方法。

2. 特点

（1）人员必须亲临拆除点操作，因此不可避免地要进行高处作业，危险性大，是拆除施工方法中最不安全的一种方法。

（2）劳动强度大、拆除速度慢。

（3）受天气影响大。刮风、下雨、结冰、下霜、打雷、下雾均不可登高作业。

（4）可以精雕细刻，易于保留部分建筑物。

3. 适用范围

拆除砖木结构，混合结构以及上述结构的分离和部分保留拆除项目。

4. 人工拆除技术及安全措施

（1）人工拆除的拆除顺序

建筑物的拆除顺序原则上按建造的逆程序进行，即先造的后拆，后造的先拆，具体可以归纳成“自上而下，先次后主”。所谓“自上而下”是指从上往下层层拆除，“先次后主”是指在同一层面上的拆除顺序，先拆次要的构件，后拆主要的构件。所谓次要构件就是不承重的构件，如阳台、屋檐、外楼梯、广告牌和内部的门、窗等，以及在拆除过程中原为承重构件去掉荷载后的构件。所谓主要构件就是承重构件，或者在拆除过程中暂时还承重的构件。

(2) 不同结构的拆除技术和注意事项

由于房屋的结构不同，拆除方法也各有差异，下面主要叙述砖木结构、框架结构（或者混合结构）的拆除技术和注意事项。

1）坡屋面的砖木结构房屋

①揭瓦

a. 小瓦揭法

小瓦通常是纵向搭接、横向正反相间铺在屋面板上或屋面砖上。拆除时先拆屋脊瓦(搭接形式)，再拆屋面瓦，从上向下，一片一片叠起来，传接至地面堆放整齐。

注意事项：

拆除时人要斜坐在屋面板上向前拆以防打滑。当屋面坡度大于30°时要系安全带，安全带要固定在屋脊梁上；或者搭脚手架拆除。脚手架须请有资质的专业单位搭设，拉攀牢固，经验收合格后方可使用，并随建筑物拆除进度及时同步拆除。

检查屋面板有无腐烂。对腐烂的屋面板，人要坐在对应梁的位置上操作，防止屋面板断裂、掉落。

b. 平瓦揭法

平瓦通常是纵向搭接铺压在屋面板上或直接挂在瓦条上。对于前一种铺法的平瓦，拆除方法和注意事项同小瓦。后一种铺法虽然拆法大体相同，但注意事项如下：

安全带要系在梁上，不可系在挂瓦条上，拆除时人不可站在瓦上揭瓦，一定要斜坐在檩条对应梁的位置上。

揭瓦时房内不得有人，以防碎片伤人。

c. 石棉瓦揭法

石棉瓦通常是纵横搭接铺在屋面板上，特殊简易房，石棉瓦直接固定在钢梁上，而钢架的跨度与石棉瓦的长度相当。对这种结构的石棉瓦的拆除注意事项如下：

不可站在石棉瓦上拆固定钉，应在室内搭好脚手架，人站在脚手架上拆固定钉。然后用手顶起石棉瓦叠在下一块上，依次往下叠，在最后一块上回收。

瓦可通过室内传下，拆瓦、传瓦必须有统一指挥，以防伤人。

②屋面板拆除

拆屋面板时人应站在屋面板上，先用直头撬杠撬开一个缺口，再用弯头带起钉槽的撬杠，从缺口处向后撬，待板撬松后，拔掉铁钉，将板从室内传下。

注意事项：

撬板时人要站在对应桁条的位置上。

对于坡度大于30°的陡屋面，拆除时要系安全带或搭设脚手架。

③桁条拆除

桁条与支撑体的连接通常有三种：直接搁在承重墙上；搁在人字梁上；搁在支撑立柱上。

拆除桁条时用撬杠将两头固定钉撬掉，两头系上绳子，慢慢下放至下层楼面上作进一步处理。

④人字梁拆除

拆除桁条前在人字梁的顶端系两根可两面拉的绳子，桁条拆除后，将绳两面拉紧，用撬杠或气割枪将两端的固定钉拆除，使其自由，再拉一边绳、松另一边绳，使人字梁向一边倾斜，直至倒置，然后在两端系上绳子，慢慢放至下层楼面上作进一步解体或者整体运走。

2）框架结构（或砖混结构）的房屋

①屋面板拆除

屋面板分预制板和现浇板两种。

a. 预制板拆除方法

预制板通常直接搁在梁上或承重墙上，它与梁或墙体之间没有纵横方向的连接，一旦预制板折断，就会下落。因此，拆除时在预制板的中间位置打一条横向切槽，将预制板拦腰切断，让预制板自由下落即可。

注意事项：

开槽要用风镐，由前向后退打，保证人站在没有破坏的预制板上。

打断一块及时下放一块，因有粉刷层的关系，单靠预制板的重量有时不足以克服粉刷层与预制板之间的黏结力而自由下落，这时需用锤子将打断的预制板粉刷层敲松即可下落。

b. 现浇板拆除方法

现浇板是由纵横正交单层钢筋混凝土组成，板厚为12mm左右，它与梁或圈梁之间有钢筋连接组成整体。拆除时用风镐或锤子将混凝土打碎即可，不需考虑拆除顺序和方向。

②梁的拆除

梁分承重梁和连系梁（圈梁）两种，当屋面板（楼板）拆除后，连系梁不再承重了，属于次要构件，可以拆除。拆除时用风镐将梁的两端各打开一个缺口，露出所有纵向钢筋，然后确保其下落有效控制时，气割一端钢筋使其自然下垂，再割另一端钢筋使其脱离主梁，缓慢放至下层楼面作进一步处理。

承重梁（主梁）拆除方法大体上同联系梁。但因承重梁通常较大，不可直接气割钢筋让其自由下落，必须用吊具吊住大梁后，方可气割两端钢筋，然后吊至下层楼面或地面作进一步解体。

③墙体拆除

墙分砖墙和混凝土墙两种。

a. 砖墙拆除方法

用锤子或撬杠将砖块打（撬）松，自上而下作粉碎性拆除，对于边墙除了自上而下外还应由外向内作粉碎性拆除。

b. 混凝土墙拆除方法

用风镐沿梁、柱将墙的左、上、右三面开通槽，再沿地板面墙的背面打掉钢筋保护层，露出纵向钢筋，系好拉绳，气割钢筋，将墙拉倒，再破碎。

注意事项：

拆墙时室内要搭可移动的脚手架或脚手凳，临人行道的外墙要搭外脚手架并加密网封闭，人流稠密的地方还要加搭过街防护棚。

气割钢筋顺序为先割沿地面一侧的纵向钢筋，其次为上方沿梁的纵向钢筋，最后是两侧的横向钢筋。

不得采用掏掘或推倒的方法拆除墙体。

严禁站在墙体或被拆梁上作业。

楼板上严禁多人聚集或堆放材料。

④立柱拆除

立柱拆除采用先拉倒再解体破碎的方法。打掉立柱根部背面的钢筋保护层，剔凿露出纵向钢筋，在立柱顶端使用手动倒链向内定向牵引，采用气焊切割柱子三面钢筋，保留牵引方向正面的钢筋。气割钢筋，向内拉倒立柱，进一步破碎。

注意事项：

立柱倾倒方向应选在下层梁或墙的位置上。

撞击点应设置缓冲防振措施。

⑤清理层面垃圾

楼层内的施工垃圾，应采用封闭的垃圾道或垃圾袋运下，不得向下抛掷。

垃圾井道的要求如下：

垃圾井道的口径大小，对现浇板结构层面，道口直径为 1.2 ~ 1.5m；对预制结构屋面，打掉两块预制板，上下对齐。

垃圾井道数量，原则上每跨不得多于 1 条，对进深很大的建筑可适当增加，但要分布合理。

井道周围要作密封性防护，防止灰尘飞扬。

二、机械拆除方法

1. 定义

指使用大型机械如挖掘机、镐头机、重锤机等为主，人工为辅相配合的对建筑物、构筑物实施解体和破碎的施工方法。

2. 特点

(1) 无需人员直接接触作业点，故安全性好。

(2) 施工速度快，可以缩短工期，减少扰民时间。

(3) 作业时扬尘较大，必须采取湿式作业法。

(4) 还需要部分保留的建筑物不可直接拆除，必须先用人工分离后方可拆除。

3. 适用范围

拆除混合结构、框架结构、板式结构等高度不超过 30m 的建筑物及各类基础和地下构筑物。

4. 机械拆除施工的技术及安全措施

(1) 机械拆除的拆除顺序

解体→破碎→翻渣→归堆待运

(2) 拆除方法

根据被拆建筑物、构筑物高度不同又分为镐头机拆除和重锤机拆除两种方法。

1）镐头机拆除方法：

镐头机可拆除高度不超过15m的建（构）筑物。

①拆除顺序：自上而下、逐层、逐跨拆除。

②工作面选择：框架结构房选择与承重梁平行的面作施工面；混合结构房选择与承重墙平行的面作施工面。

③停机位置选择：设备机身距建筑物垂直距离约3～5m，机身行走方向与承重梁（墙）平行，大臂与承重梁（墙）成45°～60°角。

④打击点选择：打击顶层立柱的中下部，让顶板、承重梁自然下塌，打断一根立柱后向后退，再打下一根，直至最后。对于承重墙要打顶层的上部，防止碎块下落砸坏设备。

⑤清理工作面：用挖掘机将解体的碎块运至后方空地作进一步破碎，空出镐头机作业通道，进行下一跨作业。

2）重锤机拆除方法：

重锤机通常用50t吊机改装而成，锤重3t，拔杆高30～52m，有效作业高度可达30m，锤体侧向设置可快速释放的拉绳，因此，重锤机既可以纵向打击楼板，又可以横向撞击立柱、墙体，是一个比较好的拆除设备。

①拆除顺序：从上向下层层拆除，拆除一跨后清除悬挂物，移动机身再拆下一跨。

②工作面选择：同镐头机。

③打击点选择：侧向打击顶层承重立柱（墙），使顶板、梁自然下塌。拆除一层以后，放低重锤以同样方法拆下一层。

④拔杆长度选择：拔杆长度为最高打击点高度加15～18m，但最短不得短于30m。

⑤停机位置选择：对于50t吊机，锤重为3t，停机位置距打击点所在的拆除面的距离最大为26m。机身垂直拆除面。

⑥清理悬挂物：用重锤侧向撞击悬挂物使其破碎，或将重锤改成吊篮，人站在吊篮内气割悬挂物，让其自由落下。

⑦清理工作面：拆除一跨以后，用挖机清理工作面，移动机身拆除下一跨。

（3）机械拆除的注意事项

1）采用机械拆除应从上至下、逐层逐段进行，先拆除非承重结构，再拆除承重结构。只进行部分拆除的建筑，必须先将保留部分加固，再进行分离拆除。

2）根据被拆除物高度选择拆除机械，不可超高作业或任意扩大使用范围，供机械设备使用的场地必须保证足够的承载力。作业中不得同时回转、行走。打击点必须选在顶层。

3）镐头机作业高度不够，可以用建筑垃圾垫高机身以满足高度需要，但垫层高度不得超过3m，其宽度不得小于3.5m，两侧坡度不得大于60°。

4）人、机不可立体交叉作业，机械作业时，在其回旋半径内不得有人工作业。

5）拆除框架结构建筑，必须按楼板、次梁、主梁、柱子的顺序进行施工。

6）机械严禁在有地下管线处作业，如果一定要作业，必须在地面垫2～3cm的整块钢板或走道板，保护地下管线安全。

7）在地下管线两侧严禁开挖深沟，如一定要挖深沟，必须在有管线的一侧先打钢板桩，钢板桩的长度为沟深的 2～2.5 倍，当沟深超过 1.5m 时，必须设内支撑以防塌方伤害管线。

8）机械拆除在分段切割时，必须确保未拆除部分结构的整体完整和稳定。

9）进行高处拆除作业时，对较大尺寸的构件或沉重的材料，必须采用起重机具及时吊下。拆卸下来的各种材料应及时清理，分类堆放在指定场所，严禁向下抛掷。

10）作业人员使用机具时，严禁超负荷使用或带故障运转。

11）机械解体作业时应设专职指挥员，监视被拆除物的动向，及时用对讲机指挥机械操作员进退。

12）桥梁、钢屋架拆除应符合下列规定：

①先拆除桥面的附属设施及挂件、护栏。

②按照施工组织设计选定的机械设备及吊装方案进行施工。不得超负荷作业。

③采用双机抬吊作业时，每台起重机载荷不得超过允许载荷的 80%，且应对第一吊进行试吊作业，作业过程中必须保持两台起重机同步作业。

④拆除吊装作业的起重机司机，必须严格执行操作规程。信号指挥人员必须按照现行国家标准《起重吊运指挥信号》(GB 5082—85）的规定作业。

⑤拆除钢屋架时，必须采用绳索将其拴牢，待起重机吊稳后，方可进行气焊切割作业。吊运过程中，应采用辅助绳索控制被吊物处于正常状态。

三、爆破拆除方法

1. 定义

利用炸药在爆炸瞬间产生高温高压气体对外做功，借此来解体和破碎建（构）筑物的方法。

2. 特点

(1）由于爆破前施工人员不进行有损建筑物整体结构和稳定性的操作，所以人身安全最有保障。

(2）由于爆破拆除是一次性解体，所以扬尘、扰民较少。

3. 适用范围

拆除混合结构、框架结构、钢混结构等各类超高建筑物及各类基础和地下构筑物。

4. 爆破拆除施工的技术及安全措施

爆破拆除属于特殊行业，从事爆破拆除的企业，不但需要精湛的技术，还必须有严格的管理和严密的组织。

(1）爆破拆除企业的注册

从事爆破拆除的企业，必须经当地公安主管部门审查、批准，发给火工品使用许可证后，方可到工商管理部门登记注册。

(2）爆破拆除企业的分级

公安管理部门根据爆破拆除企业的技术力量，将企业分为 A、B 两级资质。

A 级爆破拆除企业，必须具有从事爆破作业三年以上的两名高级职称和四名中级职称的技术人员。

B级爆破拆除企业，必须具有从事爆破作业三年以上的一名高级职称和两名中级职称的技术人员。

(3) 爆破拆除必须符合下列原则

1）爆破拆除设计、施工，火工品运输、保管、使用必须遵守国家制定的《爆破安全规程》(GB 6722—2003)。

2）从事爆破拆除方案设计、审核的技术人员，必须经过公安部组织的技术培训，经考试合格，发给中华人民共和国爆破工程技术人员安全作业证。安全作业证分高级和中级两种，分别对应高级职称和中级职称。持证设计、审核。

3）爆破拆除设计方案必须经所在地区公安管理部门和拆房安全管理部门审批、备案方可实施。

4）爆破作业人员，火工品保管员、押运员必须经过当地公安管理部门组织的技术培训，并经考试合格后分别发给“爆破员证”、“火工品保管员证”、“火工品押运员证”，持证上岗。

5）爆破拆除施工必须在确保周围建筑物、构筑物、管线、设备仪器和人身安全的前提下进行。

(4) 爆破作业程序

1）编写施工组织设计

根据结构图纸（或实地查看)、周围环境、解体要求，确定倒塌方式和防护措施。

根据结构参数和布筋情况，决定爆破参数和布孔参数。

2）组织爆前施工

按设计的布孔参数钻孔，按倒塌方式拆除非承重结构，由技术员和施工负责人二级验收。

3）组织装药接线

①由爆破负责人根据设计的单孔药量组织制作药包，并将药包编号。

②对号装药、堵塞。

③根据设计的起爆网络接线联网。

④由项目经理、设计负责人、爆破负责人联合检查验收。

4）安全防护

由施工负责人指挥工人根据防护设计进行防护，由设计负责人检查验收。

5）警戒起爆

①由安全员根据设计的警戒点、警戒内容组织警戒人员。

②由项目经理指挥，安全员协助清场，警戒人员到位。

③零前五分钟发预备警报，开始警戒，起爆员接雷管，各警戒点汇报警戒情况。

④零前1分钟发起爆警报、起爆器充电。

⑤零时发令起爆。

6）检查爆破效果

由爆破负责人率领爆破员对爆破部位进行检查，发现哑炮立即按《爆破安全规程》(GB 6722—2003）规定的方法和程序排除哑炮，待确定无哑炮后，解除警报。

7）破碎清运

用镐头机对解体不充分的梁、柱作进一步破碎，回收旧材料，垃圾归堆待运。

(5) 爆破拆除应重点注意的问题

从施工全过程来讲，爆破拆除是最安全的，但在爆破瞬间有三个不安全因素，必须在设计、施工中作严密的控制方能确保安全。

1) 爆破飞散物（称飞石）的防护

飞散物是爆破拆除中不可避免的东西，为了确保安全需要采取以下措施：

①在爆破部位、危险的方向上对建筑物进行多层复合防护，把飞石控制在允许范围内。

②对危险区域实行警戒，保证在飞石飞行范围内没有人和重要设备。

2) 爆破振动的防护

爆破在瞬间产生近十万个大气压的冲击，根据作用反作用的原理，必然要对地表产生震动，控制不当，严重时可能影响地面爆点附近某些建筑物的安全，尤其是地下构筑物的安全。控制措施如下：

①分散爆点以减少振动。

②分段延时起爆，使一次起爆药量控制在允许范围内。

③隔离起爆，先用少量药量炸开一个缺口，使以后起爆的药量不与地面接触，以此隔振。

3) 爆破扬尘的控制

爆破瞬间使大量建筑物解体，高压气流的冲击，在破碎面上产生大量的粉尘，控制扬尘的措施是：

①爆前对待爆建筑物用水冲洗，清除表面浮尘。

②爆破区域内设置若干“水炮”同时起爆，形成弥漫整个空间的水雾，吸收大部分粉尘。

③在上风方向设置空压水枪，起爆时打开水枪开关，造成局部人造雨，消除因解体坍落时产生的部分粉尘。

(6) 爆破拆除的注意事项

1) 从事爆破拆除工程的施工单位，必须持有所在地有关部门核发的《爆炸物品使用许可证》，承担相应等级或低于企业级别的爆破拆除工程。爆破拆除设计人员应具有承担爆破拆除作业范围和相应级别的爆破工程技术人员作业证。从事爆破拆除施工的作业人员应持证上岗。

2) 爆破拆除所采用的爆破器材，必须向当地有关部门申请《爆破物品购买证》，到指定的供应点购买。严禁赠送、转让、转卖、转借爆破器材。

3) 运输爆破器材时，必须向所在地有关部门申请领取《爆破物品运输证》。应按照规定路线运输，并应派专人押送。

4) 爆破器材临时保管地点，必须经当地有关部门批准。严禁同室保管与爆破器材无关的物品。

5) 爆破拆除的预拆除施工应确保建筑安全和稳定。预拆除施工可采用机械和人工方法拆除非承重的墙体或不影响结构稳定的构件。

6) 对烟囱、水塔类构筑物采用定向爆破拆除工程时，爆破拆除设计应控制建筑倒塌时的触地振动必要时应在倒塌范围铺设缓冲材料或开挖防振沟。

7）为保护临近建筑和设施的安全，爆破振动强度应符合现行国家标准《爆破安全规程》（GB 6722—2003）的有关规定。建筑基础爆破拆除时，应限制一次同时爆破的用药量。

8）建筑爆破拆除施工时，应对爆破部位进行覆盖和遮挡防护，覆盖材料和遮挡设施应牢固可靠。

9）爆破拆除应采用电力起爆网路和非电导爆管起爆网路。必须采用爆破专用仪表检查起爆网路电阻和起爆电源功率，并应满足设计要求；非电导爆管起爆应采用复式交叉封闭网路。爆破拆除工程不得采用导爆索网路或导火索起爆方法。

10）装药前，应对爆破器材进行性能检测。试验爆破和起爆网路模拟试验应选择安全部位和场所进行。

11）爆破拆除工程的实施应在当地政府主管部门领导下成立爆破指挥部，并应按设计确定的安全距离设置警戒。

12）爆破拆除工程的实施除应符合规范的要求外，必须按照现行国家标准《爆破安全规程》（GB 6722—2003）的规定执行。

第六章　施工现场临时用电安全管理

施工现场临时用电与一般工业或居民生活用电相比具有其特殊性，有别于正式“永久”性用电工程，具有暂时性、流动性、露天性和不可选择性。

进入施工现场的各类人员，难免要接触到各类电气设备。由于电是看不见，摸不着的，不了解用电常识的人稍不注意就有可能发生触电事故。轻者接触部位被麻一下，重者可能被烧伤、击倒、人事不省甚至危及生命。触电造成的伤亡事故是建筑施工现场的多发事故之一，因此，每一个进入施工现场的人员必须高度重视安全用电工作，掌握必备的用电安全技术知识。

第一节　施工现场用电管理

一、电气安全基本常识

1. 安全电压

安全电压是指为防止触电事故而采用的50V以下特定电源供电的电压系列。分为42V、36V、24V、12V和6V五个等级，根据不同的作业条件，可以选用不同的安全电压等级。

以下特殊场所必须采用安全电压照明供电：

(1) 使用行灯，必须采用小于或等于36V的安全电压供电。

(2) 隧道、人防工程、有高温、导电灰尘或距离地面高度低于2.4m的照明等场所，电源电压应不大于36V。

(3) 在潮湿和易触及带电体场所的照明电源电压，应不大于24V。

(4) 在特别潮湿的场所，导电良好的地面、锅炉或金属容器内工作的照明电源电压不得大于12V。

2. 电线的相色

电源线路可分工作相线（火线）、工作零线和专用保护零线，一般情况下，工作相线（火线）带电危险，工作零线和专用保护零线不带电（但在不正常情况下，工作零线也可以带电）。

一般相线（火线）分为A、B、C三相，分别为黄色、绿色、红色；工作零线为黑色；专用保护零线为黄绿双色线。

3. 插座的使用

(1) 插座的分类

常用的插座分为单相双孔、单相三孔和三相三孔、三相四孔等，如图6-1所示。

(2) 正确选用与安装接线

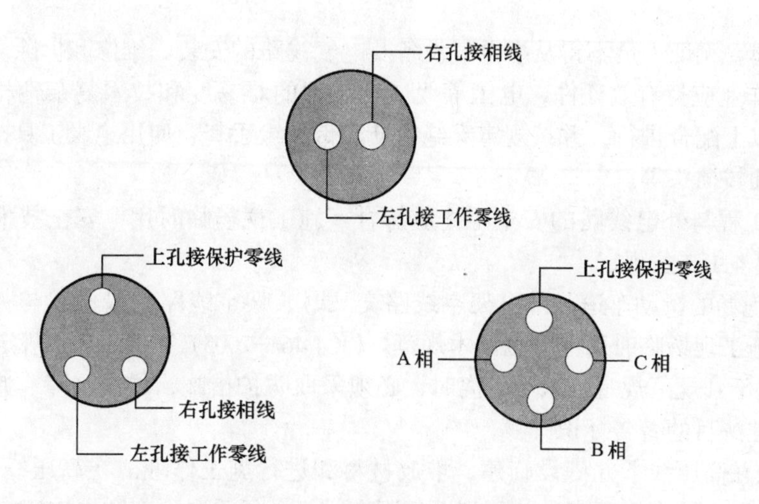

图 6-1　插座接线示意

1）三孔插座应选用“品字形”结构，不应选用等边三角形排列的结构，因为后者容易发生三孔互换而造成触电事故。

2）插座在电箱中安装时，必须首先固定安装在安装板上，接地极与箱体一起作可靠的 PE 保护。

3）三孔或四孔插座的接地孔（较粗的一个孔），必须置在顶部位置，不可倒置，两孔插座应水平并列安装，不准垂直并列安装。

4）插座接线要求

对于两孔插座，左孔接零线，右孔接相线；

对于三孔插座，左孔接零线，右孔接相线，上孔接保护零线；

对于四孔插座，上孔接保护零线，其他三孔分别接 A、B、C 三根相线。如图 6-1 所示。

关于接线可以记为“左零右火上接地”。

二、施工临时用电安全要求

为了保证施工现场用电安全，建设部修订颁发了《施工现场临时用电安全技术规范》(JGJ 46—2005)。根据《规范》要求和长期工作实践，一般施工现场工作人员必须了解以下安全用电要求。

1. 项目经理部应制定安全用电管理制度。

2. 项目经理应明确施工用电管理人员、电气工程技术人员和各分包单位的电气负责人。

3. 施工现场临时用电设备在 5 台及以上或设备总容量在 50kW 及以上者，应编制临时用电工程施工组织设计；临时用电设备在 5 台以下和设备总容量在 50kW 以下者，应制定安全用电技术措施和电气防火措施。

4. 地下工程使用 220V 以上电气设备和灯具时，应制定强电进入措施。

5. 工程项目每周应对临时用电工程至少进行一次安全检查，对检查中发现的问题及时整改。

6. 建筑施工现场的电工属于特殊作业工种，必须经有关部门技能培训考核合格后，持操作证上岗，无证人员不得从事电气设备及电气线路的安装、维修和拆除。

7. 电工作业应持有效证件，电工等级应与工程的难易度和技术复杂性相适应。电工作业由二人以上配合进行，并按规定穿绝缘鞋、带绝缘手套、使用绝缘工具，严禁带电接线和带负荷插拔插头等。

8. 在建工程与外电线路的安全距离应符合《施工现场临时用电安全技术规范》(JGJ 46—2005) 第 4.1.2 条规定。

9. 施工现场的机动车道与外电架空线路交叉时，架空线路的最低点与路面的垂直距离应符合《施工现场临时用电安全技术规范》(JGJ 46—2005) 第 4.1.3 条规定。

10. 对达不到规范规定的最小距离时，必须采取防护措施，增设屏障、遮拦或停电后作业，并悬挂醒目的警告标识牌。

11. 不准在高压线下方搭设临建、堆放材料和进行施工作业。在高压线一侧作业时，必须保持 6m 以上的水平距离，达不到上述距离时，必须采取隔离防护措施。

12. 起重机不得在架空输电线下面工作，在通过架空输电线路时，应将起重臂落下，以免碰撞。

13. 在临近输电线路的建筑物上作业时，不能随便往下扔金属类杂物，更不能触摸、拉动电线或电线接触钢丝和电杆的拉线。

14. 移动金属梯子和操作平台时，要观察高处输电线路与移动物体的距离，确认有足够的安全距离，再进行作业。

15. 搬扛较长的金属物体，如钢筋、钢管等材料时，不要碰触到电线。

16. 在地面或楼面上运送材料时，不要踏在电线上。停放手推车、堆放钢模板、跳板、钢筋时不要压在电线上。

17. 在移动有电源线的机械设备，如电焊机、水泵、小型木工机械等，必须先切断电源，不能带电搬动。

18. 当发现电线坠地或设备漏电时，切不可随意跑动或触摸金属物体，并保持 10m 以上距离。

三、非施工区域安全用电要求

1. 不准在宿舍工棚、仓库、办公室内用电饭锅、电水壶、电热杯等电器，如需使用应由管理部门指定地点。严禁使用电炉。

2. 不准在宿舍内乱拉乱接电源。只有专职电工可以接线、换保险丝，其他人不准私自进行，不准用其他金属丝代替熔丝（保险丝）。

3. 不准在潮湿的地上摆弄电器，不得用湿手接触电器，严禁不用插头而直接将电线的金属丝插入插座，以防触电。

4. 严禁在电线上晾衣服和挂其他东西。

5. 不要抓着电线来扯出插头，应用手拔出。

6. 如果发现有损坏的电线，插头、插座，要马上报告。专职安全员会贴上警告标识，以免其他人员使用。

第二节　触　电　事　故

当人体接触电气设备或电气线路的带电部分，并有电流流经人体时，人体将会因电流刺激而产生危及生命的所谓医学效应。这种现象称为人体触电。

施工现场的触电事故主要分为电击和电伤两大类，也可分为低压触电事故和高压触电事故。

电击是人体直接接触带电部分，电流通过人体，如果电流达到某一定的数值就会使人体和带电部分相接触的肌肉发生痉挛（抽筋），呼吸困难，心脏麻痹，直到死亡。电击是内伤，是最具有致命危险的触电伤害。

电伤是指皮肤局部的损伤，有灼伤、烙印和皮肤金属化等伤害。

一、触电事故的特点

人们常称电击伤为触电。电击伤是由电流通过人体所引起的损伤，大多数是人体直接接触带电体所引起。在电压较高或雷电击中时则为电弧放电而至损伤。由于触电事故的发生都很突然，并在相当短的时间内对人体造成严重损伤，故死亡率较高。根据事故统计，触电事故有如下特点：

1. 电压越高，危险性越大。

2. 触电事故的发生有明显的季节性。

一年中春、冬两季触电事故较少，每年的夏、秋两季，特别是六、七、八、九4个月中，触电事故较多。

其主要原因不外乎气候炎热、多雷雨，空气中湿度大，这些因素降低了电气设备的绝缘性能，人体也因炎热多汗，皮肤接触电阻变小，衣着单薄，身体暴露部分较多，大大增加了触电的可能性。一旦发生触电时，便有较大强度的电流通过人体，产生严重的后果。

3. 低压设备触电事故较多。

据统计，此类事故占总数的90%以上。因为低压设备远较高压设备应用广泛，人们接触的机会较多，施工现场低压设备就较多，另外人们习惯称220V/380V的交流电源为“低压”，好多人不够重视，丧失警惕，容易引起触电事故。

4. 发生在携带式设备和移动式设备上的触电事故多。

5. 在高温、潮湿、混乱或金属设备多的现场中触电事故多。

6. 缺乏安全用电知识或不遵守安全技术要求，违章操作和无知操作而触电的事故占绝大多数。因此新工人、青年工人和非专职电工的事故占较大比重。

二、触电类型

一般按接触电源时情况不同，常分为两相触电、单相触电和“跨步电压”触电。

1. 两相触电

人体同时接触二根带电的导线（相线）时，因为人是导体，电线上的电流就会通过人体，从一根电线流到另一根电线，形成回路，使人触电，称为两相触电。人体所受到的电压是线电压，因此触电的后果很严重。

2. 单相触电

如果人站在大地上，接触到一根带电导线时，因为大地也能导电，而且和电力系统（发电机、变压器）的中性点相连接，人就等于接触了另一根电线（中性线）。所以也会造成触电，称为单相触电。

目前触电死亡事故中大部分是这种触电，一般都是由于开关、灯头、导线及电动机有缺陷而造成的。

3. “跨步电压”触电

当输电线路发生断线故障而使导线接地时，由于导线与大地构成回路，导线中有电流通过。电流经导线入地时，会在导线周围的地面形成一个相当强的电场，此电场的电位分布是不均匀的。如果从接地点为中心划许多同心圆，这些同心圆的圆周上，电位是各不相同的，同心圆的半径越大，圆周上电位越低，反之，半径越小，圆周上电位越高。如果人畜双脚分开站立，就会受到地面上不同点之间的电位差，此电位差就是跨步电压。如沿半径方向的双脚距离越大，则跨步电压越高。

当人体触及跨步电压时，电流也会流过人体。虽然没有通过人体的全部重要器官，仅沿着下半身流过。但当跨步电压较高时，就会发生双脚抽筋，跌倒在地上，这样就可能使电流通过人体的重要器官，而引起人身触电死亡事故。

除了输电线路断线会产生跨步电压外，当大电流（如雷电流）从接地装置流入大地时，接地电阻偏大也会产生跨步电压。

因此，安全工作规程要求人们在户外不要走近断线点 8m 以内的地段。在户内，不要走近断线点 4m 以内的地段，否则会发生人、畜触电事故，这种触电称为跨步电压触电。

跨步电压触电一般发生在高压线落地时，但是对低压电线也不可麻痹大意。据试验，当牛站在水田里，如果前后蹄之间的跨步电压达到 10V 左右，牛就会倒下，触电时间长了，牛会死亡。人、畜在同一地点发生跨步电压触电时，对牲畜的危害比较大（电流经过牲畜心脏），对人的危害较小（电流只通过人的两腿，不通过心脏），但当人的两脚抽筋以致跌倒时，触电的危险性就增加了。

三、触电事故的主要原因

1. 缺乏电气安全知识，自我保护意识淡薄。
2. 违反安全操作规程。
3. 电气设备安装不合格。
4. 电气设备缺乏正常检修和维护。
5. 偶然因素。

第三节　施工现场临时用电标准

电是施工现场不可缺少的能源。随着各种类型的电气装置和机械设备的不断增多，而施工现场环境的特殊性及复杂性，使得现场临时用电的安全性受到了严重威胁，各种触电事故频频发生。因此，必须根据国家规范要求，采取可靠的安全防护措施和技术措施，以确保人身和机械设备的安全。施工现场临时用电的检查按照《建筑施工安全检查标准》

（JGJ 59—99）中的“施工用电检查评分表”进行。行业标准《施工现场临时用电安全技术规范》（JGJ 46—2005）对防止触电事故的发生，保障施工现场安全用电作了具体的要求。下面结合二者对施工现场用电安全的要求进行阐述。

一、施工现场临时用电管理

1. 临时用电施工组织设计

施工现场临时用电施工组织设计是施工现场临时用电安装、架设、使用、维修和管理的重要依据，指导和帮助供、用电人员准确按照用电施工组织设计的具体要求和措施执行确保施工现场临时用电的安全性和科学性。

《施工现场临时用电安全技术规范》（JGJ 46—2005）（以下简称《规范》）规定：“施工现场临时用电设备在5台及以上或设备总容量在50kW及以上者，应编制用电组织设计”。“临时用电设备在5台以下和设备总容量在50kW以下者，应制定安全用电措施和电气防火措施”。

（1）施工现场临时用电施工组织设计应包括的重要内容：

1）现场勘测；

2）确定电源进线、变电所或配电室、配电装置、用电设备位置及线路走向；

3）进行负荷计算；

4）选择变压器；

5）设计配电系统：

①设计配电线路，选择导线或电缆；

②设计配电装置，选择电器；

③设计接地装置；

④绘制临时用电工程图纸，主要包括用电工程总平面图、配电装置布置图、配电系统接线图、接地装置设计图。

6）设计防雷装置；

7）确定防护措施；

8）制定安全用电措施和电气防火措施。

（2）临时用电施工组织设计必须由电气工程技术人员组织编制，经相关部门审核及具有法人资格企业的技术负责人批准后实施。

（3）施工现场临时用电工程必须经编制、审核、批准部门和使用单位共同验收，合格后方可投入使用。

2. 临时用电的档案管理

《规范》规定：“施工现场临时用电必须建立安全技术档案”，其内容包括：

（1）用电组织设计的安全资料

单独编制的施工现场临时用电施工组织设计及相关的审批手续。

（2）修改用电组织设计的资料

临时用电施工组织设计及变更时，必须履行“编制、审核、批准”程序，变更用电施工组织设计时应补充有关图纸资料。

（3）用电技术交底资料

电气工程技术人员向安装、维修电工和各种用电设备人员分别贯彻交底的文字资料。包括总体意图、具体技术要求、安全用电技术措施和电气防火措施等文字资料。交底内容必须有针对性和完整性，并有交人员的签名及日期。

(4) 用电工程检查验收表

(5) 电气设备的试、检验凭单和调试记录

电气设备的调试、测试和检验资料，主要是设备绝缘和性能完好情况。

(6) 接地电阻、绝缘电阻和漏电保护器漏电动作参数测定记录表

接地电阻测定记录应包括电源变压器投入运行前其工作接地阻值和重复接地阻值。

(7) 定期检（复）查表

定期检查复查接地电阻值和绝缘电阻值的测定记录等。

(8) 电工安装、巡检、维修、拆除工作记录。

电工维修等工作记录是反映电工日常电气维修工作情况的资料，应尽可能记载详细，包括时间、地点、设备、部位、维修内容、技术措施、处理结果等。对于事故维修还要作出分析提出改进意见。

安全技术档案应由主管该现场的电气技术人员负责建立与管理。其中“电工安装、巡检、维修、拆除工作记录”可指定电工代管，每周由项目经理审核认可，并应在临时用电工程拆除后统一归档。

3. 人员管理

(1) 对现场电工的要求

1) 现场电工必须经过培训，经有关部门按国家现行标准考核合格后，方能持证上岗。

2) 安装、巡检、维修或拆除临时用电设备和线路，必须由现场电工完成，并应有人监护。

3) 现场电工的等级应同工程的难易程度和技术复杂性相适应。

(2) 对各类用电人员的要求

1) 必须通过相关教育培训和技术交底，考核合格后方可上岗工作。

2) 掌握安全用电的基本知识和所用设备的性能。

3) 使用电气设备前必须按规定穿戴和配备好相应的劳动防护用品，并应检查电气安全装置和保护设施是否完好，严禁设备带“缺陷”运转。

4) 保管和维护所用设备，发现问题及时报告解决。

5) 暂时停用设备的开关箱必须分断电源隔离开关，并应关门上锁。

6) 移动电气设备时，必须经电工切断电源并做妥善处理后进行。

二、外电线路及电气设备防护

1. 外电线路防护

外电线路主要指不为施工现场专用的原来已经存在的高压或低压配电线路，外电线路一般为架空线路，个别现场也会遇到地下电缆。由于外电线路位置已经固定，所以施工过程中必须与外电线路保持一定安全距离，当因受现场作业条件限制达不到安全距离时，必须采取屏护措施，防止发生因碰触造成的触电事故。

(1)《规范》规定：在建工程不得在外电架空线路正下方施工、搭设作业棚、建造生

活设施或堆放构件、架具、材料及其他杂物等。

(2) 当在架空线路一侧作业时，必须保持安全操作距离。

外电线路尤其是高压线路，由于周围存在的强电场的电感应所致，使附近的导体产生电感应，附近的空气也在电场中被极化，而且电压等级越高电极化就越强，所以必须保持一定安全距离，随电压等级增加，安全距离也相应加大。施工现场作业，特别是搭设脚手架，一般立杆、大横杆钢管长6.5m，如果距离太小，操作中的安全无法保障，所以这里的"安全距离"在施工现场就变成了"安全操作距离"，除了必要的安全距离外，还要考虑作业条件的因素，所以距离相应加大了。

《规范》规定了各种情况下的最小安全操作距离：即与外电架空线路的边线之间必须保持的距离。

1）在建工程（含脚手架）的周边与外电线路的边线之间的最小安全距离应符合《规范》第4.1.2条（本教材表3-3）之规定。

2）施工现场的机动车道与外电架空线路交叉时，架空线路的最低点与路面的最小垂直距离应符合《规范》第4.1.3条（本教材表3-4）之规定。

3）起重机的任何部位或被吊物边缘在最大偏斜时与架空线路边线的最小安全距离应符合《规范》第4.1.4条（本教材表7-1）之规定。

4）施工现场开挖沟槽边缘与外电埋地电缆沟槽边缘之间的距离不得小于0.5m。

(3) 防护措施

当达不到规范规定的最小距离时，必须采取绝缘隔离防护措施。

1）增设屏障、遮栏或保护网，并悬挂醒目的警告标志。

2）防护设施必须使用非导电材料，并考虑到防护棚本身的安全（防风、防大雨、防雪等）。

3）特殊情况下无法采用防护设施，则应与有关部门协商，采取停电、迁移外电线路或改变工程位置等措施，未采取上述措施的严禁施工。

防护设施与外电线路之间的安全距离不应小于表6-1所列数值。

防护设施与外电线路之间的最小安全距离 **表6-1**

外电线路电压（kV）	≤10	35	110	220	330	500
最小安全距离（m）	1.7	2.0	2.5	4.0	5.0	6.0

架设防护设施时，必须经有关部门批准，采用线路暂时停电或其他可靠的安全技术措施，并应有电气工程技术人员和专职安全人员监护。

2. 电气设备防护

(1) 电气设备现场周围不得存放易燃易爆物、污源和腐蚀介质，否则应予清除或做防护处置，其防护等级必须与环境条件相适应。

(2) 电气设备设置场所应能避免物体打击和机械损伤，否则应做防护处置。

三、接地与防雷

1. 接地与接零保护系统

为了防止意外带电体上的触电事故，根据不同情况应采取保护措施。保护接地和保护接零是防止电气设备意外带电造成触电事故的基本技术措施。

1）接地与接零的概念

所谓接地，即将电气设备的某一可导电部分与大地之间用导体作电气联接，简单地说，是设备与大地作金属性联接。

接地主要有四种类别：

①工作接地　在电力系统中，某些设备因运行的需要，直接或通过消弧线圈、电抗器、电阻等与大地金属连接，称为工作接地（例如三相供电系统中，电源中性点的接地）。阻值应不大于4Ω。有了这种接地可以稳定系统的电压，能保证某些设备正常运行，可以使接地故障迅速切断。防止高压侧电源直接窜人低压侧，造成低压系统的电气设备被摧毁不能正常工作的情况发生。

②保护接地　因漏电保护需要，将电气设备正常运行情况下不带电的金属外壳和机械设备的金属构架（件）接地，称为保护接地。阻值应不大于4Ω。电气设备金属外壳正常运行时不带电而故障情况下就可能呈现危险的对地电压，所以这种接地可以保护人体接触设备漏电时的安全，防止发生触电事故。

③重复接地　在中性点直接接地的电力系统中，为了保证接地的作用和效果，除在中性点处直接接地外，在中性线上的一处或多处再作接地，称为重复接地。其阻值应不大于10Ω。重复接地可以起到保护零线断线后的补充保护作用，也可降低漏电设备的对地电压和缩短故障持续时间。在一个施工现场中，重复接地不能少于三处（始端、中间、末端）。

在设备比较集中地方如搅拌机棚、钢筋作业区等应做一组重复接地；在高大设备处如塔吊、外用电梯、物料提升机等也要作重复接地。

④防雷接地　防雷装置（避雷针、避雷器等）的接地，称为防雷接地。作防雷接地的电气设备，必须同时作重复接地。阻值应不大于30Ω。

接零即电气设备与零线连接。接零分为：

①工作接零　电气设备因运行需要而与工作零线连接，称为工作接零。

②保护接零　电气设备正常情况不带电的金属外壳和机械设备的金属构架与保护零线连接，称为保护接零。保护接零是将设备的碰壳故障改变为单相短路故障，保护接零与保护切断相配合，由于单相短路电流很大，所以能迅速切断保险或自动开关跳闸，使设备与电源脱离，达到避免发生触电事故的目的。

城防、人防、隧道等潮湿或条件特别恶劣的施工现场的电气设备必须采用保护接零。

当施工现场与外电线路共用同一供电系统时，不得一部分设备作保护接零，另一部分作保护接地。

2）“TT”与“TN”符号的含义

TT——第一个字母T，表示工作接地；第二个字母T，表示采用保护接地。

TN——第一个字母T，表示工作接地；第二个字母N，表示采用保护接零。

TN-C——保护零线PE与工作零线N合一设置的接零保护系统（三相四线）。

TN-S——保护零线PE与工作零线N分开设置的接零保护系统（三相五线）。

TN-C-S ——在同一电网内，一部分采用TN-C，另一部分采用TN-S。

3）施工现场临时用电必须采用TN-S系统，不要采用TN-C系统。

《规范》规定：建筑施工现场临时用电工程专用的电源中性点直接接地的220/380V三

相四线制低压电力系统，必须符合下列规定：

①采用三级配电系统；

②采用 TN-S 接零保护系统（即三相五线制接零保护系统）；

③采用二级漏电保护系统。

电气设备的金属外壳必须与专用保护零线连接。专用保护零线（简称保护零线）应由工作接地线、配电室的零线或第一级漏电保护器电源侧的零线引出。

TN-C 系统有缺陷：如三相负载不平衡时，零线带电；零线断线时，单相设备的工作电流会导致电气设备外壳带电；对于接装漏电保护器带来困难等。而 TN-S 由于有专用保护零线，正常工作时不通过工作电流，三相不平衡也不会使保护零线带电。由于工作零线与保护零线分开，可以顺利接装漏电保护器等。由于 TN-S 具有的优点，克服了 TN-C 的缺陷，从而给施工用电安全提供了可靠保证。

4）采用 TN 系统还是采用 TT 系统，依现场的电源情况而定。

在低压电网已作了工作接地时，应采用保护接零，不应采用保护接地。因为用电设备发生碰壳故障时，第一，采用保护接地时，故障点电流太小，对 1.5kW 以上的动力设备不能使熔断器快速熔断，设备外壳将长时间有 110V 的危险电压；而保护接零能获取大的短路电流，保证熔断器快速熔断，避免触电事故。第二，每台用电设备采用保护接地，其阻值达 4Ω，也是需要一定数量的钢材打入地下，费工费材料；而采用保护接零敷设的零线可以多次周转使用，从经济上也是比较合理的。

但是在同一个电网内，不允许一部分用电设备采用保护接地，而另外一部分设备采用保护接零，这样是相当危险的，如果采用保护接地的设备发生漏电碰壳时，将会导致采用保护接零的设备外壳同时带电。

《规范》规定："当施工现场与外电线路共用同一供电系统时，电气设备的接地、接零保护应与原系统保护一致。不得一部分设备做保护接零，另一部分设备做保护接地"。

①当施工现场采用电业部门高压侧供电，自己设置变压器形成独立电网的，应作工作接地，必须采用 TN-S 系统。

②当施工现场有自备发电机组时，接地系统应独立设置，也应采用 TN-S 系统。

③当施工现场采用电业部门低压侧供电，与外电线路同一电网时，应按照当地供电部门的规定采用 TT 或采用 TN。

④当分包单位与总包单位共用同一供电系统时，分包单位应与总包单位的保护方式一致，不允许一个单位采用 TT 系统而另外一个单位采用 TN 系统。

5）施工现场的电力系统严禁利用大地作相线或零线。

6）工作零线与保护零线必须严格分设。在采用了 TN-S 系统后，如果发生工作零线与保护零线错接，将导致设备外壳带电的危险。

①保护零线应由工作接地线处引出，或由配电室（或总配电箱）电源侧的零线处引出。

②保护零线严禁穿过漏电保护器，工作零线必须穿过漏电保护器。

③电箱中应设两块端子板（工作零线 N 与保护零线 PE），保护零线端子板与金属电箱相连，工作零线端子板与金属电箱绝缘。

④保护零线必须做重复接地，工作零线禁止做重复接地。

7）保护零线（PE）的设置要求

①保护零线必须采用绝缘导线。

配电装置和电动机械相连接的 PE 线应为截面不小于 $2.5mm^2$ 的绝缘多股铜线。手持式电动工具的 PE 线应为截面不小于 $1.5mm^2$ 的绝缘多股铜线。

②PE 线上严禁装设开关或熔断器，严禁通过工作电流，且严禁断线。

③保护零线作为接零保护的专用线，必须独用，不能他用，电缆要用五芯电缆。

④保护零线除了从工作接地线（变压器）或总配电箱电源侧从零线引出外，在任何地方不得与工作零线有电气连接，特别注意电箱中防止经过铁质箱壳形成电气连接。

⑤保护零线的统一标志为绿/黄双色线；相线 L1（A）、L2（B）、L3（C）相序的绝缘颜色依次为黄、绿、红色；N 线的绝缘颜色为淡蓝色；任何情况下上述颜色标记严禁混用和互相代用。

⑥保护零线除必须在配电室或总配电箱处作重复接地外，还必须在配电线路的中间处及末端做重复接地，配电线路越长，重复接地的作用越明显，为使接地电阻更小，可适当多打重复接地。

⑦保护零线的截面积应不小于工作零线的截面积，同时必须满足机械强度的要求。

2. 防雷

(1) 作防雷接地的电气设备，必须同时作重复接地。施工现场的电气设备和避雷装置可利用自然接地体接地，但应保证电气连接并校验自然接地体的热稳定。

(2) 施工现场内的起重机、井字架、龙门架等机械设备，以及钢脚手架和正在施工的在建工程等的金属结构，应安装防雷设备，若在相邻建筑物、构筑物等设施的防雷装置接闪器的保护范围以外，则应安装防雷装置。

当最高机械设备上避雷针（接闪器）的保护范围能覆盖其他设备，且又最后退出于现场，则其他设备可不设防雷装置。

(3) 施工现场内所有防雷装置的冲击接地电阻值不得大于 30Ω。

(4) 塔式起重机的防雷装置应单独设置，不应借用架子或建筑物的防雷装置。

(5) 各机械设备或设施的防雷引下线可利用该设备或设施的金属结构体，但应保证电气连接。

(6) 机械设备上的避雷针（接闪器）长度应为 1～2m。

(7) 安装避雷针（接闪器）的机械设备，所有固定的动力、控制、照明、信号及通信线路，宜采用钢管敷设。钢管与该机械设备的金属结构体应做电气连接。

四、配电室及自备电源

1. 配电室应靠近电源，并应设在灰尘少、潮气少、振动小、无腐蚀介质、无易燃易爆物及道路畅通的地方。

2. 配电室和控制室应能自然通风，并应采取防雨雪和防止动物出入的措施。

3. 成列的配电柜和控制柜两端应与重复接地线及保护零线做电气连接。

4. 配电柜应装设电源隔离开关及短路、过载、漏电保护电器。电源隔离开关分断时应有明显可见分断点。

5. 配电室应设值班人员，值班人员必须熟悉本岗位电气设备的性能及运行方式，并持操作证上岗值班。

6. 配电室内必须保持规定的操作和维修通道宽度。

7. 配电室的建筑物和构筑物的耐火等级应不低于3级，室内应配置砂箱和可用于扑灭电气火灾的灭火器。

8. 配电室内设置值班或检修室时，该室边缘距配电柜的水平距离大于1m，并采取屏障隔离。

9. 配电室的门应向外开，并配锁。

10. 配电室的照明分别设置正常照明和事故照明。

11. 配电室应保持整洁，不得堆放任何妨碍操作、维修的杂物

12. 配电柜应装设电度表，并应装设电流、电压表。电流表与计费电度表不得共用一组电流互感器。

13. 配电柜应编号，并应有用途标记。

14. 配电柜或配电线路停电维修时，应挂接地线，并应悬挂“禁止合闸、有人工作”停电标志牌。停送电必须由专人负责。

15. 配电室内的母线涂刷有色油漆，以标志相序；以柜正面方向为基准，其涂色符合表6-2规定。

母线涂色 **表6-2**

相别	颜色	垂直排列	水平排列	引下排列
L_1（A）	黄	上	后	左
L_2（B）	绿	中	中	中
L_3（C）	红	下	前	右
N	淡蓝	—	—	—

16. 发电机组电源必须与外电线路电源连锁，严禁并列运行。

17. 发电机组应采用电源中性点直接接地的三相四线制供电系统和独立设置TN-S接零保护系统，其工作接地电阻值应符合《规范》第5.3.1条要求。

18. 发电机供电系统应设置电源隔离开关及短路、过载、漏电保护电器。电源隔离开关分断时应有明显可见分断点。

19. 发电机组并列运行时，必须装设同期装置，并在机组同步运行后再向负载供电。

20. 发电机组的排烟管道必须伸出室外。发电机组及其控制、配电室内必须配置可用于扑灭电气火灾的灭火器，严禁存放贮油桶。

21. 室外地上变压器应设围栏，悬挂警示牌，内设操作平台。变压器围栏内不得堆放任何杂物。

五、配电线路

施工现场的配电线路一般可分为室外和室内配电线路。室外配电线路又可分为架空配电线路和电缆配电线路。

《规范》规定：“架空线路必须采用绝缘导线”，“室内配线必须采绝缘导线或电缆”。施工现场的危险性，决定了严禁使用裸线。导线和电缆是配电线路的主体，绝缘必须良

好，是直接接触防护的必要措施，不允许有老化、破损现象，接头和包扎都必须符合规定。

1. 导线和电缆

（1）架空线导线截面的选择应符合下列要求：

1）导线中的计算负荷电流不大于其长期连续负荷允许载流量。

2）线路末端电压偏移不大于其额定电压的5%。

3）三相四线制线路的N线和PE线截面不小于相线截面的50%，单相线路的零线截面与相线截面相同。

4）按机械强度要求，绝缘铜线截面不小于$10mm^2$，绝缘铝线截面不小于$16mm^2$；在跨越铁路、公路、河流、电力线路档距内，绝缘铜线截面不小于$16mm^2$，绝缘铝线截面不小于$25mm^2$。

（2）电缆中必须包含全部工作芯线和用作保护零线或保护线的芯线。需要三相四线制配电的电线路必须采用五芯电缆。

五芯电缆必须包含淡蓝、绿/黄二种颜色绝缘芯线。淡蓝色芯线必须用作N线；绿/黄双色芯线必须用作PE线，严禁混用。

（3）电缆类型应根据敷设方式、环境条件选择。埋地敷设宜选用铠装电缆；当选用无铠装电缆时，应能防水、防腐。架空敷设宜选用无铠装电缆。

（4）电缆截面的选择应符合前1）~3）款的规定，根据其长期连续负荷允许载流量和允许电压偏移确定。

（5）室内配线所用导线或电缆的截面应根据用电设备或线路的计算负荷确定，但铜线截面不应小于$1.5mm^2$，铝线截面不应小于$2.5mm^2$。

（6）长期连续负荷的电线电缆其截面应按电力负荷的计算电流及国家有关规定条件选择。

（7）应满足长期运行温升的要求。

2. 架空线路的敷设

（1）施工现场运电杆时及人工立电杆时，应由专人指挥。

（2）电杆就位移动时，坑内不得有人。电杆立起后，必须先架好叉木，才能撤去吊钩。电杆坑填土夯实后才允许撤掉叉木、溜绳或横绳。

（3）架空线必须架设在专用电杆上，严禁架设在树木、脚手架及其他设施上。宜采用钢筋混凝土杆或木杆。钢筋混凝土杆不得有露筋、宽度大于0.4mm的裂纹和扭曲；木杆不得腐朽，其梢径不应小于14mm。电杆的埋设深度为杆长的1/10加0.6m，回填土应分层夯实。在松软土质处宜加大埋入深度或采用卡盘等加固。

（4）杆上作业时，禁止上下投掷料具。料具应放在工具袋内，上下传递料具的小绳应牢固可靠。递完料具后，要离开电杆3m以外。

（5）架空线路的档距不得大于35m，线间距不得小于0.3m，靠近电杆的两导线的间距不得小于0.5m。

（6）架空线路横担间的最小垂直距离，横担选材、选型，绝缘子类型选择，拉线、撑杆的设置等均应符合规范要求。

（7）架空线路与邻近线路或固定物的距离应符合表6-3的规定。

除此之外，还应考虑施工各方面情况，如场地的变化，建筑物的变化，防止先架设好的架空线，与后施工的外脚手架、结构挑檐、外墙装饰等距离太近而达不到要求。

架空线路与邻近线路或固定物的距离 **表 6-3**

<table>
<tr><th>项 目</th><th colspan="7">距 离 类 别</th></tr>
<tr><td rowspan="2">最小净空距离（mm）</td><td colspan="2">架空线路的过引线、接下线下邻线</td><td colspan="2">架空线与架空线电杆外缘</td><td colspan="3">架空线与摆动最大时树梢</td></tr>
<tr><td colspan="2">0.13</td><td colspan="2">0.05</td><td colspan="3">0.50</td></tr>
<tr><td rowspan="3">最小垂直距离（m）</td><td rowspan="2">架空线同杆架设下方的通信、广播线路</td><td colspan="3">架空线最大弧垂与地面</td><td rowspan="2">架空线最大弧垂与暂设工程顶端</td><td colspan="2">架空线与邻近电力线路交叉</td></tr>
<tr><td>施工现场</td><td>机动车道</td><td>铁路轨道</td><td>1kV 以下</td><td>1 ~ 10kV</td></tr>
<tr><td>1.0</td><td>4.0</td><td>6.0</td><td>7.5</td><td>2.5</td><td>1.2</td><td>2.5</td></tr>
<tr><td rowspan="2">最小水平距离（m）</td><td colspan="2">架空线电杆与路基边缘</td><td colspan="2">架空线电杆与铁路轨道边缘</td><td colspan="3">架空线边线与建筑物凸出部分</td></tr>
<tr><td colspan="2">1.0</td><td colspan="2">杆高（m）+3.0</td><td colspan="3">1.0</td></tr>
</table>

（8）架空线路必须有短路保护和过载保护。

（9）大雨、大雪及 6 级以上强风天，停止蹬杆作业。

3. 电缆线路的敷设

电缆干线应采用埋地或架空敷设，严禁沿地面明敷设，并应避免机械损伤和介质腐蚀。埋地电缆路径应设方位标志。

（1）埋地敷设

1）电缆在室外直接埋地敷设时，必须按电缆埋设图敷设，埋地敷设的深度不应小于 0.7m，并应在电缆紧邻上、下、左、右侧均匀敷设不小 50mm 厚的细砂，然后覆盖砖或混凝土板等硬质保护层。

2）埋地电缆在穿越建筑物、构筑物、道路、易受机械损伤、介质体育馆场所及引出地面从 2.0m 高到地下 0.2m 处，必须加设防护套管，防护套管内径不应小于电缆外径的 1.5 倍。

3）埋地电缆与其附近外电电缆和管沟的平行间距不得小于 2m，交叉间距不得小于 1m。

4）埋地电缆的接头应设在地面上的接线盒内，接线盒应能防水、防尘、防机械损伤，并应远离易燃、易爆、易腐蚀场所。

5）施工现场埋设电缆时，应尽量避免碰到下列场地：经常积、存水的地方，地下埋设物较复杂的地方，时常挖掘的地方，预定建设建筑物的地方，散发腐蚀性气体或溶液的地方，以及制造和贮存易燃易爆或燃烧的危险物质场所。

6）应有专人负责管理埋设电缆的标志，不得将物料堆放在电缆埋设的上方。

（2）架空敷设

1）架空电缆应沿电杆、支架或墙壁敷设，并采用绝缘子固定，绑扎线必须采用绝缘线，固定点间距应保证电缆能承受自重所带来的荷载，敷设高度应符合架空线路敷设高度的要求，但沿墙壁敷设时最大弧垂距地不得小于 2.0m。

2）架空电缆严禁沿脚手架、树木或其他设施敷设。

（3）在建工程内的电缆线路必须采用电缆埋地引入，严禁穿越脚手架引入。电缆垂直敷设应充分利用在建工程的竖井、垂直洞等，并宜靠近用电负荷中心，固定点楼层不得少于一处。电缆水平敷设宜沿墙或门口刚性固定，最大弧垂距地不得小于2.0m。

(4) 装饰装修工程或其他特殊阶段，应补充编制单项施工用电方案。电源线可沿墙角、地面敷设，但应采取防机械损伤和电火措施。

(5) 电缆线路必须有短路保护和过载保护，短路保护和过载保护电器与电缆的选配应符合规范要求。

4. 室内配电线路

(1) 室内配线应根据配线类型采用瓷瓶、瓷（塑料）夾、嵌绝缘槽、穿管或钢索敷设。明敷主干线距地面高度不得小于2.5m。

(2) 潮湿场所或埋地非电缆配线必须穿管敷设，管口和管接头应密封；当采用金属管敷设时，金属管必须做等电位连接，且必须与PE线相连接。

(3) 架空进户线的室外端应采用绝缘子固定，过墙处应穿管保护，距地面高度不得小于2.5m，并应采取防雨措施。

(4) 钢索配线的吊架间距不宜大于12m。采用瓷夹固定导线时，导线间距不应小于35mm，瓷夹间距不应大于800mm；采用瓷瓶固定导线时，导线间距不应小于100mm，瓷瓶间距不应大于1.5m；采用护套绝缘导线或电缆时，可直接敷设于钢索上。

(5) 室内配线必须有短路保护和过载保护，短路保护和过载保护电器与绝缘导线、电缆的选配应符合规范要求。对穿管敷设的绝缘导线线路，其短路保护熔断器的熔体额定电流不应大于穿管绝缘导线长期连续负荷允许载流量的2.5倍。

六、配电箱及开关箱

施工现场的配电箱是电源与用电设备之间的甲枢环节，而开关箱是配电系统的末端，是用电设备的直接控制装置，它们的设置和运用直接影响着施工现场的用电安全。

1. 三级配电、两级保护

《规范》规定："配电系统应设置配电柜或总配电箱、分配电箱、开关箱，实行三级配电"。这样，配电层次清楚，既便于管理又便于查找故障。"总配电箱以下可设若干分配电箱；分配电箱以下可设若干开关箱"。

同时要求，"动力配电箱与照明配电箱宜分别设置。当合并设置为同一配电箱时，动力和照明应分路配电；动力开关箱与照明开关箱必须分设。"使动力和照明自成独立系统，不致因动力停电影响照明。

"两级保护"主要指采用漏电保护措施，除在末级开关箱内加装漏电保护器外，还要在上一级分配电箱或总配电箱中再加装一级漏电保护器，即将电网的干线与分支线路作为第一级，线路末端作为第二级。总体上形成两级保护。

2. 一机一闸一漏一箱

这个规定主要是针对开关箱而言的。《规范》规定："每台用电设备必须有各自专用的开关箱"，这就是一箱，不允许将两台用电设备的电气控制装置合置在一个开关箱内，避免发生误操作等事故。

《规范》规定："开关箱必须装设隔离开关、断路器或熔断器，以及漏电保护器"，这就是一漏。因为规范规定每台用电设备都要加装漏电保护器，所以不能有一个漏电保护器保护二台或多台用电设备的情况，否则容易发生误动作和影响保护效果。另外还应避免发生直接用漏电保护器兼作电器控制开关的现象，由于将漏电保护器频繁动作，将导致损坏或影响灵敏度失去保护功能。(漏电保护器与空气开关组装在一起的电器装置除外)。

《规范》规定：“严禁用同一个开关箱直接控制两台及两台以上用电设备（含插座)”，这就是通常所说的“一机一闸”，不允许一闸多机或一闸控制多个插座的情况，主要也是防止误操作等事故发生。

3. 配电箱及开关箱的电气技术要求

(1) 材质要求

1) 配电箱、开关箱应采用冷轧钢板或阻燃绝缘材料制作，钢板厚度应为1.2~2.0mm，其中开关箱箱体钢板厚度不得小于1.2mm，配电箱箱体网板厚度不得小于1.5mm，箱体表面应做防腐处理。

2) 不得采用木质配电箱、开关箱、配电板。

(2) 制作要求

1) 配电箱、开关箱外形结构应能防雨、防尘，箱体应端正、牢固。箱门开、关松紧适当，便于开关。

2) 必须有门锁。

3) 配电箱、开关箱的箱体尺寸应与箱内电器的数量和尺寸相适应。

(3) 安装位置要求

1) 总配电箱应设在靠近电源的区域，分配电箱应设在用电设备或负荷相对集中的区域，分配电箱与开关箱的距离不得超过30m，开关箱与其控制的固定式用电设备的水平距离不宜超过3m。分配电箱与开关箱的距离与手持电动工具的距离不宜大于5m。

2) 动力配电箱与照明配电箱宜分别设置。当合并设置为同一配电箱时，动力和照明应分路配电；动力开关箱与照明开关箱必须分设。

3) 配电箱、开关箱应装设在干燥、通风及常温场所，不得装设在有严重损伤作用的瓦斯、烟气、潮气及其他有害介质中，亦不得装设在易受外来固体物撞击、强裂振动、液体浸溅及热源烘烤场所。否则，应予清除或做防护处理。

4) 配电箱、开关箱周围应有足够2人同时工作的空间和通道，不得堆放任何妨碍操作、维修的物品，不得有灌木、杂草。

5) 固定式配电箱、开关箱的中心点与地面的垂直距离应为1.4~1.6m。移动式配电箱、开关箱应装设在坚固、稳定的支架上，其中心点与地面的垂直距离宜为0.8~1.6m。携带式开关箱应有100~200mm的箱腿。配电柜下方应砌台或立于固定支架上。

6) 开关箱必须立放，禁止倒放，箱门不得采用上下开启式，并防止碰触箱内电器。

(4) 内部开关电器安装要求

1) 箱内电器安装常规是左大右小，大容量的控制开关，熔断器在左面，右面安装小容量的开关电器。

2) 箱内所有的开关电器应安装端正、牢固，不得有任何的松动、歪斜。

3) 配电箱、开关箱内的电器（含插座）应按其规定位置先紧固安装在金属或非木质阻燃绝缘电器安装板上，然后方可整体紧固在配电箱、开关箱箱体内。

4) 配电箱的电器安装板上必须分设并标明N线端子板和PE线端子板，一般放在箱内配电板下部或箱内底侧边。N线端子板必须与金属电安装板绝缘；PE线端子板必须与金属电器安装板做电气连接。

进出线中的N线必须通过N线端子板连接；PE线必须通过PE线端子板连接。

5）箱内电器安装板板面电器元件之间的距离和与箱体之间的距离可按照表6-4确定。

配电箱、开关箱内电器安装尺寸选择值 **表6-4**

间　距　名　称	最小净距（mm）
并列电路（含单极熔断器）间	30
电器进、出线瓷管（塑胶管）孔与电器边沿间	15A，30 20～30A，50 60A及以上，80
上、下排电器进出线瓷管（塑胶管）孔间	25
电器进、出线瓷管（塑胶管）孔至板边	40
电器至板边	40

6）配电箱、开关箱的金属箱体、金属电器安装板以及内部开关电器正常不带电的金属底座、外壳等必须通过PE线端子板与PE线做电气连接，金属箱门与金属箱必须通过采用编织软铜线做电气连接。

（5）配电箱、开关箱内接连导线要求

1）配电箱、开关箱内的连接线必须采用铜芯绝缘导线。铝线接头万一松动，造成接触不良，产生电火花和高温，使接头绝缘烧毁，导致对地短路故障。因此为了保证可靠的电气连接，保护零线应采用绝缘铜线。

2）导线绝缘的颜色配置正确并排列整齐。

3）配电箱、开关箱内导线分支接头不得采用螺栓压接，应采用焊接并做绝缘包扎，不得有外露带电部分。

（6）配电箱、开关箱导线进出口处要求

1）配电箱、开关箱中导线的进线口和出线口应设在箱体的下底面，即“下进下出”，不能设在上面、后面、侧面，更不应当从箱门缝隙中引进和引出导线。

2）配电箱、开关箱的进、出线口应配置固定线卡、进出线应加绝缘护套并成束卡在箱体上，不得与箱体直接接触。

移动式配电箱、开关箱的进、出线应采用橡皮护套绝缘电缆，不得有接头。

4．配电箱、开关箱的使用和维护

（1）配电箱、开关箱应有名称、用途、分路标记及系统接线图。有专人管理。

（2）配电箱、开关箱必须按照下列顺序操作：

1）送电操作顺序为：总配电箱→分配电箱→开关箱；

2）停电操作顺序为：开关箱→分配电箱→总配电箱。

但出现电气故障的紧急情况可除外。

（3）开关箱的操作人员必须按《规范》第3.2.3条规定操作。

（4）施工现场停止作业1小时以上时，应将动力开关箱断电上锁。

（5）配电箱、开关箱应定期检查、维修。检查、维修人员必须是专业电工。检查、维修时必须按规定穿、戴绝缘鞋、手套，必须使用电工绝缘工具，并应做检查、维修工作记录。

(6) 对配电箱、开关箱进行定期维修、检查时，必须将其前一级相应的电源隔离开关分闸断电，并悬挂“禁止合闸、有人工作”停电标志牌，严禁带电作业。

(7) 配电箱、开关箱内不得放置任何杂物，不得随意挂接其他用电设备，并应保持整洁。

(8) 配电箱、开关箱内的电器配置和接线严禁随意改动。

(9) 配电箱、开关箱的进线和出线严禁承受外力，严禁与金属尖锐断口、强腐蚀介质和易燃易爆物接触。

(10) 配电箱、开关箱箱体应外涂安全色标、级别标志和统一编号。

七、电器装置

配电箱、开关箱内常用的电器装置有隔离开关、断路器或熔断器以及漏电保护器。他们都是开闭电路的开关设备。

1. 常用电器装置介绍

(1) 隔离开关

隔离开关一般多用于高压变配电装置中，是一种没有灭弧装置的开关设备。隔离开关的主要作用是在设备或线路检修时隔离电压，以保证安全。

隔离开关在分闸状态时有明显可见的断口，以便检修人员能清晰判断隔离开关处于分闸位置，保证其他电气设备的安全检修。在合闸状态时能可靠地通过正常负荷电流及短路故障电流。隔离开关只能切断空载的电气线路，不能切断负荷电流，更不能切断短路电流，应与断路器配合使用。因此，绝不可以带负荷拉合闸，否则，触头间所形成的电弧，不仅会烧毁隔离开关和其他相邻的电气设备，而且也可能引起相间或对地弧光造成事故。所以在停电时应先拉断路器后拉隔离开关，送电时应先合隔离开关后合断路器。如果误操作将引起设备损坏和人身伤亡。

隔离开关一般可采用刀开关（刀闸）、刀形转换开关以及熔断器。刀开关和刀形转换开关可用于空载接通和分断电路的电源隔离开关，也可用于直接控制照明和不大于 3.0kW 的动力电路。

当施工现场的某台用电设备或某配电支路发生故障，需要检修时，在不影响其他设备或配电支路的正常运行情况下，为保障检修人员的安全，必须使开关箱或配电箱内的开关电器，能在任何情况下，都可以使用电设备实行电源隔离。为此，《施工现场临时用电安全技术规范》规定了配电箱及开关箱内必须装设隔离开关。

要注意空气开关不能用作隔离开关。自动空气断路器简称空气开关或自动开关，是一种自动切断线路故障用的保护电器，可用在电动机主电路上作为短路、过载和欠压保护作用，但不能用作电源隔离开关。主要由于空气开关没有明显可见的断开点、手柄开关位置有时不明确，壳内金属触头有时易发生粘合现象，再加上本身体积小、结构紧凑，断开点之间距离小有被击穿的可能等因素，因此单独使用空气开关难以实现可靠的电源隔离，无法确保线路及用电设备的安全。它必须与隔离开关配合才能用于控制 3.0kW 以上的动力电路。

隔离开关分为户内用和户外用两类。隔离开关按结构形式有单柱式、双柱式和三柱式三种；按运动方式可分为瓷柱转动、瓷柱摆动和瓷柱移动；按闸刀的合闸方式又可分为闸刀垂直运动和闸刀水平运动两种。

隔离开关的主要技术参数有：

①额定电压　指隔离开关正常工作时，允许施加的电压等级。

②最高工作电压　由于输电线路存在电压损失，电源端的实际电压总是高于额定电压，因此，要求隔离开关能够在高于额定电压的情况下长期工作，在设计制造时就给隔离开关确定了一个最高工作电压。

③额定电流　指隔离开关可以长期通过的最大工作电流。隔离开关长期通过额定电流时，其各部分的发热温度不超过允许值。

④动稳定电流　指隔离开关承受冲击短路电流所产生电动力的能力。是生产厂家在设计制造时确定的，一般以额定电流幅值的倍数表示。

⑤热稳定电流　指隔离开关承受短路电流热效应的能力。是由制造厂家给定的某规定时间（1s 或 4s）内，使隔离开关各部件的温度不超过短时最高允许温度的最大短路电流。

⑥接线端子额定静拉力。指绝缘子承受机械载荷的能力，分为纵向和横向。

（2）低压断路器

低压断路器（又称自动空气开关）是一种不仅可以接通和分断正常负荷电流和过负荷电流，还可以接通和分断短路电流的开关电器。低压断路器在电路中除起控制作用外，还具有一定的保护功能，如过负荷、短路、欠压和漏电保护等。低压断路器可以手动直接操作和电动操作，也可以远方遥控操作。断路器和熔断器在使用时一般只选择一个即可。

低压断路器容量范围很大，最小为 4A，而最大可达 5000A。低压断路器广泛应用于低压配电系统各级馈出线，各种机械设备的电源控制和用电终端的控制和保护。

1）低压断路器分类

按使用类别分，有选择型（保护装置参数可调）和非选择型（保护装置参数不可调）；

按结构型式分，有万能式（又称框架式）和塑壳式（又称装置式）断路器；

按灭弧介质分，有空气式和真空式（目前国产多为空气式）；

按操作方式分，有手动操作、电动操作和弹簧储能机械操作；

按极数分，可分为单极、二极、三极和四极式；

按安装方式分，有固定式、插入式、抽屉式和嵌入式等。

2）低压断路器的结构

低压断路器的主要结构元件有：触头系统、灭弧系统、操作机构和保护装置。

触头系统的作用是实现电路的接通和分断。

灭弧系统的作用是用以熄灭触头在方断电路时产生的电弧。

操作机构是用来操纵触头闭合与断开。

保护装置的作用是，当电路出现故障时，使触头断开、分断电路。

3）常用低压断路器

常用的低压断路器有万能式断路器（标准型式为 DW 系列）和塑壳式断路器（标准型式为 DZ 系列）两大类。

4）低压断路器的主要特性及技术参数

我国低压电器标准规定低压断路器应有下列特性参数：

①形式

断路器型式包括相数、极数、额定频率、灭弧介质、闭合方式和分断方式。

②主电路额定值

主电路额定值有：①额定工作电压；②额定电流；③额定短时接通能力；④额定短时受电流。万能式断路器的额定电流还分主电路的额定电流和框架等级的额定电流。

③额定工作制

断路器的额定工作制可分为 8h 工作制和长期工作制两种。

④辅助电路参数

断路器辅助电路参数主要为辅助接点特性参数。万能式断路器一般具有常开接点、常闭接点各 3 对，供信号装置及控制回路用；塑壳式断路器一般不具备辅助接点。

⑤其他

断路器特性参数除上述各项外，还包括：脱扣器型式及特性、使用类别等。

5）断路器的选用

额定电流在 600A 以下，且短路电流不大时，可选用塑壳断路器；额定电流较大，短路电流亦较大时，应选用万能式断路器。

一般选用原则为：

①断路器额定电流≥负载工作电流；

②断路器额定电压≥电源和负载的额定电压；

③断路器脱扣器额定电流≥负载工作电流；

④断路器极限通断能力≥电路最大短路电流；

⑤线路末端单相对地短路电流/断路器瞬时（或短路时）脱扣器整定电流≥1.25A；

⑥断路器欠电压脱扣器额定电压＝线路额定电压。

(3) 高压断路器

高压断路器在高压开关设备中是一种最复杂、最重要的电器。它是一种能够实现控制与保护双重作用的高压电器。

①控制作用　在规定的使用条件下，根据电力系统运行的需要，将部分或全部电气设备以及线路投入或退出运行。

②保护作用　当电力系统某一部分发生故障时，在继电保护装置的作用下，自动地将该故障部分从系统中迅速切除，防止事故扩大，保护系统中各类电气设备不受损坏，保证系统安全运行。

高压断路器的种类很多，按照其安装场所不同，可分为户内式和户外式。按照其灭弧介质的不同，主要有以下几类：

①油断路器（分为多油断路器和少油断路器）指触头在变压器油中开断，利用变压器油为灭弧介质的断路器。

②压缩空气断路器　是指利用高压力的空气来吹弧的断路器。

③真空断路器　指触头在真空中开断，以真空为灭弧介质和绝缘介质的断路器。

④六氟化硫（SF_6）断路器　指利用高压力的 SF_6 来吹弧的断路器。

⑤磁吹断路器　指在空气中由磁场将电弧吹入灭弧栅中使之拉长，冷却而熄灭的断路器。

⑥固体产气断路器　利用固体产气物质在电弧高温作用下分解出的气体来熄灭电弧的

断路器。

高压断路器的主要技术参数有：额定电压、额定电流、额定开断电流、额定遮断容量、动稳定电流、热稳定电流、合闸时间、分闸时间等。

（4）熔断器

熔断器（俗称保险丝）是一种简单的保护电器，当电气设备和电路发生短路和过载时，能自动切断电路，避免电器设备损坏，防止事故蔓延，从而对电气设备和电路起到安全保护作用。熔断器熔断时间和通过的电流大小有关，通常是电流越大，熔断时间越短。熔断器主要用作电路的短路保护，也可作为电源隔离开关使用。

熔断器由绝缘底座（或支持件）、触头、熔体等组成。熔体是熔断器的主要工作部分，熔体相当于串联在电路中的一段特殊的导线，当电路发生短路或过载时，电流过大，熔体因过热而熔化，从而切断电路。熔体常做成丝状、栅状或片状。熔体材料具有相对熔点低、特性稳定、易于熔断的特点。一般采用铅锡合金、镀银铜片、锌、银等金属。

在熔体熔断切断电路的过程中会产生电弧，为了安全有效地熄灭电弧，一般均将熔体安装在熔断器壳体内，采取措施，快速熄灭电弧。

熔断器选择的主要内容是：熔断器的型式、熔体的额定电流、熔体动作选择性配合，确定熔断器额定电压和额定电流的等级。

1）熔断器的类型

熔断器分为高压熔断器、低压熔断器。高压熔断器又有户外式、户内式；低压熔断器又有填料式、密闭式、螺旋式、瓷插式等等。

①按结构分：有开启式、半封闭式和封闭式

开启式熔断器在熔体熔化时没有限制电弧火焰和金属熔化粒子喷出的装置。

半封闭式熔断器的熔体装于管内，端部开启，使熔体熔化时的电弧火焰和金属熔化粒子的喷出有一定的方向。

封闭式熔断器的熔体完全封闭在壳体内，没有电弧和金属熔化粒子的喷出。

②按安装方式分：有瓷插式熔断器、螺旋式熔断器、管式熔断器

螺旋式熔断器 RL：在熔断管装有石英砂，熔体埋于其中，熔体熔断时，电弧喷向石英砂及其缝隙，可迅速降温而熄灭。为了便于监视，熔断器一端装有色点，不同的颜色表示不同的熔体电流，熔体熔断时，色点被反作用弹簧弹出后自动脱落，通过瓷帽上的玻璃窗口可看见。螺旋式熔断器额定电流为 5～200A，主要用于短路电流大的分支电路或有易燃气体的场所。常用的型号有 RL1、RL7 等系列。

瓷插式熔断器 RC：具有结构简单、价格低廉、外形小、更换熔丝方便等优点，广泛用于中小型控制系统中。常用的型号有 RC1A 系列。

瓷插式熔断器中要用标准的标有额定电流值的易熔铜片，尤其 60A、100A、200A 的电路，必须使用易熔铜片熔丝。30A 以下用软铅，也要注意不要太大，尤其一些 1.5kW、2.5kW 的三相小马达用家用保险丝即可。

③管式熔断器按有无填料分：有填料密封管式、无填料管式

有填料管式熔断器 RT：有填料管式熔断器是一种有限流作用的熔断器。由填有石英砂的瓷熔管、触点和镀银铜栅状熔体组成。填料管式熔断器均装在特别的底座上，如带隔离刀闸的底座或以熔断器为隔离刀的底座上，通过手动机构操作。填料管式熔断器额定电

流为 50～1000A，主要用于短路电流大的电路或有易燃气体的场所。常用的型号有 RT12、RL14、RL15、RL17 等。

无填料管式熔断器 RM：无填料管式熔断器的熔丝管是由纤维物制成。使用的熔体为变截面的锌合金片。熔体熔断时，纤维熔管的部分纤维物因受热而分解，产生高压气体，使电弧很快熄灭。无填料管式熔断器具有结构简单、保护性能好、使用方便等特点，一般均与刀开关组成熔断器刀开关组合使用。

另外，有填料封闭管式快速熔断器 RS：有填料封闭管式快速熔断器是一种快速动作型的熔断器，由熔断管、触点底座、动作指示器和熔体组成。熔体为银质窄截面或网状形式，熔体为一次性使用，不能自行更换。由于其具有快速动作性，一般作为半导体整流元件保护用。

工地中配电箱常选用 RC 型和 RM 型。RC1 系列瓷插式熔断器已淘汰，目前以 RC1A 系列代替。RC1A 型熔断器注意必须上进下出，垂直安装，不准水平安装，更不准下进上出。RL1 螺旋式熔断器安装应注意，底座中心进，边缘螺旋出。

2）熔断器熔体额定电流的确定

熔体额定电流不等于熔断器额定电流，熔体额定电流按被保护设备的负荷电流选择，熔断器额定电流应大于熔体额定电流，与主电器配合确定。

由于各种电气设备都具有一定的过载能力，允许在一定条件下较长时间运行；而当负载超过允许值时，就要求保护熔体在一定时间内熔断。还有一些设备起动电流很大，但起动时间很短，所以要求这些设备的保护特性要适应设备运行的需要，要求熔断器在电机起动时不熔断，在短路电流作用下和超过允许过负荷电流时，能可靠熔断，起到保护作用。熔体额定电流选择偏大，负载在短路或长期过负荷时不能及时熔断；选择过小，可能在正常负载电流作用下就会熔断，影响正常运行，为保证设备正常运行，必须根据负载性质合理地选择熔体额定电流，不宜过大，够用即可。既要能够在线路过负荷时或短路时起到保护作用（熔断），又要在线路正常工作状态（包括正常的尖峰电流）下不动作（不熔断）。

①熔体额定电流应不小于线路计算电流，以使熔体在线路正常运行时不致熔断。

②熔体额定电流还应躲过线路的尖峰电流，以使熔体在线路出现正常的尖峰电流时也不致熔断。

对于尖峰电流的考虑

对于照明和电热设备电路：电路上总熔体的额定电流，等于电度表额定电流的 0.9～1 倍；支路上熔体的额定电流，等于支路上所有电气设备额定电流总和的 1～1.1 倍。

对于交流电动机电路：单台电动机电路中熔体的额定电流，等于该电动机额定电流的 1.5～2.5 倍，这是因为考虑到电动机的起动电流是电动机额定电流的 5～8 倍，熔断器在电动机起动时不应熔断；多台电动机电路上总熔体的额定电流，等于电路中功率最大一台电动机额定电流的 1.5～2.5 倍，再加上其他电动机额定电流的总和。

系数 1.5～2.5 可以这样选取，若电动机是空载或轻载起动，或不经常起动且起动时间不长，则系数取小些，反之则取大些。

3）熔断器熔体熔断时间与启动设备动作时间的配合

为了可靠地分断短路电流，特别是当短路电流超过启动设备的极限遮断电流时，要求熔断器熔断时间小于启动设备的释放动作时间。

①熔断器与熔断器之间的配合。为保证前、后级熔断器动作的选择性，一般要求前级熔断器的熔体额定电流为后级的额定电流的 2～3 倍。

②熔断器与电缆、导线截面的配合。为保证熔断器对线路的保护作用，熔断器熔体的额定电流应小于电缆、导线的安全载流量。

4）熔断器额定电压与额定电流等级的确定

①熔断器的额定电压，应按线路的额定电压选择，即熔断器的额定电压大于线路的额定电压。

②熔断器的额定电流等级应按熔体的额定电流确定，在确定熔断器的额定电流等级时，还应考虑到熔断器的最大分断电流，熔断器的最大分断电流应大于线路上的冲击电流有效值。

（5）漏电保护器

漏电电流动作保护器，简称漏电保护器也叫漏电保护开关，包括漏电开关和漏电继电器，是一种新型的电气安全装置，主要用于当用电设备（或线路）发生漏电故障，并达到限定值时，能够自动切断电源，以免伤及人身和烧毁设备。

当漏电保护装置与空气开关组装在一起时，使这种新型的电源开关具备有短路保护、过载保护、漏电保护和欠压保护的效能。

1）作用

①当人员触电时尚未达到受伤害的电流和时间即跳闸断电，防止由于电气设备和电气线路漏电引起的触电事故。

②设备线路漏电故障发生时，人虽未触及即先跳闸，避免设备长朝存在带电隐患，以便及时发现并排除故障（因未排除故障无法合闸送电）。

③及时切断电气设备运行中的单相接地故障，可以防止因漏电而引起的火灾或损坏设备等事故。

④防止用电过程中的单相触电事故。

2）漏电保护器的工作原理

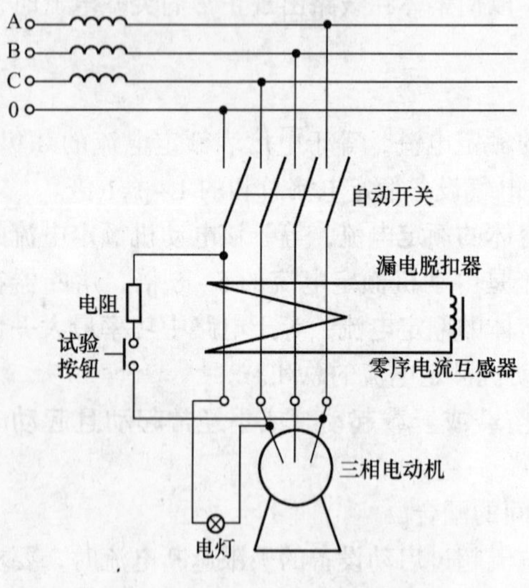

图 6-2　漏电保护开关原理

是依靠检测漏电或人体触电时的电源导线上的电流在剩余电流互感器上产生不平衡磁通，当漏电电流或人体触电电流达到某动作额定值时，其开关触头分断，切断电源，实现触电保护。如图 6-2 所示。

3）漏电保护器的类型

①按工作原理分为：电压型漏电电保开关、电流型漏电保护开关（有电磁式、电子式及中性点接地式之分）、电流型漏电继电器。

②按极数和线数来分：有单极二线、二极二线、三极三线、三极四线、四极四线等数种漏电保护开关。

③按脱扣器方式分为：电磁型与电子型

漏电保护开关。

④按漏电动作的电流值分为：高灵敏度型漏电开关（额定漏电动作电流为5～30mA）；中灵敏度型漏电开关（额定漏电动作电流为30～1000mA）；低灵敏度型漏电开关（额定漏电动作电流为1000mA以上）。

⑤按动作时间分为：高速型（额定漏电动作电流下的动作时间小于0.1s）；延时型（0.1～0.2s）；反时限型（额定漏电动作电流下为0.2～1s）。1.4倍额定漏电动作电流下为0.1～0.5s；4.4倍额定漏电动作电流下的动作时间小于0.05s。

4）漏电保护器的基本结构

漏电保护器有电流动作型和电压动作型，由于电压动作型漏电保护器性能不够稳定，已很少使用。

电流动作型漏电保护器的基本结构组成主要包括三个部分：检测元件、中间环节、执行机构。其中检测元件为一零序互感器。用以检测漏电电流，并发出信号；中间环节包括比较器、放大器。用以交换和比较信号；执行机构为一带有脱扣机构的主开关，由中间环节发出指令动作，用以切断电源。

5）漏电保护器的主要参数

漏电保护器的主要动作性能参数有：额定漏电动作电流、额定漏电不动作电流、额定漏电动作时间等。其他参数还有：电源频率、额定电压、额定电流等。

①额定漏电动作电流

在规定的条件下，使漏电保护器动作的电流值。

②额定漏电不动作电流

在规定的条件下，漏电保护器不动作的电流值，一般应选漏电动作电流值的1/2。即漏电电流在此值和此值以下时，保护器不应动作。

③额定漏电动作时间

是指从突然施加漏电动作电流起，到保护电路被切断为止的时间。

④额定电压及额定电流与被保护线路和负载相适应。

6）漏电保护器的连接方法

漏电保护器的正确使用接线万法应按图6-3选用。

7）漏电保护器的选用

漏电保护器是按照动作特性来选择的，按照用于干线、支线和线路末端，应选用不同灵敏度和动作时间的漏电保护器，以达到协调配合。一般在线路的末级（开关箱内），应安装高灵敏度，快速型的漏电保护器；在干线（总配电箱内）或分支线（分配电箱内），应安装中灵敏度、快速型或延时型（总配电箱）漏电保护器，以形成分级保护。

按《规范》规定，施工现场漏电保护器的选用应遵循：

①开关箱中漏电保护器的额定漏电动作电流不应大于30mA，额定漏电动作时间不应大于0.1s。

②使用于潮湿或有腐蚀介质场所的漏电保护器应采用防溅型产品，防溅型漏电保护器的额定漏电动作电流不应大于15 mA，额定漏电动作时间不应大于0.1s。

③Ⅱ类手持电动工具应装设防溅型漏电保护器。

装设漏电保护电器只能是防止人身触电伤亡事故的一种有效安全技术措施，绝对不宜

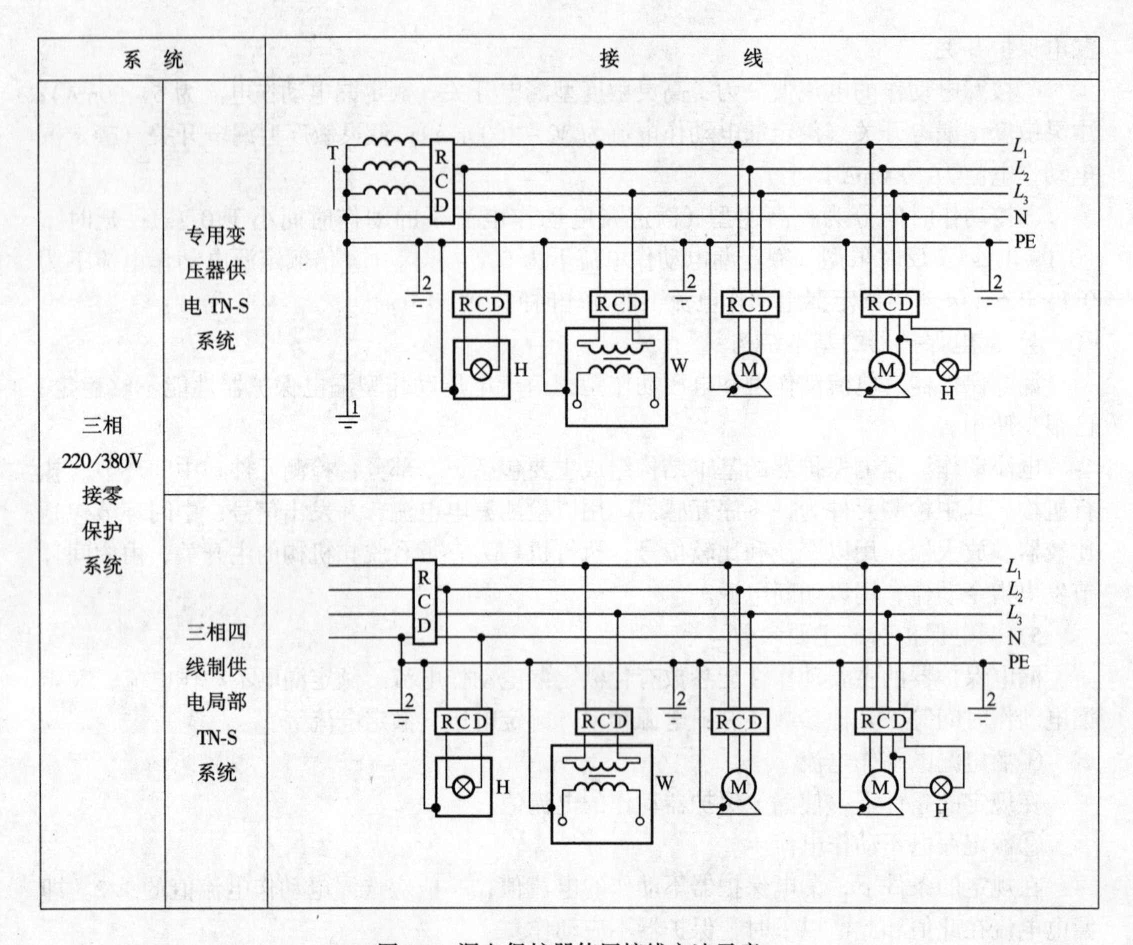

图 6-3 漏电保护器使用接线方法示意

L_1、L_2、L_3—相线；N—工作零线；PE—保护零线、保护线；1—工作接地；2—重复接地；T—变压器；RCD—漏电保护器；H—照明器；W—电焊机；M—电动机

过分夸大其作用。所以必须有供电线路的维护及其他安全措施的紧密配合。

8）两级漏电保护器要匹配

当采用二级保护时，可将干线与分支线路作为第一级，线路末端作为第二级。

第一级漏电保护区域较大，停电后影响也大，漏电保护器灵敏度不要求太高，其漏电动作电流和动作时间应大于后面的第二级保护，这一级保护主要提供间接保护和防止漏电火灾，如果选用参数过小就会导致误动作影响正常生产。

在电路末端安装漏电动作电流小于 30mA 的高速动作型漏电保护器，这样形成分级分段保护，使每台用电设备均有两级保护措施。

分级保护时，各级保护范围之间应相互配合，应在末端发生事故时，保护器不会越级动作和当下级漏电保护器发生故障时，上级漏电保护器动作以补救下级失灵的意外情况。

①第一级漏电保护

a. 总配电箱设置漏电保护器时

设置在总配电箱内对干线也能保护，漏电保护范围大，但跳闸后影响范围也大。总配电箱一般不宜采用漏电掉闸型，总电箱电源一经切断将影响整个低压电网用电，使生产和生活遭受影响，所以保护器灵敏度不能太高，这一级主要提供间接接触保护和防止漏电火灾为主。漏电动作电流应按干线实测泄漏电流2倍选用，一般可选择漏电动作电流0.2～0.5A（照明线路小，动力线路大）的中灵敏度漏电报警和延时型（≥0.2s）的漏电保护器。

b. 分配电箱设置漏电保护器时

将第一级漏电保护器设置在分配电箱内，虽然较设在总配电箱内保护范围小，但停电范围影响也小，一般都可满足现场安全运行需要。分配电箱装设漏电保护器不但对线路和用电设备有监视作用，同时还可以对开关箱起补充保护作用。分配电箱漏电保护器主要提供间接保护作用，参数选择不能过于接近开关箱，应形成分级分段保护功能，当选择参数太大会影响保护效果，但选择参数太小会形成越级跳闸，分配电箱先于开关箱跳闸。

人体对电击的承受能力，除了和通过人体的电流大小有关外，还与电流在人体中持续的时间有关。根据这一理论，国际上把设计漏电保护器的安全限值定为30mA·s。即使电流达到100mA，只要漏电保护器在0.3s之内动作切断电源，人体尚不会引起致命的危险。这个值也是提供间接接触保护的依据。

漏电保护器按支线上实测泄漏电流值的2.5倍选用，一般可选漏电动作电流值为100～200mA、漏电动作时间0.1s（不应超过30mA·s限值）。

②第二级（末级）漏电保护

开关箱是分级配电的末级，使用频繁危险性大，应提供间接接触防护和直接接触防护，保护区域小，主要用来对有致命危险的人身触电事故防护。这一级是将漏电保护器设置在线路末端用电设备的电源进线处（开关箱内），要求设置高灵敏度、快速型的漏电保护器。应按作业条件和《规范》规定选择漏电保护器，当用电设备容量较大时（如钢筋对焊机等），为避免保护器的误动作，可选择50mA×0.1s的漏电保护器。

虽然设计漏电保护器的安全界限值为30mA×0.1s，但当人体和相线直接接触时，通过人体的触电电流与所选择的漏电保护器的动作电流无关，它完全由人体的触电电压和人体在触电时的人体电阻所决定（人体阻抗随接触电压的变化而变化），由于这种触电的危险程度往往比间接触电的情况严重，所以临电规范及国标都从动作电流和动作时间两个方面进行限制，由此用于直接接触防护漏电保护器的参数选择即为30mA×0.1s=3 mA s。这是在发生直接接触触电事故时，从电流值考虑应不大于摆脱电流；从通过人体电流的持续时间上，小于一个心博周期，而不会导致心室颤动。当在潮湿条件下，由于人体电阻的降低，所以又规定了漏电动作电流不应大于15 mA。

2. 电器装置选择的一般规定

(1) 配电箱、开关箱内的电器必须可靠、完好，严禁使用破损、不合格的电器。

(2) 总配电箱的电器应具备电源隔离，正常接通与分断电路，以及短路、过载、漏电保护功能。电器设置应符合下列原则

1）当总路设置总漏电保护器时，还应装设总隔离开关、分路隔离开关以及总断路器、分路断路器或总熔断器、分路熔断器。当所设总漏电保护器是同时具备短路、过载、漏电保护功能的漏电断路器时，可不设总断路器或总熔断器。

2）当各分路设置分路漏电保护器时，还应装设总隔离开关、分路隔离开关以及总断路器、分路断路器或总熔断器、分路熔断器。当分路所设漏电保护器是同时具备短路、过

载、漏电保护功能的漏电断路器时，可不设分路断路器或分路熔断器。

3）隔离开关应设置于电源进线端，应采用分断时具有可见分断点，并能同时断开电源所有极的隔离电器。如采用分断时具有可见分断点的断路器，可不另设隔离开关。

4）熔断器应选用具有可靠灭弧分断功能的产品。

5）总开关电器的额定值、动作整定应与分路开关电器的额定值、动作整定值相适应。

(3) 总配电箱应装设电压表、总电流表、电度表及其他需要的仪表。专用电能计量仪表的装设应符合当地供用电管理部门的要求。

装设电流互感器时，其二次回路必须与保护零线有一个连接点，且严禁断开电路。

(4) 分配电箱应装设总隔离开关、分路隔离开关以及总断路器、分路断路器或总熔断器、分路熔断器。其设置和选择应符合《规范》要求。

(5) 开关箱必须装设隔离开关、断路器或熔断器，以及漏电保护器。当漏电保护器是同时具有短路、过载、漏电保护功能的漏电断路器时，可不装设断路器或熔断器。隔离开关应采用分断时具有可见分断点，能同时断开电源所有极的隔离电器，并应设置于电源进线端。当断路器是具有可见分断点时，可不另设隔离开关。

(6) 开关箱中的隔离开关只可直接控制照明电路和容量不大于 3.0kW 的动力电路，但不应频繁操作。容量大于 3.0kW 的动力电路应采用断路器控制，操作频繁时还应附设接触器或其他启动控制装置。

(7) 开关箱中各种开关电器的额定值和动作整定值应与其控制用电设备的额定值和特性相适应。通用电动机开关箱中电器的规格可按《规范》选配。

(8) 漏电保护器应装设在总配电箱、开关箱靠近负荷的一侧，且不得用于启动电气设备的操作。

(9) 总配电箱中漏电保护器的额定漏电动作电流应大于 30mA，额定漏电动作时间应大于 0.1s，但其额定漏电动作电流与额定漏电动作时间的乘积不应大于 30mA·0.1s。

(10) 总配电箱和开关箱中漏电保护器的极数和线数必须与其负荷侧负荷的相数和线数一致。

(11) 配电箱、开关箱中的漏电保护器宜选用无辅助电源型（电磁式）产品，或选用辅助电源故障时能自动断开的辅助电源型（电子式）产品。当选用辅助电源故障时不能自动断开的辅助电源型（电子式）产品时，应同时设置缺相保护。

(12) 漏电保护器应按产品说明书安装、使用。对搁置已久重新使用或连续使用的漏电保护器应每月检测其特性，发现问题应及时修理或更换。

(13) 配电箱、开关箱的电源进线端严禁采用插头和插座做活动连接。

八、施工照明

1. 施工现场的一般场所宜选用额定电压为 220V 的照明器。施工现场照明应采用高光效、长寿命的照明光源。为便于作业和活动，在一个工作场所内，不得只装设局部照明。停电时，必须有自备电源的应急照明。

2. 照明器使用的环境条件

(1) 正常湿度的一般场所，选用开启式照明器；

(2) 潮湿或特别潮湿场所，选用密闭型防水照明器或配有防水灯头的开启式照明器；

（3）含有大量尘埃但无爆炸和火灾危险的场所，应选用防尘型照明器；
（4）对有爆炸和火灾危险的场所，按危险场所等级选用相应的防爆型照明器；
（5）存在较强振动的场所，应选用防振型照明器；
（6）有酸碱等强腐蚀介质场所，选用耐酸碱型照明器。

3. 特殊场所应使用安全特低电压照明器

（1）隧道、人防工程、高温、有导电灰尘、比较潮湿或灯具离地面高度低于 2.5m 等场所的照明，电源电压不应大于 36V；
（2）潮湿和易触及带电体场所的照明，电源电压不得大于 24V；
（3）特别潮湿场所、导电良好的地面、锅炉或金属容器内的照明，电源电压不得大于 12V。

4. 行灯使用的要求

（1）电源电压不大于 36V；
（2）灯体与手柄应坚固、绝缘良好并耐热耐潮湿；
（3）灯头与灯体结合牢固，灯头无开关；
（4）灯泡外部有金属保护网；
（5）金属网、反光罩、悬吊挂钩固定在灯具的绝缘部位上。

在特别潮湿、导电良好的地面、锅炉或金属容器内工作的照明灯具，其电源电压不得大于 12V。

5. 施工现场照明线路的引出处，一般从总配电箱处单独设置照明配电箱。为了保证三相负荷平衡，照明干线应采用三相线与工作零线同时引出的方式。或者根据当地供电部门的要求以及施工现场具体情况，照明线路也可从配电箱内引出，但必须装设照明分路开关，并注意各分配电箱引出的单相照明应分相接设，尽量作到三相负荷平衡。

6. 照明变压器必须使用双绕组型安全隔离变压器，严禁使用自耦变压器。二次线圈、铁芯、金属外壳必须有可靠保护接零，并必须有防雨、防砸措施。携带式变压器的一次侧电源线应采用橡皮护套或塑料护套铜芯软电缆，中间不得有接头，长度不宜超过 3m，电源插销应有保护触头。

7. 照明线路不得拴在金属脚手架、龙门架上，严禁在地面上乱拉、乱拖。灯具需要安装在金属脚手架、龙门架上时，线路和灯具必须用绝缘物与其隔离开，且距离工作面高度在 3m 以上。控制刀闸应配有熔断器和防雨措施。

8. 每路照明支线上，灯具和插座数量不宜超过 25 个，负荷电流不宜超过 15A。

9. 对夜间影响飞机或车辆通行的在建工程及机械设备，必须设置醒目的红色信号灯，其电源应设在施工现场总电源开关的前侧，并应设置外电线路停止供电时的应急自备电源。

10. 照明装置

（1）照明灯具的金属外壳必须与 PE 线相连接，照明开关箱内必须装设隔离开关、短路与过载保护电器和漏电保护器。

（2）对于需要大面积照明的场所，应采用高压汞灯、高压钠灯或混光用的卤钨灯。流动性碘钨灯采用金属支架安装时，支架应稳固，灯具与金属支架之间必须用不小于 0.2m 的绝缘材料隔离。

(3) 室外220V灯具距地面不得低于3m，室内220V灯具距地面不得低于2.5m。普通灯具与易燃物距离不宜小于300mm；聚光灯、碘钨灯等高热灯具与易燃物距离不宜小于500mm，且不得直接照射易燃物。达不到规定安全距离时，应采取隔热措施。

(4) 任何灯具的相线必须经开关控制，不得将相线直接引入灯具。灯具内的接线必须牢固，灯具外的接线必须做可靠的防水绝缘包扎。

(5) 施工照明灯具露天装设时，应采用防水式灯具，距地面高度不得低于3m。

(6) 碘钨灯及钠、铊、铟等金属卤化物灯具的安装高度宜在3m以上，灯线应固定在接线柱上，不得靠近灯具表面。

(7) 投光灯的底座应安装牢固，应按需要的光轴方向将枢轴拧紧固定。

(8) 路灯的每个灯具应单独装设熔断器保护。灯头线应做防水弯。

(9) 荧光灯管应采用管座固定或用吊链悬挂，荧光灯的镇流器不得安装在易燃的结构物上。

(10) 一般施工场所不得使用带开关的灯头，应选用螺口灯头。相线接在与中心触头相连的一端，零线接在与螺纹口相连的一端。灯头的绝缘外壳不得有损伤和漏电。

(11) 暂设工程的照明灯具宜采用拉线开关控制，开关安装位置宜符合下列要求：

①拉线开关距地面高度为2～3m，与出入口的水平距离为0.15～0.2m，拉线的出口向下；

②其他开关距地面高度为1.3m，与出入口的水平距离为0.15～0.2m。

(12) 施工现场的照明灯具应采用分组控制或单灯控制。

九、用电设备

施工现场的电动建筑机械和手持电动工具主要有起重机械、施工电梯、混凝土搅拌机、蛙式打夯机、焊机、手电钻等，这些用电设备在使用过程中容易发生导致人体触电的事故。常见的有起重机械施工中碰触电力线路，造成断路、线路漏电；设备绝缘老化、破损、受潮造成设备金属外壳漏电等，因此必须加强施工现场用电设备的用电安全管理，消除触电事故隐患。

1. 基本安全要求

(1) 施工现场的电动建筑机械、手持电动工具及其用电安全装置必须符合相应的国家标准、专业标准、安全技术规程和现行有关强制性标准的规定，并应有产品合格证和使用说明书。

(2) 所有电动建筑机械、手持电动工具均应实行专人专机负责制，并定期检查和维修保养，确保设备可靠运行。

(3) 所有电气设备的外露导电部分，均应做保护接零。对产生振动的设备其保护零线的连接点不少于两处。

(4) 各类电气设备均必须装设漏电保护器并应符合规范要求。

(5) 塔式起重机、外用电梯、滑升模板的金属操作平台和需要设置避雷装置的物料提升机等，除应连接PE线外，还应做重复接地。设备的金属结构构件之间应保证电气连接。

(6) 塔式起重机、外用电梯等设备由于制造原因无法采用TB—S保护系统时，其电源应引自总配电柜，其配电线路应按规定单独敷设，专用配电箱不得与其他设备混用。

（7）电动建筑机械和手持式电动工具的负荷线应按其计算负荷选用无接头的橡皮护套铜芯软电缆，其性能应符合现行国家标准《额定电压450/750V及以下橡皮绝缘电缆》GB5013中第1部分（一般要求）和第4部分（软线和软电缆）的要求。截面按《规范》选配。

（8）使用Ⅰ类手持电动工具以及打夯机、磨石机、无齿锯等移动式电气设备时必须戴绝缘手套。

（9）手持式电动工具中的塑料外壳Ⅱ类工具和一般场所手持式电动工具中的Ⅲ类工具可不连接PE线。

（10）所有用电设备拆、修或挪动时必须断电后方可进行。

2．起重机械

（1）塔式起重机的电气设备应符合现行国家标准《塔式起重机安全规程》（GB 5144—94）中的要求。

（2）塔式起重机与外电线路的安全距离，应符合《规范》要求。

（3）塔式起重机应按《规范》要求做重复接地和防雷接地。轨道式塔式起重机应在轨道两端各设一组接地装置，两条轨道应作环形电气连接，轨道的接头处应做电气连接。对较长的轨道，每隔不大于30m加一组接地装置，并符合规范要求。

（4）塔式起重机的供电电缆垂直敷设时应设固定点，距离不得超过10m，并避免机械损伤。轨道式塔式起重机的电缆不得拖地行走。

（5）需要夜间工作的塔式起重机，应设置正对工作面的投光灯。塔身高于30m时，应在塔顶和臂架端部装设红色信号灯。

（6）在强电磁波源附近工作的塔式起重机，操作人员应戴绝缘手套和穿绝缘鞋，并应在吊钩与机体间采取绝缘隔离措施，或在吊钩吊装地面物体时，在吊钩上挂接临时接地装置。

（7）外用电梯的电源控制开关应用空气自动开关，不得使用铁壳开关或胶盖闸。空气自动开关必须装入箱内，停用时上锁。

（8）外用电梯梯笼内、外均应安装紧急停止开关。

（9）外用电梯和物料提升机的上、下极限位置应设置限位开关。

（10）外用电梯和物料提升机在每日工作前必须对行程开关、限位开关、紧急停止开关、驱动机构和制动器等进行空载检查，正常后方可使用。检查时必须有防坠落措施。

3．桩工机械

（1）潜水式钻孔机电机的密封性能应符合现行国家标准《外壳防护等级（IP代码）》GB 4208中的IP68级的规定。

（2）潜水电机的负荷线应采用防水橡皮护套铜芯软电缆，长度应不小于1.5m，且不得承受外力。

（3）潜水式钻孔机开关箱应装设防溅型漏电保护器，其额定漏电动作电流不应大于15mA，额定漏电动作时间不应大于0.1s。

4．夯土机械

（1）夯土机械必须装设防溅型漏电保护器，其额定漏电动作电流不应大于15mA，额定漏电动作时间应不小于 0.1s。

(2) 夯土机械 PE 线的连接点不得少于 2 处。

(3) 夯土机械的负荷线应采用耐气候型的橡皮护套铜芯软电缆，中间不得有接头。

(4) 使用夯土机械必须按规定穿戴绝缘用品，使用过程应有专人调整电缆。电缆线长度应不大于 50m，严禁电缆缠绕、扭结和被夯土机械跨越。

(5) 夯土机械的操作手柄必须绝缘。

(6) 多台夯土机械并列工作时，其间距不得小于 5m；前后工作时，其间距不得小于 10m。

5. 焊接机械

(1) 电焊机应放置在防雨、防砸、干燥和通风良好的地点，下方不得有堆土和积水。周围不得堆放易燃易爆物品及其他杂物。

(2) 电焊机应单独设开关，装设漏电保护装置并符合《规范》规定。交流电焊机械应配装防二次侧触电保护器。

(3) 交流电焊机一次线长度不应大于 5m，二次线长度不应大于 30m，两侧接线应压接牢固，并安装可靠防护罩，焊机二次线应采用防水型橡皮护套铜芯软电缆，中间不得超过一处接头，接头及破皮处应用绝缘胶布包扎严密。

(4) 发电机式直流电焊机的换向器应经常检查和维护，应消除可能产生的异常电火花。

(5) 焊机把线和回路零线必须双线到位，不得借用金属管道、金属脚手架、轨道、钢盘等作回路地线。二次线不得泡在水中，不得压在物料下方。

(6) 焊工必须按规定穿戴防护用品，持证上岗。

6. 手持式电动工具

(1) 空气湿度小于 75% 的一般场所可选用 I 类或 Ⅱ 类手持式电动工具，其金属外壳与 PE 线的连接点不得少于 2 处。除塑料外壳 Ⅱ 类工具外，相关开关箱中漏电保护器的额定漏电动作电流不应大于 15mA，额定漏电动作时间不应大于 0.1s，其负荷线插头应具备专用的保护触头。所用插座和插头在结构上应保持一致，避免导电触头和保护触头混用。

(2) 在潮湿场所和金属构架上操作时，严禁使用 I 类手持式电动工具，必须选用 Ⅱ 类或由安全隔离变压器供电的 Ⅲ 类手持工电动工具。金属外壳 Ⅱ 类手持式电动工具使用时，必须符合上一条要求。开关箱和控制箱应设置在作业场所外面。

(3) 在锅炉、金属容器、地沟或管道中等狭窄场所必须选用由安全隔离变压器供电的 Ⅲ 类手持式电动工具，其开关箱和安全隔离变压器均应设置在狭窄场所外面，并连接 PE 线。开关箱应装设防溅型漏电保护器，并符合规范要求。操作过程中，应有人在外面监护。

(4) 手持式电动工具的负荷线应采用耐气候型的橡皮护套铜芯软电缆，并不得有接头。

(5) 手持式电动工具的外壳、手柄、插头、开关、负荷线等必须完好无损，使用前必须做绝缘检查和空载检查，在绝缘合格、空载运转正常后方可使用。绝缘电阻不应小于表 6-5 规定的数值。

手持式电动工具绝缘电阻限值 **表6-5**

测量部位	绝缘电阻（MΩ）		
	Ⅰ类	Ⅱ类	Ⅲ类
带电零件与外壳之间	2	7	1

注：绝缘电阻用500V兆欧表测量

(6) 使用手持式电动工具时，必须按规定穿、戴绝缘防护用品。

7. 其他电动建筑机械

(1) 施工现场消防泵的电源，必须引自现场电源总闸的外侧，其电源线宜暗敷设。

(2) 混凝土搅拌机、插入式振动器、平板振动器、地面抹光机、水磨石机、钢筋加工机械、木工机械、盾构机构、水泵等设备的漏电保护应符合《规范》要求。

(3) 混凝土搅拌机、插入式振动器、平板振动器、地面抹光机、水磨石机、钢筋加工机械、木工机械、盾构机械的负荷线必须采用耐气候型橡皮护套铜芯软电缆，并不得有任何破损和接头。

水泵的负荷线必须采用防水橡皮护套铜芯软电缆，严禁有任何破损和接头，并不得承受任何外力。

盾构机械的负荷线必须固定牢固，距地高度不得小于2.5m。

(4) 对混凝土搅拌机、钢筋加工机械、木工机械、盾构机械等设备进行清理、检查、维修时，必须首先将其开关箱分闸断电，呈现可见电源分断点，并关门上锁。

(5) 施工现场使用的鼓风机外壳必须作保护接零。鼓风机应采用胶盖闸控制，并应装设漏电保护器和熔断器，其电源线应防止受损伤和火烤。禁止使用拉线开关控制鼓风机。

(6) 移动式电气设备和手持式电动工具应配好插头，插头和插座应完好无损，并不得带负荷插接。

第四节　施工临时用电设施检查验收

一、架空线路检查验收

1. 导线型号、截面应符合图纸要求；
2. 导线接头符合工艺标准；
3. 电杆材质、规格符合设计要求；
4. 进户线高度、导线弧垂距地高度，符合规范要求。

二、电缆线路检查验收

1. 电缆敷设方式符合《施工现场临时用电安全技术规范》(JGJ 46—2005) 中规定，与图纸相符；
2. 电线穿过建筑物、道路，易损部位是否加套管保护；
3. 架空电缆绑扎、最大弧垂距地面高度；
4. 电缆接头应符合规范。

三、室内配线检查验收

1. 导线型号及规格、距地高度；
2. 室内敷设导线是否采用瓷瓶、瓷夹；
3. 导线截面应满足规范标准。

四、设备安装检查验收

1. 配电箱、开关箱位置是否合适；
2. 动力、照明系统是否分开设置；
3. 箱内开关、电器固定，箱内接线；
4. 保护零线与工作零线的端子是否分开设置；
5. 检查漏电保护器工作是否有效。

五、接地接零检查验收

1. 保护接地、重复接地、防雷接地的装置是否符合要求；
2. 各种接地电阻的电阻值；
3. 机械设备的接地螺栓是否紧固；
4. 高大井架、防雷接地的引下线与接地装置的做法是否符合规定。

六、电气防护检查验收

1. 高低压线下方有无障碍；
2. 架子与架空线路的距离；
3. 塔吊旋转部位或被吊物边缘与架空线路距离是否符合要求。

七、照明装置检查验收

1. 照明箱内有无漏电保护器，是否工作有效；
2. 零线截面及室内导线型号、截面；
3. 室内外灯具距地高度；
4. 螺口灯接线、开关断线是否是相线；
5. 开关灯具的位置是否合适。

第七章　施工机械设备安全管理

第一节　基本安全管理要求

建筑施工机械是现代建筑工程施工中人员上下和建筑材料运输等的重要工具，是实现施工生产机械化、自动化，减轻繁重体力劳动，提高劳动生产率的重要设备。随着我国改革开放的不断深入，能源、交通和各项基础设施建设步伐的加快，规模的扩大，建筑施工机械的使用越来越频繁，在施工中的作用也越来越重要。

常见的有各种起重机械、物料提升机、施工电梯、土方施工机械、各种木工机械、卷扬机、搅拌机、钢筋切断机、钢筋弯曲机、打桩机械、电焊机以及各种手持电动工具等各类机械。这些机械在使用过程中如果管理不严、操作不当，极易发生伤人事故。机械伤害已成为建筑行业“五大伤害”之一。因此，现场施工人员了解施工机械的安全技术要求对预防和控制伤害事故的发生非常必要。

一、机械设备安全技术管理

1. 项目经理部技术部门应在工程项目开工前编制包括主要施工机械设备安全防护技术的安全技术措施，并报管理部门审批。

2. 认真贯彻执行经审批的安全技术措施。

3. 项目经理部应对分包单位、机械租赁方执行安全技术措施的情况进行监督。分包单位、机械租赁方应接受项目经理部的统一管理，严格履行各自在机械设备安全技术管理方面的职责。

二、施工场地及临时设施准备

1. 施工场地要为机械使用提供良好的工作环境。需要构筑基础的机械，要预先构筑好符合规定要求的轨道基础或固定基础。一般机械的安装场地必须平整坚实，四周要有排水沟。

2. 设置为机械施工必须的临时设施，主要有：停机场、机修所、油库，以及固定使用的机械工作棚等。其设置要点是：位置要选择得当，布置要合理，便于机械施工作业和使用管理，符合安全要求，建造费用低，以及交通运输方便等条件。

3. 根据施工机械作业时的最大用电量和用水量，设置相应的电、水输入设施，保证机械施工用电、用水的需要。

三、机械验收

1. 项目经理部应对进入施工现场的机械设备的安全装置和操作人员的资质进行审验，不合格的机械和人员不得进入施工现场。

2. 大型机械设备安装前，项目经理部应根据设备租赁方提供的参数进行安装设计架设，经验收合格后的机械设备，可由资质等级合格的设备安装单位组织安装。安装完成后，报请主管部门验收，验收合格后方可办理移交手续。

对于塔式起重机、施工升降机的安装、拆卸，必须是具有资质证件的专业队承担，要按有针对性的安拆方案进行作业，安装完毕应按规定进行技术试验，验收合格后方可交付使用。

3. 中、小型机械由分包单位组织安装后，项目部机械管理部门组织验收，验收合格后方可使用。

4. 所有机械设备验收资料均由机械管理部门统一保存，并交安全部门一份备案。

四、机械进场前、后的准备

1. 施工现场所需的机械，由施工负责人根据施工组织设计审定的机械需用计划，向机械经营单位签订租赁合同后按时组织进场。

2. 进入施工现场的机械，必须保持技术状况完好，安全装置齐全、灵敏、可靠，机械编号的技术标牌完整、清晰，起重、运输机械应经年审并具有合格证。

3. 电力拖动的机械要做到一机、一闸、一箱，漏电保护装置灵敏可靠；电气元件、接地、接零和布线符合规范要求；电缆卷绕装置灵活可靠。

4. 需要在现场安装的机械，应根据机械技术文件（随机说明书、安装图纸和技术要求等）的规定进行安装。安装要有专人负责，经调试合格并签署交接记录后，方可投入生产。

5. 现场机械的明显部位或机棚内要悬挂切实可行的简明安全操作规程和岗位责任标牌。

6. 进入现场的机械，要进行作业前的检查和保养，以确保作业中的安全运行。刚从其他工地转来的机械，可按正常保养级别及项目提前进行；停放已久的机械应进行使用前的保养；以前封存不用的机械应进行启封保养；新机或刚大修出厂的机械，应按规定进行走合期保养。

达不到使用条件的要及时调换。

五、施工机械安全管理与定期检查

1. 建立健全安全生产责任制

机械安全生产责任制是企业岗位责任制的重要内容之一。由于机械的安全直接影响施工生产的安全，所以机械的安全指标应列入企业经理的任期目标。企业经理是企业机械的总负责人，应对机械安全负全责。

机械管理部门要有专人管机械安全，基层也要有专职或兼职的机械安全员，形成机械安全管理网。

项目经理部视机械使用规模设置机械设备管理部门。机械管理人员应具备一定的专业管理能力，并熟悉掌握机械安全使用的有关规定与标准。

2. 编制安全施工技术措施

编制机械施工方案时，应有保证机械安全的技术措施。对于重型机械的拆装、重大构件的吊装，超重、超宽、超高物件的运输，以及危险地段的施工等等，都要编制安全施工、安全运行的技术方案，以确保施工、生产和机械的安全。

机械管理部门应根据有关安全规程、标准制定项目机械安全管理制度并组织实施。在机械保养、修理中，要制定安全作业技术措施，以保障人身和机械安全。在机械及附件、配件等保管中也应制定相应的安全制度。特别是油库和机械库要制定更严格的安全制度和安全标志，确保机械和油料的安全保管。

3. 贯彻执行机械使用安全技术规程（JGJ 33—2001）

《建筑机械使用安全技术规程》是建设部制定和颁发的标准。它是根据机械的结构和运转特点，以及安全运行的要求，规定机械使用和操作过程中必须遵守的事项、程序及动作等基本规则。是机械安全运行、安全作业的重要保障。机械施工和操作人员认真执行本规程，可保证机械的安全运行，防止事故的发生。

4. 开展机械安全教育

机械安全教育是企业安全生产教育的重要内容，主要是针对专业人员进行具有专业特点的安全教育工作，所以也叫专业安全教育。对各种机械的操作人员，必须进行专业技术培训和机械使用安全技术规程的学习，作为取得操作证的主要考核内容。

机械操作人员按规定取得安全操作证后，方可上岗作业；学员或取得学习证的操作人员，必须在持《操作证》人员的监护下方准上岗。

5. 认真开展机械安全检查活动

机械安全检查的内容，一是机械本身的故障和安全装置的检查，主要是消除机械故障和隐患，确保安全装置灵敏可靠；二是机械安全施工生产的检查，主要是检查施工条件、施工方案、措施是否能确保机械安全施工生产。

在项目经理的领导下，机械管理部门应对现场机械设备组织定期检查，发现违章操作行为应立即纠正；对查出的隐患，要落实责任，限期整改。

机械管理部门负责组织落实上级管理部门和政府执法检查时下达的隐患整改指令。

六、施工机械安全技术要求一般规定

1. 机械设备的管理实行“三定”制度，即定人、定机、定岗，其他人一律不得操作。现场机械设备只能由经过专业培训、考核合格取得特种作业操作证的专业人员使用。

2. 作业中操作人员和配合人员应穿戴安全防护用品。

3. 施工机具设备都应有接地保护装置。

4. 严格执行安全操作规程，落实规章制度，杜绝违章操作。

5. 开机前应认真对机械设备进行检查，特别对有关安全装置重点检查，消除事故隐患。

6. 施工机具运转工作时，不得进行维修、保养、清理等作业。

7. 机械设备发生故障，必须由专人进行维修，其他人不得擅自修理。

8. 现场机械设备严禁超负荷运行和带“病”运行。

9. 操作人员离机或中途停机，必须切断电源。

10. 作业完毕，应切断电源，锁好开关箱。

11. 定期对设备进行清洁、润滑、紧固、调整，使设备始终处于良好的工作状态。

12. 认真执行机械设备的交接班制度，做好交接班记录。

第二节　施工机械设备安全防护要求

一、起重吊装机械

起重吊装是指在建筑施工中，采用相应的机械和设备来完成结构吊装和设备吊装，其作业属高处危险作业，技术条件多变，施工技术也比较复杂。起重吊装机械也可以进行材料运输工作。

1. 基本安全要求

(1) 操作人员必须持证上岗。在作业前必须按技术方案和技术交底对工作现场环境、行驶道路、架空电线、建筑物以及构件重量和分布情况进行全面了解。

(2) 现场施工负责人应为起重机作业提供足够的工作场地，清除或避开起重臂起落及回转半径内的障碍物。划定危险作业区域，设置醒目的警示标志，派专人监护，防止无关人员进入。

(3) 各类起重机应装有音响清晰的喇叭、电铃或汽笛等信号装置。在起重臂、吊钩、平衡重等转动体上应标以鲜明的色彩标志。

(4) 起重吊装的指挥人员必须持证上岗，作业时应与操作人员密切配合，执行规定的指挥信号。操作人员应按照指挥人员的信号进行作业，当信号不清或错误时，操作人员可拒绝执行。

(5) 操纵室远离地面的起重机，在正常指挥发生困难时，地面及作业层的指挥人员均应采用对讲机等有效的通讯联络手段进行指挥。

(6) 在露天有 6 级及以上大风或大雨、大雪、大雾等恶劣天气时，应停止起重吊装作业。雨雪过后作业前，应先试吊，确认制动器灵敏可靠后方可进行作业。

(7) 起重机的变幅指示器、力矩限制器、起重量限制器以及各种行程限位开关等安全保护装置，应完好齐全、灵敏可靠，不得随意调整或拆除。严禁利用限制器和限位装置代替操纵机构。

(8) 操作人员进行起重机回转、变幅、行走和吊钩升降等动作前，应发出音响信号示意。

(9) 起重机作业时，起重臂和重物下方严禁有人停留、作业或通过。重物吊运时，严禁从人上方通过。严禁用起重机载运人员。

(10) 操作人员应按规定的起重性能作业，不得超载。在特殊情况下需超载使用时，必须经过验算，有保证安全的技术措施，并写出专题报告。经企业技术负责人批准，有专人在现场监护下，方可作业。

(11) 严禁使用起重机进行斜拉、斜吊和起吊地下埋设或凝固在地面上的重物以及其他不明重量的物体。现场浇筑的混凝土构件或模板，必须全部松动后方可起吊。

(12) 起吊重物应绑扎平稳、牢固，不得在重物上再堆放或悬挂零星物件。易散落物件应使用吊笼栅栏固定后方可起吊。标有绑扎位置的物件，应按标记绑扎后起吊。吊索与物件的夹角宜为 45°～60°，且不得小于 30°，吊索与物件棱角之间应加垫块。

（13）起吊载荷达到起重机额定起重量的90%及以上时，应先将重物吊离地面200～500mm后，检查起重机的稳定性，制动器的可靠性，重物的平稳性。绑扎的牢固性，确认无误后方可继续起吊。对易晃动的重物应拴拉绳。

（14）重物起升和下降速度应平稳、均匀，不得突然制动。左右回转应平稳，当回转未停稳前不得作反向动作。非重力下降式起重机，不得带载自由下降。

（15）严禁起吊重物时悬挂在空中。作业中遇突发故障，应采取措施将重物降落到安全地方，并关闭发动机或切断电源后进行检修。在突然停电时，应立即把所有控制器拨到零位，断开电源总开关，并采取措施使重物降到地面。

（16）起重机不得靠近架空输电线路作业。起重机的任何部位与架空输电导线的安全距离不得小于表7-1的规定。

起重机与架空输电导线的安全距离　　表7-1

电压（kV） 安全距离（m）	<1	10	35	110	220	330	500
沿垂直方向	1.5	3.0	4.0	5.0	6.0	7.0	8.5
沿水平方向	1.5	2.0	3.5	4.0	6.0	7.0	8.5

（17）起重机使用的钢丝绳，应有钢丝绳制造厂签发的产品技术性能和质量的证明文件。当无证明文件时，必须经过试验合格后方可使用。

（18）起重机使用的钢丝绳，其结构形式、规格及强度应符合该型起重机使用说明书的要求。钢丝绳与卷筒应连接牢固，放出钢丝绳时，卷筒上应至少保留三圈。收放钢丝绳时应防止钢丝绳打环、扭结、弯折和乱绳，不得使用扭结、变形的钢丝绳。使用编结的钢丝绳，其编结部分在运行中不得通过卷筒和滑轮。

（19）钢丝绳采用编结固接时，编结部分的长度不得小于钢丝绳直径的20倍，并不应小于300mm，其编结部分应捆扎细钢丝。当采用绳卡固接时，与钢丝绳直径匹配的绳卡的规格、数量应符合表7-2中的规定。最后一个绳卡距绳头的长度不得小于140mm。绳卡滑鞍（夹板）应在钢丝绳承载时受力的一侧，“U”螺栓应在钢丝绳的尾端，不得正反交错。绳卡初次固定后，应待钢丝绳受力后再度紧固，并宜拧紧到使两绳直径高度压扁1/3。作业中应经常检查紧固情况。

与绳径匹配的绳卡数　　表7-2

钢丝绳直径（mm）	10以下	10～20	21～26	28～36	36～40
最少绳卡数（个）	3	4	5	6	7
绳卡间距（mm）	80	140	160	220	240

（20）每班作业前，应检查钢丝绳及钢丝绳的连接部位。当钢丝绳在一个节距内断丝根数达到或超过表7-3中的根数时，应予报废。当钢丝绳表面锈蚀或磨损使钢丝绳直径显著减少时，应将表7-3报废标准按表7-4中折减，并按折减后的断丝数报废。

（21）向转动的卷筒上缠绕钢丝绳时，不得用手拉或脚踩来引导钢丝绳。在钢丝绳上涂抹润滑脂，必须在停止运转后进行。

钢丝绳报废标准（一个节距内的断丝数） **表 7-3**

采用的安全系数	钢丝绳规格					
	6×19+1		6×37+1		6×61+1	
	交互捻	同向捻	交互捻	同向捻	交互捻	同向捻
6以下	12	6	22	11	36	18
6~7	14	7	26	13	38	19
7以上	16	8	30	15	40	20

钢丝绳锈蚀或磨损时报废标准的折减系数 **表 7-4**

钢丝绳表面锈蚀或磨损量（%）	10	15	20	25	30~40	>40
折减系数	85	75	70	60	50	报废

（22）起重机的吊钩和吊环严禁补焊。当出现下列情况之一时应更换：

1）表面有裂纹、破口；

2）危险断面及钩颈有永久变形；

3）挂绳处断面磨损超过高度的10%；

4）吊钩衬套磨损超过原厚度的50%；

5）心轴（销子）磨损超过其直径的3%~5%。

（23）当起重机制动器的制动鼓表面磨损达1.5~2.0mm（小直径取小值，大直径取大值）时，应更换制动鼓，同样，当起重机制动器的制动带磨损超过原厚度50%时，应更换制动带。

2. 各种起重吊装机械安全防护要求

（1）塔式起重机

1）起重机的轨道基础应符合下列要求：

①路基承载能力：轻型（起重量30kN以下）应为60~100kPa；中型（起重量31~150kN）应为100~200kPa；重型（起重量150kN以上）应为200kPa以上。

②每间隔6m应设轨距拉杆一个，轨距允许偏差为公称值的1/1000，且不超过±3mm。

③在纵横方向上，钢轨顶面的倾斜度不得大于1/1000。

④钢轨接头间隙不得大于4mm，并应与另一侧轨道接头错开，错开距离不得小于1.5mm，接头处应架在轨枕上，两轨顶高度差不得大于2mm。

⑤距轨道终端1m处必须设置缓冲止挡器，其高度不应小于行走轮的半径。在距轨道终端2m处必须设置限位开关碰块。

⑥鱼尾板连接螺栓应紧固，垫板应固定牢靠。

2）起重机的混凝土基础应符合下列要求：

①混凝土强度等级不低于C35。

②基础表面平整度允许偏差1/1000。

③埋设件的位置、标高和垂直度以及施工工艺符合出厂说明书要求。

3）起重机的轨道基础或混凝土基础应验收合格后，方可使用。

4）起重机的轨道基础两旁、混凝土基础周围应修筑边坡和排水设施，并应与基坑保持一定安全距离。

5）起重机的金属结构、轨道及所有电气设备的金属外壳，应有可靠的接地装置，接地电阻不应大于4Ω。

6）起重机的拆装必须由取得建设行政主管部门颁发的拆装资质证书的专业队进行，并应有技术和安全人员在场监护。

7）起重机拆装前，应按照出厂有关规定，编制拆装作业方法、质量要求和安全技术措施，经企业技术负责人审批后，作为拆装作业技术方案，并向全体作业人员交底。

8）拆装作业前检查项目应符合下列要求：

①路基和轨道铺设或混凝土基础应符合技术要求。

②对所拆装起重机的各机构、各部位、结构焊缝、重要部位螺栓、销轴、卷扬机构和钢丝绳、吊钩、吊具以及电气设备、线路等进行检查，使隐患排除于拆装作业之前。

③对自升塔式起重机顶升液压系统的液压缸和油管、顶升套架结构、导向轮、顶升撑脚（爬爪）等进行检查，及时处理存在的问题。

④对采用旋转塔身法所用的主副地锚架、起落塔身卷扬钢丝绳以及起升机构制动系统等进行检查，确认无误后方可使用。

⑤对拆装人员所使用的工具、安全带、安全帽等进行检查，不合格者立即更换。

⑥检查拆装作业中配备的起重机、运输汽车等辅助机械，应状况良好，技术性能应保证拆装作业的需要。

⑦拆装现场电源电压、运输道路、作业场地等应具备拆装作业条件。

⑧安全监督岗的设置及安全技术措施的贯彻落实已达到要求。

9）起重机的拆装作业应在白天进行。当遇大风、浓雾和雨雪等恶劣天气时，应停止作业。

10）指挥人员应熟悉拆装作业方案，遵守拆装工艺和操作规程，使用明确的指挥信号进行指挥。所有参与拆装作业的人员，都应听从指挥，如发现指挥信号不清或有错误时，应停止作业，待联系清楚后再进行。

11）拆装人员在进入工作现场时，应穿戴安全保护用品，高处作业时应系好安全带，熟悉并认真执行拆装工艺和操作规程，当发现异常情况或疑难问题时，应及时向技术负责人反映，不得自行其是，应防止处理不当而造成事故。

12）在拆装作业过程中，当遇天气剧变、突然停电、机械故障等意外情况，短时间不能继续作业时，必须使已拆装的部位达到稳定状态并固定牢靠，经检查确认无隐患后，方可停止作业。

13）起重机塔身升降时，应符合下列要求：

①升降作业过程，必须有专人指挥，专人照看电源，专人操作液压系统，专人拆装螺栓。非作业人员不得登上顶升套架的操作平台。操纵室内应只准一人操作，必须听从指挥信号。

②升降应在白天进行，特殊情况需在夜间作业时，应有充分的照明。

③风力在4级及以上时，不得进行升降作业。在作业中风力突然增大达到4级时，必须立即停止，并应紧固上、下塔身各连接螺栓。

14）起重机安装过程中，必须分阶段进行技术检验。整机安装完毕后，应进行整机技术检验和调整，各机构动作应正确、平稳。无异响，制动可靠，各安全装置应灵敏有效；在无载荷情况下，塔身和基础平面的垂直度允许偏差为4/1000，经分阶段及整机检验合格后，应填写检验记录，经技术负责人审查签证后，方可交付使用。

15）每月或连续大雨后，应及时对轨道基础进行全面检查，检查内容包括：轨距偏差，钢轨顶面的倾斜度，轨道基础的弹性沉陷，钢轨的不直度及轨道的通过性能等。对混凝土基础，应检查其是否有不均匀的沉降。

16）当同一施工地点有两台以上起重机时，应保持两机间任何接近部位（包括吊重物）距离不得小于2m。

17）作业中，操作人员临时离开操纵室时，必须切断电源，锁紧夹轨器。

18）起重机载人专用电梯严禁超员，其断绳保护装置必须可靠。当起重机作业时，严禁开动电梯。电梯停用时，应降至塔身底部位置，不得长时间悬在空中。

19）动臂式和尚未附着的自升式塔式起重机，塔身上不得悬挂标语牌。

（2）履带式起重机

1）起重机应在平坦坚实的地面上作业、行走和停放。在正常作业时，坡度不得大于3°，并应与沟渠、基坑保持安全距离。

2）起重机启动前重点检查项目应符合下列要求。

①各安全防护装置及各指示仪表齐全完好。

②钢丝绳及连接部位符合规定。

③燃油、润滑油、液压油、冷却水等添加充足；

④各连接件无松动。

3）作业时，起重臂的最大仰角不得超过出厂规定。当无资料可查时，不得超过78°。

4）起重机变幅应缓慢平稳，严禁在起重臂未停稳前变换挡位；起重机载荷达到额定起重量的90%及以上时，严禁下降起重臂。

5）在起吊载荷达到额定起重量的90%及以上时，升降动作应慢速进行，并严禁同时进行两种及以上动作。

6）采用双机抬吊作业时，应选用起重性能相似的起重机进行。抬吊时应统一指挥，动作应配合协调，载荷应分配合理，单机的起吊载荷不得超过允许载荷的80%。在吊装过程中，两台起重机的吊钩滑轮组应保持垂直状态。

7）起重机如需带载行走时，载荷不得超过允许起重量的70%，行走道路应坚实平整，重物应在起重机正前方向，重物离地面不得大于500mm，并应拴好拉绳，缓慢行驶。严禁长距离带载行驶。

8）起重机行走时，转弯不应过急；当转弯半径过小时，应分次转弯。当路面凹凸不平时，不得转弯。

9）起重机上下坡道时应空载行走，上坡时应将起重臂仰角适当放小，下坡时应将起重臂仰角适当放大。严禁下坡空挡滑行。

10）起重机转移工地，应采用平板拖车运送。特殊情况需自行转移时，应卸去配重，拆短起重臂，主动轮应在后面，机身、起重臂、吊钩等必须处于制动位置，并应加保险固定。每行驶500～1000m时，应对行走部件进行检查和润滑。

11）起重机通过桥梁、水坝、排水沟等构筑物时，必须先查明允许载荷后再通过。必要时应对构筑物采取加固措施。通过铁路、地下水管、电缆等设施时，应铺设木板保护，并不得在上面转弯。

12）用火车或平板拖车运输起重机时，所用跳板的坡度不得大于15°。起重机装上车后，应将回转、行走、变幅等机构制动，并采用三角木楔紧履带两端，再牢固绑扎。后部配重用枕木垫实，不得使吊钩悬空摆动。

（3）汽车、轮胎式起重机

1）起重机行驶和工作的场地应保持平坦坚实，并应与沟渠、基坑保持安全距离。

2）起重机启动前重点检查项目同履带式起重机。

3）起重机启动前，应将各操纵杆放在空档位置，手制动器应锁死，并应按照内燃机安全操作规程的规定启动内燃机。启动后，应怠速运转，检查各仪表指示值，运转正常后接合液压泵，待压力达到规定值，油温超过30℃时，方可开始作业。

4）作业前，应全部伸出支腿，并在撑脚板下垫方木，调整机体使回转支承面的倾斜度在无载荷时不大于1/1000（水准泡居中）。支腿有定位销的必须插上。底盘为弹性悬挂的起重机，放支腿前应先收紧稳定器。

5）作业中严禁扳动支腿操纵阀。调整支腿必须在无载荷时进行，并将起重臂转至正前或正后方可再行调整。

6）应根据所吊重物的重量和提升高度，调整起重臂长度和仰角，并应估计吊索和重物本身的高度，留出适当空间。

7）起重臂伸缩时，应按规定程序进行，在伸臂的同时应相应下降吊钩。当限制器发出警报时，应立即停止伸臂。起重臂缩回时，仰角不宜太小。

8）起重臂伸出后，出现前节臂杆的长度大于后节伸出长度时，必须进行调整，消除不正常情况后，方可作业。

9）起重臂伸出后，或主副臂全部伸出后，变幅时不得小于各长度所规定的仰角。

10）汽车式起重机起吊作业时，汽车驾驶室内不得有人，重物不得超越驾驶室上方，且不得在车的前方起吊。

11）采用自由（重力）下降时，载荷不得超过该工况下额定起重量的20%，并应使重物有控制地下降，下降停止前应逐渐减速，不得使用紧急制动。

12）起吊重物达到额定起重量的50%及以上时，应使用低速档。

13）作业中发现起重机倾斜、支腿不稳等异常现象时，应立即使重物下降落在安全的地方，下降中严禁制动。

14）重物在空中需较长时间停留时，应将起升卷筒制动锁住，操作人员不得离开操纵室。

15）起吊重物达到额定起重量的90%以上时，严禁同时进行两种及以上的操作动作。

16）起重机带载回转时，操作应平稳，避免急剧回转或停止，换向应在停稳后进行。

17）当轮胎式起重机带载行走时，道路必须平坦坚实，载荷必须符合出厂规定，重物离地面不得超过500mm，并应拴好拉绳，缓慢行驶。

18）作业后，应将起重臂全部缩回放在支架上，再收回支腿。吊钩应用专用钢丝绳挂牢；应将车架尾部两撑杆分别撑在尾部下方的支座内，并用螺母固定；应将阻止机身旋转的销式制动器插入销孔，并将取力器操纵手柄放在脱开位置，最后应锁住起重操纵室门。

19）行驶前，应检查确认各支腿的收存无松动，轮胎气压应符合规定。行驶时水温应在80℃～90℃范围内。水温未达到80℃时，不得高速行驶。

20）行驶时应保持中速，不得紧急制动，过铁道口或起伏路面时应减速，下坡时严禁空挡滑行，倒车时应有人监护。

21）行驶时，严禁人员在底盘走台上站立或蹲坐，并不得堆放物件。

（4）卷扬机

卷扬机在建筑施工中使用广泛，它可以单独使用，也可以作为起重机械的卷扬机构，卷扬机的种类按动力可分为手动、电动、蒸汽、内燃卷扬机等；按卷筒数可分为单筒、双筒、多筒卷扬机等；按速度可分为快速、慢速卷扬机等。常用的形式为：电动单筒和电动双筒卷扬机。

卷扬机的标准传动形式是卷筒通过离合器连接于原动机，其上配有制动器，原动机始终按同一方向转动。提升时，靠上离合器，下降时，离合器打开，卷扬机卷筒由于载荷重力的作用而反转，重物下降，其转动速度，用制动器控制。另一种卷扬机是由电动机、齿轮减速机、卷筒、制动器等构成的，载荷的提升和下降均为一种速度，由电机的正反转控制，电机正转时物料上升，反转时下降。

1）安装时，基座应平稳牢固、周围排水畅通、地锚设置可靠，并应搭设工作棚。操作人员的位置应能看清指挥人员和拖动或起吊的物件。

2）作业前，应检查卷扬机与地面的固定，弹性联轴器不得松旷。并应检查安全装置、防护设施、电气线路、接零或接地线、制动装置和钢丝绳等，全部合格后方可使用。

3）使用皮带或开式齿轮传动的部分，均应设防护罩，导向滑轮不得用开口拉板式滑轮。

4）以动力正反转的卷扬机，卷筒旋转方向应与操纵开关上指示的方向一致。

5）从卷筒中心线到第一导向滑轮的距离，带槽卷筒应大于卷筒宽度的15倍；无槽卷筒应大于卷筒宽度的20倍。当钢丝绳在卷筒中间位置时，滑轮的位置应与卷筒轴线垂直，其垂直度允许偏差为6°。

6）钢丝绳应与卷筒及吊笼连接牢固，不得与机架或地面摩擦，通过道路时，应设过路保护装置。

7）在卷扬机制动操作杆的行程范围内，不得有障碍物或阻卡现象。

8）卷筒上的钢丝绳应排列整齐，当重叠或斜绕时，应停机重新排列，严禁在转动中用手拉脚踩钢丝绳。

9）作业中，任何人不得跨越正在作业的卷扬钢丝绳。物件提升后，操作人员不得离开卷扬机，物件或吊笼下面严禁人员停留或通过。休息时应将物件或吊笼降至地面。

10）作业中如发现异响、制动不灵、制动带或轴承等温度剧烈上升等异常情况时，应立即停机检查，排除故障后方可使用。

11）作业中停电时，应切断电源，将提升物件或吊笼降至地面。

12）作业完毕，应将提升吊笼或物件降至地面，并应切断电源，锁好开关箱。

二、土方施工机械

土方工程必须根据土石方工程面广量大、施工条件复杂等特点，尽可能采用机械化与半机械化的施工方法，以减轻劳动强度，提高劳动生产率。土方施工机械减轻了工人繁重的体力劳动，大大加快了施工进度。

1. 基本安全要求

(1) 作业前，应查明施工场地明、暗设置物（电线、地下电缆、管道、坑道等）的地点及走向，并采用明显记号表示。严禁在离电缆1m距离以内作业。

(2) 作业中，应随时监视机械各部位的运转及仪表指示值，如发现异常，应立即停机检修。

(3) 机械运行中，严禁接触转动部位和进行检修。在修理（焊、铆等）工作装置时，应使其降到最低位置，并应在悬空部位垫上垫木。

(4) 在电杆附近取土时，对不能取消的拉线、地垄和杆身，应留出土台。土台半径：电杆应为1.0~1.5m，拉线应为1.5~2.0m。并应根据土质情况确定坡度。

(5) 机械不得靠近架空输电线路作业，并应按照本规程的规定留出安全距离。

(6) 机械通过桥梁时，应采用低速档慢行，在桥面上不得转向或制动。承载力不够的桥梁，事先应采取加固措施。

(7) 在施工中遇下列情况之一时应立即停工，待符合作业安全条件时，方可继续施工：

1) 填挖区土体不稳定，有发生坍塌危险时；

2) 气候突变，发生暴雨、水位暴涨或山洪暴发时；

3) 在爆破警戒区内发出爆破信号时；

4) 地面涌水冒泥，出现陷车或因雨发生坡道打滑时；

5) 工作面净空不足以保证安全作业时；

6) 施工标志、防护设施损毁失效时。

(8) 配合机械作业的清底、平地、修坡等人员，应在机械回转半径以外工作。当必须在回转半径以内工作时，应停止机械回转并制动好后，方可作业。

(9) 雨期施工，机械作业完毕后，应停放在较高的坚实地面上。

(10) 挖掘基坑时，当坑底无地下水，坑深在5m以内，且边坡坡度符合表7-5规定时，可不加支撑。

边坡坡度比例 **表7-5**

土壤性质	在坑沟底挖土	在坑沟上边挖土
粉土砾石土	1000 500	1000 750
粉质黏土	1000 330	1000 750
黏　土	1000 250	1000 750
干黄土	1000 100	1000 330

(11）当挖土深度超过5m或发现有地下水以及土质发生特殊变化等情况时，应根据土的实际性能计算其稳定性，再确定边坡坡度。

(12）当对石方或冻土进行爆破作业时，所有人员、机具应撤至安全地带或采取安全保护措施。

2. 各种土方施工机械安全防护要求

(1）单斗挖掘机

1）单斗挖掘机的作业和行走场地应平整坚实，对松软地面应垫以枕木或垫板，沼泽地区应先作路基处理，或更换湿地专用履带板。

2）轮胎式挖掘机使用前应支好支腿并保持水平位置，支腿应置于作业面的方向，转向驱动桥应置于作业面的后方。采用液压悬挂装置的挖掘机，应锁住两个悬挂液压缸。履带式挖掘机的驱动轮应置于作业面的后方。

3）平整作业场地时，不得用铲斗进行横扫或用铲斗对地面进行夯实。

4）挖掘岩石时，应先进行爆破。挖掘冻土时，应采用破冰锤或爆破法使冻土层破碎。

5）挖掘机正铲作业时，除松散土壤外，其最大开挖高度和深度，不应超过机械本身性能规定。在拉铲或反铲作业时，履带距工作面边缘距离应大于1.0m，轮胎距工作面边缘距离应大于1.5m。

6）作业前重点检查项目应符合下列要求：

①照明、信号及报警装置等齐全有效；

②燃油、润滑油、液压油符合规定；

③各铰接部分连接可靠；

④液压系统无泄漏现象；

⑤轮胎气压符合规定。

7）启动前，应将主离合器分离，各操纵杆放在空档位置，并应按照内燃机安全操作规程的规定启动内燃机。

8）启动后，接合动力输出，应先使液压系统从低速到高速空载循环10~20min，无吸空等不正常噪音，工作有效，并检查各仪表指示值，待运转正常再接合主离合器，进行空载运转，顺序操纵各工作机构并测试各制动器，确认正常后，方可作业。

9）作业时，挖掘机应保持水平位置，将行走机构制动住，并将履带或轮胎楔紧。

10）遇较大的坚硬石块或障碍物时，应待清除后方可开挖，不得用铲斗破碎石块，冻土，或用单边斗齿硬啃。

11）挖掘悬崖时，应采用防护措施。作业面不得留有伞沿及松动的大块石，当发现有塌方危险时，应立即处理或将挖掘机撤至安全地带。

12）作业时，应待机身停稳后再挖土，当铲斗未离开工作面时，不得作回转、行走等动作。回转制动时，应使用回转制动器，不得用转向离合器反转制动。

13）作业时，各操纵过程应平稳，不宜紧急制动。铲斗升降不得过猛，下降时，不得撞碰车架或履带。

14）斗臂在抬高及回转时，不得碰到洞壁、沟槽侧面或其他物体。

15）向运土车辆装车时，宜降低挖铲斗，减小卸落高度，不得偏装或砸坏车厢。在汽车未停稳或铲斗需越过驾驶室而司机未离开前不得装车。

16）作业中，当液压缸伸缩将达到极限位时，应动作平稳，不得冲撞极限块。

17）作业中，当需制动时，应将变速阀置于低速档位置。

18）作业中，当发现挖掘力突然变化，应停机检查，严禁在未查明原因前擅自调整分配阀压力。

19）作业中不得打开压力表开关，且不得将工况选择阀的操纵手柄放在高速档位置。

20）反铲作业时，斗臂应停稳后再挖土。挖土时，斗柄伸出不宜过长，提斗不得过猛。

21）作业中，履带式挖掘机作短距离行走时，主动轮应在后面，斗臂应在正前方与履带平行，制动住回转机构，铲斗应离地面1m。上、下坡道不得超过机械本身允许最大坡度，下坡应慢速行驶。不得在坡道上变速和空档滑行。

22）轮胎式挖掘机行驶前，应收回支腿并固定好，监控仪表和报警信号灯应处于正常显示状态。气压表压力应符合规定，工作装置应处于行驶方向的正前方，铲斗应离地面1m。长距离行驶时，应采用固定销将回转平台锁定，并将回转制动板踩下后锁定。

23）当在坡道上行走且内燃机熄火时，应立即制动并楔住履带或轮胎，待重新发动后，方可继续行走。

24）作业后，挖掘机不得停放在高边坡附近和填方区，应停放在坚实、平坦、安全的地带，将铲斗收回平放在地面上，所有操纵杆置于中位，关闭操纵室和机棚。

25）履带式挖掘机转移工地应采用平板拖车装运。短距离自行转移时，应低速缓行，每行走500~1000m应对行走机构进行检查和润滑。

26）保养或检修挖掘机时，除检查内燃机运行状态外，必须将内燃机熄火，并将液压系统卸荷，铲斗落地。

27）利用铲斗将底盘顶起进行检修时，应使用垫木将抬起的轮胎垫稳，并用木楔将落地轮胎楔牢，然后将液压系统卸荷，否则严禁进入底盘下工作。

（2）推土机

1）推土机在坚硬土壤或多石土壤地带作业时，应先进行爆破或用松土器翻松。在沼泽地带作业时，应更换湿地专用履带板。

2）推土机行驶通过或在其上作业的桥、涵、堤、坝等，应具备相应的承载能力。

3）不得用推土机推石灰、烟灰等粉尘物料和用作碾碎石块的作业。

4）牵引其他机构设备时，应有专人负责指挥。钢丝绳的连接应牢固可靠。在坡道或长距离牵引时，应采用牵引杆连接。

5）作业前重点检查项目应符合下列要求：

①各部件无松动、连接良好；

②燃油、润滑油、液压油等符合规定；

③各系统管路无裂纹或泄漏；

④各操纵杆和制动踏板的行程、履带的松紧度或轮胎气压均符合要求。

6）启动前，应将主离合器分离，各操纵杆放在空档位置，并应按照规定启动内燃机，严禁拖、顶启动。

7）启动后应检查各仪表指示值，液压系统应工作有效；当运转正常、水温达到

55℃、机油温度达到45℃时，方可全载荷作业。

8）推土机行驶前，严禁有人站在履带或刀片的支架上，机械四周应无障碍物，确认安全后，方可开动。

9）采用主离合器传动的推土机接合应平稳，起步不得过猛，不得使离合器处于半接合状态下运转；液压传动的推土机，应先解除变速杆的锁紧状态，踏下减速器踏板，变速杆应在一定档位，然后缓慢释放减速踏板。

10）在块石路面行驶时，应将履带张紧。当需要原地旋转或急转弯时，应采用低速档进行。当行走机构夹入块石时，应采用正、反向往复行驶使块石排除。

11）在浅水地带行驶或作业时，应查明水深，冷却风扇叶不得接触水面。下水前和出水后，均应对行走装置加注润滑脂。

12）推土机上、下坡或超过障碍物时应采用低速档。上坡不得换挡，下坡不得空挡滑行。横向行驶的坡度不得超过10°。当需要在陡坡上推土时，应先进行填挖，使机身保持平衡，方可作业。

13）在上坡途中，当内燃机突然熄灭，应立即放下铲刀，并锁住制动踏板。在分离主离合器后，方可重新启动内燃机。

14）下坡时，当推土机下行速度大于内燃机传动速度时，转向动作的操纵应与平地行走时操纵的方向相反，此时不得使用制动器。

15）填沟作业驶近边坡时，铲刀不得越出边缘。后退时，应先换档，方可提升铲刀进行倒车。

16）在深沟、基坑或陡坡地区作业时，应有专人指挥，其垂直边坡高度不应大于2m。

17）在推土或松土作业中不得超载，不得作有损于铲刀、推土架、松土器等装置的动作，各项操作应缓慢平稳、无液力变矩器装置的推土机，在作业中有超载趋势时，应稍微提升刀片或变换低速档。

18）推树时，树干不得倒向推土机及高空架设物。推屋墙或围墙时，其高度不宜超过2.5m。严禁推带有钢筋或与地基基础连接的混凝土桩等建筑物。

19）两台以上推土机在同一地区作业时，前后距离应大于8.0m，左右距离应大于1.5m在狭窄道路上行驶时，未得前机同意，后机不得超越。

20）推土机顶推铲运机作助铲时，应符合下列要求：

①进行助铲位置进行顶推中，应与铲运机保持同一直线行驶；

②铲刀的提升高度应适当，不得触及铲斗的轮胎；

③助铲时应均匀用力，不得猛推猛撞，应防止将铲斗后轮胎顶离地面或使铲斗吃土过深；

④铲斗满载提升时，应减少推力，待铲斗提高地面后即减速脱离接触；

⑤后退时，应先看清后方情况，当需绕过正后方驶来的铲运机倒向助铲位置时，宜从来车的左侧绕行。

21）推土机转移行驶时，铲刀距地面宜为400mm，不得用高速档行驶和进行急转弯；不得长距离倒退行驶。

22）作业完毕后，应将推土机开到平坦安全的地方，落下铲刀，有松土器的，应将松土器爪落下。在坡道上停机时，应将变速杆挂低速档，接合主离合器，锁住制动踏板，并将履带或轮胎楔住。

23）停机时，应先降低内燃机转速，变速杆放在空档，锁紧液力传动的变速杆，分开主离合器，踏下制动踏板并锁紧，待水温降到75℃以下，油温度降到90℃以下时，方可熄火。

24）推土机长途转移工地时，应采用平板拖车装运。短途行走转移时，距离不宜超过10km，并在行走过程中应经常检查和润滑行走装置。

25）在推土机下面检修时，内燃机必须熄火，铲刀应放下或垫稳。

（3）自行式铲运机

1）自行式铲运机的行驶道路应平整坚实，单行道宽度不应小于5.5m。

2）多台铲运机联合作业时，前后距离不得小于20m（铲土时不得小于10m），左右距离不得小于2m。

3）作业前，应检查铲运机的转向和制动系统，并确认灵敏可靠。

4）铲土时，或在利用推土机助铲时，应随时微调转向盘，铲运机应始终保持直线前进。不得在转弯情况下铲土。

5）下坡时，不得空档滑行，应踩下制动踏板辅助以内燃机制动，必要时可放下铲斗，以降低下滑速度。

6）转弯时，应采用较大回转半径低速转向，操纵转向盘不得过猛；当重载行驶或在弯道上、下坡时，应缓慢转向。

7）不得在大于15°的横坡上行驶，也不得在横坡上铲土。

8）沿沟边或填方边坡作业时，轮胎离路肩不得小于0.7m，并应放低铲斗，降速缓行。

9）在坡道上不得进行检修作业。遇在坡道上熄火时，应立即制动，下降铲斗，把变速杆放在空档位置，然后方可启动内燃机。

10）穿越泥泞或软地面时，铲运机应直线行驶，当一侧轮胎打滑时，可踏下差速器锁止踏板。当离开不良地面时，应停止使用差速器锁止踏板。不得在差速器锁止时转弯。

11）夜间作业时，前后照明应齐全完好，前大灯应能照至30m；当对方来车时，应在100m以外将大灯光改为小灯光，并低速靠边行驶。非作业行驶时，铲斗必须用锁紧链条挂牢在运输行驶位置上，机上任何部位均不得载人或装载易燃、易爆物品。

（4）拖式铲运机

1）拖式铲运机牵引用拖拉机的使用推土机的有关规定。

2）铲运机对四类土壤作业时，应先采用松土器翻松。铲运作业区内应无树根、树桩、大的石块和过多的杂草等。

3）铲运机行驶道路应平整结实，路面比机身应宽出2m。

4）作业前，应检查钢丝绳、轮胎气压、铲土斗及卸土板回缩弹簧、拖把万向接头、撑架以及各部滑轮等；液压式铲运机铲斗与拖拉机连接叉座与牵引连接块应锁定，各液压管路连接应可靠，确认正常后，方可起动。

5）开动前，应使铲斗离开地面，机械周围应无障碍物，确认安全后，方可开动。

6）作业中，严禁任何人上下机械，传递补物件，以及在铲斗内、拖把或机架上坐立。

7）多台铲运机联合作业时，各机之间前后距离不得小于10m（铲土时不得小于5m），左右距离不得小于2m。行驶中，应遵守下坡让上坡、空载让重载、支线让干线的原则。

8）在狭窄地段运行时，未经前机同意，后机不得超越。两机交会或超越平行时应减速，两机间距不得小于0.5m。

9）铲运机上、下坡道时，应低速行驶，不得中途换档，下坡时不得空档滑行，行驶的横向坡度不得超过6°，坡宽应大于机身2m以上。

10）在新填筑的土堤上作业时，离堤坡边缘不得小于1m。需要在斜坡横向作业时，应先将斜坡挖填，使机身保持平衡。

11）在坡道上不得进行检修作业。在陡坡上严禁转弯、倒车或停车。在坡上熄火时，应将铲斗落地、制动牢靠后再行起动。下陡坡时，应将铲斗触地行驶，帮助制动。

12）铲土时，铲土与机身应保持直线行驶。助铲时应有助铲装置，应正确掌握斗门开启的大小，不得切土过深。两机动作应协调配合，做到平稳接触，等速助铲。

13）在下陡坡铲土时，铲斗装满后，在铲斗后轮未达到缓坡地段前，不得将铲斗提离地面，应防铲斗快速下滑冲击主机。

14）在凹凸不平地段行驶转弯时，应放低铲斗，不得将铲斗提升到最高位置。

15）拖拉陷车时，应有专人指挥，前后操作人员应协调，确认安全后，方可起步。

16）作业后，应将铲运机停放在平坦地面，并应将铲斗落在地面上。液压操纵的铲运机应将液压缸缩回，将操纵杆放在中间位置，进行清洁、润滑后，锁好门窗。

17）非作业行驶时，铲斗必须用锁紧链条挂牢在运输行驶位置上，机上任何部位均不得载人或装载易燃、易爆物品。

18）修理斗门或在铲斗下检修作业时，必须将铲斗提起后用销子或锁紧链条固定，再用垫木将斗身顶住，并用木楔楔住轮胎。

（5）挖掘装载机

1）挖掘作业前应先将装载斗翻转，使斗口朝地，并使前轮稍离开地面，踏下并锁住制动踏板，然后伸出支腿，使后轮离地并保持水平位置。

2）作业时，操纵手柄应平稳，不得急剧移动；支臂下降时不得中途制动。挖掘时不得使用高速档。

3）回转应平稳，不得撞击并用于砸实沟槽的侧面。

4）动臂后端的缓冲块应保持完好；如有损坏时，应修复后方可使用。

5）移位时，应将挖掘装置处于中间运输状态，收起支腿，提起提升臂后方可进行。

6）装载作业前，应将挖掘装置的回转机构置于中间位置，并用拉板固定。

7）在装载过程中，应使用低速档。

8）铲斗提升臂在举升时，不应使用阀的浮动位置。

9）在前四阀工作时，后四阀不得同时进行工作。

10）在行驶或作业中，除驾驶室外，挖掘装载机任何地方均严禁乘坐或站立人员。

11）行驶中，不应高速和急转弯。下坡时不得空档滑行。

12）行驶时，支腿应完全收回，挖掘装置应固定牢靠，装载装置宜放低，铲斗和斗柄液压活塞杆应保持完全伸张位置。

13）当停放时间超过1h时，应支起支腿，使后轮离地；停放时间超过1d时，应使后轮离地，并应在后悬架下面用垫块支撑。

(6) 轮胎式装载机

1) 装载机工作距离不宜过大，超过合理运距时，应由自卸汽车配合装运作业。自卸汽车的车箱容积应与铲斗容量相匹配。

2) 装载机不得在倾斜度超过出厂规定的场地上作业。作业区内不得有障碍物及无关人员。

3) 装载机作业场地和行驶道路应平坦。在石方施工场地作业时，应在轮胎上加装保护链条或用钢质链板直边轮胎。

4) 作业前重点检查项目应符合下列要求：

①照明、音响装置齐全有效；

②燃油、润滑油、液压油符合规定；

③各连接件无松动；

④液压及液力传动系统无泄漏现象；

⑤转向、制动系统灵敏有效；

⑥轮胎气压符合规定。

5) 启动内燃机后，应怠速空运转，各仪表指示值应正常，各部管路密封良好，待水温达到55℃、气压达到0.45MPa后，可起步行驶。

6) 起步前，应先鸣声示意，宜将铲斗提升离地0.5m。行驶过程中应测试制动器的可靠性。并避开路障或高压线等。除规定的操作人员外，不得搭乘其他人员，严禁铲斗载人。

7) 高速行驶时应采用前两轮驱动；低速铲装时，应采用四轮驱动。行驶中，应避免突然转向。铲斗装载后升起行驶时，不得急转弯或紧急制动。

8) 在公路上行驶时，必须由持有操作证的人员操作，并应遵守交通规则，下坡不得空档滑行和超速行驶。

9) 装料时，应根据物料的密度确定装载量，铲斗应从正面铲料，不得铲斗单边受力。卸料时，举臂翻转铲斗应低速缓慢动作。

10) 操纵手柄换向时，不应过急、过猛。满载操作时，铲臂不得快速下降。

11) 在松散不平的场地作业时，应把铲臂放在浮动位置，使铲斗平稳地推进；当推进阻力过大时，可稍稍提升铲臂。

12) 铲臂向上或向下动作到最大限度时，应速将操纵杆回到空档位置。

13) 不得将铲斗提升到最高位置运输物料。运载物料时，宜保持铲臂下铰点离地面0.5m，并保持平稳行驶。

14) 铲装或挖掘应避免铲斗偏载，不得在收斗或半收斗而未举臂时前进。铲斗装满后，应举臂到距地面约0.5m时，再后退、转向、卸料。

15) 当铲装阻力较大，出现轮胎打滑时，应立即停止铲装，排除过载后再铲装。

16) 在向自卸汽车装料时，铲斗不得在汽车驾驶室上方越过。当汽车驾驶室顶无防护板，装料时，驾驶室内不得有人。

17) 在向自卸汽车装料时，宜降低铲斗及减小卸落高度，不得偏载、超载和砸坏车箱。

18) 在边坡、壕沟、凹坑卸料时，轮胎离边缘距离应大于1.5m，铲斗不宜过于伸出。

在大于 3°的坡面上，不得前倾卸料。

19）作业时，内燃机水温不得超过 90℃，变矩器油温不得超过 110℃，当超过上述规定时，应停机降温。

20）作业后，装载机应停放在安全场地，铲斗平放在地面上，操纵杆置于中位，并制动锁定。

21）装载机转向架未锁闭时，严禁站在前后车架之间进行检修保养。

22）装载机铲臂升起后，在进行润滑或调整等作业之前，应装好安全销，或采取其他措施支住铲臂。

23）停车时，应使内燃机转速逐步降低，不得突然熄火；应防止液压油因惯性冲击而溢出油箱。

（7）蛙式夯实机

1）蛙式夯实机应适用于夯实灰土和素土的地基、地坪及场地平整，不得夯实坚硬或软硬不一的地面、冻土及混有砖石碎块的杂土。

2）作业前重点检查项目应符合下列要求：

①除接零或接地外，应设置漏电保护器，电缆线接头绝缘良好；

②传动皮带松紧度合适，皮带轮及固定套不得轴向窜动，皮带轮与偏心块安装牢固。

③转动部分有防护装置，并进行试运转，确认正常后，方可作业。

3）作业时夯实机扶手上的按钮开关和电动机的接线均应绝缘良好。当发现有漏电现象时，应立即切断电源，进行检修。

4）夯实机作业时，应一人扶夯实机，一人传递电缆线，且必须戴绝缘手套和穿绝缘鞋。递线人员应跟随夯机后或在两侧调顺电缆线，电缆线不得扭结或缠绕，且不得张拉过紧，应保持有 3～4m 的余量。

5）作业时，应防止夯击到电缆线。移动时，应将电缆线移至夯机后方，不得隔着夯实机扔电缆线，当转向倒线困难时，应停机调整。这样可以防止夯击电缆线至破损，发生触电事故。

6）作业时，手握扶手应保持机身平衡，不得用力向后压，并应随时调整行进方向。转弯时不得用力过猛，不得急转弯。

7）夯实填高土方时，应在边缘以内 100～150mm 夯实 2～3 遍后，再夯实边缘。松土打夯时不得强行牵拉。

8）在较大基坑作业时，不得在斜坡上夯行，应避免造成夯头后折。

9）夯实房心土时，夯板应避开房心内地下构筑物、钢筋混凝土基桩、机座及地下管道等。

10）在建筑物内部作业时，夯板或偏心块不得打在墙壁上。

11）多机作业时，其平列间距不得小于 5m，前后间距不得小于 10m。

12）夯机前进方向和夯机四周 1m 范围内，不得站立非操作人员。

13）夯机连续作业时间不应过长，当电动机超过额定温升时，应停机降温。

14）夯机发生故障时，应先切断电源，然后排除故障。

15）作业后，应切断电源，卷好电缆线，清除夯机上的泥土，并妥善保管。

（8）振动冲击夯

1）振动冲击夯应适用于黏性土、砂及砾石等散状物料的压实，不得在水泥路面和其他坚硬地面作业。

2）作业前重点检查项目应符合下列要求：

①各部件连接良好，无松动；

②内燃冲击夯有足够的润滑油，油门控制器转动灵活；

③电动冲击夯有可靠的接零或接地，电缆线表面绝缘完好。

3）内燃冲击夯起动后，内燃机应怠速运转3～5min，然后逐渐加大油门，待夯机跳动稳定后，方可作业。

4）电动冲击夯在接通电源启动后，应检查电动机旋转方间，有错误时应倒换相线。

5）作业时应正确掌握夯机，不得倾斜，手把不宜握得过紧，能控制夯机前进速度即可。

6）正常作业时，不得使劲往下压手把，影响夯机跳起高度。在较松的填料上作业或上坡时，可将手把稍向下压，并应能增加夯机前进速度。

7）在需要增加密实度的地方，可通过手把控制夯机在原地反复夯实。

8）根据作业要求，内燃冲击夯应通过调整油门的大小，在一定范围内改变夯机振动频率。

9）内燃冲击夯不宜在高速下连续作业。在内燃机高速运转时不得突然停车。

10）电动冲击夯应装有漏电保护装置，操作人员必须戴绝缘手套，穿绝缘鞋。作业时，电缆线不应拉得过紧，应经常检查线头安装，不得松动及引起漏电。严禁冒雨作业。

11）作业中，当发现冲击夯有异常的响声时，应立即停机检查。

12）短距离转移时，应先将冲击夯手把稍向上抬起，将运输轮装入冲击夯的挂钩内，再压下手把，便重心后倾，方可推动手把转移冲击夯。

13）作业后，应清除夯板上的泥沙和附着物，保持夯机清洁，并妥善保管。

三、水平和垂直运输机械

运输机械具有特定的技术操作要求，司机、指挥、司索等作业人员属特种作业人员，必须经过培训考核取得《特种作业操作证》才能上岗，其他人员不得随便操作。

1.基本安全要求

1）运送超宽、超高和超长物件前，应制定妥善的运输方法和安全措施，在进入城市交通或公路时，必须遵守国务院颁发的《中华人民共和国道路交通管理条例》。

2）启动前应进行重点检查。灯光、喇叭、指示仪表等应齐全完整；燃油、润滑油、冷却水等应添加充足；各连接件不得松动；轮胎气压应符合要求，确认无误后，方可启动。燃油箱应加锁。

3）启动后，应观察各仪表指示值、检查内燃机运转情况、测试转向机构及制动器等性能，确认正常并待水温达到40℃以上、制动气压达到安全压力以上时，方可低挡起步。起步前，车旁及车下应无障碍物及人员。

4）水温未达到70℃时，不得高速行驶。行驶中，变速时应逐级增减，正确使用离合器，不得强推硬拉，使齿轮撞击发响。前进和后退交替时，应待车停稳后，方可换档。

5）行驶中，应随时观察仪表的指示情况，当发现机油压力低于规定值，水温过高或有异响、异味等异常情况时，应立即停车检查，排除故障后，方可继续运行。

6）严禁超速行驶。应根据车速与前车保持适当的安全距离，选择较好路面行进，应避让石块、铁钉或其他尖锐铁器。遇有凹坑、明沟或穿越铁路时，应提前减速，缓慢通过。

7）上、下坡应提前换入低速档，不得中途换档。下坡时，应以内燃机阻力控制车速，必要时，可间歇轻踏制动器。严禁踏离合器或空档滑行。

8）在泥泞、冰雪道路上行驶时，应降低车速，宜沿前车辙迹前进，必要时应加装防滑链。

9）当车辆陷入泥坑、砂窝内时，不得采用猛松离合器踏板的方法来冲击起步。当使用差速器锁时，应低速直线行驶，不得转弯。

10）车辆涉水过河时，应先探明水深、流速和水底情况，水深不得超过排水管或曲轴皮带盘，并应低速直线行驶，不得在中途停车或换档。涉水后，应缓行一段路程，轻踏制动器使浸水的制动蹄片上水分蒸发掉。

11）通过危险地区或狭窄便桥时，应先停车检查，确认可以通过后，应由有经验人员指挥前进。

12）停放时，应将内燃机熄火，拉紧手制动器，关锁车门。内燃机运转中驾驶员不得离开车辆；在离开前应熄火并锁住车门。

13）在坡道上停放时，下坡停放应挂上倒档，上坡停放应挂上一档，并应使用三角木楔等塞紧轮胎。

14）平头型驾驶室需前倾时，应清除驾驶室内物件，关紧车门，方可前倾并锁定。复位后，应确认驾驶室已锁定，方可起动。

15）在车底下进行保养、检修时，应将内燃机熄火、拉紧手制动器并将车轮楔牢。

16）车辆经修理后需要试车时，应由合格人员驾驶，车上不得载人、载物，当需在道路上试车时，应挂交通管理部门颁发的试车牌照。

2. 各种水平和垂直运输机械安全防护要求

（1）载重汽车

1）装载物品应捆绑稳固牢靠。轮式机具和圆筒形物件装运时应采取防止滚动的措施。

2）不得人货混装。因工作需要搭人时，人不得在货物之间或货物与前车厢板间隙内。严禁攀爬或坐卧在货物上面。

3）拖挂车时，应检查与挂车相连的制动气管、电气线路、牵引装置、灯光信号等，挂车的车轮制动器和制动灯、转向灯应配备齐全，并应与牵引车的制动器和灯光信号同时起作用。确认后方可运行。起步应缓慢并减速行驶，宜避免紧急制动。

4）运载易燃、有毒、强腐蚀等危险品时，其装载、包装、遮盖必须符合有关的安全规定，并应备有性能良好、有效期内的灭火器。途中停放应避开火源、火种、居民区、建筑群等，炎热季节应选择阴凉处停放。装卸时严禁火种。除必要的行车人员外，不得搭乘其他人员。严禁混装备用燃油。

5）装运易爆物资或器材时，车厢底面应垫有减轻货物振动的软垫层。装载重量不得超过额定载重量的70%。装运炸药时，层数不得超过两层。

6）装运氧气瓶时，车厢板的油污应清除干净，严禁混装油料或盛油容器。

(2) 自卸汽车

1) 自卸汽车应保持顶升液压系统完好，工作平稳，操纵灵活，不得有卡阻现象。各节液压缸表面应保持清洁。

2) 非顶升作业时，应将顶升操纵杆放在空档位置。顶升前，应拔出车厢固定销。作业后，应插入车厢固定销。

3) 配合挖装机械装料时，自卸汽车就位后拉紧手制动器，在铲斗需越过驾驶室时，驾驶室内严禁有人。

4) 卸料前，车厢上方应无电线或障碍物，四周应无人员来往。卸料时，应将车停稳，不得边卸边行驶。举升车厢时，应控制内燃机中速运转，当车厢升到顶点时，应降低内燃机转速，减少车厢振动。

5) 向坑洼地区卸料时，应和坑边保持安全距离，防止塌方翻车。严禁在斜坡侧向倾卸。

6) 卸料后，应及时使车厢复位，方可起步，不得在倾斜情况下行驶。严禁在车厢内载人。

7) 车厢举升后需进行检修、润滑等作业时，应将车厢支撑牢靠后，方可进入车厢下面工作。

8) 装运混凝土或黏性物料后，应将车厢内外清洗干净，防止凝结在车厢上。

(3) 机动翻斗车

1) 机动翻斗车司机必须持证上岗，在施工现场内行驶时速不得超过5km。严禁非司机驾驶。

2) 行驶前，应检查锁紧装置并将料斗锁牢，不得在行驶时掉斗。方向转动、刹车应灵敏可靠。

3) 行驶时应从一档起步。不得用离合器处于半结合状态来控制车速。翻斗车制动时，应逐渐踩下制动踏板，并应避免紧急制动。

4) 翻斗车排成纵队行驶时，前后车之间应保持8m的间距，在下雨或冰雪的路面上，应加大间距。

5) 在坑沟边缘卸料时，应设置安全挡块，车辆接近坑边时，应减速行驶，不得剧烈冲撞挡块。

6) 停车时，应选择适合地点，不得在坡道上停车。冬季应采取防止车轮与地面冻结的措施。

7) 严禁料斗内载人。料斗不得在卸料工况下行驶或进行平地作业。

8) 不得运载超宽、超长、超高物料。

9) 内燃机运转或料斗内载荷时，严禁在车底下进行任何作业。

10) 操作人员离机时，应将内燃机熄火，并挂档、拉紧手制动器。

11) 作业后，应对车辆进行清洗，清除砂土及混凝土等粘结在料斗和车架上的脏物。

(4) 施工升降机

1) 施工升降机应为人货两用电梯，其安装和拆卸工作必须由取得建设行政主管部门颁发的拆装资质证书的专业队负责，并必须由经过专业培训，取得操作证的专业人员进行操作和维修。

2）地基应浇制混凝土基础，其承载能力应大于 150kPa，地基上表面平整度允许偏差为 10mm，并应有排水设施。

3）应保证升降机的整体稳定性，升降机导轨架的纵向中心线至建筑物外墙面的距离宜选用较小的安装尺寸。

4）导轨架安装时，应用经纬仪对升降机在两个方面进行测量校准。其垂直度允许偏差为其高度的 5/10000。

5）导轨架顶端自由高度、导轨架与附壁距离、导轨架的两附壁连接点间距离和最低附壁点高度均不得超过出厂规定。

6）升降机的专用开关箱应设在底架附近便于操作的位置，馈电容量应满足升降机直接启动的要求，箱内必须设短路、过载、相序、断相及零位保护等装置。

7）升降机梯笼内、外均应安装紧急停止开关。周围 2.5m 范围内应设置稳固的防护栏杆，各楼层平台通道应平整牢固，出入口应设置有机械或电气联锁装置的防护门或栅栏。全行程四周不得有危害安全运行的障碍物。升降机与楼层间应安装双向通信系统。

8）升降机安装在建筑物内部井道中间时，应在全行程范围井壁四周搭设封闭屏障。装设在阴暗处或夜班作业的升降机，应在全行程上装设足够的照明和明亮的楼层编号标志灯。

9）升降机安装后，应经企业技术负责人会同有关部门对基础和附壁支架以及升降机架设安装的质量、精度等进行全面检查，并应按规定程序进行技术试验（包括坠落试验），经试验合格签证后，方可投入运行。

10）升降机的防坠安全器，在使用中不得任意拆检调整，需要拆检调整时或每用满 1 年后，均应由生产厂或指定的认可单位进行调整、检修或鉴定。

11）新安装或转移工地重新安装以及经过大修后的升降机，在投入使用前，必须经过坠落试验。升降机在使用中每隔 3 个月，应进行一次坠落试验。试验程序应按说明书规定进行，当试验中梯笼坠落超过 1.2m 制动距离时，应查明原因，并应调整防坠安全器，切实保证不超过 1.2m 制动距离。试验后以及正常操作中每发生一次防坠动作，均必须对防坠安全器进行复位。

12）作业前重点检查项目应符合下列要求：

①各部结构无变形，连接螺栓无松动；

②齿条与齿轮、导向轮与导轨均接合正常；

③各部钢丝绳固定良好，无异常磨损；

④运行范围内无障碍。

13）启动前，应检查并确认电缆、接地线完整无损，控制开关在零位。电源接通后，应检查并确认电压正常，应测试无漏电现象。应试验并确认各限位装置、梯笼、围护门等处的电器联锁装置良好可靠，电器仪表灵敏有效。启动后，应进行空载升降试验，测定各传动机构制动器的效能，确认正常后，方可开始作业。

14）升降机在每班首次载重运行时，应对行程开关、限位开关、紧急停止开关、驱动机械和制动器等进行空载检查，正常后方可使用，检查时应有防坠落的措施。

15）梯笼内乘人或载物时，应使载荷均匀分布，不得偏重。严禁超载运行。

16）操作人员应根据指挥信号操作。作业前应鸣声示意。在升降机未切断总电源开关前，操作人员不得离开操作岗位。

17）当升降机运行中发现有异常情况时，应立即停机并采取有效措施将梯笼降到底层，排除故障后方可继续运行。在运行中发现电气失控时，应立即按下急停按钮；在未排除故障前，不得打开急停按钮。

18）升降机在大雨、大雾、6级及以上大风以及导轨架、电缆等结冰时，必须停止运行，并将梯笼降到底层，切断电源。暴风雨后，应对升降机各有关安全装置进行一次检查，确认正常后，方可运行。

19）升降机运行到最上层或最下层时，严禁用行程限位开关作为停止运行的控制开关。

20）当升降机在运行中由于断电或其他原因而中途停止时，可进行手动下降，将电动机尾端制动电磁铁手动释放拉手缓缓向外拉出，使梯笼缓慢地向下滑行。梯笼下滑时，不得超过额定运行速度，手动下降必须由专业维修人员进行操纵。

21）作业后，应将梯笼降到底层，各控制开关拨到零位，切断电源，锁好开关箱，闭锁梯笼门和围护门。

（5）井字架、龙门架

1）井字架、龙门架的支搭应符合规程要求。高度在10~15m的应设一组缆风绳，每增高10m加设一组，每组四根，缆风绳用直径不小于12.5mm的钢丝绳，并按规定埋设地锚，严禁捆绑在树木、电线杆等物体上，钢丝绳花篮螺丝调节松紧，严禁用别杠调节钢丝绳长度。缆风绳的固定应不少于3个卡扣，并且卡扣的弯曲部分一律卡在钢丝绳的短头部分。

2）钢管井字架立杆采用对接扣件连接，不得错开搭接，立杆、大横杆间距均不大于1m，四角应设双排立杆。天轮架必须绑两根天轮木，加顶桩打八字戗。

3）井字架必须使用配套的天轮和地轮，禁止使用开口滑轮，天轮加油处应设爬梯、平台，并铺板、绑牢，加护身栏，

4）井字架、龙门架的天轮高于最高一层上料平台的垂直距离应不小于6m，在距顶部4m处的滑轨上应安装超高限位装置，并保证在使用中灵敏有效。使吊笼上升最高位置与天轮间的垂直距离不小于2m。

5）井字架、龙门架的导向滑轮应单独设置牢固地锚，不得捆绑在脚手架上。安装后的卷扬机卷筒与导向滑轮应垂直对正，两者之间距离不得小于卷筒长度20倍，此段平行的钢丝绳应予以遮掩，钢丝绳不得与遮掩物或其他物发生接触磨擦。

6）制动闸与制止衬垫间隙应保持均匀，闸瓦开度不大于1mm，闸带开度不大于1.5mm。

7）工作完毕或暂停工作时，吊盘应落到地面，因故障吊盘暂停悬空时，司机不准离开卷扬机。

8）严禁施工人员乘坐吊盘上下。

9）卷扬机的电器设备必须有可行的接地或接零，工作完毕后应将控制器放到零位，切断电源，锁好电闸箱。

10）禁止使用倒顺开关作为卷扬机的控制开关。

11）井字架、龙门架首层进口一侧应搭设长度不小于2m的防护棚，另三个侧面必须

采取封闭的措施。主体高度在24m以上的建筑物进出料防护棚应搭设双层防护棚。

12）井字架、龙门架首层进料口应采用联动防护门，吊盘定位应采用自动联锁装置，应保证灵敏有效，安全可靠。

13）井字架、龙门架吊笼出入口应设安全门，两侧应有安全防护措施。

14）井字架、龙门架楼层进出料口应设安全门，两侧应绑两道护身栏杆，并设挡脚板。非工作状态时楼层进出料口安全门必须予以关闭。

15）井字架、龙门架应设上下联络信号。

四、混凝土机械

1. 混凝土搅拌机安全防护要求

(1) 固定式搅拌机应安装在牢固的台座上。当长期固定时，应埋置地脚螺栓；在短期使用时，应在机座上铺设木枕并找平放稳。安装必须坚实、稳固。

(2) 固定式搅拌机的操纵台，应使操作人员能看到各部工作情况。电动搅拌机的操作台，应垫上橡胶板或干燥木板。

(3) 移动式搅拌机的停放位置应选择平整坚实的场地，周围应有良好的排水沟渠。就位后，应放下支腿将机架顶起达到水平位置，使轮胎离地。当使用期较长时，应将轮胎卸下妥善保管，轮轴端部用油布包扎好，并用枕木将机架垫起支牢。

(4) 启动前检查离合器、制动器、钢丝绳、上料斗安全，挂钩良好。启动时应使活塞往复两次，无阻梗时方可空载起动。启动后，应待运转正常，再逐步增加载荷。

(5) 运转中，应经常测试泥浆含砂量。泥浆含砂量不得超过10%。

(6) 有多档速度的泥浆泵，在每班运转中应将几档速度分别运转，运转时间均不得少于30min。

(7) 运转中不得变速，当需要变速时，应停泵进行换档。

(8) 运转中，当出现异响或水量、压力不正常，或有明显高温时，应停泵检查。

(9) 在正常情况下，应在空载时停泵。停泵时间较长时，应全部打开放水孔，并松开缸盖，提起底阀放水杆，放尽泵体及管道中的全部泥砂。

(10) 进入滚筒清凿，必须切断控制电源，外面有专人监护。

(11) 长期停用时，应清洗各部泥砂、油垢，将曲轴箱内润滑油放尽，并应采取防锈、防腐措施。

2. 混凝土泵安全防护要求

(1) 混凝土泵应安放在平整、坚实的地面上，周围不得有障碍物，在放下支腿并调整后应使机身保持水平和稳定，轮胎应楔紧。

(2) 泵送管道的敷设应符合下列要求：

1）水平泵送管道宜直线敷设；

2）垂直泵送管道不得直接装接在泵的输出口上，应在垂直管前端加装长度不小于20m的水平管，并在水平管进泵处加装逆止阀；

3）敷设向下倾斜的管道时，应在输出口上加装一段水平管，其长度不应小于倾斜管高低差的5倍。当倾斜度较大时，应在坡度上端装设排气活阀；

4）泵送管道应有支承固定，在管道和固定物之间应设置木垫作缓冲，不得直接与钢筋或模板相连，管道与管道间应连接牢靠；管道接头和卡箍应扣牢密封，不得漏浆；不得将已磨损管道装在后端高压区。

5）泵送管道敷设后，应进行耐压试验。

(3) 砂石粒径、水泥标号及配合比应按出厂规定，满足泵机可泵性的要求。

(4) 作业前应检查并确认泵机各部螺栓紧固，防护装置齐全可靠，各部位操纵开关、调整手柄、手轮、控制杆、旋塞等均在正确位置，液压系统正常无泄漏，液压油符合规定，搅拌斗内无杂物，上方的保护格网完好无损。

(5) 输送管道的管壁厚度应与泵送压力匹配，近泵处应选用优质管子。管道接头、密封圈及弯头等应完好无损。高温烈日下应采用湿麻袋或湿草袋遮盖管路，并应及时浇水降温，寒冷季节应采取保温措施。

(6) 应配备清洗管、清洗用品、接球器及有关装置。开泵前，无关人员应离开管道周围。

(7) 启动后，应空载运转，观察各仪表的指示值，检查泵和搅拌装置的运转情况，确认一切正常后，方可作业。泵送前应向料斗加入 10L 清水和 $0.3m^3$ 的水泥砂浆润滑泵及管道。

(8) 泵送作业中，料斗中的混凝土平面应保持在搅拌轴轴线以上。料斗格网上不得堆满混凝土，应控制供料流量，及时清除超粒径的骨料及异物，不得随意移动格网。

(9) 当进入料斗的混凝土有离析现象时应停泵，待搅拌均匀后再泵送。当骨料分离严重，料斗内灰浆明显不足时，应剔除部分骨料，另加砂浆重新搅拌。

(10) 泵送混凝土应连续作业。当因供料中断被迫暂停时，停机时间不得超过 30min。暂停时间内应每隔 5 ~ 10min（冬季 3 ~ 5min）作 2 ~ 3 个冲程反泵—正泵运动，再次投料泵送前应先将料搅拌。当停泵时间超限时，应排空管道。

(11) 垂直向上泵送中断后再次泵送时，应先进行反向推送，将分配阀内混凝土吸回料斗，经搅拌后再正向泵送。

(12) 泵机运转时，严禁将手或铁锹伸入料斗或用手抓握分配阀。当需在料斗或分配阀上工作时，应先关闭电动机和消除蓄能器压力。

(13) 不能随意调整液压系统压力。当油温超过 70°时，应停止泵送，但仍应使搅拌叶片和风机运转，待降温后再继续运行。

(14) 水箱内应贮满清水，当水质混浊并有较多砂粒时，应及时检查处理。

(15) 泵送时，不得开启任何输送管道和液压管道，不得调整、修理正在运转的部件。

(16) 作业中，应对泵送设备和管路进行观察，发现隐患应及时处理。对磨损超过规定的管子、卡箍、密封圈等应及时更换。

(17) 应防止管道堵塞。泵送混凝土应搅拌均匀，控制好坍落度，在泵送过程中，不得中途停泵。

(18) 当出现输送管堵塞时，应进行反泵运转，使混凝土返回料斗，当反泵几次仍不能消除堵塞时，应在泵机卸载情况下，拆管排除堵塞。

(19) 作业后，应将料斗内和管道内的混凝土全部输出，然后对泵机、料斗、管道等进行冲洗。当用压缩空气冲洗管道时，进气阀不应立即开大，只有当混凝土顺利排出时，方可将进气阀开至最大。在管道出口端前方 10m 内严禁站人，并应用金属网篮等收集冲出的清洗球和砂石粒。对凝固的混凝土，应采用刮刀清除。

(20) 作业后，应将两侧活塞转到清洗室位置，并涂上润滑油。各部位操纵开关、调整手柄、手轮、控制杆、旋塞等均应复位。液压系统应卸载。

3. 混凝土泵车安全防护要求

(1) 泵车就位地点应平坦坚实，周围无障碍物，上空无高压输电线。泵车不得停放在斜坡上。

(2) 泵车就位后，应支起支腿并保持机身的水平稳定。当用布料杆送料时，机身倾斜度不得大于3°。

(3) 就位后，泵车应显示停车灯，避免碰撞。

(4) 作业前检查项目应符合下列要求；

①燃油、润滑油、液压油、水箱添加充足，轮胎气压符合规定，照明和信号指示灯齐全良好；

②液压系统工作正常，管道无泄漏；清洗水泵及设备齐全良好；

③搅拌斗内无杂物，料斗上保护格网完好并盖严；

④输送管路连接牢固，密封良好。

(5) 布料杆所用配管和软管应按出厂说明书的规定选用，不得使用超过规定直径的配管，装接的软管应拴上防脱安全带。

(6) 伸展布料杆应按出厂说明书的顺序进行。布料杆升离支架后方可回转。严禁用布料杆起吊或拖拉物件。

(7) 当布料杆处于全伸状态时，不得移动车身。作业中需要移动车身时，应将上段布料杆折叠固定，移动速度不得超过10km/h。

(8) 不得在地面上拖拉布料杆前端软管；严禁延长布料配管和布料杆。当风力在6级及以上时，不得使用布料杆输送混凝土。

(9) 泵送管道敷设同混凝土泵。

(10) 泵送前，当液压油温度低于15℃时，应采用延长空运转时间的方法提高油温。

(11) 泵送时应检查泵和搅拌装置的运转情况，监视各仪表和指示灯，发现异常，应及时停机处理。

(12) 料斗中混凝土面应保持在搅拌轴中心线以上。

(13) 泵送混凝土应连续作业。当因供料中断被迫暂停时，应按混凝土泵（10）的要求执行。

(14) 作业中，不得取下料斗上的格网，并应及时清除不合格骨料或杂物。

(15) 泵送中当发现压力表上升到最高值，运转声音发生变化时，应立即停止泵送，并应采用反向运转方法排除管道堵塞；无效时，应拆管清洗。

(16) 作业后，应将管道和料斗内的混凝土全部输出，然后对料斗、管道等进行冲洗。当采用压缩空气冲洗管道时，管道出口端前方10m内严禁站人。

(17) 作业后，不得用压缩空气冲洗布料杆配管，布料杆的折叠收缩应按规定顺序进行。

(18) 作业后，各部位操纵开关、调整手柄、手轮、控制杆、旋塞等均应复位，液压系统应卸荷，并应收回支腿，将车停放在安全地带，关闭门窗。冬季应放净存水。

3）加工较长的钢筋时，应有专人帮扶，并听从操作人员指挥，不得任意推拉。

4）作业后，应堆放好成品，清理场地，切断电源，锁好开关箱，做好润滑工作。

2. 各种钢筋加工机械安全防护要求

（1）钢筋调直切断机

1）料架、料槽应安装平直，并应对准导向筒、调直筒和下切刀孔的中心线。

2）应用手转动飞轮，检查传动机构和工作装置，调整间隙，紧固螺栓，确认正常后，启动空运转，并应检查轴承无异响，齿轮啮合良好，运转正常后，方可作业。

3）应按调直钢筋的直径，选用适当的调直块及传动速度。调直块的孔径应比钢筋直径大2~5mm，传动速度应根据钢筋直径选用，直径大的宜选用慢速，经调试合格，方可送料。

4）在调直块未固定、防护罩未盖好前不得送料。作业中严禁打开各部防护罩并调整间隙。

5）当钢筋送入后，手与曳轮应保持一定的距离，不得接近。

6）送料前，应将不直的钢筋端头切除。导向筒前应安装一根穿过钢管再送入调直前端的导孔内。

7）经过调直后的钢筋如仍有慢弯，可逐渐加大调直块的偏移量，直到调直为止。

8）切断3~4根钢筋后，应停机检查其长度，当超过允许偏差时，应调整限位开关或定尺板。

（2）钢筋切断机

1）接送料的工作台面应和切刀下部保持水平，工作台的长度可根据加工材料长度确定。应有上料架。

2）启动前，应检查并确认切刀无裂纹，刀架螺栓紧固，防护罩牢靠。然后用手转动皮带轮，检查齿轮啮合间隙，调整切刀间隙。

3）启动后，应先空运转，检查各传动部分及轴承运转正常后，方可作业。

4）机械未达到正常转速时，不得切料。切料时，应使用切刀的中、下部位紧握钢筋对准刃口迅速投入，操作者应站在固定刀片一侧用力压住钢筋，应防止钢筋末端弹出伤人。严禁用两手分在刀片两边握住钢筋俯身送料。

5）不得剪切直径及强度超过机械铭牌规定的钢筋和烧红的钢筋。一次切断多根钢筋时，其总截面积应在规定范围内。

6）剪切低合金钢时，应更换高硬度切刀，剪切直径应符合机械铭牌规定。

7）切断短料时，手和切刀之间的距离应保持在150mm以上，如手握端小于400mm时，应采用套管或夹具将钢筋短头压住或夹牢。

8）运转中，严禁用手直接清除切刀附近的断头和杂物。钢筋摆动周围和切刀周围，不得停留非操作人员。

9）当发现机械运转不正常、有异常响声或切刀歪斜时，应立即停机检修。

10）作业后，应切断电源，用钢刷清除切刀间的杂物。进行整机清洁润滑。

11）液压传动式切断机作业前，应检查并确认液压油位及电动机旋转方向符合要求。启动后，应空载运转。松开放油阀，排净液压缸体内的空气，方可进行切筋。

12）手动液压式切断机使用前，应将放油阀按顺时针方向旋紧；切割完毕后，应立即按逆时针方向旋松。作业中，手应持稳切断机，并戴好绝缘手套。

(3) 钢筋弯曲机

1) 工作台和弯曲机台面应保持水平，作业前应准备好各种芯轴及工具。

2) 应按加工钢筋的直径和弯曲半径的要求，装好相应规格的芯轴和成型轴、挡铁轴。芯轴直径应为钢筋直径的2.5倍。挡铁轴应有轴套。

3) 挡铁轴的直径和强度不得小于被弯钢筋的直径和强度。不直的钢筋，不得在弯曲机上弯曲。

4) 应检查并确认芯轴、挡铁轴、转盘等无裂纹和损伤，防护罩坚固可靠，空载运转正常后，方可作业。

5) 作业时，应将钢筋需弯一端插入在转盘固定销的间隙内，另一端紧靠机身固定销，并用手压紧，再检查机身固定销并确认安放在挡住钢筋的一侧后，方可开动。

6) 弯曲钢筋时扶料人员应站在弯曲方向反侧。

7) 作业中，严禁更换轴芯、销子和变换角度以及调速，也不得进行清扫和加油。

8) 对超过机械铭牌规定直径的钢筋严禁进行弯曲。在弯曲未经冷拉或带有锈皮的钢筋时，应戴防护镜。

9) 弯曲高强度或低合金钢筋时，应按机械铭牌规定换算最大允许直径并应调换相应的芯轴。

10) 在弯曲钢筋的作业半径内和机身不设固定销的一侧严禁站人。弯曲好的半成品，应堆放整齐，弯钩不得朝上。

11) 转盘换向时，应待停稳后进行。

12) 作业后，应及时清除转[illegible]座孔内的铁锈、杂物等。

(4) 钢筋冷拉机

1) 应根据冷拉钢筋的直径，合理选用卷扬机。卷扬钢丝绳应经封闭式导向滑轮并和被拉钢筋水平方向成直角。卷扬机的位置应使操作人员能见到全部冷拉场地，卷扬机与冷拉中线距离不得少于5m。

2) 冷拉场地应在两端地锚外侧设置警戒区，并应安装防护栏及警告标志。无关人员不得在此停留。操作人员在作业时必须离开钢筋2m以外。

3) 用配重控制的设备应与滑轮匹配，并应有指示起落的记号，没有指示记号时应有专人指挥。配重框提起时高度应限制在离地面300mm以内，配重架四周应有栏杆及警告标志。

4) 作业前，应检查冷拉夹具，夹齿应完好，滑轮、拖拉小车应润滑灵活，拉钩、地锚及防护装置均应齐全牢固。确认良好后，方可作业。

5) 卷扬机操作人员必须看到指挥人员发出信号，并待所有人员离开危险区后方可作业。冷拉应缓慢、均匀。当有停车信号或见到有人进入危险区时，应立即停拉，并稍稍放松卷扬钢丝绳。

6) 用延伸率控制的装置，应装设明显的限位标志，并应有专人负责指挥。

7) 夜间作业的照明设施，应装设在张拉危险区外。当需要装设在场地上空时，其高度应超过5m。灯泡应加防护罩，导线严禁采用裸线。

8) 作业后，应放松卷扬钢丝绳，落下配重，切断电源，锁好开关箱。

六、装修机械

1. 基本安全要求

1）装修机械上的刃具、胎具、模具、成型辊轮等应保证强度和精度，刃磨锋利，安装稳妥，紧固可靠。

2）装修机械上外露的传动部分应有防护罩，作业时，不得随意拆卸。

3）装修机械应安装在防雨、防风沙的机棚内。

4）长期搁置再用的机械，在使用前必须测量电动机绝缘电阻，合格后方可使用。

2. 各种钢筋加工机械安全防护要求

（1）灰浆搅拌机

1）固定式搅拌机应有牢靠的基础，移动式搅拌机应采用方木或撑架固定，并保持水平。

2）作业前应检查并确认传动机构、工作装置、防护装置等牢固可靠，三角胶带松紧度适当，搅拌叶片和筒壁间隙在 3～5min 之间，搅拌轴两端密封良好。

3）启动后，应先空运转，检查搅拌叶旋转方向正确，方可加料加水，进行搅拌作业。加入的砂子应过筛。

4）运转中，严禁用手或木棒等伸进搅拌筒内，或在筒口清理灰浆。

5）作业中，当发生故障不能继续搅拌时，应立即切断电源，将筒内灰浆倒出，排除故障后方可使用。

6）固定式搅拌机的上料斗应能在轨道上移动。料斗提升时，严禁斗下有人。

7）作业后，应清除机械内外砂浆和积料，用水清洗干净。

（2）高压无气喷涂机

1）启动前，调压阀、卸压阀应处于开启状态，吸入软管、回路软管接头和压力表、高压软管及喷枪等均应连接牢固。

2）喷涂燃点在 21℃以下的易燃涂料时，必须接好地线，地线的一端接电动机零线位置，另一端应接涂料桶或被喷的金属物体。喷涂机不得和被喷物放在同一房间里，周围严禁有明火。

3）作业前，应先空载运转，然后用水或溶剂进行运转检查。确认运转正常后，方可作业。

4）喷涂中，当喷枪堵塞时，应先将枪关闭，使喷嘴手柄旋转 180°，再打开喷枪用压力涂料排除堵塞物，当堵塞严重时，应停机卸压后，拆下喷嘴，排除堵塞。

5）不得用手指试高压射流，射流严禁正对其他人员。喷涂间隙时，应随手关闭喷枪安全装置。

6）高压软管的弯曲半径不得小于 250mm，亦不得在尖锐的物体上用脚踩高压软管。

7）作业中，当停歇时间较长时，应停机卸压，将喷枪的喷嘴部位放入溶剂内。

8）作业后，应彻底清洗喷枪。清洗时不得将溶剂喷回小口径的溶剂桶内。应防产生静电火花引起着火。

（3）混凝土切割机

1）使用前，应检查并确认电动机、电缆线均正常，保护接地良好，防护装置安全有效，锯片选用符合要求，安装正确。

2）启动后，应空载运转，检查并确认锯片运转方向正确，升降机构灵活，运转中无异常、异响，一切正常后，方可作业。

3）操作人员应双手按紧工作，均匀送料，在推进切割机时，不得用力过猛。操作时不得带手套。

4）切割厚度应按机械出厂铭牌规定进行，不得超厚切割。

5）加工件送到锯片相距 300mm 处或切割小块料时，应使用专用工具送料，不得直接用手推料。

6）作业中，当工件发生冲击、跳动及异常音响时，应立即停机检查，排除故障后，方可继续作业。

7）严禁在运转中检查、维修各部件。锯台上和构件锯缝中的碎屑应采用专用工具及时清除，不得用手拣拾或抹试。

8）作业后，应清洗机身，擦干锯片，排放水箱余水，收回电缆线，并存放在干燥、通风处。

七、铆焊设备

1. 基本安全要求

(1) 铆焊设备上的电器、内燃机、电机、空气压缩机等应有完整的防护外壳，一、二次接线柱处应有保护罩。

(2) 焊接操作及配合人员必须按规定穿戴劳动防护用品。并必须采取防止触电、高空坠落、瓦斯中毒和火灾等事故的安全措施。

(3) 现场使用的电焊机，应设有防雨、防潮、防晒的机棚，并应装设相应的消防器材。

(4) 施焊现场 10m 范围内，不得堆放油类、木材、氧气瓶、乙炔发生器等易燃、易爆物品。

(5) 当长期停用的电焊机恢复使用时，其绝缘电阻不得小于 0.5MΩ，接线部分不得有腐蚀和受潮现象。

(6) 电焊机导线应具有良好的绝缘，绝缘电阻不得小于 1MΩ，不得将电焊机导线放在高温物体附近。电焊机导线和接地线不得搭在易燃、易爆和带有热源的物品上，接地线不得接在管道、机械设备和建筑物金属构架或轨道上，接地电阻不得大于 4Ω。严禁利用建筑物的金属结构、管道、轨道或其他金属物体搭接起来形成焊接回路。

(7) 电焊钳应有良好的绝缘和隔热能力。电焊钳握柄必须绝缘良好，握柄与导线连结应牢靠，接触良好，连结处应采用绝缘布包好并不得外露。操作人员不得用胳膊夹持电焊钳。

(8) 电焊导线长度不宜大于 30m。当需要加长导线时，应相应增加导线的截面。当导线通过道路时，必须架高或穿入防护管内埋设在地下；当通过轨道时，必须从轨道下面通过。当导线绝缘受损或断股时，应立即更换。

(9) 对承压状态的压力容器及管道、带电设备、承载结构的受力部位和装有易燃、易爆物品的容器严禁进行焊接和切割。

（10）焊接铜、铝、锌、锡等有色金属时，应通风良好，焊接人员应戴防毒面罩、呼吸滤清器或采取其他防毒措施。

（11）当需施焊受压容器、密封容器、油桶、管道、沾有可燃气体和溶液的工件时，应先清除容器及管道内压力，消除可燃气体和溶液，然后冲洗有毒、有害、易燃物质；对存有残余油脂的容器，应先用蒸汽、碱水冲洗，并打开盖口，确认容器清洗干净后，再灌满清水方可进行焊接。在容器内焊接应采取防止触电、中毒和窒息的措施。焊、割密封容器应留出气孔，必要时在进、出气口处装设通风设备；容器内照明电压不得超过12V，焊工与焊件间应绝缘；容器外应设专人监护。严禁在已喷涂过油漆和塑料的容器内焊接。

（12）当焊接预热焊件温度达150～700℃时，应设挡板隔离焊件发出的辐射热，焊接人员应穿戴隔热的石棉服装和鞋、帽等。

（13）高空焊接或切割时，必须系好安全带，焊接周围和下方应采取防火措施，并应有专人监护。

（14）雨天不得在露天电焊。在潮湿地带作业时，操作人员应站在铺有绝缘物品的地方，并应穿绝缘鞋。

（15）应按电焊机额定焊接电流和暂载率操作，严禁过载。在载荷运行中，应经常检查电焊机的温升，当温升超过A级60℃、B级80℃时，必须停止运转并采取降温措施。

（16）当清除焊缝焊渣时，应戴防护眼镜，头部应避开敲击焊渣飞溅方向。

2.各种铆焊设备安全防护要求

（1）埋弧焊机

1）作业前，应检查并确认各部分导线连接良好，控制箱的外壳和接线板上的罩壳盖好。

2）应检查并确认送丝滚轮的沟槽及齿纹完好，滚轮、导电嘴（块）磨损或接触不良时应更换。

3）作业前，应检查减速箱油槽中的润滑油，不足时应添加。

4）软管式送丝机构的软管槽孔应保持清洁，并定期吹洗。

5）作业时，应及时排走焊接中产生的有害气体，在通风不良的舱室或容器内作业时，应安装通风设备。

（2）竖向钢筋电渣压力焊机

1）应根据施焊钢筋直径选择具有足够输出电流的电焊机。电源电缆和控制电缆联接应正确、牢固。控制箱的外壳应牢靠接地。

2）施焊前，应检查供电电压并确认正常，当一次电压降大于8%时，不宜焊接。焊接导线长度不得大于30m，截面面积不得小于50mm^2。

3）施焊前应检查并确认电源及控制电路正常，定时准确，误差不大于5%，机具的传动系统、夹装系统及焊钳的转动部分灵活自如，焊剂已干燥，所需附件齐全。

4）施焊前，应按所焊钢筋的直径，根据参数表，标定好所需的电源和时间。一般情况下，时间（s）可为钢筋的直径数（mm），电流（A）可为钢筋直径的20倍数（mm）。

5）起弧前，上、下钢筋应对齐，钢筋端头应接触良好。对锈蚀粘有水泥的钢筋，应要用钢丝刷清除，并保证导电良好。

6）施焊过程中，应随时检查焊接质量。当发现倾斜、偏心、未熔合、有气孔等现象时，应重新施焊。

7）每个接头焊完后，应停留 5～6min 保温；寒冷季节应适当延长。当拆下机具时，应扶住钢筋，过热的接头不得过于受力。焊渣应待完全冷却后清除。

（3）对焊机

1）对焊机应安置在室内，并应有可靠的接地或接零。当多台对焊机并列安装时，相互间距不得小于 3m，应分别接在不同相位的电网上，并应分别有各自的刀型开关。导线的截面不应小于表 7-6 的规定。

导 线 截 面　　　　表 7-6

对焊机的额定功率（kVA）	25	50	75	100	150	200	500
一次电压为 220V 时导线截面（mm^2）	10	25	35	45	—	—	—
一次电压为 380V 时导线截面（mm^2）	6	16	25	35	50	70	150

2）焊接前，应检查并确认对焊机的压力机构灵活，夹具牢固，气压、液压系统无泄漏，一切正常后，方可施焊。

3）焊接前，应根据所焊接钢筋截面，调整二次电压，不得焊接超过对焊机规定直径的钢筋。

4）断路器的接触点、电极应定期光磨，二次电路全部连接螺栓应定期紧固。冷却水温度不得超过 40℃；排水量应根据温度调节。

5）焊接较长钢筋时，应设置托架，配合搬运钢筋的操作人员，在焊接时应防止火花烫伤。

6）闪光区应设挡板，与焊接无关的人员不得入内。

7）冬季施焊时，室内温度不应低于 8℃。作业后，应放尽机内冷却水。

（4）点焊机

1）作业前，应清除上、下两电级的油污。通电后，机体外壳应无漏电。

2）启动前，应先接通控制线路的转向开关和焊接电流的小开关，调整好极数，再接通水源、气源，最后接通电源。

3）焊机通电后，应检查电气设备、操作机构、冷却系统、气路系统及机体外壳有无漏电现象。电极触头应保持光洁。有漏电时，应立即更换。

4）作业时，气路、水冷系统应畅通。气体应保持干燥。排水温度不得超过 40℃，排水量可根据气温调节。

5）严禁在引燃电路中加大熔断器。当负载过小使引燃管内电弧不能发生时，不得闭合控制箱的引燃电路。

6）当控制箱长期停用时，每月应通电加热 30min。更换闸流管时应预热 30min。正常工作的控制箱的预热时间不得小于 5min。

（5）气焊设备

1）一次加电石 10kg 或每小时产生 $5m^3$ 乙炔气的乙炔发生器应采用固定式，并应建立乙炔站（房），由专人操作。乙炔站与厂房及其他建筑物的距离应符合现行国家标准《乙炔站设计规范》（GB 50031）及《建筑设计防火规范》（GBJ 16—87）的有关规定。

2）乙炔发生器（站）、氧气瓶及软管、阀、表均应齐全有效，紧固牢靠，不得松动、破损和漏气。氧气瓶及其附件、胶管、工具不得沾染油污。软管接头不得采用铜质材料制作。

3）乙炔发生器、氧气瓶和焊炬相互间的距离不得小于 10m。当不满足上述要求时，应采取隔离措施。同一地点有两个以上乙炔发生器时，其相互间距不得小于 10m。

4）电石的贮存地点应干燥，通风良好，室内不得有明火或敷设水管、水箱。电石桶应密封，桶上应标明“电石桶”和“严禁用水消火”等字样。电石有轻微的受潮时，应轻轻取出电石，不得倾倒。

5）搬运电石桶时，应打开桶上小盖。严禁用金属工具敲击桶盖，取装电石和砸碎电石时，操作人员应戴手套、口罩和眼镜。

6）电石起火时必须用干砂或二氧化碳灭火器，严禁用泡沫、四氯化碳灭火器或水灭火。电石粒末应在露天销毁。

7）使用新品种电石前，应作温水浸试，在确认无爆炸危险时，方可使用。

8）乙炔发生器的压力应保持正常，压力超过 147kPa 时应停用。乙炔发生器的用水应为饮用水。发气室内壁不得用含铜或含银材料制作，温度不得超过 80℃。对水入式发生器，其冷却水温不得超过 50℃；对浮桶式发生器，其冷却水温不得超过 60℃。当温度超过规定时应停止作业，并采用冷水喷射降温和加入低温的冷却水。不得以金属棒等硬物敲击乙炔发生器的金属部分。

9）使用浮筒式乙炔发生器时，应装设回火防止器。在内筒顶部中间，应设有防爆球或胶皮薄膜，球壁或膜壁厚度不得大于 1mm，其面积应为内筒底面积的 60%以上。

10）乙炔发生器应放在操作地点的上风处，并应有良好的散热条件，不得放在供电电线的下方，亦不得放在强烈日光下曝晒。四周应设围栏，并应悬挂“严禁烟火”标志。

11）碎电石应在掺入小块电石后装入乙炔发生器中使用，不得完全使用碎电石。夜间添加电石时不得采用明火照明。

12）氧气橡胶软管应为红色，工作压力应为 1500kPa；乙炔橡胶软管应为黑色，工作压力应为 300kPa。新橡胶软管应经压力试验。未经压力试验或代用品及变质、老化、脆裂、漏气及沾上油脂的胶管均不得使用。

13）不得将橡胶软管放在高温管道和电线上，或将重物及热的物件压在软管上，且不得将软管与电焊用的导线敷设在一起。软管经过车行道时，应加护套或盖板。

14）氧气瓶应与其他易燃气瓶、油脂和其他易燃、易爆物品分别存放，且不得同车运输。氧气瓶应有防震圈和安全帽；不得倒置；不得在强烈日光下曝晒。不得用行车或吊车吊运氧气瓶。

15）开启氧气瓶阀门时，应采用专用工具，动作应缓慢，不得面对减压器，压力表指针应灵敏正常。氧气瓶中的氧气不得全部用尽，应留 49kPa 以上的剩余压力。

16）未安装减压器的氧气瓶严禁使用。

17）安装减压器时，应先检查氧气瓶阀门接头，不得有油脂，并略开氧气瓶阀门吹除污垢，然后安装减压器，操作者不得正对氧气瓶阀门出气口，关闭氧气瓶阀门时，应无松开减压器的活门螺丝。

18）点燃焊（割）炬时，应先开乙炔阀点火，再开氧气阀调整火。关闭时，应先关闭乙炔阀，再关闭氧气阀。

19）在作业中，发现氧气瓶阀门失灵或损坏不能关闭时，应让瓶内的氧气自动放尽后，再进行拆卸修理 。

20）当乙炔发生器因漏气着火燃烧时，应立即将乙炔发生器朝安全方向推倒，并用黄砂扑灭火种，不得堵塞或拔出浮筒。

21）乙炔软管、氧气软管不得错装。使用中，当氧气软管着火时，不得折弯软管断气，应迅速关闭氧气阀门，停止供氧。当乙炔软管着火时，应先关熄炬火，可采用弯折前面一段软管将火熄灭。

22）冬季在露天施工，当软管和回火防止器冻结时，可用热水或在暖气设备下化冻。严禁用火焰烘烤。

23）不得将橡胶软管背在背上操作。当焊枪内带有乙炔、氧气时不得放在金属管、槽、罐、箱内。

24）氢氧并用时，应先开乙炔气，再开氢气，最后开氧气，再点燃。熄灭火时，应先关氧气，再关氢气，最后关乙炔气。

25）作业后，应卸下减压器，拧上气瓶安全帽，将软管卷起捆好，挂在室内干燥处，并将乙炔发生器卸压，放水后取出电石篮。剩余电石和电石滓，应分别放在指定的地方。

八、桩工机械

1. 基本安全要求

（1）桩机施工属于特种作业范畴，桩机作业人员必须持证上岗。非专业人员不准操作桩工机械。

（2）打入桩作业操作人员不得少于5人，冲（钻）桩作业操作人员不得少于3人。

（3）必要时，设立危险作业区，悬挂警示标志，非工作人员不得进入作业区。进入施工现场，一律要戴安全帽，不准赤脚或穿拖鞋。

（4）桩机作业或桩机移位时，要有专人统一指挥。

（5）空旷场地上施工的桩机要有防雷装置。

（6）桩机机架上必须配有1211灭火器。

（7）桩机行走的场地要填平夯实，大方木铺设要平稳，每条大方木不宜短于4m。

（8）不得坐在或靠在卷扬机或电气设备上休息，严禁跨越工作中的牵引钢丝绳，严禁用手抓住或清理滑轮上正在运动的钢丝绳，严禁用手或脚拨弄卷筒上正在运行的钢丝绳。

（9）不准使用断股、断丝的钢丝绳，卷筒排绳不得混乱，绳端固定必须符合要求，传动部分的钢丝绳不准接长使用。

（10）在桩架顶等地方进行高空作业时，必须系好安全带或安全绳，桩机应停止运转，等高空作业人员下来后，方可重新开机。

（11）卷扬机卷筒应有防脱绳保护装置。

（12）吊钩必须选用专用吊钩并有钢丝绳防脱保护装置。

(13) 强夯作业中，夯锤下落后在吊钩还没有降到夯锤吊环附近前，操作人员不得提前下到坑里去挂钩，从坑中提起夯锤时，严禁挂钩人员站在锤上随锤提升。

(14) 遇有雷雨、大雾和6级及以上大风等恶劣气候时，应停止一切作业。

2. 打桩作业安全防护要求

(1) 打桩机类型应根据桩的类型、桩长、桩径、地质条件、施工工艺等综合考虑选择。打桩作业前，应由施工技术人员向机组人员进行安全技术交底。

(2) 施工现场应按地基承载力不小于83kPa的要求进行整平压实。在基坑和围堰内打桩，应配置足够的排水设备。

(3) 打桩机作业区内应无高压线路。作业区应有明显标志或围栏，非工作人员不得进入。桩锤在施打过程中，操作人员必须在距离桩锤中心5m以外监视。

(4) 机组人员作登高检查或维修时，必须系安全带；工具和其他物件应放在工具包内，高空人员不得向下随意抛物。

(5) 水上打桩时，应选择排水量比桩机重量大四倍以上的作业船或牢固排架，打桩机与船体或排架应可靠固定，并采取有效的锚固措施。当打桩船或排架的偏斜度超过3°时，应停止作业。

(6) 安装时，应将桩锤运到立柱正前方2m以内，并不得斜吊。吊桩时，应在桩上拴好拉绳，不得与桩锤或机架碰撞。

(7) 严禁吊桩、吊锤、回转或行走等动作同时进行。打桩机在吊有桩和锤的情况下，操作人员不得离开岗位。

(8) 插桩后，应及时校正桩的垂直度。桩入土3m以上时，严禁用打桩机行走或回转动作来纠正桩的倾斜度。

(9) 拔送桩时，不得超过桩机起重能力；起拔载荷应符合以下规定：

1) 打桩机为电动卷扬机时，起拔载荷不得超过电动机满载电流；

2) 打桩机卷扬机以内燃机为动力，拔桩时发现内燃机明显降速，应立即停止起拔；

3) 每米送桩深度的起拔载荷可按40kN计算。

(10) 卷扬钢丝绳应经常润滑，不得干摩擦。钢丝绳的使用及报废标准应执行规定。

(11) 作业中，当停机时间较长时，应将桩锤落下垫好。检修时不得悬吊桩锤。

(12) 遇有雷雨、大雾和6级及以上大风等恶劣气候时，应停止一切作业。当风力超过7级或有风暴警报时，应将打桩机顺风向停置，并应增加缆风绳，或将桩立柱放倒地面上。立柱长度在27m及以上时，应提前放倒。

(13) 作业后，应将打桩机停放在坚实平整的地面上，将桩锤落下垫实，并切断动力电源。

3. 静力压桩作业安全防护要求

(1) 压桩机安装地点应按施工要求进行先期处理，应平整场地，地面应达到35kPa的平均地基承载力。

(2) 电源在导通时，应检查电源电压并使其保持在额定电压范围内。

(3) 安装配重前，应对各紧固件进行检查，在紧固件未拧紧前不得进行配重安装。

(4) 安装完毕后，应对整机进行试运转，对吊桩用的起重机，应进行满载试吊。

(5) 冬季应清除机上积雪，工作平台应有防滑措施。

(6) 压桩作业时，应有统一指挥，压桩人员和吊桩人员应密切联系，相互配合。

(7) 当压桩机的电动机尚未正常运行前，不得进行压桩。

(8) 压桩时，应按桩机技术性能表作业，不得超载运行。操作时动作不应过猛，避免冲击。

(9) 压桩时，非工作人员应离机 10m 以外。起重机的起重臂下，严禁站人。

(10) 压桩过程中，应保持桩的垂直度，如遇地下障碍物使桩产生倾斜时，不得采用压桩机行走的方法强行纠正，应先将桩拔起，待地下障碍物清除后，重新插桩。

(11) 当压桩引起周围土体隆起，影响桩机行走时，应将桩机前进方向隆起的土铲平，不得强行通过。

(12) 压桩机在顶升过程中，船形轨道不应压在已入土的单一桩顶上。

(13) 作业完毕，应将短船运行至中间位置，停放在平整地面上，其余液压缸应全部回程缩进，起重机吊钩应升至最上部，并应使各部制动生效，最后应将外露活塞杆擦干净。

(14) 作业后，应将控制器放在“零位”，并依次切断各部电源，锁闭门窗，冬季应放尽各部积水。

(15) 转移工地时，应按规定程序拆卸时，用汽车装运。所有油管接头处应加闷头螺栓，不得让尘土进入。液压软管不得强行弯曲。

4. 钻孔作业安全防护要求

(1) 安装钻孔机前，应掌握勘探资料，并确认地质条件符合该钻机的要求，地下无埋设物，作业范围内无障碍物，施工现场与架空输电线路的安全距离符合规定。

(2) 钻机安装场地应平整、夯实，能承载该机的工作压力；当地基不良时，钻机下应加铺钢板防护。轮胎式钻机的钻架下应铺设枕木，垫起轮胎，钻机垫起后应保持整机处于水平位置。

(3) 钻机的安装、钻头的组装和钻机的移位、拆卸应按照说明书规定进行，并在专业技术人员指挥下进行。安装人员必须经过培训，熟悉安全工艺及指挥信号，并有保证安全的技术措施。在转移和拆运过程中，应防止碰撞机架。

(4) 作业场地距电源变压器或供电主干线距离应在 200m 以内，启动时电压降不得超过额定电压的 10%。

(5) 电动机和控制箱应有良好的接地装置。

(6) 钻头和钻杆连接螺纹应良好，滑扣时不得使用。钻头焊接应牢固，不得有裂纹。钻杆连接处应加便于拆卸的厚垫圈。当钻头磨损量达 20mm 时，应予更换。

(7) 作业前重点检查项目应符合下列要求：

1) 钻机各部外观良好，各部件安装紧固，转动部位和传动带有防护罩，钢丝绳完好，离合器、制动带功能良好；

2) 燃油、润滑油、液压油、冷却水等符合规定，各管路接头密封良好，无漏电、漏气、漏水现象；

3) 电气设备齐全、电路配置完好；

4) 各部钢丝绳无损坏和锈蚀，连接正确；

5) 各卷扬机的离合器、制动器无异常现象，液压装置工作有效；

6）钻机作业范围内无障碍物。

7）（套管灌注桩施工时，）套管和浇注管内侧无明显的变形和损伤，未被混凝土粘结。

（8）螺旋钻安装钻杆时，应从动力头开始，逐节往下安装。不得将所需钻杆长度在地面上全部接好后一次起吊安装。

（9）动力头安装前，应先拆下滑轮组，将钢丝绳穿绕好。钢丝绳的选用，应按说明书规定的要求配备。

（10）启动前，应将操纵杆放在空档位置。启动后，应作空运转试验，检查仪表、温度、音响、制动等各项工作正常，方可作业。

（11）提钻、下钻时，应轻提轻放。钻机下和井孔周围2m以内及高压胶管下，不得站人。严禁钻杆在旋转时提升。

（12）钻机运转时，应防止电缆线被缠入钻杆中，必须有专人看护。

（13）在作业过程中，当发现主机在地面及液压支撑处下沉时，应立即停机。在采用30mm厚钢板或路基箱扩大托承面、减小接地应力等措施后，方可继续作业。

（14）钻进中，应随时观察钻机的运转情况，当机架出现摇晃、移动、偏斜或钻机发生异响、吊索具破损、漏气、漏渣、钻头内发出有节奏的响声以及其他不正常情况时，应立即停机检查，排除故障后，方可继续开钻。

（15）发生提钻受阻时，应先设法使钻具活动后再慢慢提升，不得强行提升。如钻进受阻时，应采用缓冲击法解除，并查明原因，采取措施后，方可钻进。

（16）钻机发出下钻限位报警信号时，应停钻，并将钻杆稍稍提升，待解除报警信号后，方可继续下钻。钻孔中卡钻时，应立即切断电源，停止下钻。未查明原因前，不得强行起动。

（17）作业中，当需改变钻杆回转方向时，应待钻杆完全停转后再进行。

（18）作业中停电时，应将各控制器放置零位，切断电源，并及时将钻杆全部从孔内拔出，使钻头接触地面。

（19）钻孔时，严禁用手清除螺旋片中的泥土。发现紧固螺栓松动时，应立即停机，在紧固后方可继续作业。

（20）成孔后，应将孔口加盖保护。

（21）作业后，应将钻杆及钻头全部提升到孔外，先清除钻杆和螺旋叶片上的泥土，再将钻头按下接触地面，各部制动住，操纵杆放到空档位置，切断电源。对钻机进行清洗和润滑。并应将主要部位遮盖妥当。

（22）全套管钻机引入机组的照明电源，应安装低压变压器，电压不应超过36V。

（23）机组人员应监视各仪表指示数据，倾听运转声响，发现异状或异响，应立即停机处理。

（24）第一节套管入土后，应随时调整套管的垂直度。当套管入土5m以下时，不得强行纠偏。

（25）在套管内挖掘土层中，碰到坚硬土岩和风化岩硬层时，不得用锤式抓斗冲击硬层，应采用十字凿锤将硬层有效的破碎后，方可继续挖掘。

（26）套管在对接时，接头螺栓应按出厂说明书规定的扭矩，对称拧紧。接头螺栓拆下时，应立即洗净后浸入油中。

(27) 起吊套管时，应使用专用工具吊装，不得用卡环直接吊在螺纹孔内，亦不得使用其他损坏套管螺纹的起吊方法。

(28) 作业后，应就地清除机体、锤式抓斗及套管等外表的混凝土和泥砂，将机架放回行走的原位，将机组转移至安全场所。

九、木工机械

1. 平刨安全防护要求

木工刨床是用来专门加工木料表面（如表面的整直、修光、刨平等）的机具。木工刨床分平刨床和压刨床二种。其平刨床又分手压平刨床和直角平刨床；压刨床分单面压刨床、双面压刨床和四面刨床三种。

木工手压平刨床使用较广泛，它主要采用手工操作，即利用刀轴的高速旋转，使刀架获得 25m/s 以上的切削速度，此时用手把持木料并推动木料紧贴工作台面进料，使它通过刀轴，而木料就在这复合运动中受到刨削。在平刨上断手指的事故率是很高的，在木工机械事故中占首位，历来被操作人员称为“老虎口”。

安全要求如下：

(1) 平刨在进场前，必然经过建筑安全管理部门验收并记录存在问题及改正结果，确认符合要求时，发给准用证或有验收手续方能使用。设备挂上合格牌。

(2) 平刨安装要平稳、固定，场地条件满足锯、刨料安全操作要求。操作人员衣袖要扎紧，不准戴手套。

(3) 必须使用圆柱形刀轴，绝对禁止使用方轴。吃刀深度一般调为 1~2mm。

(4) 刨刀刃口伸出量不能超过外径 1.1mm。刨口开口量不得超过规定值。

(5) 每台木工平刨上必须装有安全防护装置（护手安全装置及传动部位防护罩），并配有刨小薄料的压板或压棍。在操作前检查机训各部件及安全防护装置是否灵敏可靠，并检查刨刀锋利程度，经试车 1~3min 后，才能进行正式工作，护手安全装置应达到作业人员刨料发生意外时，不会造成手部被刨刀伤害的事故。

明露的机械传动部位应有牢固、适用的防护罩，防止物料带入，保障作业人员的安全。

(6) 刨削前必须仔细检查木料有无节疤和铁钉。如有应用冲头冲进去。

(7) 开机后切勿立即送料刨削，一定要等到刀轴运转平稳后方可进行刨削。因为刀轴的转速一般都在 5000r/min 以上，从启动电源到刀轴转动平稳需经过一段时间。如果一启动就立即进行刨削，则刨削是在切削速度从低到高的变化过程中进行的，因而容易发生事故。

(8) 操作时左手压住木料，右手均匀推进，不要猛推猛拉，切勿将手指按于木料侧面。刨料时，先刨大面当作标准面，然后再刨小面。刨削时必须用推板压紧工件进行刨削。刨削工件的最短长度不得小于刨口开口量的 4 倍。长度不足 400mm，或薄而窄的小料不得用手压刨。

(9) 刨削过程中如感到木料振动太大，送料推力较重时，说明刨刀刃口已经磨损，必须停机更换新磨锋利的刨刀。

(10) 两人同时操作时，须待料推过刨刃 150mm 以外，下手方可接拖。

(11) 施工用电必须符合规范要求，设备外壳应做保护接零，开关箱内装设漏电保护器（30mA×0.1s），并定期进行检查。

(12) 平刨在施工现场应置于木工作业区内，并搭设防护棚；若位于塔吊作业范围内的，应搭设双层防坠棚，且在施工组织设计中予以策划和标识，同时在木工棚内落实消防措施、安全操作规程及其责任人。

(13) 机械运转时，不得进行维修，更不得移动或拆除护手装置进行刨削。

(14) 当作业人员准备离开机械时，应先拉闸切断电源后再走，避免误碰开关发生事故。

(15) 施工现场严禁使用多功能平刨。即平刨、电锯、电钻三种功能合置在一台机械上，开机后同时转动。

(16) 木工机械禁止安装倒顺开关。

2. 圆盘锯安全防护要求

圆盘锯又叫圆锯机，是应用很广的木工机械，它是由床身、工作台和锯轴组成。大型圆锯机座必须安装在结实可靠的基础上，小型的可以直接安放在地面上，工作台的高度约900mm。锯轴装在机座的轴承内，锯轴的转动一般用皮带传动，但新式的机床都用电动机直接带动。有些圆锯机的工作台能够倾斜成45°角，比较新式的圆锯机的工作台，始终保持水平，但是锯片能够自动倾斜，这不仅对工作带来很大方便，而且也比较安全。

(1) 平刨在进场前，必然经过建筑安全管理部门验收并记录存在问题及改正结果，确认符合要求时，发给准用证或有验收手续方能使用。设备挂上合格牌。

(2) 圆盘锯的安全装置应包括：

1) 锯片上方必须安装安全防护罩，防止锯片发生问题时造成的伤人事故。挡板、松口刀、皮带传动处应有防护罩。

2) 锯盘的前方安装分料器。木料经锯盘锯开后向前继续推进时，由分料器将木料分离一定缝隙，不致造成木料夹锯现象，使锯料顺利进行。

3) 锯盘的后方应设置防止木料倒退装置。当木料中遇有铁钉、硬节等情况时，往往不能继续前进突然倒退打伤作业人员，为防止此类事故法政，应在锯盘和作业人员之间，设置挡网和棘爪等防倒退装置。挡网可以从网眼中看到被锯木料的墨线，不影响作业，又可以将突然倒退的木料挡住；棘爪的作用是在木料突然倒退时，插入木料中止住木料倒退伤人。

4) 明露的机械传动部位应有牢固、适用的防护罩，防止物料带入，保障作业人员的安全。

(3) 锯口要适当，锯片必须平整，与主动轴匹配、紧牢，锯齿尖锐，不得连续断齿2个，裂纹长度不超过20mm，有裂纹则应在其末端冲上裂孔（阻止其裂纹进一步发展）。

(4) 被锯木料厚度，以锯片能露出木料10~20mm为限。

(5) 操作前应检查机械是否完好，电器开关等是否良好，熔丝是否符合规格，并检查锯片是否有断、裂现象，并装好防护罩，运转正常后方能投入使用。

(6) 启动后，须等转速正常后，方可进行锯料。

(7) 操作人员应戴安全防护眼镜。操作时，操作者应站在锯片左面的位置，不应与锯片站在同一直线上，以防木料弹出伤人。手臂不得跨越锯片工作。

(8) 木料锯到接近端头时，应由下手拉料进锯，上手不得用手直接送料，应用木板推送。

(9) 送料时，不准将木料左右搬动或高抬，送料不宜用力过猛，遇木节要缓慢进锯，以防木节弹出伤人。锯料长度不小于500mm，接近端头时，应用推棍送料。

(10) 锯短料时，应使用推棍，不准直接用手推，进料速度不得过快，下手接料必须使用刨钩。锯短料时，料长不得小于锯片直径的1.5倍，料高不得大于锯片直径的1/3。截料时，截面高度不准大于锯片直径的1/3。

(11) 若锯线走偏，应逐渐纠正，不准猛扳。锯片运转时间过长，温度过高时，应用水冷却，直径60cm以上的锯片在操作中，应喷水冷却。

(12) 木料若卡住锯片时，应立即停车后处理。

(13) 施工用电应符合规范要求，采用三级配电二级保护，三相五线保护接零系统，设置漏电保护器并确保有效。定期进行检查，注意熔丝的选用，严禁采用其他金属丝作为代用品。

(14) 操作必须采用单向按钮开关，不准安装倒顺开关，无人操作时断开电源。

十、其他机械

1. 手持电动工具基本防护要求

(1) 手持电动工具自带的软电缆或软线不允许拆除或接长。

(2) 不要拉扯负荷线。

(3) 插头不得任意拆除更换，严禁不用插头直接将负荷线插入插座。不得使用“地拖”，否则容易发生漏电事故，导致触电。

(4) 不得任意拆除工具中运（转）动的危险零件的防护罩。

2. 砂轮机基本防护要求

(1) 砂轮机严禁安装倒顺开关，防止引起误操作。

(2) 砂轮的旋转方向禁止对着主要通道。

(3) 操作人员不应站在与砂轮同一条直线上工作，应在侧面工作。

(4) 不准两人同时使用一个砂轮。

(5) 砂轮不圆，有裂纹和损坏时不得使用。

(6) 砂轮机使用时要注意防止触电事故、砂轮伤人和碎物伤人，如砂轮崩裂碎片飞出伤人、磨削物飞入眼内等。

3. 空气压缩机基本防护要求

(1) 输风管应避免急弯，出风口不得有人工作。

(2) 压力表、安全阀和调节器等应有专人定期校验，保持灵敏有效。储气罐严禁日光曝晒或高温烘烤。

第八章　施工现场防火管理

第一节　施工现场防火安全要求

一、施工现场防火基本要求

1. 施工现场的消防工作，应遵照国家有关法律、法规开展消防安全工作。

2. 施工单位的负责人应全面负责施工现场的防火安全工作，履行《中华人民共和国消防条例实施细则》第十九条规定的九项主要职责。

3. 施工现场都要建立、健全防火检查制度，发现火险隐患，必须立即消除；一时难以消除的隐患，要定人员、定项目、定措施限期整改。

4. 施工现场要有明显的防火宣传标志。施工现场的义务消防人员，要定期组织教育培训，并将培训资料存入内业档案中。

5. 施工现场发生火警或火灾，应立即报告公安消防部门，并组织力量扑救。

6. 根据“四不放过”的原则，在火灾事故发生后，施工单位和建设单位应共同做好现场保护和会同消防部门进行现场勘察的工作。对火灾事故的处理提出建议，并积极落实防范措施。

7. 施工单位在承建工程项目签订的“工程合同”中，必须有防火安全的内容，会同建设单位搞好防火工作。

8. 各单位在编制施工组织设计时，施工总平面图，施工方法和施工技术均要符合消防安全要求。

9. 施工现场必须配备足够的消防器材，做到布局合理。要害部位应配备不少于4具的灭火器，要有明显的防火标志，指定专人经常检查、维护、保养、定期更新，保证灭火器材灵敏有效。

10. 施工现场夜间应有照明设备，并要安排力量加强值班巡逻。

11. 施工现场必须设置临时消防车道。其宽度不得小于3.5m，并保证临时消防车道的畅通，禁止在临时消防车道上堆物、堆料或挤占临时消防车道。

12. 开工前应先将消防器材和设施配备好，有条件的，并应敷设好室外消防水管、消防栓砂箱等。

13. 施工现场用电，应严格执行有关“施工现场电气安全管理规定”，加强电源管理，防止发生电气火灾。施工现场存放易燃、可燃材料的库房、木工加工场所、油漆配料房及防水作业场所不得使用明露高热强光源灯具。

14. 电焊工、气焊工从事电气设备安装和电、气焊切割作业，要有操作证和用火证。用火前，要对易燃、可燃物清除，采取隔离等措施，配备看火人员和灭火器具，作业后必须确认无火源隐患后方可离去。用火证当日有效，用火地点变换，要重新办理用火证手续。

15. 氧气瓶、乙炔瓶工作间距不小于5m，两瓶与明火作业距离不小于10m。建筑工程内禁止氧气瓶、乙炔瓶存放，禁止使用液化石油气“钢瓶”。

16. 施工材料的存放、使用应符合防火要求。库房应采用非燃材料支搭。易燃易爆物品必须有严格的防火措施，应专库储存，分类单独存放，保持通风，配备灭火器材，指定防火负责人，确保施工安全。不准在工程内、库房内调配油漆、烯料。

17. 不准在高压架空线下面搭设临时性建筑物或堆放可燃物品。

18. 工程内不准作为仓库使用，不准存放易燃、可燃材料，因施工需要进入工程内的可燃材料，要根据工程计划限量进入并采取可靠的防火措施。废弃材料应及时清除。

19. 施工现场严禁吸烟。不得在建设工程内设置宿舍。

20. 施工现场和生活区，未经保卫部门批准不得使用电热器具。严禁工程中明火保温施工及宿舍内明火取暖。

21. 从事油漆粉刷或防水等危险作业时，要有具体的防火要求，必要时派专人看护。

22. 生活区的设置必须符合消防管理规定。严禁使用可燃材料搭设，宿舍内不得卧床吸烟，房间内住20人以上必须设置不少于两处的安全门；居住100人以上时，要有消防安全通道及人员疏散预案。

23. 生活区的用电要符合防火规定。用火要经保卫部门审批，食堂使用的燃料必须符合使用规定，用火点和燃料不能在同一房间内，使用时要有专人管理，停火时要将总开关关闭，经常检查有无泄漏。

24. 施工现场应明确划分用火作业，如易燃可燃材料堆场、仓库、易燃废品集中站和生活区等区域。施工现场的动火作业，必须根据不同等级执行审批制度。

(1) 一级动火作业应由所在单位行政负责人填写动火申请表，编制安全技术措施方案，报公司安全部门审查批准后，方可动火。动火期限为1天。

凡属下列情况之一的属一级动火作业：

1) 禁火区域内；

2) 油罐、油箱、油槽车和贮存过可燃气体、易燃气体的容器以及连接在一起的辅助设备；

3) 各种受压设备；

4) 危险性较大的登高焊、割作业；

5) 比较密封的室内、容器内、地下室等场所；

6) 堆有大量可燃和易燃物质的场所。

(2) 二级动火作业由所在工地负责人填写动火申请表，编制安全技术措施方案，报本单位主管部门审查批准后，方可动火。动火期限为3天。

凡属下列情况之一的属二级动火作业：

1) 在具有一定危险因素的非禁火区域内进行临时焊、割等作业；

2) 小型油箱等容器；

3) 登高焊、割作业。

(3) 三级动火作业由所在班组填写动火申请表，经工地负责人审查批准后，方可动火。动火期限为7天。在非固定的、无明显危险因素的场所进行用火作业，均属三级动火作业。

(4) 古建筑和重要文物单位等场所作业，按一级动火手续上报审批。

二、重点部位的防火要求

1. 易燃仓库的防火要求

(1) 易着火的仓库应设在水源充足、消防车能驶到的地方，并应设在下风方向。

(2) 易燃露天仓库四周内，应有宽度不小于6m的平坦空地作为消防通道，通道上禁止堆放障碍物。

(3) 贮量大的易燃仓库，应设两个以上的大门，并应将生活区、生活辅助区和堆场分开布置。

(4) 有明火的生产辅助区和生活用房与易燃堆垛之间，至少应保持30m的防火间距。有飞火的烟囱应布置在仓库的下风地带。

(5) 易燃仓库堆料场与其他建筑物、铁路、道路、架高电线的防火间距，应按《建筑设计防火规范》(GBJ 16—87) 的有关规定执行。

(6) 易燃仓库堆料场应分堆垛和分组设置，每个堆垛面积为：木材（板材）不得大于300m^2；稻草不得大于150m^2；锯末不得大于200m^2。堆垛与堆垛之间应留3m宽的消防通道。

(7) 对易引起火灾的仓库，应将库房内、外按每500m^{2}的区域分段设立防火墙，把建筑平面划分为若干个防火单元。

(8) 对贮存的易燃货物应经常进行防火安全检查，应保持良好通风。

(9) 在仓库或堆料场内进行吊装作业时，其机械设备必须符合防火要求，严防产生火星，引起火灾。

(10) 装过化学危险物品的车，必须在清洗干净后方准装运易燃和可燃物。

(11) 仓库或堆料场内一般应使用地下电缆，若有困难需设置架空电力线时，架空电力线与露天易燃物堆垛的最小水平距离，不应小于电杆高度的1.5倍。

(12) 仓库或堆料场所使用的照明灯与易燃堆垛间至少应保持1m的距离。

(13) 安装的开关箱、接线盒，应距离堆垛外缘不小于1.5m，不准乱拉临时电气线路。

(14) 仓库或堆料场严禁使用碘钨灯，以防电气设备起火。

(15) 对仓库或堆料场内的电气设备，应经常检查维修和管理，贮存大量易燃品的仓库场地应设置独立的避雷装置。

2. 电焊、气割场所的防火要求

(1) 一般要求

1) 焊、割作业点与氧气瓶、电石桶和乙炔发生器等危险物品的距离不得少于10m，与易燃易爆物品的距离不得少于30m。

2) 乙炔发生器和氧气瓶之间的存放距离不得少于2m，使用时两者的距离不得少于5m。

3) 氧气瓶、乙炔发生器等焊割设备上的安全附件应完整而有效，否则严禁使用。

4) 施工现场的焊、割作业，必须符合防火要求，严格执行“十不烧”规定。

(2) 乙炔站的防火要求

1) 乙炔属于甲类易燃易爆物品，乙炔站的建筑物应采用一、二级耐火等级，一般应为单层建筑，与有明火的操作场所应保持30～50m间距。

2) 乙炔站泄压面积与乙炔站容积的比值应采用0.05～0.22m^2/m^3。房间和乙炔发生器操作平台应有安全出口，应安装百叶窗和出气口，门应向外开启。

3) 乙炔房与其他建筑物和临时设施的防火间距，应符合《建筑设计防火规范》的要求。

4) 乙炔房宜采用不发生火花的地面，金属平台应铺设橡皮垫层。

5) 有乙炔爆炸危险的房间与无爆炸危险的房间（更衣室、值班室），不能直通。

6) 乙炔生产厂房应采用防爆型的电器设备，并在顶部开自然通风窗口。

7) 操作人员不应穿着带铁钉的鞋及易产生静电的服装。

(3) 电石库的防火要求

1) 电石库属于甲类物品储存仓库。电石库的建筑应采用一、二级耐火等级。

2) 电石库应建在长年风向的下风方向，与其他建筑及临时设施的防火间距，应符合《建筑设计防火规范》（GBJ 16—1987）的要求。

3) 电石库不应建在低洼处，库内地面应高于库外地面220cm，同时不能采用易发火花的地面，可用木板或橡胶等铺垫。

4) 电石库应保持干燥、通风，不漏雨水。

5) 电石库的照明设备应采用防爆型，应使用不发火花型的开启工具。

6) 电石渣及粉末应随时进行清扫。

3. 油漆料库与调料间的防火要求

(1) 油漆料库与调料间应分开设置，油漆料库和调料间应与散发火花的场所保持一定的防火间距。

(2) 性质相抵触、灭火方法不同的品种，应分库存放。

(3) 涂料和稀释剂的存放和管理，应符合《仓库防火安全管理规则》的要求。

(4) 调料间应有良好的通风，并应采用防爆电器设备，室内禁止一切火源。调料间不能兼做更衣室和休息室。

(5) 调料人员应穿不易产生静电的工作服，不带带钉子的鞋。使用开启涂料和稀释剂包装的工具，应采用不易产生火花型的工具。

(6) 调料人员应严格遵守操作规程，调料间内不应存放超过当日加工所用的原料。

4. 木工操作间的防火要求

(1) 操作间建筑应采用阻燃材料搭建。

(2) 操作间冬季宜采用暖气（水暖）供暖。如用火炉取暖时，必须在四周采取挡火措施；不应用燃烧劈柴、刨花代煤取暖。每个火炉都要有专人负责，下班时要将余火彻底熄灭。

(3) 电气设备的安装要符合要求。抛光、电锯等部位的电气设备应采用密封式或防爆式。刨花、锯末较多部位的电动机，应安装防尘罩。

(4) 操作间内严禁吸烟和用明火作业。

(5) 操作间只能存放当班的用料，成品及半成品要及时运走。木工应做到活完场地清，刨花、锯末每班都打扫干净，倒在指定地点。

(6) 严格遵守操作规程，对旧木料一定要经过检查，起出铁钉等金属后，方可上锯锯料。

(7) 配电盘、刀闸下方不能堆放成品、半成品及废料。

(8) 工作完毕应拉闸断电，并经检查确无火险后方可离开。

5. 地下工程施工的防火要求

地下工程施工中除了遵守正常施工中的各项防火安全管理制度和要求，还应遵守以下防火安全要求：

(1) 施工现场的临时电源线不宜直接敷设在墙壁或土墙上，应用绝缘材料架空安装。配电箱应采取防水措施，潮湿地段或渗水部位照明灯具应采取相应措施或安装防潮灯具。

(2) 施工现场应有不少于两个出入口或坡道，施工距离长应适当增加出入口的数量。施工区面积不超过 $50m^2$，且施工人员不超过 20 人时，可只设一个直通地上的安全出口。

(3) 安全出入口、疏散走道和楼梯的宽度应按其通过人数每 100 人不小于 1m 的净宽计算。每个出入口的疏散人数不宜超过 250 人。安全出入口、疏散走道、楼梯的最小净宽不应小于 1m。

(4) 疏散走道、楼梯及坡道内，不宜设置突出物或堆放施工材料和机具。

(5) 疏散走道、安全出入口、疏散马道（楼梯）、操作区域等部位，应设置火灾事故照明灯。火灾事故照明灯在上述部位的最低照度应不低于 5lx（勒克斯）。

(6) 疏散走道及其交叉口、拐弯处、安全出口处应设置疏散指示标志灯。疏散指示标志灯的间距不易过大，距地面高度应为 1～1.2m，标志灯正前方 0.5m 处的地面照度不应低于 1lx。

(7) 火灾事故照明灯和疏散指示灯工作电源断电后，应能自动投合。

(8) 地下工程施工区域应设置消防给水管道和消火栓，消防给水管道可以与施工用水管道合用。特殊地下工程不能设置消防用水时，应配备足够数量的轻便消防器材。

(9) 大面积油漆粉刷和喷漆应在地面施工，局部的粉刷可在地下工程内部进行，但一次粉刷的量不宜过多，同时在粉刷区域内禁止一切火源，加强通风。

(10) 禁止中压式乙炔发生器在地下工程内部使用及存放。

(11) 应备有通信报警装置，便于及时报告险情。

(12) 制定应急的疏散计划。

三、特殊工种的防火要求

1. 电气焊工的防火要求

(1) 基本要求

1) 从事电焊、气割操作人员，必须进行专门培训，应持证上岗。

2) 严格执行用火审批程序和制度。

3) 进行电焊、气割前，应由施工员或班组长向操作、看火人员进行消防安全技术措施交底。

4) 装过或有易燃、可燃液体、气体及化学危险物品的容器、管道和设备，在未彻底清洗干净前，不得进行焊割。

5）严禁在有可燃蒸气、气体、粉尘或禁止明火的危险性场所焊割。在这些场所附近进行焊割时，应按有关规定，保持一定的防火距离。

6）遇有5级以上大风气候时，施工现场的高空和露天焊割作业应停止。

7）在有可燃材料保温的部位，不准进行焊割作业。必要时，应在工艺安排和施工方法上采取严格的防火措施，焊割作业不准与油漆、喷漆、脱漆、木工等易燃操作同时间、同部位上下交叉作业。

8）焊割结束或离开操作现场时，必须切断电源、气源，炽热的焊嘴、焊钳以及焊条头等，禁止放在易燃、易爆物品和可燃物上。

9）禁止使用不合格的焊割工具和设备。电焊的导线不能与装有气体的气瓶接触，也不能与气焊的软管或气体的导管放在一起。焊把线和气焊的软管不得从生产、使用、储存易燃易爆物品的场所或部位穿过。

10）焊割现场必须配备灭火器材，危险性较大的应有专人现场监护。

（2）电焊工的防火要求

1）电焊工在操作前，要严格检查所用工具（包括电焊机设备、线路敷设、电缆线的接点等），使用的工具均应符合标准，保持完好状态。

2）电焊机应有单独开关，装在防火、防雨的闸箱内，电焊机应设防雨棚（罩）。开关的保险丝容量应为该机的1.5倍。保险丝不准用铜丝或铁丝代替。

3）焊割部位必须与氧气瓶、乙炔瓶、乙炔发生器及各种易燃、可燃材料隔离，二瓶之间不得小于5m，与明火之间不得小于10m。

4）电焊机必须设有专用接地线，直接接放在焊件上，接地线不准接在建筑物、机械设备、各种管道、避雷引下线和金属架上借路使用，防止接触火花，造成起火事故。

5）电焊机一、二次线应用线鼻子压接牢固，同时应加装防护罩，防止松动、短路放弧，引燃可燃物。

6）严格执行防火规定和操作规程，操作时采取相应的防火措施，与看火人员密切配合，防止引起火灾。

（3）焊工的防火要求

1）乙炔发生器、乙炔瓶、氧气瓶和焊割具的安全设备必须齐全有效。

2）乙炔发生器、乙炔瓶、液化石油气罐和氧气瓶在新建、维修工程内存放，应设置专用房间单独分开存放并有专人管理，要有灭火器材和防火标志。

3）乙炔发生器和乙炔瓶等与氧气瓶应保持距离，在乙炔发生器旁严禁一切火源。夜间添加电石时，应使用防爆手电筒照明，禁止用明火照明。

4）乙炔发生器、乙炔瓶和氧气瓶不准放在高低压架空线路下方或变压器旁。在高空焊割的，也不要放在焊割部位的下方，应保持一定的水平距离。

5）乙炔瓶、氧气瓶应直立使用，禁止平放卧倒使用，以防止油类落在氧气瓶上。油脂或沾油的物品，不要接触氧气瓶、导管及其零部件。

6）氧气瓶、乙炔瓶严禁曝晒、撞击，防止受热膨胀。开启阀门时要缓慢开启，防止升压过速产生高温、火花引起爆炸和火灾。

7）乙炔发生器、回火阻止器及导管发生冻结时，只能用蒸汽、热水等解冻，严禁使用火烤或金属敲打。测定气体导管及其分配装置有无漏气现象时，应用气体探测仪或用肥皂水等简单方法测试，严禁用明火测试。

8）操作乙炔发生器和电石桶时，应使用不产生火花的工具，在乙炔发生器上不能装有纯铜的配件。加入乙炔发生器的水，不能含油脂，以免油脂与氧气接触发生反应，引起燃烧或爆炸。

9）防爆膜失去作用后，要按照规定规格型号进行更换，严禁任意更换防爆膜规格、型号，禁止使用胶皮等代替防爆膜。浮桶式乙炔发生器上面不准堆压其他物品。

10）电石应存放在电石库内，不准在潮湿场所和露天存放。

11）焊割时要严格执行操作规程和程序。焊割操作时先开乙炔气点燃，然后再开氧气进行调火。操作完毕时按相反程序关闭。瓶内气体不能用尽，必须留有余气。

12）工作完毕，应将乙炔发生器内电石、污水及其残渣清除干净，倒在指定的安全地点，并要排除内腔和其他部分的气体。禁止电石、污水到处乱放乱排。

(4) 看火（监护）人员职责

1）清理焊割部位附近的易燃、可燃物品。对不能清除的易燃、可燃物品要用水浇湿或盖上石棉布等非燃材料，以隔绝火星。

2）要坚守岗位，不能兼顾其他工作，要与电、气焊工密切配合，随时注意焊割周围的情况，一旦起火及时扑救。

3）在高空焊割时，要用非燃材料做成接火盘和风挡，以接住和控制火花的溅落。

4）在焊割过程中，要随时进行检查，操作结束后，要对焊割地点进行仔细检查确认无危险后方可离开。在隐蔽场所或部位（如闷顶、隔墙、电梯井、通风道、电缆沟和管道井等）焊、割操作完毕后，0.5～4h 内要反复检查，以防阴燃起火。

5）要根据情况，备好适用的灭火器材和防火设备（石棉布、接火盘、风挡等），做好灭火准备。

6）发现电、气焊操作人员违反电、气焊防火管理规定、操作规程或动火部位有火灾、爆炸危险时，有权责令停止操作，并及时向领导或保卫部门汇报。

2. 涂漆、喷漆和油漆工的防火要求

(1) 喷漆、涂漆的场所应有良好的通风，防止形成爆炸极限浓度，引起火灾或爆炸。

(2) 喷漆、涂漆的场所内禁止一切火源，应采用防爆的电器设备。

(3) 禁止与焊工同时间、同部位的上下交叉作业。

(4) 油漆工不能穿易产生静电的工作服。接触涂料、稀释剂的工具应采用防火花型的。

(5) 浸有涂料、稀释剂的破布、纱团、手套和工作服等，应及时清理，不能随意堆放，防止因化学反应而生热，发生自燃。

(6) 在施工中必须严格遵守操作规程和程序。

(7) 在维修工程施工中，使用脱漆剂时，应采用不燃性脱漆剂。若因工艺或技术上的要求，使用易燃性脱漆剂时，一次涂刷脱漆剂量不宜过多，控制在能使漆膜起皱膨胀为宜。清除掉的漆膜要及时妥善处理。

(8) 对使用中能分解、发热自燃的物料，要妥善管理。

3. 电工的防火要求

(1) 电工应经过专门培训，掌握安装与维修的安全技术，并经过考试合格后，方准独立操作。

（2）施工现场暂设线路、电气设备的安装与维修应严格执行《施工现场临时用电安全技术规范》（JGJ 46—2005）。

（3）新设、增设的电气设备，必须由主管部门或人员检查合格后，方可通电使用。

（4）各种电气设备或线路，不应超过安全负荷，并要有牢靠、绝缘良好和安装合格的保险设备，严禁用铜丝、铁丝等代替保险丝。

（5）放置及使用易燃液体、气体的场所，应采用防爆型电气设备及照明灯具。

（6）定期检查电气设备的绝缘电阻是否符合“不低于 1kΩ/V（如对地 220V 绝缘电阻应不低于 0.22MΩ）”的规定，发现隐患，应及时排除。

（7）不可用纸、布或其他可燃材料做无骨架的灯罩，灯泡距可燃物应保持一定距离。

（8）变（配）电室应保持清洁、干燥。变电室要有良好的通风。配电室内禁止吸烟生火及保存与配电无关的物品（如食物等）。

（9）施工现场严禁私自使用电炉、电热器具。

（10）当电线穿过墙壁或与其他物体接触时，应当在电线上套有瓷管等非燃材料加以隔绝。

（11）电气设备和线路应经常检查，发现可能引起火花、短路、发热和绝缘损坏等情况时，必须立即修理。

（12）各种机械设备的电闸箱内，必须保持清洁，不得存放其他物品，电闸箱应配锁。

（13）电气设备应安装在干燥处，各种电气设备应有妥善的防雨、防潮设施。

（14）每年雨季前要检查避雷装置，避雷针接点要牢固，电阻不应大于 10Ω。

4. 仓库保管员的防火要求

（1）仓库保管员，要牢记《仓库防火安全管理规则》。

（2）熟悉存放物品的性质，储存中的防火要求及灭火方法，要严格按照其性质、包装、灭火方法、储存防火要求和密封条件等分别存放。性质相抵触的物品不得混存在一起。

（3）严格按照“五距”储存物资。即垛与垛间距不小于 1m；垛与墙间距不小于 0.5m；垛与梁、柱的间距不小于 0.3m；垛与散热器、供暖管道的间距不小于 0.3m；照明灯具垂直下方与垛的水平间距不得小于 0.5m。

（4）库存物品应分类、分垛储存，主要通道的宽度不小于 2m。

（5）露天存放物品应当分类、分堆、分组和分垛，并留出必要的防火间距。甲、乙类桶装液体，不宜露天存放。

（6）物品入库前应当进行检查，确定无火种等隐患后，方准入库。

（7）房门窗等应当严密，物资不能储存在预留孔洞的下方。

（8）库房内照明灯具不准超过 60W，并做到人走断电、锁门。

（9）库房内严禁吸烟和使用明火。

（10）库房管理人员在每日下班前，应对经管的库房巡查一遍，确认无火灾隐患后，关好门窗，切断电源后方准离开。

（11）随时清扫库房内的可燃材料，保持地面清洁。

（12）严禁在仓库内兼设办公室、休息室或更衣室、值班室以及进行各种加工作业等。

5. 使用喷灯的防火安全措施

(1) 操作注意事项

1) 喷灯加油时，要选择好安全地点，并认真检查喷灯是否有漏油或渗油的地方，发现漏油或渗油，应立即检修。因为汽油的渗透性和流散性极好，一旦加油不慎倒出油或喷灯渗油，点火时极易引起着火。

2) 喷灯加油时，应将加油防爆盖旋开，用漏斗罐入汽油。如加油不慎，油洒在灯体上，则应将油擦净，同时放置在通风良好的地方，等汽油挥发后再点火使用。加油不能过满，加到灯体容积的3/4即可。

3) 在使用过程中需要添油时，应首先把灯的火焰熄灭，然后慢慢地旋松加油防爆盖放气，待放尽气和灯体冷却后再添油。严禁带火加油。

4) 喷灯点火后先要预热喷嘴。预热喷嘴应利用喷灯上的贮油杯，不能图省事采取喷灯对喷的方法或用炉火烘烤的方法进行预热，防止造成灯内的油类蒸气膨胀，使灯体爆破伤人或引起火灾。放气点火时，要慢慢地旋开手轮，防止放气太急将油带出起火。

5) 喷灯作业时，火焰与加工件应注意保持适当的距离，防止高热反射造成灯体内气体膨胀而发生事故。

6) 高空作业使用喷灯时，应在地面上点燃喷灯后，将火焰调至最小，用绳子吊上去。不得携带点燃的喷灯攀高。作业点下面及周围不允许堆放可燃物，防止金属熔渣及火花掉落在可燃物上发生火灾。

7) 在地下井或地沟内使用喷灯时，应先进行通风，排除该场所内的易燃、可燃气体。严禁在地下井或地沟内进行点火，应在距离井口或地沟1.5~2m以外的地面点火，然后用绳子将喷灯吊下去使用。

8) 使用喷灯，禁止与喷漆、木工等工序同时间、同部位、上下交叉作业。

9) 喷灯连续使用时间不宜过长，发现灯体发烫时，应停止使用，进行冷却，防止气体膨胀，发生爆炸引起火灾。

(2) 作业现场的防火安全管理

1) 作业开始前，要将作业现场下方和周围的易燃、可燃物清理干净，不能清除的易燃、可燃物要采取浇湿、隔离等可靠的安全措施。作业结束时，认真检查现场，在确无余热引起燃烧危险时，才能离开。

2) 在相互连接的金属工件上使用喷灯烘烤时，要防止由于热传导作用，将靠近金属工件上的易燃、可燃物烤着引起火灾。喷灯火焰与带电导线的距离，10kV及以下的1.5m；20~35kV的3m；110kV及以上的5m，并用石棉布等绝缘隔热材料将绝缘层、绝缘油等可燃物遮盖，防止烤着。

3) 电话电缆，需要干燥芯线，芯线干燥严禁用喷灯直接烘烤，应在蜡中去潮。熔蜡不应在工程车上进行，烘烤蜡锅的喷灯周围应设三面挡风板，控制温度不要过高。熔蜡时，容器内放入的蜡不要超过容积的3/4，防止熔蜡渗漏，避免蜡液外溢遇火燃烧。

4) 在易燃易爆场所或在其他禁火的区域使用喷灯烘烤时，事先必须制定相应的防火、灭火方案，办理动火审批手续，未经批准不得使用喷灯烘烤。

5) 作业现场应备一定数量的灭火器材，一旦起火便能及时扑灭。

(3) 其他要求

1）使用喷灯的操作人员，应经专门训练，其他人员不准使用喷灯。

2）喷灯使用一段时间后应进行检查和保养。手动泵应保持清洁，不应有污物进入泵体内，手动泵内的活塞应经常加少量机油，保持润滑，防止活塞干燥碎裂。加油防爆盖上装有安全防爆器，在压力600～800Pa范围内能自动开启关闭，在一般情况下未经允许不应拆开，以防失效。

3）煤油和汽油喷灯，应有明显的标识，煤油喷灯严禁使用汽油燃料。

4）使用后的喷灯冷却后，将余气放掉，才能存放在安全地点，不应与废棉纱、手套、绳子等可燃物混放在一起。

四、特殊施工现场的防火要求

1. 古建筑修缮工程施工防火要求

（1）电源线、照明灯具不应直接敷设在古建筑的柱、梁上。照明灯具应安装在支架上或吊装，同时加装防护罩。

（2）古建筑工程的修缮若是在雨期施工，应考虑安装避雷设备（因修缮时原有避雷设备拆除）对古建筑及架子进行保护。

（3）加强用火管理，对电、气焊实施一次动焊的审批管理制度。

（4）室内油漆彩画时，应逐项进行，每次安排油漆彩画量不宜过大，以不达到局部形成爆炸极限为前题。油漆彩画时禁止一切火源。夏季对剩下的油皮子及时处理，防止因高温造成自燃。施工中的油棉丝、手套、油皮子等不要乱扔，应集中进行处理。

（5）冬季进行油漆彩画时，不应使用炉火进行采暖，尽量使用暖气采暖。

（6）古建筑施工中，剩余的刨花、锯末、贴金纸等可燃材料，应随时进行清理，做到活完料清。

（7）易燃、可燃材料应选择在安全地点存放，不宜靠近树木等。

（8）施工现场应设置消防给水设施、水池或消防水桶。

2. 设备安装与调试施工中的防火要求

（1）在设备安装与调试施工前，应进行详细的调查，根据设备安装与调试施工中的火灾危险性及特点，制定消防保卫工作方案，规定必要的制度和措施，制定调试运行过程中单项的和整体的调试运行工作计划或方案，做到定人、定岗、定要求。

（2）在有易燃、易爆气体和液体附近进行用火作业前，应先用测量仪器测试可燃气体的爆炸浓度，然后再进行动火作业。动火作业时间长应设专人随时进行测试。

（3）调试过的可燃、易燃液体和气体的管道、塔、容器、设备等，在进行修理时，必须使用惰性气体或蒸汽进行置换和吹扫，用测量仪器测定爆炸浓度后，方可进行修理。

（4）调试过程中，应组织一支专门的应急力量，随时处理一些紧急事故。

（5）在有可燃、易燃液体、气体附近的用电设备，应采用与该场所相匹配防火等级的临时用电设备。

（6）调试过程中，应准备一定数量的填料、堵料及工具、设备，对付滴、漏、跑、冒的发生，减少火灾和险患。

总之，设备安装与调试施工中的防火措施及要求，是以防爆炸为中心的，但每一项设备安装与调试又都有各自的特点及防火要求的中心，这里就不列举。

五、高层建筑施工防火管理要求

1. 高层建筑施工的特点

(1) 施工队伍分散。有些高层建筑高度在100m以上，建筑面积达数10万平方米，施工过程中各工种交叉作业，人员来自不同单位，特别在内装饰阶段，不同的楼层有不同地区的施工队伍在施工。

(2) 工程造价数额大。投资来源有单位集资，有国内外合资，港澳台商人投资，外国独资。投资的单位多、数额大，使用的材料多为国外进口，新材料、新设备多。这些工程施工中发生火灾事故，所造成的社会影响和经济损失都很大。

(3) 施工现场狭窄。由于各地区进行城市规划，进行老城区改造，新的高层建筑都建在人口密集的闹市地区，与周围的商业、居民区毗邻，施工场地狭小，参加施工的民工多数在施工现场内住宿、生活，环境条件较差。

(4) 立体交叉作业干扰大。高层建筑楼层多，施工零星分散，参加施工的单位多，人员杂，在立体交叉施工中，施工的节奏快，变化大。

(5) 所需建筑材料量大集中，而且日有所进，堆放杂乱，特别是化学易燃和可燃材料多，储存保管和管理条件差。

(6) 电气设备多，耗电量大。建筑机械和车辆进出频繁。有效机械部件和保养电气场所多。存在着的薄弱环节也多。

(7) 不安全因素多。面临外面脚手架，内堆材料；外部临口临边，内部洞孔井道，层层楼面相通垂直上下，电焊气割作业重叠，而且动火的点多、面广、量大。

2. 高层建筑施工的火灾隐患

(1) 管理方面　存在着管理人员缺乏消防业务知识；防火安全管理经验不足；对班组防火安全技术交底不清或不全；对违章人员处理和教育不严；对施工中所使用材料和设备性质不熟悉，以及执行防火制度不严格；管理人员马虎草率；动火审批手续不严；防火管理意识差；三级动火监护措施不落实等隐患。

(2) 操作方面　由于防火意识不强，缺乏防火知识，往往存在侥幸心理和一定的盲目性；或者急于求成，而违章作业。对明火作业中，火星可能从层层相通的洞孔中溅落在某一层存放的易燃物品上，一遇火星即刻会引起燃烧的预料不足。对高层建筑施工多层次立体交叉作业，堆放不同性质的材料设备等易发生火灾认识不足。

(3) 在设备器材方面　由于高层建筑施工消防器材设备没有配齐配足；对施工材料性能、工程特点不熟悉，配置器材针对性不强；对多层次作业的工程，没有设专用水泵，无消防水源，造成楼层缺水等。

(4) 防火措施方面　高层建筑施工防火安全管理力量不足，或无专兼职监护人员；对义务消防队没有按建设规模组织，或组织后人员调动频繁和没有进行防火业务知识培训；施工中未采取有针对性的防火措施。

3. 高层建筑施工的防火措施

高层建筑施工有其人员多而复杂、建筑材料多、电气设备多且用电量大、交叉作业动火点多，以及通信设备差、不易及时救火等特点，一旦发生火灾，其造成的经济损失和社会影响都非常大。因此施工中必须从实际出发，始终贯彻“预防为主，防消结合”的消防工作方针，因地制宜地进行科学的管理。

(1) 领导重视，明确目标

1）施工单位各级领导要重视施工防火安全，始终将防火工作放在重要位置。项目部要将防火工作列入项目经理的议事日程，做到同计划、同布置、同检查、同总结、同评比，交施工任务同时交防火要求，使防火工作做到经常化，制度化，群众化。

2）按照“谁主管，谁负责”的原则，从上到下建立多层次的防火管理网络，实行分工负责制，明确高层建筑工程施工防火的目标和任务，使高层施工现场防火安全得到组织保证。建立防火领导小组，成立业主、施工单位、安装单位等参加的综合治理防火办公室，协调工地防火管理。领导小组或联合办公室要坚持每月召开防火会议和每月进行一次防火安全检查制度，找出施工过程中的薄弱环节，针对存在问题的原因制定落实整改措施。

3）成立义务消防队，每个班组部要有一名义务消防员为班组防火员，负责班组施工的防火。同时要根据工程建筑面积、楼层的层数和防火重要程度，配专职防火干部、专职消防员、专职动火监护员，对整个工程进行防火管理，检查督促，配置器材和巡逻监护。

4）领导小组要加强同上级主管部门、消防监督机关和周围地区的横向联系，加强对施工队的管理、检查和督促。建立多层次的防火管理网络，使现场防火工作始终处于受控状态，增强工地的防火工作应变能力，保障施工的顺利进行。

(2) 建立制度，强化管理

1）高层建筑工程施工要建立严格的《消防管理制度》、《施工材料和化学危险品仓库管理制度》等一系列防火安全制度和各工种的安全操作责任制，狠抓措施落实，进行强化管理，是防止火灾事故发生的根本保证。

2）与各个分包队伍签订防火安全协议书，详细进行防火安全技术措施的交底。对木工操作场所的木屑刨花要明确人员做到日做日清，油漆等易燃物品要妥善保管，不准在更衣室等场所乱堆乱放，力求减少火险隐患。

3）施工材料中，有不少属高分子合成的易燃物品，防火管理部门应责成有关部门加强对这些原材料的管理，要做到专人、专库、专管，施工前向施工班组做好安全技术交底。并实行限额领料、余料回收制度。施工中要将这些易燃材料的施工区域划为禁火区域，安置醒目的警戒标识并加强专人巡逻监护。施工完毕，负责施工的班组要对易燃的包装材料、装饰材料进行清理，要求做到随时做，随时清，现场不留火险。

(3) 严格控制火源，执行安全措施

1）每项工程都要划分动火级别。一般高层建筑动火划为二、三级，在外墙、电梯井、洞孔等部位，垂直穿到底及登高焊割，均划为二级动火，其余所有场所均为三级动火。

2）按照动火级别进行动火申请和审批。二级动火应由承担施工单位在4d前提出申请并附上安全技术措施方案，报项目部主管领导审批，批准动火期限一般为3d。复杂危险场所，审批人在审批前应到现场察看确无危险或措施落实才予批准，动火证要同时交焊割工、监护人。三级动火由焊割班组长在动火前3d提出申请，报防火管理人员批准，动火期限一般为7d。

3）焊割工要持操作证、动火证进行操作，并接受监护人的监护和配合。

4）监护人要持动火证，在配有灭火器材情况下进行监护，监护时严格履行监护人的职责。

5）危险性大的场所焊割，工程技术人员要按照规定制订专项安全技术措施方案。焊割工必须按方案程序进行动火操作。

6）焊割工动火操作中要严格执行焊割操作规程，执行“十不烧”规定，瓶与瓶之间保持5m以上间距，瓶与明火保持10m以上间距，瓶的出口和割具进口的四个口要用轧头轧牢。施工现场应严格禁止吸烟，并且设置固定的吸烟点。在防火管理方面，不按照规定监控而发生火灾事故，就要按事故性质和损失程度追查责任。

（4）足额配置器材，配置分布合理

1）20层（含20层）以上的高层建筑施工，应安装临时消防竖管，管径不得小于75mm，消防干管直径不小于100mm；设置灭火专用的足够扬程的高压水泵，每个楼层应安装消火栓，配置消防水龙带，周围3m内不准存放物品。配置数量应视接面大小而定。严禁消防竖管作为施工用水管线。为保证水源，大楼底层应设蓄水池（不小于20m^3）。当高层建筑层次高而水压不足的，在楼层中间应设接力泵。地下消火栓必须符合防火规范。

2）高压水泵、消防水管只限消防专用，消防泵的专用配电线路，应引自施工现场总断路器的上端，要保证连续不间断供电。消防泵房应使用非燃材料建造，位置设置合理，便于操作，并设专人管理、使用和维修、保养，以保证水泵完好，正常运转。

3）所有高层建筑设置消防泵、消火栓和其他消防器材的部位，要有醒目的防火标识。

4）高层建筑工程施工，应按楼层面积，一般每100m^{2}设两个灭火器，同时备有通信报警装置，便于及时报告险情。施工现场灭火器材的配置，要根据工程开工后工程进度和施工实际及时配好，不能只按固定模式，而应灵活机动，易燃物品、动用明火多的场所和部位相对多配一些。灭火器材配置要有针对性，如配电间不应配酸式泡沫灭火机，仪器仪表室要配干粉灭火机等。一切灭火器材性能要安全良好。

5）通信联络工具要有效、齐全，联得上、传得准。特别是消防用水泵房等应予重点关注。凡是安装高压水泵的要有值班管理制度，未安装高压水泵的工程，也应保证水源供应。

6）高层建筑施工期间，不得堆放易燃易爆危险物品。如确需存放，应在堆放区域配置专用灭火器材。

7）要弄清工程四周消火栓的分布情况，不仅要在现场平面布置图上标明，而且要让施工管理人员、义务消防队员、工地门卫都知道，一旦施工中发生火险，能及时利用水源。

（5）现场布置合规，施工组织合理

1）工程技术管理人员在制定施工组织设计时，要同时考虑防火安全技术措施，并及时征求防火管理人员的意见，尽量做到安全、合理。防火管理人员在参与审核现场平面布置图时，要到现场实地察看，对大型临时设施布置是否安全，有权提出修改施工组织设计中有关安全方面的问题。因此，工程技术与防火管理人员要互相配合，力求把施工现场中的临时设施设置和施工中防火安全要求结合起来，合理并尽可能完善。

2）现场防火管理人员，要熟知以下工作并建立防火档案资料：工程本身施工特点及环境；水源和消火栓的位置；灭火器材种类、性能、分布；高压水泵功率、管子口径，扬程高度，

3）工程开工后，防火管理人员的首要工作就要制定各种防火安全制度。首先是八大工种防火安全责任制的制定，防火责任书的签订，防火安全技术交底，防火档案等。对木工车间、危险品库、油漆间、配电间等重点部位要制度上墙，防火器材等都要同步配置。其次是日常工作，一定要抓措施落实，抓检查督促，抓违章违纪行为的处理。

4）对现场防火管理，首先要抓好重点，其次要抓好薄弱环节，把着眼点放在容易发生事故的关键部位，严格监控。如焊割工、电工、油漆工、仓库管理员特殊工种。每个单位都有一整套完整的管理制度规定，但在施工现场关键是抓落实。

六、季节性防火要求

1. 冬期施工的防火要求

（1）强化冬期防火安全教育，提高全体员工的防火意识。对全体员工进行冬期施工的防火安全教育是做好冬期施工防火安全工作的关键。只有人人重视防火工作，处处想着防火工作，在做每一件工作时都与防火工作相联系，不断提高全体员工防火意识，冬期施工防火工作就有了保证。

（2）供暖锅炉房及操作人员的防火要求

1）供暖锅炉房应符合下列要求：

①锅炉房宜建造在施工现场的下风方向，远离在建工程、易燃可燃建筑、露天可燃材料堆场、料库等。

②锅炉房应不低于二级耐火等级，锅炉房的门应向外开启，锅炉正面与墙的距离应不小于 3m，锅炉与锅炉之间的距离不小于 1m。

③锅炉房应有适当通风和采光，锅炉上的安全设备应有良好照明。

④锅炉烟道和烟囱与可燃物应保持一定的距离。金属烟囱距可燃结构不小于 100cm；距已做防火保护层的可燃结构不小于 70cm。砖砌的烟囱和烟道其内表面距可燃结构不小于 50cm，其外表面不小于 10cm。未采取消烟除尘措施的锅炉，其烟囱应设防火星帽。

2）司炉工的要求：

①严格值班检查制度，锅炉开火以后，司炉人员不准离开工作岗位，值班时间绝不允许睡觉或做无关的事。司炉人员下班时，须向下一班作好交接班，并记录锅炉运行情况。

②严格执行操作程序、杜绝违章操作。炉灰倒在指定地点，注意不能带余火倒灰，随时观察水温及水位，禁止使用易燃、可燃液体点火。

（3）火炉安装与使用的防火要求

冬期施工的加热采暖方法，应尽量使用暖气，如果用火炉，必须事先提出方案和防火措施，经消防保卫部门同意后方能开火。但在油漆、喷漆、油漆调料间、木工房、料库及

使用高分子装修材料的装修阶段，禁止用火炉采暖。

1）各种金属与砖砌火炉，必须完整良好，不得有裂缝，各种金属火炉与楼板支柱、斜撑、拉杆等可燃物和易燃保温材料的距离不得小于1m，已做保护层的火炉距可燃物的距离不得小于70cm。各种砖砌火炉壁厚不得小于30cm。在没有烟囱的火炉上方不得有拉杆、斜撑等可燃物，必要时须架设铁板等非燃材料隔热，其隔热板应比炉顶外围的每一边部多出15cm以上。

2）在木地板上安装火炉，必须设置炉盘，有脚的火炉炉盘厚度不得小于12cm，无脚的火炉炉盘厚度不得小于18cm。炉盘应伸出炉门前50cm，伸出炉后左右各15cm。各种火炉应根据需要设置高出炉身的火档。

3）金属烟囱一节插入另一节的尺寸不得小于烟囱的半径，衔接地方要牢固。各种金属烟囱与板壁、支柱、模板等可燃物的距离不得小于30cm。距已作保护层的可燃物不得小于15cm。各种小型加热火炉的金属烟囱穿过板壁、窗户、挡风墙、暖棚等必须设铁板，从烟囱周边到铁板的尺寸，不得小于5cm。

4）各种火炉的炉身、烟囱和烟囱出口等部分与电源线和电气设备应保持50cm以上的距离。

5）火炉由受过安全消防常识教育的人看守。移动各种加热火炉时，先将火熄灭后方准移动。掏出的炉灰必须随时用水浇灭后倒在指定地点。不准在火炉上熬炼油料、烘烤易燃物品。工程的每层都应配备灭火器材。

（4）易燃、可燃材料的防火要求

冬期施工中，国家级重点工程、地区级重点工程、高层建筑工程及起火后不易扑救的工程，禁止使用可燃材料作为保温材料，应采用不燃或难燃材料进行保温。一般工程可采用可燃材料进行保温，但必须严格进行管理。

1）使用可燃材料进行保温的工程，必须设专人进行监护、巡逻检查。人员的数量应根据使用可燃材料的数量、保温的面积而定。

2）合理安排施工工序及网络图，一般是将用火作业安排在前，保温材料安排在后。

3）保温材料定位后，禁止一切用火、用电作业，特别是下层进行保温作业，上层进行用火、用电作业。

4）照明线路、照明灯具应远离可燃的保温材料。

5）保温材料使用完以后，要随时进行清理，集中进行存放保管。

6）消防器材的保温防冻工作

①（北方）冬期施工工地，应尽量安装地下消火栓，在入冬前应进行一次试水，加少量润滑油，消火栓用草帘、锯木等覆盖，做好保温工作，以防冻结。

及时扫除消火栓上的积雪，以免雪化后将消火栓井盖冻住。

②高层临时消防竖管应进行保温或将水放空。消防水泵内应考虑采暖措施，以免冻结。

③入冬前，做好消防水池的保温防冻工作。随时进行检查，发现冻结时应进行破冻处理。一般方法是在水池上盖上木板，木板上再盖上不小于40~50cm厚的稻草、锯末等。

④入冬前应将泡沫灭火器、清水灭火器等轻便消防器材放入有采暖的地方，并套上保

温套。

2. 雨期和夏季施工的防火要求

(1) 雨期施工中电气设备的防火要求

1) 雨期施工到来之前，应对每个配电箱、用电设备进行一次检查，并采取相应的防雨措施，防止因短路造成起火事故。

2) 在雨期要随时检查有树木地方电线的情况，及时改变线路的方向或砍掉离电线过近的树枝。

(2) 防雷设施的要求

1) 油库、易燃易爆物品库房、塔吊、卷扬机架、脚手架、在施的高层建筑工程等部位及设施都应安装避雷设施。

2) 防止雷击的方法是安装避雷装置，其基本原理是将雷电引入大地而消失以达到防雷的目的。所安装的避雷装置必须能保护住受保护的部位或设施。避雷装置三个组成部分必须符合规定，接地电阻不应大于规定的欧姆数值。

3) 每年雨期之前，应对避雷装置进行一次全面检查，并用仪器进行遥测，发现问题及时解决，使避雷装置处于良好状态。

(3) 雨期施工中对易燃、易爆物品的防火要求

1) 电石、乙炔气瓶、氧气瓶、易燃液体等应在库内或棚内存放，禁止露天存放，防止因受雷雨、日晒发生起火事故。

2) 生石灰、石灰粉的堆放应远离可燃材料，防止因受潮或雨淋产生高热，引起周围可燃材料起火。

第二节　施工现场灭火方法

一、窒息灭火法

窒息灭火就是阻止空气流入燃烧区，或用不燃物质（气体）冲淡空气，使燃烧物质断绝氧气的助燃而使火熄灭。这种灭火方法，仅适应于扑救比较密闭的房间、地下室和生产装置设备等部位发生的火灾。

在火场上运用窒息法扑灭火灾时，可采用浸湿的棉被、帆布、海草席等不燃或难燃材料覆盖燃烧物或封闭孔洞；用水蒸汽、惰性气体或二氧化碳、氮气充入燃烧区域内；利用建筑物原有的门、窗以及生产贮运设备上的部件，封闭燃烧区，阻止新鲜空气流入，以降低燃烧区内氧气的含量，从而达到窒息燃烧的目的。此外，在万不得已且条件又允许的情况下，也可采用水淹没（灌注）的方法扑灭火灾。

采取窒息法扑救火灾时，应注意以下几个问题：

1. 燃烧部位的空间必须较小，又容易堵塞封闭，且在燃烧区域内没有氧化剂物质存在时。

2. 采取水淹方法扑救火灾时，必须考虑到水对可燃物质作用后，不致产生不良的后果。

3. 采取窒息法灭火后，必须在确认火已熄灭时，方可打开孔洞进行检查，严防因过

早打开封闭的房间或生产装置，而使新鲜空气流入燃烧区，引起新的燃烧，导致火势猛烈发展。

4. 在条件允许的情况下，为阻止火势迅速蔓延，争取灭火战斗的准备时间，可先采取临时性的封闭窒息措施或先不打开门窗，使燃烧速度控制在最低程度，在组织好扑救力量后再打开门、窗解除窒息封闭措施。

5. 采用惰性气体灭火时，必须要保证燃烧区域内的惰性气体的数量，使燃烧区域内氧气的含量控制在14%以下，以达到灭火的目的。

二、冷却灭火法

冷却法就是将灭火剂直接喷洒在燃烧物体上，使可燃物质的温度降低到燃点以下，以终止燃烧。

在火场上，除了用冷却法扑灭火灾外，在必要的情况下可用冷却剂冷却建筑构件、生产装置、设备容器等，防止建筑结构变形造成更大的损失。

三、隔离灭火法

隔离法就是将燃烧物体与附近的可燃物质与火源隔离或疏散开，使燃烧失去可燃物质而停止。这种方法适用于扑救各种固体、液体和气体火灾。

采取隔离灭火法的具体措施是将燃烧区附近的可燃、易燃和助燃物质，转移到安全地点。关闭阀门，阻止气体、液体流入燃烧区；设法阻拦流散的易燃、可燃液体或扩散的可燃气体，拆除与燃烧区相毗连的可燃建筑物，形成防止火势蔓延的间距。

四、抑制灭火法

与前三种灭火方法不同。它是使灭火剂参与燃烧反应过程，使燃烧过程中产生的游离基消失，从而形成稳定分子或低活性的游离基，使燃烧反应停止。目前抑制法灭火常用的灭火剂有1211、1202、1301灭火剂。

第三节　施工现场消防设施布置要求

一、消防给水的设置条件

高度超过24m的工程，层数超过10层的工程，重要的及施工面积较大（超过施工现场内临时消火栓保护范围）的工程，均应在工程内设置临时消防给水（可与施工用水合用）。

二、消防给水管网

1. 工程临时竖管不应少于两条，成环状布置，每根竖管的直径应根据要求的水柱股数，按最上层消火栓出水计算，但不小于100mm。

2. 高度小于50m，每层面积不超过500m^{2}的普通塔式住宅及公共建筑，可设一条临时竖管。

3. 仓库的室外消防用水量，应按照《建筑设计防火规范》（GB 50016—2006）的有关规定执行。

4. 应有足够的消防水源，其进水口一般不应少于两处。

5. 采用低压给水系统，管道内的压力在消防用水量达到最大时，不低于 0.1MPa；采用高压给水系统，管道内的压力应保证两支水枪同时布置在堆场内最远和最高处的要求，水枪充实水柱不小于 13m，每支水枪的流量不应小于 5L/s。

三、临时消火栓布置

1. 工程内临时消火栓应分设于各层明显且便于使用的地点，并保证消火栓的充实水柱能到达工程内任何部位。使用时栓口离地面 1.2m，出水方向宜与墙壁成 90°角。

2. 消火栓口径应为 65mm，配备的水带每节长度不宜超过 20m，水枪喷嘴口径不小于 19mm。每个消火栓处宜设启动消防水泵的按钮。

3. 室外消火栓应沿消防车道或堆料场内交通道路的边缘设置，消火栓之间的距离不应大于 50m。

四、施工现场灭火器材的配备

1. 一般临时设施区，每 100m^2 配备两个 10L 灭火器，大型临时设施总面积超过 1200m^2 的，应备有专供消防用的太平桶、积水桶（池）、黄沙池等器材设施。上述设施周围不得堆放物品。

2. 临时木工间，油漆间，木、机具间等，每 25m^2 应配置一个种类合适的灭火器；油库、危险品仓库应配备足够数量、种类的灭火器。

3. 仓库或堆料场内，应根据灭火对象的特性，分组布置酸碱、泡沫、二氧化碳等灭火器，每组灭火器不应少于 4 个，每组灭火器之间的距离不应大于 30m。

五、灭火器的设置

1. 灭火器应设置在明显的地点，如房间出入口、通道、走廊、门厅及楼梯等部位。

2. 灭火器的铭牌必须朝外，以方便人们直接看到灭火器的主要性能指标。

3. 手提式灭火器设置在挂钩、托架上或灭火器箱内，其顶部离地面高度应小于 1.5m，底部离地面高度不宜小于 0.15m。

这一要求的目的是：便于人们对灭火器进行保管和维护；让扑救人能安全方便取用；防止潮湿的地面对灭火器的影响和便于平时打扫卫生。

（1）设置在挂钩、托架上或灭火器箱内的手提式灭火器要竖直向上设置。

（2）对于那些环境条件较好的场所，手提式灭火器可直接放在地面上。

（3）对于设置在灭火器箱内的手提式灭火器，可直接放在灭火器箱的底面上，但灭火器箱离地面高度不宜小于 0.15m。

六、灭火器的性能、用途，使用温度及使用年限

1. 灭火器的性能、用途见表 8-1。

2. 使用温度范围见表 8-2。

几种灭火器的性能和用途　　表 8-1

灭火器种类	二氧化碳灭火器	四氧化碳灭火器	干粉灭火器
规格	2kg 以下 2~3kg 5~7kg	2kg 以下 2~3kg 5~7kg	8kg 50kg
药剂	液态二氧化碳	四氧化碳液体，并有一定压力	钾盐或钠盐干粉并有盛装压缩气体的小钢瓶
用途	不导电 扑救电气精密仪器、油类和分类火灾；不能扑救钾、钠、镁、铝等引起的火灾	不导电 扑救电气设备火灾；不能扑救钾、钠、镁、铝、乙炔、二硫化碳引起的火灾	不导电 扑救电气设备火灾，石油产品、油漆、有机溶剂、天然气火灾，不宜扑救电机火灾
效能	射程 3m	3kg，喷射时间 30s，射程 7m	8kg，喷射时间 4~8s，射程 4.5m
使用方法	一手拿喇叭筒对着火源，另一手打开开关	只要打开开关，液体就可喷出	提起圈环，干粉就可喷出
检查方法	每 3 月测量一次，当减少原重 1/10 时，应充气	每 3 月试喷少许，压力不够时应充气	每年检查一次干粉：是否受潮或结块；小钢瓶内气体压力，每半年检查一次，如重量减少 1/10，应换气

3. 灭火器的报废年限。

从灭火器出厂日期算起，达到表 8-3 中使用年限的，必须报废。

灭火器使用温度范围　　表 8-2

灭火器类型		使用温度范围（℃）
清水灭火器		+4~+55
酸碱灭火器		+4~+55
化学泡沫灭火器		+4~+55
干粉灭火器	贮气瓶式	-10~+55
	贮压式	-20~+55
卤代烷式灭火器		-20~+55
二氧化碳灭火器		-10~+55

灭火器的使用年限　　表 8-3

灭火器类型	使用年限（年）	
	手提式	推车式
化学泡沫灭火器	5	8
酸碱灭火器	5	—
清水灭火器	6	—
贮气瓶式干粉灭火器	8	10
贮压式干粉灭火器	10	12
1211 灭火器	10	10
二氧化碳灭火器	12	12

第四节　防　火　检　查

一、防火检查的内容

1. 检查用火、用电和易燃易爆物品及其他重点部位生产储存、运输过程中的防火安全情况和建筑结构、平面布置、水源、道路是否符合防火要求。

2. 火险隐患整改情况。

3. 检查义务和专职消防队组织及活动情况。

4. 检查各级防火责任制、岗位责任制、八大工种责任书和各项防火安全制度执行情况。

5. 检查三级动火审批及动火证、操作证、消防设施、器材管理及使用情况。

6. 检查防火安全宣传教育，外包工管理等情况。

7. 检查十项标准是否落实，基础管理是否健全，防火档案资料是否齐全，发生事故是否按“四不放过”原则进行处理。

二、火险隐患整改的要求

1. 领导重视　火险隐患能不能及时进行整改，关键在于领导。有些重大火险隐患，之所以成了“老检查、老问题、老不改”的“老大难”问题，是与有的领导不够重视防火安全分不开的。事实证明：光检查不整改，势必养患成灾，届时想改也来不及了。一旦发生了火灾事故，与整改隐患比较起来，在人力、物力、财力等各个方面所付出的代价不知要高出多少倍。因此，迟改不如早改。

2. 边查边改　对检查出来的火险隐患，要求施工单位能立即纠正的，就立即纠正，不要拖延，

3. 对不能立即解决的火险隐患，检查人员逐件登记，定项、定人、定措施，限期整改，并建立立案、销案制度。

4. 对重大火险隐患，经施工单位自身的努力仍得不到解决的，公安消防监督机关应该促他们及时向上级主管机关报告，求得解决，同时采取可靠的临时性措施。对能够整改而又不认真整改的部门、单位，公安消防监督机关要发出重大火险隐患通知书。

5. 对遗留下来的建筑规划布局、消防通道、水源等方面的问题，一时确实无法解决的，公安消防监督机关应提请有关部门纳入建设规划，逐步加以解决。在没有解决前，要采取临时性的补救措施，以保证安全。

第九章　施工现场的文明施工、环境保护与卫生防疫

第一节　文　明　施　工

一、文明施工的重要意义

改革开放以来，随着城市建设规模空前大发展，建筑业的管理水平也得到很大提高。文明施工在20世纪80年代中期抓施工现场安全标准化管理的基础上，得到了循序渐进，逐步深化的长足发展，重点体现了“以人为本”的思想。施工现场的文明施工是以安全生产为突破口，以质量为基础、以科技进步为重点，狠抓“窗口”达标，突破了传统的管理模式，注入新的内容，使施工现场纳入现代化企业制度的管理。

文明施工主要是指工程建设实施过程中，保持施工现场良好的作业环境、卫生环境和工作秩序，规范、标准、整洁、有序、科学的建设施工生产活动。文明施工主要包括以下几个方面的工作：规范施工现场的场容，保持作业环境的整洁卫生；科学组织施工，使生产有序进行；减少施工对周围居民和环境的影响；保证职工的安全和身体健康。其重要意义在于：

1. 它是改善人的劳动条件，适应新的环境，提高施工效益，消除施工给城市环境带来的污染，提高人的文明程度和自身素质，确保安全生产、工程质量的有效途径。

2. 它是施工企业落实社会主义精神、物质两个文明建设的最佳结合点，是广大建设者几十年心血的结晶。

3. 它是文明城市建设的一个必不可少的重要组成部分，文明城市的大环境客观上要求建筑工地必须成为现代化城市的新景观。

4. 文明施工对施工现场贯彻“安全第一、预防为主”的指导方针，坚持“管生产必须管安全”的原则起到保证作用。

5. 文明施工以各项工作标准规范施工现场行为，是建筑业施工方式的重大转变。文明施工以文明工地建设为切入点，通过管理出效益，改变了建筑业过去靠延长劳动时间增加效益的做法，是经济增长方式的一个重大转变。

6. 文明施工是企业无形资产原始积累的需要，是在市场经济条件下企业参与市场竞争的需要。创建文明工地投入了必要的人力物力，这种投入不是浪费，而是为了确保在施工过程中的安全与卫生所采取的必要措施。这种投入与产出是成正比的，是为了在产出的过程中体现出企业的信誉、质量、进度，其本身就能带来直接的经济效益，提高了建筑业在社会上的知名度，为促进生产发展，增强市场竞争能力起到积极的推动作用。文明施工已经成为企业一类有效的无形资产，已被广大建设者认可，对建筑业的发展发挥了应有的作用。

7. 为了更好地同国际接轨文明施工也参照国际劳工组织第167号《施工安全与卫生

公约》，以保障劳动者的安全与健康为前提，文明施工创建了一个安全、有序的作业场所以及卫生、舒适的休息环境，从而带动了其他工作，是“以人为本”思想的具体体现。

二、文明施工在建设工程施工中的重要地位

实践证明，文明施工在建设工程施工中的重要地位，得到了建设系统各级管理机关的充分肯定。国家建设部修改后重新颁布的中华人民共和国行业标准《建筑施工安全检查标准》（JGJ 59—99）中，增加了文明施工检查评分这一内容。它对文明施工检查的标准、规范提出了基本要求，施工现场文明施工包括现场围挡、封闭管理、施工场地、材料堆放、现场宿舍、现场防火、治安综合治理、现场标牌、生活设施、保健急救、社区服务等十一项内容，把文明施工作为考核安全目标的重要内容之一。《建筑施工安全检查标准》（JGJ 59—99）对上海建筑业文明施工的经验，进行了总结归纳，按照第167号国际劳工公约《施工安全与卫生公约》的要求，制定了文明施工标准，施工现场不但应该做到安全生产不发生事故，同时还应做到文明施工，整洁有序，把过去建筑施工以“脏、乱、差”为主要特征的工地，改变成为城市文明新的“窗口”。

针对建筑工地存在的管理问题，诸如工地围挡不规范，现场布局不执行总平面布置、垃圾混堆乱倒、污水横流、施工人员住宿在施工的建筑物内既混乱又不安全以及高层建筑施工中的消防问题等。文明施工检查评分表中将现场围挡、封闭管理、施工场地、材料堆放、现场住宿、现场防火列入保证项目作为检查重点。同时对必要的生活卫生设施如食堂、厕所、饮水、保健急救和施工现场标牌、治安综合治理、社区服务等项也列为文明施工的重要工作，作为检查表的一般项目。说明国家对建设单位的文明施工非常重视，其在建设工程施工现场中占据重要的地位。

三、文明施工对各单位的管理要求

建设工程文明施工实行建设单位监督检查下的总包单位负责制。总包单位贯彻文明施工规定的有关要求，定期组织对施工现场文明施工工作的检查，落实措施。

文明施工对建设单位的要求：在施工方案确定前，应会同设计、施工单位和市政、防汛、公用、房管、邮电、电力及其他有关部门，对可能造成周围建筑物、构筑物、防汛设施、地下管线损坏或堵塞的建设工程工地，进行现场检查，并制定相应的技术措施，在施工组织设计中必须要有文明施工的内容要求，以保证施工的安全进行。

文明施工对总包单位的要求：应该将文明施工、环境卫生和安全防护设施要求纳入施工组织设计中，制定工地环境卫生制度及文明施工制度，并由项目经理组织实施。

文明施工对施工单位的要求：施工单位要积极采取措施，降低施工中产生的噪声。要加强对建筑材料、土方、混凝土、石灰膏、砂浆等在生产和运输中造成扬尘、滴漏的管理。施工单位在对操作人员明确任务、抓施工进度、质量、安全生产的同时，必须向操作人员明确提出文明施工的要求，严禁野蛮施工。对施工区域或危险区域，施工单位必须设立醒目的警示标志并采取警戒措施；还要运用各种其他有效方式，减少施工对市容、绿化和周边环境的不良影响。

文明施工对施工作业人员要求：每道工序都应按文明施工规定进行作业，对施工中产生的泥浆和其他浑浊废弃物，未经沉淀不得排放；对施工中产生的各类垃圾应堆置在规定

的地点，不得倒入河道和居民生活垃圾容器内；不得随意抛掷建筑材料、残土、废料和其他杂物。

文明施工对集团总公司一级的企业要求：负责督促、检查本单位所属施工企业在建项目的工地，贯彻执行文明施工的规定，做好文明施工的各项工作。各施工工地均应接受所在区、县建设主管部门对文明施工的监督检查。

四、施工现场文明施工的总体要求

1. 一般规定

(1) 有整套的施工组织设计或施工方案。

(2) 有健全的施工指挥系统和岗位责任制度，工序衔接交叉合理，交接责任明确。

(3) 有严格的成品保护措施和制度，大小临时设施和各种材料、构件、半成品按平面布置堆放整齐。

(4) 施工场地平整，道路畅通，排水设施得当，水电线路整齐，机具设备状况良好，使用合理，施工作业符合消防和安全要求。

(5) 实现文明施工，不仅要抓好现场的场容管理工作，而且还要做好现场材料、机械、安全、技术、保卫、消防和生活卫生等各方面的工作。一个工地的文明施工水平是该工地乃至所在企业各项管理工作水平的综合体现。

2. 现场场容管理

(1) 工地主要入口要设置简朴规整的大门，门边设立明显的标牌，标明工程名称，施工单位和工程负责人姓名等内容。

(2) 建立文明施工责任制，划分区域，明确管理负责人，实行挂牌作业，做到现场清洁整齐。

(3) 施工现场场地平整，道路畅通，有排水措施，基础、地下管道施工完后要及时回填平整，清除积土。

(4) 现场施工临水、临电要有专人管理，不得有长流水、长明灯。

(5) 施工现场的临时设施，包括生产、办公、生活用房、仓库、料场、临时上下水管道以及照明、动力线路，要严格按施工组织设计确定的施工平面图布置、搭设或埋设整齐。

(6) 施工现场清洁整齐，做到活完料清，工完场地清，及时消除在楼梯、楼板上的砂浆、混凝土。

(7) 砂浆、混凝土在搅拌、运输、使用过程中，要做到不洒、不漏、不剩。盛放砂浆、混凝土应有容器或垫板。

(8) 要有严格的成品保护措施，严禁损坏污染成品，堵塞管道。高层建筑要设置临时便桶，严禁随地大小便。

(9) 建筑物内清除的垃圾渣土，要通过临时搭设的竖井或利用电梯等措施稳妥下卸，严禁从门窗口向外抛掷。

(10) 施工现场不准乱堆垃圾及余物。应在适当地点设置临时堆放点，并定期外运。清运渣土垃圾及流体物品，要采取遮盖防漏措施，运送途中不得遗撒。

(11) 根据工程性质和所在地区的不同情况，采取必要的围护和遮挡措施，保持外观整洁。

(12) 针对施工现场情况设置宣传标语和黑板报，并适时更换内容，切实起到表扬先进、促进后进的作用。

(13) 施工现场严禁居住家属，严禁居民、家属、小孩在施工现场穿行、玩耍。

3. 现场机械管理

(1) 现场使用的机械设备，要按平面布置规划固定点存放，遵守机械安全规程，经常保持机身及周围环境的清洁，机械的标识、编号明显，安全装置可靠。

(2) 清洗机械排出的污水要有排放措施，不得随地流淌。

(3) 在使用的搅拌机、砂浆机旁应设沉淀池，不得将浆水直接排放入下水道及河流等处。

(4) 塔吊轨道基础按规定铺设整齐稳固，塔边要封闭，道碴不外溢，路基内外排水畅通。

五、文明施工检查标准

建设工程工地施工过程中应按《建筑施工安全检查标准》(JGJ 59—99) 的具体规定做到下面的要求。

1. 现场围挡

(1) 建设工程工地四周应按规定设置连续、密闭的围挡。建造多层、高层建筑的，还应设置安全防护设施。在市区主要路段和市容景观道路及机场、码头、车站广场的工地设置的围挡，其高度不得低于2.5m；一般路段的工地设置的围挡，其高度不得低于1.8m。

(2) 围挡使用的材料应保证围挡稳固、整洁、美观。市政基础设施工程因特殊情况不能进行围挡的，应当设置安全警示标志，并在工程险要处采取隔离措施。施工单位不得在工地围栏外堆放建筑材料、垃圾和工程渣土。在经批准临时占用的区域，应严格按批准的占地范围和使用性质存放、堆卸建筑材料或机具设备，临时区域四周应设置高于1m的围栏。

在有条件的工地，四周围墙、宿舍外墙等地方，必须张挂、书写反映企业精神、时代风貌的醒目宣传标语。

2. 封闭管理

(1) 施工现场的进出口应设置大门，门头按规定设置企业标志。(施工现场工地的门头、大门、各企业须统一标准。施工企业可根据各自的特色，标明集团、企业的规范简称)。工地内还须立旗杆，升挂集团、企业等旗帜。

(2) 门口要有门卫并制定门卫管理制度和岗位责任制，切实起到门卫作用。来访人员应进行登记；进出料要有收发手续。

(3) 进入施工现场的工作人员按规定整齐佩戴工作卡。

3. 施工场地

(1) 建筑工地的主要道路及进行灌注桩施工的场地，地面应按规定用道渣或素混凝土等作硬化处理，道路应保持畅通。

(2) 施工场地应设置排水沟或下水道，排水须保持通畅。

(3) 施工场地应有循环干道，且保持经常畅通，不堆放构件、材料，道路应平整坚实，不得有积水。

(4) 制定防止泥浆、污水、废水外流以及堵塞下水道和排水河道的措施。工程施工的废水、泥浆应经流水槽或管道流到工地集水池统一沉淀处理，不得随意排放和污染施工区域以外的河道、路面。工程泥浆实行三级沉淀，二级排放。施工现场的管道不能有跑、冒、滴、漏或大面积积水现象。

(5) 施工现场应该禁止吸烟，防止发生危险，应该按照工程情况设置固定的吸烟室或吸烟处，要求有烟缸或水盆。吸烟室应远离危险区并设必要的灭火器材。禁止流动吸烟。

(6) 市区主要路段的工地，南方地区四季要有绿化布置，北方地区温暖季节要有绿化布置，绿化实行地栽。

4. 材料堆放

(1) 施工现场建筑材料、构配件、料具必须按照总平面图规定的位置放置。

(2) 料堆要堆放整齐并按规定挂置名称、品种、规格、数量、进货日期等标牌以及状态标识：①已检合格；②待检；③不合格。

(3) 各种物料堆放必须整齐，砖成丁，砂、石等材料成方，大型工具应一头见齐，钢筋、构件、钢模板应堆放整齐用木方垫起。

(4) 工作面每日应做到工完料尽场地清。除去现浇筑混凝土的施工层外，下部各楼层凡达到强度的随拆模随及时清理运走，不能马上运走的必须码放整齐。

(5) 建筑垃圾应在指定场所堆放整齐并标出名称、品种，做到及时清运。

(6) 易燃易爆物品不能混放，除现场设置危险品存放处外，班组使用的零散的各种易燃易爆物品，必须按有关规定存放。

5. 现场住宿

(1) 施工现场必须将施工作业区与生活区严格分开不能混用。在建工程内不得兼作宿舍。因为在施工区内住宿会带来各种危险，如落物伤人，触电或内洞口、临边防护不严而造成事故；两班作业时，施工噪声影响工人的休息。建设工程工地的宿舍要符合文明施工的要求。

(2) 施工作业区域与非施工区域（生活区、办公区）严格分隔，应有明显划分，有隔离和安全防护措施，防止发生事故。场容场貌整齐、整洁、有序、文明；施工区域或吊装、禁火等危险区域有醒目的警示标志，并采取安全防护措施。

(3) 冬季北方严寒地区的宿舍应有保暖和防止煤气中毒措施。炉火应统一设置，有专人管理并有岗位责任。

(4) 炎热季节宿舍应有消暑和防蚊虫叮咬措施，保证施工人员有充足睡眠。

(5) 宿舍内床铺及各种生活用品力求统一并放置整齐，室内应限定人数，有安全通道，宿舍门向外开，被褥叠放整齐、干净。室内要保持通风、明亮、清洁。二楼以上的宿舍应设水源和倒水斗以及废弃物箱，并做到每天倾倒。

(6) 宿舍内外周围环境卫生整洁，道路平整，不乱泼乱倒，应设污物桶、污水池，建立和健全卫生保洁制度并落实责任人。

(7) 室内照明灯具低于2.4m时，采用36V安全电压，不准在36V电线上晾衣服。

6. 现场防火

(1) 施工现场应根据施工作业条件制定防火安全措施及管理制度，并记录落实效果。

(2) 按照不同作业条件，在不同场所合理配置种类合适的灭火器材。如电气设备附近应设置干粉类不导电的灭火器材，对于设置的泡沫灭火器应有换药日期和防晒措施。灭火器材设置的位置和数量等均应符合有关消防规定。严格管理易燃、易爆物品，设置专门仓库存放。

(3) 高层建筑应按规定高度设置消防水源并能满足消防要求，即：24m 以上工程要求配备有足够的消防水源和自救的用水量，有足够扬程的高压水泵保证水压和每层设有消防水源接口。有专人管理，落实防火制度和措施。

(4) 施工现场应建立动火审批制度。凡需动用明火作业的，如电焊、气割、熬炼沥青等，必须经主管部门审批（审批时应写明要求和注意事项），并落实动火监护和防火措施。按施工区域、层次划分动火级别，动火必须具有“二证一器一监护”，即焊工证、动火证、灭火器、监护人。作业后，必须确认无火源危险时方可离开。

在防火安全工作中，要建立防火安全组织，义务消防队和防火档案，明确项目负责人、管理人员及各操作岗位的防火安全职责。

7. 治安综合治理

(1) 施工现场应在生活区按精神文明建设的要求适当设置业余学习和娱乐场所、阅报栏黑板报等设施，使劳动后的工人能有合理的休息方式，并及时反映工地内外各类动态。按文明施工的要求，宣传教育用字须规范，不使用繁体字、不规范的词句。施工人员应遵守社会公德。

(2) 施工现场应建立健全治安保卫制度，进行责任分工并有专人负责进行检查落实情况。

(3) 落实治安防范措施，杜绝失窃偷盗、斗殴等违法乱纪事件。治安保卫工作不但是直接影响施工现场的安全与否的重要工作，同时也是社会安定所必需，应该措施得利，效果明显。

要加强治安综合治理，做到目标管理、制度落实、责任到人。施工现场治安防范措施有力、重点要害部位防范设施到位。与施工现场的外包队伍须签订治安综合治理协议书，加强法制教育。

8. 施工现场主要标牌

(1) 施工现场的进口处应有整齐明显的“五牌一图”。五牌一般指：工程概况牌、项目主要管理人员名单牌、安全生产无重大事故计数牌、安全生产六大纪律牌、防火安全须知牌；一图指施工现场总平面图。

五牌内容没有作具体规定，可结合本地区、本企业及本工程特点进行要求。如果有的地区认为内容还应再增加，可按地区要求增加，如消防保卫牌、安全生产牌、文明施工牌、卫生须知牌、十项安全技术措施牌等，现场区域卫生包干图（将现场区域划分为若干个包干区，分别落实专人负责清洁工作，并进行检查考核）。进行夜间施工的，还应有安民告示牌。

工程概况牌内容一般包括工程项目名称、工地的范围和面积，工程结构或层数、开竣工日期，建设单位、设计单位、施工单位和监理单位的名称及工程项目负责人姓名。

项目主要管理人员名单牌：主要管理人员名单及监督电话。

安全生产无重大事故计数牌：安全和管线保护、设备、防火方面无重大事故的统计。

(2) 标牌是施工现场重要标志的一项内容，所以不但内容应有针对性，同时标牌制作、标挂也应规范整齐，字体工整。一般各大建筑集团都有统一的规定。

(3) 为进一步对员工做好安全宣传工作，所以要求施工现场在明显处，应有必要的安全生产、文明施工内容的宣传标语。

(4) 施工现场应该设置读报栏、黑板报等宣传园地，丰富学习内容，表扬好人好事。

9. 生活设施

(1) 工地厕所应符合环卫部门的卫生要求，有条件的应设水冲式厕所，厕所应有专人负责管理。

(2) 建筑物内和施工现场应保持卫生，不准随地大小便。高层建筑施工时，可隔几层设置移动式简易的厕所，以切实解决施工人员的实际问题。

(3) 食堂建筑、食堂卫生必须符合有关卫生要求。如炊事员必须有卫生防疫部门颁发的体检合格证、生熟食应分别存放、食堂炊事人员穿白色工作服，食堂卫生定期检查等。

(4) 食堂应在明显处张挂卫生责任制并落实到人。

(5) 施工现场作业人员应能喝到符合卫生要求的白开水。有固定的盛水容器和有专人管理。高层作业区应有茶水供应点。茶水桶、茶具应有消毒措施。

(6) 施工现场应按作业人员的数量设置足够使用的淋浴设施。淋浴室在寒冷季节应有暖气、热水，淋浴室应有管理制度和专人管理。

(7) 生活垃圾应盛放在有盖的容器内，做到及时清运，不能与施工垃圾混放，并有专人管理。

10. 保健急救

(1) 较大工地应设置医务室，配备医务人员及必要的设备。一般工地无条件设置医务室的，按规定应有的急救箱并备有有效的药品，并有医生巡回医疗。医务人员对生活卫生要起到监督作用，定期检查食堂饮食等卫生情况。

(2) 为应对临时发生的意外伤害，现场应备有急救器材（如担架、绷带、夹板等）以便及时抢救，不扩大伤势。

(3) 施工现场应有经培训合格的急救人员，懂得一般急救处理知识。

(4) 为保障施工人员健康，应在流行病发季节及平时定期开展卫生防病的宣传教育。

11. 社区服务

(1) 应针对施工工艺制定防止粉尘飞扬和降低噪声措施，做到不超标（施工现场噪声规定不超过 85dB)。

(2) 夜间施工除张挂安民告示牌外，还应按当地有关部门的规定，执行许可证制度（如有的城市由环保部门制定夜间施工的规定)。

(3) 现场严禁焚烧有毒、有害物质，应该按照有关规定进行处理。

(4) 切实落实各类施工不扰民措施，减少并消除泥浆、噪声、粉尘等影响周边环境的因素。有责任人管理和检查，或与社区开展共建文明活动，为民着想，采取各种措施，努力做到施工不扰民。定期联系听取意见，对合理意见应处理及时，工作应有记载。

六、文明施工的常见病

1. 文明施工中存在的不足之处

(1) 文明施工方案不齐全，一般缺乏规范性、技术性、针对性、可行性。有的项目只是在施工组织方案中提一句“要加强文明施工”，简单应付的现象时有发生，必须认真克服。在当前的形势下，建设工程文明施工尤为重要，文明施工方案在施工中起着指导性作用。因此，应该重视施工组织设计中有关文明施工方案的实施要求。

(2) 突击应付检查。有些工程项目对文明施工工作疏于管理，时紧时松，在抢进度、赶工期时就忽视文明施工要求；有些工地平时马马虎虎，没有总体设想，做到哪里是哪里，不是把文明施工、劳动安全、卫生要“三同时”的原则坚持始终，而是在地区、市行政主管部门或上级主管等有关部门来检查前，突击整改、清扫。不能把文明施工贯穿于施工过程始终。

(3) 重视硬件设施建设，轻视软件资料管理。有些工程的施工现场硬件设施基本上达到了文明施工的要求，但台账资料中留下的工作痕迹太少，有的台账记录过于简单，不善于归纳总结，缺乏资料的积累。如果出现问题或事故，给分析原因、解决问题带来困难，不利于提高文明施工管理水平。

(4) 对文明施工认识上的差距，使建设工程施工项目的施工发展不平衡。这些差距有几种情况，1) 口头承认文明施工的重要性，但一到抢进度、赶工期时就把文明施工要求甩到脑后；2) 强调客观，而不是从主观上努力，使文明施工流于形式；3) 搞花架子，不注重实效，使文明施工同施工现场实际工作脱节；4) 为应付上级的检查，被迫搞文明施工；5) 责任职责分不清，效果不理想；6) 文明施工阶段性目标差，在工程项目的基础施工阶段、主体结构施工阶段文明施工有条不紊，但是到了装饰阶段文明施工情况就明显变差。这些问题归结到一点就是对文明施工的认识不足，根本没有解决好认识上的问题。文明施工同抢进度、赶工期并不存在矛盾，而是可以起到相互促进作用。文明施工好的单位解决了材料浪费现象，充分利用了人力资源，加大了管理力度，强化了安全生产，提高了工程质量和工作效率，进而收到了良好的经济效益，也提升了企业的社会知名度。因此，对文明施工的认识高低，是搞好文明施工的关键问题所在。

(5) 文明施工中对科技含量注重不够。文明施工中一般的项目忙于应付日常的施工，对如何发挥专业技术人员的聪明才智，发挥群体力量方面的工作做得不够。尤其是智能型的开发，利用机械、电脑减轻施工人员的劳动强度，提高工效，使管理水准上一个新台阶，没有得到贯彻实施。而有的项目把文明施工形成了网络体系、管理有序、减少了重复劳动，降本节支，减少浪费，取得了可喜的成绩。

(6) 文明施工的总体水准发展不平衡。在通常情况下，市区建设工程文明施工水准比郊县的建设工程高；基础、结构工程阶段文明施工比装饰工程阶段好；重点工程文明施工投入的力量比一般工程多；大企业文明施工的状况比郊县队伍或资质低的企业好。近几年来，各级各地建设行政主管部门出台了不少规范性的文件、规定、标准、实施意见，加大了文明施工的力度，正在逐步缩小这方面的差距。

(7) 文明施工的全员培训工作还存在薄弱的环节。文明施工总体水准的高低，最终取决于人的素质高低。有的企业每年对全员文明施工培训投入的力量很小，有的单位甚至是

零。文明施工的全员培训需要有计划、有步骤地实施，逐步提高全员的综合素质，实现最终目标

（8）有的单位文明施工这项工作仅依靠一个部门来抓，使这项工作只落实在少数人身上。文明施工是一项系统工程，是一项综合性的管理工作，包涵的内容很广，须方方面面的配合，各有关职能部门的大力支持，是企业的党政工团齐抓共管的一项工作，也是企业的经济效益和社会信誉的需要，是一项有利于企业发展的重要工作。

实践证明，凡文明施工工作做得好的单位，他们都有一个强有力的领导班子，党、政、工团齐抓共管，有关职能部门牵头，汇聚了各方精英，有目标、有计划、有实施方案，责职明确、责任落实、制度齐全、人员到位，工作卓有成效。企业施工中对各个环节实行全方位控制，文明施工安全生产得到保证，工程质量上乘，企业社会信誉高，市场竞争能力强，施工一个项目，占领一片市场，企业有良好精神面貌，全体员工的素质不断提高，成为建设战线上的一支主力军。

2. 对违反文明施工行为的处理

施工企业在建设工程中未能按文明施工规定和要求进行施工，发生重大事故或使居民财产受到损失，造成社会恶劣影响等，应按规定给予一定的处罚。各主管机关和有关部门应按照各自的职能，依据法规、规章的规定，对违反文明施工规定的单位和责任人进行处罚。文明施工社会督查员检查工地时，发现的问题或隐患，立即开具整改单、指令书或罚款单，施工现场工地须立即整改。如建设工程工地未按规定要求设置围栏、安全防护设施和其他临时设施的，应责令限期改正，并分别对施工单位负责人进行处罚。对违反文明施工管理规定情节严重的，在规定期限内仍不改正的施工单位，建设行政主管部门可对其作出降低资质等级或注销资质证书的处理。在建设工程中，凡未正式领到施工许可证而擅自动工的，或不按照施工许可证的要求和核准的施工图纸施工的，或没有按照经过审查和认可的施工组织设计（或施工方案）而进行施工的，均属违章建筑。对违章建筑，各级城建管理部门有权责令其停工，照章罚款，并责令违章单位负责限期拆除，情节严重者要追究其法律责任。但紧急抢险工程可先施工，以确保人民生命和财产的安全。

改革开放以来全国的城市建设取得了突飞猛进的成就，广大建设者在各级政府领导的关怀下，在建设行政主管部门的直接领导下，建设工程文明施工方面已形成了一套比较完善的管理体系。按照文明施工的规定，实施意见以及其他有关标准的规定，建设工程在施工过程中，不安全因素、不文明现象得到了有效的控制；文明施工的科学化、标准化、规范化、现实性得到很大的发展。建设系统的广大建设者，以开拓进取、求真务实的精神，勇做“两个文明”建设排头兵，使文明施工再上一个新台阶，为文明城市的建设作出了应有的贡献。

第二节　环境保护基本要求

环境保护是按照法律法规、各级主管部门和企业的要求，保护和改善作业现场的环境，控制现场的各种粉尘、废水、废气、固体废弃物、噪声、振动等对环境的污染和危害。环境保护也是文明施工的重要内容之一。

一、现场环境保护的意义

1. 保护和改善施工环境是保证人们身体健康和社会文明的需要。采取专项措施防止粉尘、噪声和水源污染，保护好作业现场及其周围的环境，是保证职工和相关人员身体健康、体现社会总体文明的一项利国利民的重要工作。

2. 保护和改善施工现场环境是消除对外部干扰保证施工顺利进行的需要。随着人们的法制观念和自我保护意识的增强，尤其在城市中，施工扰民问题反映突出，应及时采取防治措施，减少对环境的污染和对市民的干扰，也是施工生产顺利进行的基本条件。

3. 保护和改善施工环境是现代化大生产的客观要求。现代化施工广泛应用新设备、新技术、新的生产工艺，对环境质量要求很高，如果粉尘、振动超标就可能损坏设备、影响功能发挥，使设备难以发挥作用。

4. 节约能源、保护人类生存环境、保证社会和企业可持续发展的需要。人类社会即将面临环境污染和能源危机的挑战。为了保护子孙后代赖以生存的环境条件，每个公民和企业都有责任和义务来保护环境。良好的环境和生存条件，也是企业发展的基础和动力。

二、基本规定

1. 工程的施工组织设计中应有防治扬尘、噪声、固体废物和废水等污染环境的有效措施，并在施工作业中认真组织实施。

2. 施工现场应建立环境保护管理体系，责任落实到人，并保证有效运行。

3. 对施工现场防治扬尘、噪声、水污染及环境保护管理工作进行检查。

4. 定期对职工进行环保法规知识培训考核。

三、施工现场环境保护管理网络

施工现场环境保护管理网络组织如图 10-1 所示。

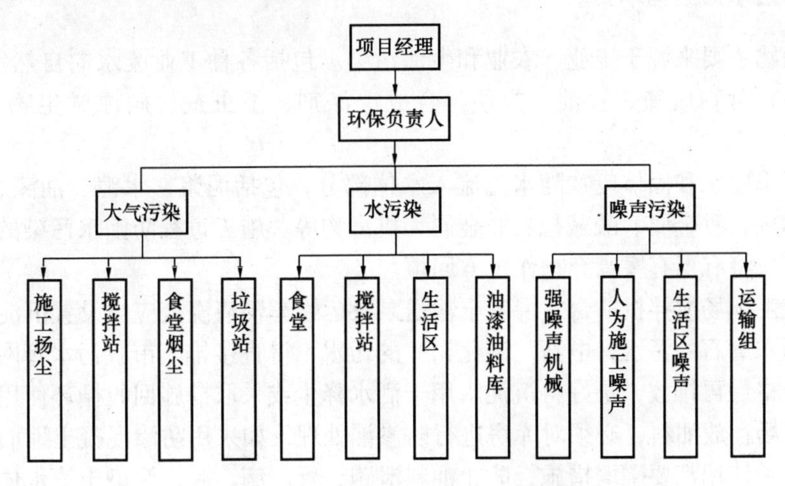

图 10-1　施工现场环境保护管理网络

四、防治大气污染基本要求

(1) 施工现场主要道路必须进行硬化处理。施工现场应采取覆盖、固化、绿化、洒水等有效措施，做到不泥泞、不扬尘。施工现场的材料存放区、大模板存放区等场地必须平整夯实。

(2) 遇有四级风以上天气不得进行土方回填、转运以及其他可能产生扬尘污染的施工。

(3) 施工现场应有专人负责环保工作，配备相应的洒水设备，及时洒水，减少扬尘污染。

(4) 建筑物内的施工垃圾清运必须采用封闭式专用垃圾道或封闭式容器吊运，严禁凌空抛撒。施工现场应设密闭式垃圾站，施工垃圾、生活垃圾分类存放。施工垃圾清运时应提前适量洒水，并按规定及时清运消纳。

(5) 水泥和其他易飞扬的细颗粒建筑材料应密闭存放，使用过程中应采取有效措施防止扬尘。施工现场土方应集中堆放，采取覆盖或固化等措施。

(6) 从事土方、渣土和施工垃圾的运输，必须使用密闭式运输车辆。施工现场出入口处设置冲洗车辆的设施，出场时必须将车辆清理干净，不得将泥沙带出现场。

(7) 市政道路施工铣刨作业时，应采用冲洗等措施，控制扬尘污染。

灰土和无机料拌合，应采用预拌进场，碾压过程中要洒水降尘。

(8) 规划市区内的施工现场，混凝土浇注量超过 $10m^3$ 以上的工程，应当使用预拌混凝土，施工现场设置搅拌机的机棚必须封闭，并配备有效的降尘防尘装置。

(9) 施工现场使用的热水锅炉、炊事炉灶及冬施取暖锅炉等必须使用清洁燃料。施工机械、车辆尾气排放应符合环保要求。

(10) 拆除旧有建筑时，应随时洒水，减少扬尘污染。渣土要在拆除施工完成之日起三日内清运完毕，并应遵守拆除工程的有关规定。

五、防治水污染基本要求

水污染物主要来源于工业、农业和生活污染。包括各种工业废水向自然水体的排放，化肥、农药、食物废渣、食油、粪便、合成洗涤剂、杀虫剂、病原微生物等对水体的污染。

施工现场废水和固体废物随水流流入水体部分，包括泥浆、水泥、油漆、各种油类，混凝土外加剂、重金属、酸碱盐、非金属无机毒物等。施工过程防治水污染的措施有：

(1) 禁止将有毒有害废弃物作土方回填。

(2) 施工现场搅拌机前台、混凝土输送泵及运输车辆清洗处应当设置沉淀池，搅拌站废水，现制水磨石的污水，电石（碳化钙）的污水不得直接排入市政污水管网，必须经二次沉淀后合格后再排放，最好将沉淀水用于洒水降尘或采取措施回收循环使用。

(3) 现场存放油料，必须对库房进行防渗漏处理，如采用防渗混凝土地面、铺油毡等措施。储存和使用都要采取措施，防止油料泄跑、冒、滴、漏，污染土壤水体。

(4) 施工现场设置的临时食堂，用餐人数在100人以上的，污水排放时应设置简易有效的隔油池，加强管理，专人负责定期清理，防止污染。

(5) 工地临时厕所，化粪池应采取防渗漏措施。中心城市施工现场的临时厕所可采用水冲式厕所，并有防蝇、灭蛆措施，防止污染水体和环境。

(6) 化学用品，外加剂等要妥善保管，库内存放，防止污染环境。

六、防治施工噪声污染

噪声是影响与危害非常广泛的环境污染问题。噪声环境可以干扰人的睡眠与工作、影响人的心理状态与情绪，造成人的听力损失，甚至引起许多疾病。此外噪声对人们的对话干扰也是相当大的。施工现场环境污染问题首推噪声污染。

(1) 施工现场应遵照《建筑施工场界噪声限值》(GB 12523—1990) 制定降噪措施。在城市市区范围内，建筑施工过程中使用的设备，可能产生噪声污染的，施工单位应按有关规定向工程所在地的环保部门申报。

(2) 施工现场的电锯、电刨、搅拌机、固定式混凝土输送泵、大型空气压缩机等强噪声设备应搭设封闭式机棚，并尽可能设置在远离居民区的一侧，以减少噪声污染。

(3) 因生产工艺上要求必须连续作业或者特殊需要，确需在 2 时至次日 6 时期间进行施工的，建设单位和施工单位应当在施工前到工程所在地的区、县建设行政主管部门提出申请，经批准后方可进行夜间施工。

建设单位应当会同施工单位做好周边居民的安抚工作。并公布施工期限。

(4) 进行夜间施工作业的，应采取措施，最大限度减少施工噪声，可采用隔音布、低噪声震捣棒等方法。

(5) 对人为的施工噪声应有管理制度和降噪措施，并进行严格控制。承担夜间材料运输的车辆，进入施工现场严禁鸣笛，装卸材料应做到轻拿轻放，最大限度地减少噪声扰民。

(6) 施工现场应进行噪声值监测，监测方法执行《建筑施工场界噪声测量方法》(GB 12524—1990)，噪声值不应超过国家或地方噪声排放标准。

(7) 不同施工阶段作业噪声限值如表 10-1 所示。

等效声级 (LAeq/dB)　　表 10-1

施工阶段	主要噪声源	噪声限值 (dB)	
		昼　间	夜　间
土石方	推土机、挖掘机、装载机等	75	55
打　桩	各种打桩机等	85	禁止施工
结　构	混凝土搅拌机、振捣棒、电锯等	70	55
装　饰	吊车、升降机等	65	55

注：表中噪声值是指与敏感区域相应的建筑施工工地边界线处的限制。在建筑施工工地边界线处进行。

第三节　环境卫生和防疫基本要求

一、施工区环境卫生管理

1. 环境卫生管理责任区

为创造舒适的工作环境，养成良好的文明施工作风，保证职工身体健康，明确划分施工区域和生活区域，将施工区和生活区分成若干片，分片包干，建立责任区，从道路交通、消防器材、材料堆放到垃圾、厕所、厨房、宿舍、火炉、吸烟等都有专人负责，做到责任落实到人，使文明施工、环境卫生工作保持经常化、制度化。

2. 环境卫生管理措施

（1）施工现场要勤打扫，保持整洁卫生，场地平整，各类物资堆放整齐，道路畅通，无堆放物，无散落物，做到无积水、无黑臭、无垃圾，排水顺畅。生活垃圾与建筑垃圾分别定点堆放，严禁混放，并及时清运。

（2）施工现场严禁大小便，发现有随地大小便现象要对责任区负责人进行处罚。施工区、生活区有明确划分的标识牌，标牌上注明责任人姓名和管理范围。

（3）施工现场办公区、生活区卫生工作应由专人负责，明确责任。按比例绘制卫生区的平面图，并注明责任区编号和负责人姓名。

（4）施工现场零散材料和垃圾，要及时清理。垃圾应存放在密闭式容器中，定期灭蝇，及时清运。垃圾临时堆放不得超过一天。

（5）保持办公室整洁卫生，做到窗明地净，文具摆放整齐，达不到要求的，对当天卫生值班员进行处罚。

（6）冬季办公室和职工宿舍取暖炉，应有验收手续，合格后方可使用。

（7）楼内清理出的垃圾，要用容器或小推车，用塔吊或提升设备运下，严禁高空抛撒。

（8）施工现场的厕所，坚持天天打扫，每周撒白灰或打药一二次，消灭蝇蛆，便坑须加盖。

（9）施工现场应保证供应卫生饮水，有固定的盛水容器和有专人管理，并定期清洗消毒。

（10）施工现场应制定暑期防暑降温措施。夏季要确保施工现场的凉开水或清凉饮料供应，暑伏天可增加绿豆汤，防止中暑脱水现象发生。

（11）施工现场应制定卫生急救措施，配备保健药箱、一般常用药品及急救器材。为有毒有害作业人员配备有效的防护用品。

（12）施工现场发生法定传染病和食物中毒、急性职业中毒时立即向上级主管部门及有关部门报告，同时要积极配合卫生防疫部门进行调查处理。

（13）现场工人患有法定传染病或是病源携带者，应予以及时必要的隔离治疗，直至卫生防疫部门证明不具有传染性时方可恢复工作。

（14）对从事有毒有害作业人员应按照《职业病防治法》做职业健康检查。

3. 环境卫生检查记录

施工现场的卫生要定期进行检查，发现问题，限期改正，并保存检查评分记录。

二、生活区环境卫生管理

生活区内应设置醒目的环境卫生宣传标牌和责任区包干图。按照卫生标准和环境卫生作业要求，生活“五有”设施，即食堂、宿舍（更衣室）、厕所、医务室（医药急救箱）、茶水供应点（茶水桶），冬季应注意防寒保暖，夏季应有防暑降温措施。生活“五有”设施须制定管理制度和责任制、落实责任人。

1. 宿舍卫生管理规定

1）宿舍要有卫生管理制度，规定一周内每天卫生值日名单并张贴上墙，做到天天有人打扫，保持室内窗明地净，通风良好。

2）宿舍内应有必要的生活设施及保证必要的生活空间，内高度不得低于2.5m，通道的宽度不得小于1m，应有高于地面30cm的床铺，每人床铺占有面积不小于$2m^2$。

3）宿舍内床铺被褥干净整洁，各类物品应整齐化一，不到处乱放，做到整齐美观。

4）宿舍内保持清洁卫生，清扫出的垃圾倒在指定的垃圾站，并及时清理。

5）生活区场地应保持清洁无积水并有灭四害设施，控制四害孳生。自行落实除四害措施有困难的，可委托有关服务单位代为处理。

6）生活区内必须有盥洗设施和洗浴间。生活废水应有污水池，二楼以上也要有水源及水池，做到卫生区内无污水、无污物，废水不得乱倒乱流。

7）生活区宿舍内夏季应采取消暑和灭蚊蝇措施；冬季取暖炉的防煤气中毒设施齐全有效，建立验收合格证制度，经验收合格后，方可使用。

8）未经许可禁止使用电炉及其他用电加热器具。

9）应设阅览室、娱乐场所。

2. 办公室卫生管理规定

1）办公室卫生由办公室全体人员轮流值班负责打扫并排出值班表。做到窗明地净，无蝇、无鼠。

2）值班人员要做好来访记录。

3）冬季负责取暖炉的看火，落地炉灰及时清扫，炉灰按指定地点堆放，定期清理外运，防止发生火灾。

4）未经许可禁止使用电炉及其他电加热器具。

三、食堂卫生管理

1. 食堂卫生管理规定

（1）食品卫生采购运输

1）采购外地食品应向供货单位索取县以上食品卫生监督机构开具的检验合格证或检验单。必要时可请当地食品卫生监督机构进行复验。严禁购买无证、无照商贩食品。

2）采购食品使用的车辆、容器要清洁卫生，做到生熟分开，防尘、防蝇、防雨、防晒。

3）不得采购腐败变质、霉变、生虫、有异味或《食品卫生法》规定禁止生产经营的食品。

（2）食品贮存保管卫生

1）根据《食品卫生法》的规定，食品不得接触有毒物、不洁物。

2）贮存食品要隔墙、离地，注意做到通风、防潮、防虫、防鼠。主副食品、原料、半成品、成品要分开存放。

3）盛放酱油、盐等副食调料要做到容器物见本色，加盖存放，清洁卫生。

4）禁止使用再生塑料或非食用塑料桶、盆及铝制桶、盆盛装熟菜。

(3) 制售过程的卫生

1) 制作食品的原料要新鲜卫生，做到不用、不卖腐败变质的食品，各种食品要烧熟煮透，以免发生食物中毒。

2) 制售过程及刀、墩、案板、盆、碗及其他盛器、筐、水池、抹布和冰箱等工具要严格做到生熟分开，售饭时要用工具销售直接入口食品。

3) 每年5月至10月底，中、夜两餐加工的食品都要留样，数量不少于50g/样，留样菜应保持24h并做好记录。

4) 非经过卫生监督管理部门批准，工地食堂禁止供应生吃凉拌菜，以防止肠道传染疾病。剩饭、菜要回锅彻底加热再食用。

5) 共用食具要洗净消毒，应有上下水洗手和餐具洗涤设备。

6) 使用的代价券必须每天消毒，防止交叉污染。

7) 盛放丢弃食物的泔水桶（缸）必须有盖，并及时清运。

(4) 个人卫生

1) 炊管人员操作时必须穿戴好洁净的工作服、发帽，做到"三白"（白衣、白帽、白口罩），并保持清洁整齐，做到文明操作，不赤背、不光脚，禁止随地吐痰。

2) 炊管人员应做好个人卫生，要坚持做到四勤（勤洗手（澡）、勤理发、勤换衣、勤剪指甲）。

2. 炊事人员健康管理规定

(1) 凡在岗位上的炊管人员，必须持有所在地区卫生防疫部门办理的健康证和岗位培训合格证，并且每年进行一次体检，凡体检不合格者不得上岗作业。

(2) 凡患有痢疾、肝炎、伤寒、活动性肺结核、渗出性皮肤病以及其他有碍食品卫生的疾病，不得参加接触直接入口食品的制售及食品洗涤工作。

(3) 民工炊管人员无健康证的不准上岗，否则予以经济处罚，责令关闭食堂，并追究有关领导的责任。

3. 施工现场集体食堂管理规定

(1) 施工现场设置的临时食堂必须具备食堂卫生许可证、炊事人员身体健康证、卫生知识培训证。落实卫生责任制以及各项卫生管理制度，严格执行食品卫生法和有关管理规定。

(2) 施工现场设置的临时食堂在选址和设计时应符合卫生要求，远离有毒有害场所，30m内不得有污水沟、露天坑式厕所、暴露垃圾堆（站）和粪堆、畜圈等污染源。距垃圾箱应大于15m。

(3) 施工现场的食堂和操作间相对固定、封闭，并且具备清洗消毒的条件和杜绝传染疾病的措施。

(4) 食堂和操作间内墙应抹灰，屋顶不得吸附灰尘，应有水泥抹面锅台、地面，必须设排风设施。

操作间必须有生熟分开的刀、盆、案板等炊具及存放柜厨。

库房内应有存放各种佐料和副食的密闭器皿，有距墙距地面大于20cm的粮食存放台。

不得使用石棉制品的建筑材料装修食堂。

(5) 餐具严格执行消毒制度，定时定期进行消毒，预防食物中毒和传染疾病。

(6) 食堂应有相应的更衣、消毒、盥洗、采光、照明、通风和防蝇、防尘设备，以及通畅的上下水管道。

(7) 食堂内外整洁卫生，炊具干净，无腐烂变质食品，生熟食品分开加工保管，食品有遮盖。

(8) 设置灭四害设施，投放灭鼠药饵要有记录并有防止人员误食措施。

(9) 食堂操作间和仓库不得兼作宿舍使用。

(10) 食堂炊管人员（包括合同工、临时工）应按有关规定进行健康检查和卫生知识培训并取得健康合格证和培训证。

(11) 集体食堂的经常性食品卫生检查工作，各单位要根据《食品卫生法》有关规定和《饮食行业食品卫生管理标准和要求》及《建筑工地食堂卫生管理标准和要求》进行管理检查。

(12) 食堂要保持干净、整洁、通风，冬季要有保暖措施。

四、厕所卫生管理

1. 施工现场要按规定设置厕所，厕所的设置要距食堂至少30m以外。

2. 厕所屋顶墙壁要严密，门窗齐全有效，便槽内必须铺设瓷砖。

3. 应有化粪池，严禁将粪便直接排入下水道或河流沟渠中，露天粪池必须加盖。

4. 厕所应设专人负责定期保洁，天天冲洗打扫，做到无积垢、垃圾及明显臭味，并应有洗手水源，市区工地厕所要有水冲设施保持厕所清洁卫生。

5. 按规定采取冲水或加盖措施，定期打药或撒白灰粉，消灭蝇蛆。

6. 高层作业区每隔2~3层设置便桶，杜绝随地大小便等不文明、不卫生现象。

7. 卫生保洁制度和责任人上墙公布。

参 考 文 献

[1] GB 5725—1997 安全网．北京：中国标准出版社．
[2] GB 2894—1996 安全标志．北京：中国标准出版社．
[3] GB 2893—2001 安全色．北京：中国标准出版社．
[4] GB 6441—86 企业职工伤亡事故分类．北京：中国标准出版社．
[5] GB 6442—86 企业职工伤亡事故调查分析规则．北京：中国标准出版社．
[6] 中华人民共和国国务院令第 75 号．企业职工伤亡事故报告和处理规定．
[7] GB 3608—1993 高处作业分级．北京：中国标准出版社．
[8] JGJ 80—91 建筑施工高处作业安全技术规范．北京：中国计划出版社．
[9] JGJ 147—2004 建筑拆除工程安全技术规范．北京：中国建筑工业出版社．
[10] JGJ 46—2005 施工现场临时用电安全技术规范．北京：中国建筑工业出版社．
[11] JGJ 33—2001 建筑机械使用安全技术规程．北京：中国建筑工业出版社．
[12] JGJ 146—2004 建筑施工现场环境与卫生标准．北京：中国建筑工业出版社．
[13] JGJ/T 77—2003 施工企业安全生产评价标准．北京：中国建筑工业出版社．
[14] 建设部建筑管理司《建筑施工安全检查标准实施指南》（JGJ 59—99）．北京：中国建筑工业出版社，2001．
[15] 北京市建设委员会．建筑企业专业管理人员岗位培训教材——安全员 2004．
[16] 北京市建设委员会．建筑施工企业管理人员继续教育培训教材——施工企业管理人员安全教育．2004．
[17] 毛鹤琴、罗大林．施工项目质量与安全管理．北京：中国建筑工业出版社，2002．
[18] 上海市建筑业联合会．工程建设监督委员会、刘军．安全员必读．北京：中国建筑工业出版社，2001．
[19] 刘嘉福、姜敏、刘诚．建筑施工安全生产百问．北京：中国建筑工业出版社，2004．
[20] 建筑施工手册编委会．建筑施工手册．北京：中国建筑工业出版社，2003．
[21] 芮静康．电工技术百问．北京：中国建筑工业出版社，2000．
[22] 深圳市施工安全监督站编．建筑工人安全常识读本．北京：中国建筑工业出版社，2005．
[23] 姜敏．电工操作技巧．北京：中国建筑工业出版社，2004．
[24] 潘全祥．怎样当好安全员．北京：中国建筑工业出版社，2005．